新世纪现代交通类专业系列教材

# 土 力 学

## （第2版）

主编　尤晓暐　钱大心

清 华 大 学 出 版 社

北京交通大学出版社

·北京·

## 内 容 简 介

土力学是高等学校土木工程专业的重要专业基础课。本书是根据全国高等学校土木工程专业指导委员会对土木工程专业教学的基本要求和培养目标编写的。本书系统介绍了土力学的基本原理和分析计算方法。在编写过程中注重理论联系实际，在工程应用上侧重于土木专业的实际需要，具有一定的针对性。全书共分9章，主要内容包括土的物理性质及工程分类、土中应力计算、土中水的运动规律、地基变形分析、土的抗剪强度、土压力计算、土坡稳定分析、地基承载力和土的动力特性等。每章首均有内容提要和学习要求，章末配有复习思考题。

本书可作为高等学校土木工程专业的教学用书，也可供其他相关专业师生和工程技术人员学习使用。

**图书在版编目(CIP)数据**

土力学/尤晓暐，钱大心主编．—2 版．—北京：北京交通大学出版社：清华大学出版社，2017.5（2019.2 重印）

ISBN 978 – 7 – 5121 – 3068 – 5

Ⅰ．①土⋯　Ⅱ．①尤⋯　②钱⋯　Ⅲ．①土力学 – 高等学校 – 教材　②铁路路基 – 高等学校 – 教材　Ⅳ．①TU43　②U213.1

中国版本图书馆 CIP 数据核字（2016）第 286971 号

**土力学**

TULIXUE

责任编辑：韩　乐

出版发行：清 华 大 学 出 版 社　　邮编：100084　　电话：010 – 62776969　　http://www.tup.com.cn
　　　　　北京交通大学出版社　　邮编：100044　　电话：010 – 51686414　　http://www.bjtup.com.cn
印　刷　者：北京鑫海金澳胶印有限公司
经　　销：全国新华书店
开　　本：185 mm×260 mm　　印张：19.75　　字数：493 千字
版　　次：2017 年 5 月第 2 版　　2019 年 2 月第 3 次印刷
书　　号：ISBN 978 – 7 – 5121 – 3068 – 5/U・259
印　　数：3 101～5 000 册　　定价：46.00 元

# 前　言

　　土力学是高等学校土木工程专业的重要专业基础课。其先导课程及相关课程有工程地质与水文地质、材料力学、弹性力学等。本书是根据高等学校土木工程专业教学的基本要求，并结合目前教学改革发展的需要及在实际工程中专业的最新动态编写。土力学是一门理论性和实践性都很强的课程，本书编写中尽可能反映一些既经过工程实践考验又符合教学要求的内容，以更好地满足土木工程专业的教学实际需要，同时通过对一些具体工程问题的分析，培养学生适应工程实践和分析解决实际问题的能力。

　　本书共分9章，系统介绍土力学的基本原理、基本理论和基本方法。主要内容包括土的物理性质及工程分类、土中应力计算、土中水的运动规律、地基变形分析、土的抗剪强度、土压力计算、土坡稳定分析、地基承载力、土的动力特性等知识。在编写过程中注重理论联系实际，在工程应用上侧重于路桥专业的实际需要，具有一定的针对性。本书采用了新修订的工程规范、规程和标准，突出了应用性。

　　本书由尤晓暐、钱大心担任主编，其中绪论、第1～4章由尤晓暐编写，第5～9章由钱大心编写。编写中，周文举、邵江、李建普、卫康、王丽娟、贾文翠、张建光等提供了宝贵的资料，并参与了部分章节的编写，在此表示感谢。

　　本书在编写中，吸收和借鉴了国内同类优秀教材的诸多内容和优点，在此向教材作者表示衷心感谢。由于编者的理论水平和实践经验有限，书中错误和不妥之处在所难免，恳请读者批评指正。

编　者

2017 年 3 月于北京

# 目　　录

# 绪　　论

### 1. 土力学的学科性质

土力学是力学的一个重要分支，是以土为研究对象的学科，是将土作为建筑物地基、建筑材料或建筑物周围介质来进行研究。主要研究土的工程性质以及土在荷载作用下的应力、变形和强度的问题，为工程设计与施工提供土的工程性质指标与评价方法以及土的工程问题的分析计算原理，是土木工程专业的技术基础课。土力学是把土作为物理力学系统，根据土的应力－应变－强度关系提出力学计算模型，用数学力学方法求解土在各种条件下的应力分布、变形以及土压力、地基承载力与土坡稳定等课题，同时根据土的实际情况评价各种力学计算方法的可靠性与适用条件。土是岩石经过物理、化学、生物等风化作用的产物，是矿物颗粒组成的松散集合体。因此，土是由固体颗粒、水和空气组成的三相体。

土的生成机制在根本上决定了土的基本物理力学性质，也决定了土力学的特点。土力学是通过研究土的物理、力学、物理化学性质及微观结构，进一步认识土和土体在荷载、水、温度等外界因素作用下的反应特性，即土的压缩性、剪切性、渗透性及动力特性等。土力学为各类土木工程的稳定和安全提供科学的对策，包括土体加固和地基处理等。由于土的结构、构造特征与刚体、弹性固体、流体等都有所不同，所以土力学的研究必须在运用力学知识的基础上，通过专门的土工试验技术进行。

土力学的先导及相关课程主要有工程地质和水文地质、材料力学、弹性力学等。

### 2. 学习本课程的目的

建造各类建筑物几乎都涉及土力学问题，以保证建筑物施工期的安全、竣工后的安全和正常使用。土力学学科需研究和解决工程中两大类问题：一是土体稳定问题，这就要研究土体中的应力和强度，如地基的稳定、土坝的稳定等。当土体的强度不足时，将导致建筑物的失稳或破坏。二是土体变形问题，土体应具有足够的强度保证自身稳定，土体的变形尤其是沉降（竖向变形）和不均匀沉降不应超过建筑物的允许值，否则，轻者导致建筑物的倾斜、开裂，降低或失去使用价值，重者将会酿成毁坏事故。此外，需要指出的是，对于土工建筑物（如土坝、土堤、岸坡等）、水工建筑物地基或其他挡土挡水结构，除了在荷载作用下土体要满足前述的稳定和变形要求外，还要研究渗流对土体变形和稳定的影响。为了解决上述工程问题，就要研究土的物理性质及应力变形性质、强度性质和渗透性质等力学行为，找到它们的内在规律，作为解决土体稳定和变形问题的基本依据。

土力学是岩土工程学科的基础，是土木工程、水利水电工程、地质工程、环境工程、路桥及渡河工程等专业的基础力学课程之一，属于专业基础课程。土力学是解决许多工程问题的重要工具。

### 3. 土力学的学科发展历史

土力学是一门既古老又年轻的应用学科。远在古代人们就学会利用土进行工程建设，如我国的长城、大运河、桥梁及宫殿庙宇等，世界上知名的建筑物如比萨斜塔、埃及金字塔等的修建，都需要有丰富的有关土的知识以及在其上面建造建筑物的经验。但是由于当时社会生产力和技术条件的限制，这一阶段经过了很长时间。直到18世纪中叶，对土的力学性质的认识还停留在经验积累的感性认识阶段。

对于土力学的研究始于18世纪欧洲产业革命时期。随着大型建筑物的兴建和自然科学的发展，1773年库仑（C. A. Coulomb）发表了土的抗剪强度和土压力理论，1857年朗金（W. J. M. Rankine）也发表了土压力理论，这两种土压力理论至今仍被广泛应用。1869年卡尔洛维奇（Карлович）发表了世界上第一本地基与基础著作。1885年布森涅斯克（J. Botussinesg）根据弹性理论求出了在集中力作用下地基中的三维应力解析解。1900年莫尔（Mohr）提出了土的强度理论。20世纪初，人们在工程实践中积累了大量的经验和资料，对土的强度、变形和渗透性质进行理论探讨，土力学才逐渐形成了一门独立学科。20世纪20年代，普朗特（Prandtl）发表了地基承载力理论，这一时期在边坡理论方面也有很大发展，费伦纽斯（W. Fellenius）完善了边坡圆弧滑动法。1925年太沙基（K. Terzaghi）出版了第一本土力学专著。在这本书中，太沙基比较系统地论述了若干重要的土力学问题，提出了土力学理论中最著名和重要的理论——饱和土的有效应力原理。他阐明了土工试验和力学计算之间的关系，其中用于计算沉降的方法一直沿用，至今仍被认为是一种有效的方法。这本比较系统、完整的科学著作的出现，带动了各国学者对土力学学科各个方面的探索。从此，土力学作为独立的学科取得不断的进展。因此，太沙基被认为是土力学的奠基人。

随着生产的发展和科学技术的进步，为土力学开辟了新的研究途径。土的基本特性、有效应力原理、固结理论、土体稳定问题、动力特性、土流变学等在土力学中的应用进一步完善，是这一阶段研究的中心问题。1954年索科洛夫斯基（В. В. Соколовский）发表了专著《松散介质静力学》，斯肯普顿（A. W. Skempton）在有效应力原理方面，毕肖普（A. W. Bishop）及杨布（Janbu）在边坡理论方面都做出了重要贡献。我国学者黄文熙在土的强度和变形及本构关系方面、陈宗基在黏土微观结构和土流变方面也有很好的研究成果。总的看来，上述这些工作基本上是对以古典弹塑性理论为基础的古典土力学的发展和完善，也就是假设土符合理想弹性体和理想塑性体的应力-应变条件。

1963年，罗斯科（Roscoe）等人创建发表了著名的剑桥弹塑性模型，标志着人们对土性质的认识和研究进入了一个崭新的阶段。这期间比较著名的还包括 J. M. Duncan 与 C. Y. Chang 提出的 Duncan–Chang 模型及我国南京水利科学研究院模型、清华模型等。这些模型都是对土的非线性应力-应变规律提出的数学描述。这些模型也称为土的本构关系模型。古典土力学只能称为弹性土力学，有效应力原理是古典土力学的核心，现代土力学的核心则是本构模型。

4. 土力学的基本内容与学习方法

土力学基本内容主要包括土的物理性质及工程分类、土中应力计算、土中水的运动规律、地基变形分析、土的抗剪强度、土压力计算、土坡稳定分析、地基承载力等。全书可分为两种类型的内容：一是关于土的基本性质的试验、分析以及基本规律性；二是关于土的应力、变形和强度的分析计算。

土力学首先是一门工程力学，同时，土作为自然历史的产物，它的许多性质人们是无法预先控制的，如土的受荷历史、沉积时的自然地理环境和条件，无法像一般建筑材料（如混凝土、钢材等）那样可根据生产条件对其性质作出规定。因此，土力学还不是一门纯理论的力学，要很准确地模拟土这样一种松散的介质的受力条件、施工过程及环境的影响等，还存在很多困难。目前，土力学对许多问题的认识还依赖于土工测试技术，要通过试验观测，并经过合理简化来实现。因而在应用土力学理论去解决实际问题时，应注意运用以下几种方法。

（1）注意土力学所引用的其他学科理论，如一般连续力学基本原理本身的基本假定和适用范围。分析土力学在利用这些理论解决土的力学问题时又新增了什么假定，以及这些新的假定与实际问题相符合的程度如何，从而能够应用这些基本概念和原理，搞清楚土力学中的原理、定理和方法的来龙去脉，弄清研究问题的思路。

（2）注意在土力学中对土所具有的区别于其他材料的特性。应该了解土力学是通过什么方法发现及用什么物理概念或公式去描述土区别于其他材料特性的。

（3）注意综合利用土性知识和土力学理论解决地基实际问题，在解答思路上要善于用多种方法求解一个问题，养成综合评判的思维方式。

（4）土力学问题除试验部分外，多是根据土的基本力学性质、应用数学及力学计算得出最后使用结果。学习这一部分时应避免陷于单纯的理论推导，而忽略了推导中引用的条件和假设，只有这样才能正确地将理论应用于工程实践。

# 第1章 土的物理性质及工程分类

**[本章提要和学习要求]**

本章分为三部分：第一部分从土的形成入手，定性地讨论土的物理性状，从机理上阐明了土的属性及土中三相物质之间的内在联系，是研究土的物理和力学性状的理论基础；第二部分进一步从定量的关系上，讨论土的性状，如土的颗粒特征、土的粒度成分及其分析方法、土的结构特性、黏性土的界限含水率和砂土的相对密度等概念及意义，介绍土的级配的定量表达方法；第三部分主要介绍土工试验规程中关于土的工程分类方法，并介绍几个典型的工程分类及相应的规范分类方法。

通过本章的学习，要求掌握土的各种物理性质指标的定义及相互换算的方法，判断其物理状态的各种指标、土的常用分类方法。这些内容是学习本课程所必需的基本要求，也是评价土的工程性质、分析与解决土的工程技术问题的重要基础。

## 1.1 土的生成

### 1.1.1 地质作用与风化作用

岩石与土构成地球外表的地壳。地球内部则是高温高压的熔融岩浆。在漫长的地质历史中，地壳的成分、形态和构造都在不断发生变化，导致这种变化的原因称为地质作用。按其能量来源的不同，地质作用可分为内力地质作用和外力地质作用。

内力地质作用是指由于地球自重、旋转动能和放射性元素蜕变产生的热能引起地壳升降、海陆变迁、岩石断裂等内部构造、外表形态乃至物质成分发生变化，如岩浆活动和变质作用、岩浆和变质岩的生成、火山爆发、地震等。

外力地质作用是指由于气温变化、雨雪、山洪、风、空气、生物活动等引起的地质作用，如气温的变化导致岩层不断地热胀冷缩产生破裂（物理风化），雨、雪、山洪等水的存在可使岩石的矿物成分不断溶解水化、氧化、碳酸盐化（化学风化），动物的穴居、植物的生长（生物风化）都会使岩石发生机械破碎和风化作用。

风化作用与外力地质作用紧密相关，一般分为物理风化、化学风化和生物风化。物理风化使岩石产生量变，由大块到小块；化学风化使岩石产生质变，岩石的矿物成分发生改变；生物风化同时具有物理风化和化学风化的双重作用。岩石经物理风化形成的土颗粒较大，称为原生矿物；而经过化学风化形成的土颗粒较细小，称为次生矿物。

岩石在这些相互交替的地质作用下风化、破碎成散碎体（或残积土），又在冰川、风、水和重力的作用下，被搬运到一个新位置沉积下来，形成"沉积土"。

## 1.1.2　主要造岩矿物

目前地壳上已被发现的矿物有 3 000 多种，但最主要的造岩矿物只有 30 余种，如石英、长石、辉石、角闪石、云母、方解石、高岭石、绿泥石、石膏、赤铁矿、黄铁矿等，其主要特征见表 1–1。

表 1–1　最主要造岩矿物特征

| 编号 | 矿物名称 | 形　状 | 颜　色 | 光　泽 | 硬　度 | 节　理 | 相对密度 | 其他特征 |
|---|---|---|---|---|---|---|---|---|
| 1 | 石英 | 块状、六方柱状 | 无色、乳白色 | 玻璃、油脂 | 7 | 无 | 2.6～2.7 | 晶面有平行条纹，贝壳状断口 |
| 2 | 正长石 | 柱状、板状 | 玫瑰色、肉红色 | 玻璃 | 6 | 完全 | 2.3～2.6 | 两组晶面正交 |
| 3 | 斜长石 | 柱状、板状 | 灰白色 | 玻璃 | 6 | 完全 | 2.6～2.8 | 两组晶面斜交、晶面上有条纹 |
| 4 | 辉石 | 短柱状 | 深褐色、黑色 | 玻璃 | 5～6 | 完全 | 2.9～3.6 | |
| 5 | 角闪石 | 针状、长柱状 | 深绿色、黑色 | 玻璃 | 5.5～6 | 完全 | 2.8～3.6 | |
| 6 | 方解石 | 菱形六面体 | 乳白色 | 玻璃 | 3 | 三组完全 | 2.6～2.8 | 滴稀盐酸起泡 |
| 7 | 云母 | 薄片状 | 银白色、黑色 | 珍珠、玻璃 | 2～3 | 极完全 | 2.7～3.2 | 透明至半透明，薄片具有弹性 |
| 8 | 绿泥石 | 鳞片状 | 草绿色 | 珍珠、玻璃 | 2～2.5 | 完全 | 2.6～2.9 | 半透明，鳞片无弹性 |
| 9 | 高岭石 | 鳞片状 | 白色、淡黄色 | 暗淡 | 1 | 无 | 2.5～2.6 | 土状断口，吸水膨胀滑黏 |
| 10 | 石膏 | 纤维状、板状 | 白色 | 玻璃、丝绢 | 2 | 完全 | 2.2～2.4 | 易溶解于水，产生大量 $SO_4^{2-}$ |

注：节理是指矿物受外力作用后沿一定方向裂开成光滑平面（节理面）的性能；断口是指矿物受外力作用后不沿一定方向破裂时断开面的形状。

按生成条件，矿物可分为原生矿物和次生矿物两类。原生矿物一般由岩浆冷凝生成，如石英、长石、辉石、角闪石、云母等；次生矿物一般由原生矿物经风化作用间接生成，如由长石风化而成的高岭石、由辉石或角闪石风化而成的绿泥石等，或在水溶液中析出生成，如水溶液中析出的方解石（$CaCO_3$）和石膏（$CaSO_4 \cdot 2H_2O$）等。

矿物的外表形态有结晶体和非结晶体两种，前者大多呈规则的几何形状（图 1–1），后者呈不规则形状。

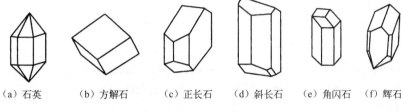

　（a）石英　　　（b）方解石　　　（c）正长石　　（d）斜长石　　（e）角闪石　（f）辉石

图 1–1　几种主要造岩矿物单个晶体的形态

## 1.1.3 岩土的类型及其特征

岩石按其成因可分为以下三大类。

（1）岩浆岩。岩浆在地下受压上浮或喷出地表后冷凝而成的岩石，岩浆岩又称火成岩。

（2）沉积岩。在陆地或水域中，成层沉积的沉积物固结而成的岩石。

（3）变质岩。原岩石经变质作用而形成的新岩石。

**1. 岩浆岩**

1）岩浆岩的形成

地壳深部的物质部分熔融，形成炽热、黏稠的以硅酸盐为主的熔融体称为岩浆。岩浆沿地壳上的薄弱部位上升到地壳上部或地表过程中，不断改变自己的成分和物理化学状态，最后凝固成岩浆岩，这个过程称为岩浆作用。岩浆侵入地壳内冷凝而成的岩石称为侵入岩；岩浆喷出地表冷凝而成的岩石称为喷出岩。

2）岩浆岩的特征

岩浆岩的特征包括岩石的颜色、结构、构造、主要造岩矿物与化学成分等，见表1-2。

表1-2 岩浆岩分类与特征

| 颜　　色 | | | 浅色（浅灰、浅红、肉红色）→深色（深灰、深绿、黑色） | | | | |
|---|---|---|---|---|---|---|---|
| 化学成分（SiO$_2$含量） | | | 酸性（>62%） | 中性（65%～52%） | 基性（52%～40%） | | 超基性（<40%） |
| 成因 | 结构 | 构造 | 含正长石 | | 含斜长石 | | 不含长石 |
| | | | 石英<br>云母<br>角闪石 | 角闪石<br>黑云母<br>辉石 | 角闪石<br>辉石<br>黑云母 | 辉石<br>角闪石<br>橄榄石 | 辉石<br>橄榄石 |
| 侵入岩 | 等粒 | 块状 | 花岗岩 | 正长岩 | 闪长岩 | 辉长岩 | 橄榄岩、辉岩 |
| | 斑粒 | 块状 | 花岗斑岩 | 正长斑岩 | 粉岩 | 辉绿岩 | |
| 喷出岩 | 斑状、隐晶质或玻璃质 | 流纹、气孔状或杏仁状 | 流纹岩 | 粗面岩 | 安山岩 | 玄武岩 | |

**2. 沉积岩**

沉积岩是地表分布最广的岩类，约占陆地表面积的75%，是地基中经常遇到的岩石，也是天然建筑材料的重要来源。

1）沉积岩的形成

原岩风化后变成碎屑物质，溶液中的离子或胶体的质点，经流水、风等搬运到陆地低凹的地方或在海洋里沉淀，堆积下来形成松散沉积物，工程上称为土。松散沉积物如经压密、脱水、胶结等成岩作用就形成沉积岩。从原岩风化、物质搬运到沉积成岩整个过程中的各种地质作用统称为沉积作用。生物遗体和火山碎屑物经堆积硬结也能形成沉积岩，如生物碎屑岩、火山碎屑岩。

沉积物或岩石沉积时的自然地理环境称为沉积相。沉积相一般分为陆相、海相、海陆过渡相三大类。如再进一步划分，海相可分为滨海相、浅海相、次深海相和深海相；过渡相可分为三角洲相和泻湖相；陆相可分为残积相、坡积相、洪积相、河流相（包括河床相、河浸滩相及牛轭湖相）、湖泊相、沼泽相、沙漠相和冰川相。一般说来，海相沉积的物质成分、岩性和岩层厚度都比较稳定，陆相沉积的物质成分复杂、岩性和岩层厚度变化也比较大。

2）沉积岩的特征

沉积岩的特征包括岩石的物质来源、沉积环境和沉积作用、造岩矿物、结构特征及构造特征等，见表1-3。

**表1-3　沉积岩分类与特征**

| 分类名称 | | 物质来源 | 沉积作用 | 结构特征 | 构造特征 |
|---|---|---|---|---|---|
| 碎屑岩 | 砾岩、角砾岩、砂岩 | 物理风化作用形成的碎屑 | 机械沉积作用为主 | 碎屑结构 | 层理构造、多孔构造 |
| | 火山角砾岩、凝灰岩 | 火山喷发的碎屑 | | | |
| 黏土岩 | 泥岩、页岩 | 化学风化作用形成的黏土矿物 | 机械沉积和胶体沉积作用 | 泥质结构 | 层理构造 |
| 化学岩和生物化学岩 | 石灰岩、泥灰岩 | 母岩经化学分解生成的溶液和胶体溶液；生物化学作用形成的矿物和生物遗体 | 化学沉积、胶体沉积和生物沉积作用 | 化学结构和生物结构 | 层理构造、致密构造 |

注：1. 火山角砾岩是由角砾状的火山岩屑（粒径2～100 mm）堆积而成的碎屑岩；

2. 凝灰岩是由火山灰（粒径0.5～2 mm的火山岩屑）沉积而成的碎屑岩；

3. 泥岩呈厚层状，页岩则呈薄层状，泥岩和页岩具有典型的泥质结构，抵抗风化能力低，吸水性很强；

4. 泥灰岩是由25%～60%的黏土矿物和40%～75%的隐晶质方解石（少量白云石）组成，它是泥岩和石灰岩之间的过渡性岩石。

3. 变质岩

1）变质岩的形成

由于地壳运动和岩浆活动，形成较高温度和高压环境，使地壳中的先成岩在固态下发生矿物成分或结构构造的变化，而形成的新岩石称为变质岩。这种地质作用称为变质作用。根据岩石变质的主要原因，变质作用分为以下几类：

（1）区域变质作用。在地壳运动中，岩石下沉到地壳深处，由于高温、高压的影响而发生大区域的变质，这种变质作用称为区域变质作用。如泰山、五台山、秦岭、祁连山等都是区域变质的示例。绝大多数变质岩都是由这种变质作用形成的，如片麻岩、片岩、千枚岩、板岩等。

（2）接触变质（热力变质）作用。当岩浆侵入时，岩浆周围的岩石由于岩浆的高温及挥发性物质的影响而发生变质，这种变质作用称为接触变质作用。接触变质仅在岩浆周围的岩石中发生，随着离侵入体距离的增大，围岩的变质就变浅，最后趋于消失。大部分大理岩和石英岩都是受这种变质作用而形成的。

（3）动力变质作用。构造运动使原岩在各种应力作用下发生破碎、变形或重结晶的地质作用称为动力变质作用。这种变质作用影响范围小，多见于断裂带附近的岩石中。

2）变质岩的特征

变质岩的特征包括岩石的矿物成分、结构与构造等因素，见表1–4。

表1–4 主要变质岩及其特征

| 名　称 | 鉴定特征 | | | | |
|---|---|---|---|---|---|
| | 主要矿物 | 颜　色 | 结　构 | 构　造 | 其　他 |
| 片麻岩 | 长石、石英、云母 | 深、浅色相同 | 斑粒变晶 | 片麻状 | |
| 云母片岩 | 云母（有少量石英） | 白色、银灰色 | 鳞片变晶 | 片状 | 有显著的丝绢光泽，质软易剥开 |
| 绿泥石片岩 | 绿泥石 | 绿色 | 鳞片变晶 | 鳞片状 | |
| 大理岩 | 方解石 | 白色、灰白色 | 等粒变晶 | 块状 | 滴稀盐酸起泡 |
| 石英岩 | 石英 | 白色、灰白色、淡红色 | 等粒变晶 | 块状 | 小刀刻画不动 |

## 1.1.4　地质年代的概念

地球形成至今大约有60亿年以上的历史。在漫长的地质历史中，地壳经历了一系列的演变过程。地质年代是指地壳发展历史与地壳运动、沉积环境及生物演化相应的时代段落。每个段落都发生了不同的特征性地质事件，如岩石的形成、生物种属的产生与灭绝、气候变异等。在地质学中，通常把地质年代分为五大代（太古代、元古代、古生代、中生代和新生代），每代又分若干纪，每纪又分若干世和期。每个地质年代中，都分有相应的地层单位，它与地质年代单位对应关系见表1–5。

表1–5 地质年代、地层单位名称对应关系

| 地质年代单位 | 代 | 纪 | 世 | 期 |
|---|---|---|---|---|
| 地层单位 | 界 | 系 | 统 | 阶（层） |

## 1.1.5　第四纪沉积物

在地质年代里，最近的是新生代第四纪（系）Q，距今也有100万年的历史。由于沉积的历史不长，第四纪沉积物尚未胶结岩化，因此，第四纪形成的各种沉积物通常是松散软弱的多孔体，与岩石的性质有很大的差别。这就是称之为"土"的第四纪沉积物。作为第四纪沉积物的土，虽然成因类型极其复杂，然而实践中发现：地质成因相同或相似的土体，其分布规律、地貌形态及工程性质具有很大的一致性。因此，研究作为建筑物地基的工程土体的成因很有必要。

按照成因类型，可将土分为残积土、坡积土、洪积土、冲积土、湖积土、海积土及风积土等。第四纪地质年代见表1–6。

表 1-6　第四纪地质年代

| 纪（系） | 世（统） | | 距今年代/万年 |
| --- | --- | --- | --- |
| 第四纪（系）Q | 全新世（统）$Q_h$ 或 $Q_4$ | | 2.5 |
| | 更新世（统）$Q_p$ | 晚更新世（上更新统）$Q_3$ | 15 |
| | | 中更新世（中更新统）$Q_2$ | 50 |
| | | 早更新世（下更新统）$Q_1$ | 100 |

### 1. 残积土

残积土是指岩石经风化后未被搬运而残留于原地的碎屑物质所组成的土体。残积土主要分布于岩石出露的地表，经受强烈风化作用的山区、丘陵地带与剥蚀平原。

通常残积土处于风化壳的上部，向下则逐渐过渡为半风化岩石，与下卧层新鲜岩石无明显的界线。其厚度变化较大，与地形条件有关（图 1-2）。

因岩石遭受风化剥蚀后，仅有细小颗粒被搬运走，故残留于原地的土颗粒较粗大且未被磨圆或分选，无层理构造，孔隙大，均匀性差。

当利用残积层作为地基时，应特别注意不均匀沉降和土坡稳定性问题。若残积层厚度不大，可考虑将其清除掉，使基础直接落到下部基岩之上较为稳妥。

### 2. 坡积土

坡积土是指由于重力、雨雪、流水等的冲刷剥蚀作用，使高处的岩石风化产物顺坡而下沉积在山麓或较平缓山坡上的沉积物（图 1-3）。其物质成分与下卧层基岩无直接关系。因经过搬运，坡积土随斜坡自上而下呈现由粗而细的分选现象。这是其与残积土的明显区别。

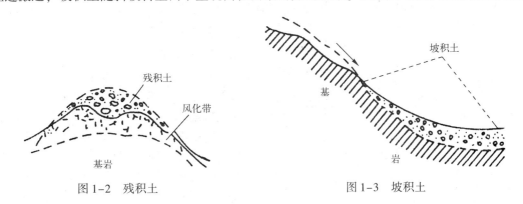

图 1-2　残积土　　　　　　　　　　图 1-3　坡积土

坡积土层理不明显，土质极不均匀，厚度变化较大。尤其是新近堆积的坡积土经常具有垂直的孔隙，结构疏松，压缩性高。

利用坡积土做地基时，除应注意不均匀沉降外，还应防止坡积土本身滑坡的发生，确保施工开挖后边坡的稳定性。

### 3. 洪积土

洪积土是指由暴雨或融雪形成的暂时性山洪急流带来的碎屑物质在山沟出口处或山前倾

斜平原堆积而成的扇形沉积物，也称洪积扇（图1-4、图1-5）。当其逐渐扩大，与相邻山口处的洪积扇常常相互连接成洪积裙或洪积平原。

洪积土的分布具有明显的分选性。通常可分为三个带。

① 靠近山区顶部的洪积土以粗碎屑物质为主，因所处的地势较高，地下水埋藏较深，洪积土厚度较薄，但其强度及承载力较高，是良好的天然地基。

② 在中部，碎屑物经过长距离搬运，磨圆度较好，洪积土以卵石和砂为主，厚度也较大。因山洪有周期性，故该部常夹有透镜体或条带状的细粒碎屑及黏性土的混合体，使洪积土呈现不均匀性。加上地下水易溢出地表形成宽广的沼泽地，土质较软而承载力较低。

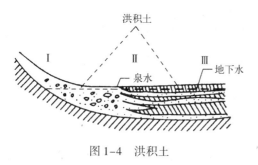

图1-4 洪积土

图1-5 洪积扇（锥）

③ 在离山区较远的洪积扇尾部，山洪末端洪水已变为缓流，其沉积物多为淤泥质黏性土，土质均匀，但承载力较低。若在形成过程中受到周期性的干燥气候影响，土中胶体发生凝聚，则该区域内的洪积土强度较高，也是良好的地基。

工程上应注意土层的尖灭和透镜体引起的不均匀沉降，工程地质勘察工作尤为重要。

4. 冲积土

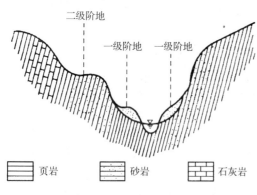

图1-6 山区河谷横断面示例

冲积土是指河流流水的地质作用将两岸基岩及其上部覆盖的坡积、洪积物质剥蚀后搬运，沉积在河流平缓地带形成的沉积物。其特点是呈现明显的层理构造，磨圆度和分选性均较好。由于搬运作用显著，碎屑物质由带棱角颗粒（如块石、碎石及角砾等）经滚磨、碰撞逐渐形成亚圆形或圆形颗粒（如漂石、卵石、圆砾等），其搬运距离越长，则沉积的物质就越细。河流冲积土在河流的各段都存在，但其性质有明显的差异。典型的冲积土是形成于河谷（河流流水侵蚀地表形成的槽形凹地）内的沉积物，可分为山区河谷冲积土和平原河谷冲积土等类型（图1-6、图1-7）。

1）山区河谷冲积土

山区河谷的特点是河流落差大，流速急，向下切割侵蚀严重，故沉积物厚度不大且不连续。沉积物以卵石、砾石为主，分选性差，具有透镜体和倾斜层理构造，多分布在近代河床河湾处的河漫滩地带。洪水期河漫滩常被淹没，故不宜做建筑物地基，但是山区河谷冲积土是良好的建筑材料。在高阶地往往是岩石或坚硬土层，若作为地基则工程特性较好。

2）平原河谷冲积土

平原河谷地貌及沉积物均较复杂，包括河床、河漫滩、阶地、古河道及三角洲等地貌单位和相应的冲积土（图 1-7）。

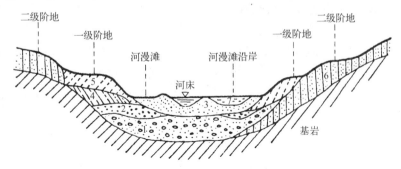

图 1-7　平原河谷横断面示例（垂直比例尺放大）

1 – 砾卵石；2 – 中粗砂；3 – 粉细砂；4 – 粉质黏土；5 – 粉土；6 – 黄土；7 – 淤泥

河流从上游山区河谷流入平川，流速大减，河流所携带的碎屑物质沉积下来，形成冲积扇，冲积扇的面积和厚度均较大，若有若干条河流从山区密集流出，冲积扇便可连接起来，形成宽广的冲积平原，如华北平原等。

河流进入中下游地区，河面宽广，水流平缓。每当洪水泛滥，河水携带泥沙漫出河床。河水消退后，泥沙便沉积在河漫滩上，日积月累，河漫滩不断加厚扩大，再加上地壳的上升运动，便形成淤积平原，如江汉平原等。

淤积平原如果位于地壳缓慢上升区域，河流便会加强向下和侧向侵蚀切割，故河流在新的位置上又将出现新的河漫滩冲积层，而原有的河漫滩冲积层已高出许多，在地形上便形成了一条平行于河流的带状阶地。如此反复，便形成多级阶地，从下至上分别为一级阶地、二级阶地、三级阶地等。

河流在入湖或入海口，大量的泥沙由于流速的进一步减慢而沉积下来，形成三角洲冲积地貌。三角洲沉积面积宽广，厚度很大，如珠江三角洲平原等。

通常河床冲积土大多为中密砂砾，作为建筑物地基，其承载力较高，但必须注意河流冲刷作用可能导致建筑物地基的毁坏及凹岸边坡的不稳定。

河漫滩冲积土具有"二元结构"，其下层为砂砾、卵石等粗粒，上部为河水泛滥时沉积的较细颗粒的土，局部夹有淤泥和泥炭层。因该地段地下水埋藏较浅，当沉积物为淤泥质和泥炭层时，压缩性高，强度低，以其作为建筑物地基时应认真对待，尤其是在淤塞的古河道地区，更应慎重处理。当冲积土为砂层时，其承载力可能较高，但开挖基坑时必须注意可能发生的流砂现象。

河流阶地沉积物是由河床和河漫滩沉积物演变而来的，特别是二、三级阶地，形成时间较长，又受周期性干燥作用，土层密实，强度较高，不易被洪水淹没，是理想的建筑场地。加上地形平坦，水源丰富，靠近河流航运方便，许多大城市都建立于此，如兰州、武汉、重庆等。

三角洲冲积土的特点为颗粒细，孔隙大，含水率高，富含有机质，承载力低，如果遇到较厚的淤泥或淤泥质土层时，将给工程建设带来困难。但应注意利用其上层存在的因长期干燥和压实所形成的"硬壳层"，还应注意查明有无被冲积土所掩盖的暗滨或暗沟存在。

**5. 其他沉积土**

除了上述成因类型的沉积土以外，还有海洋沉积土、湖泊沉积土、风积土及冰川沉积土等。在此仅概括介绍海洋沉积土和湖泊沉积土。

1）海洋沉积土

海洋按海水深度和海底地形可划分为滨海区（指海水高潮位时淹没、低潮位时出露的地带）、浅海区（指大陆架，水深 0～200 m，宽度 100～200 km）、陆坡区（指大陆坡，水深 200～1000 m，宽度 100～200 km）及深海区（深海底盘，水深超过 1000 m），如图 1-8 所示。

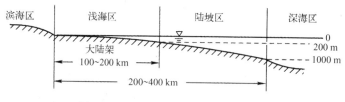

图 1-8　海洋按海水深度划分示意图

与各海洋分区相对应的海洋沉积土具有以下特征：

滨海沉积土主要由卵石、圆砾和砂等粗碎屑物质组成，有的地区存在黏性土夹层，具有水平或缓倾的层理构造，在砂层中常有波浪作用留下的痕迹。作为地基，其强度较高，但透水性较大。应注意黏性土夹层存在遇水软化、强度降低的情况，加上海水含盐量较大，使形成的黏性土膨胀性较大。

浅海沉积土主要由细颗粒砂土、黏性土、淤泥和生物化学沉积物（如硅质和石灰质等）组成，具有层理构造。离海岸越远，沉积土的颗粒越细小。其中砂土较滨海区更为疏松，压缩性高且不均匀。一般近代黏土质沉积土的密度小，含水率高，因而其压缩性高，强度低，对工程不利。

陆坡和深海沉积土主要由有机质软泥组成，成分单一。

2）湖泊与沼泽沉积土

湖泊沉积土可分为湖滨沉积土和湖心沉积土。湖泊淤塞退化可演变为沼泽，形成沼泽沉积土。

湖滨沉积土主要由湖浪冲蚀湖岸，破坏岸壁形成的碎屑物质组成。近岸带沉积的多数是粗颗粒的卵石、圆砾和砂土；远岸带沉积的则是细颗粒的砂土和黏性土。湖边沉积土具有明显的斜层理构造。作为地基时，近岸带有较高的承载力，远岸带则差些。

湖心沉积土是由河流和湖流携带的细小悬浮颗粒到达湖心后沉积形成的，主要是黏土和淤泥，常夹有细砂、粉砂薄层，其压缩性高，强度低。

沼泽沉积土（沼泽土）主要由泥炭组成，其特征为：含水率极高，透水性很低，压缩性很高且不均匀，承载力很低，不宜做建筑地基。

# 1.2　土的三相组成

土是由岩石经过物理风化和化学风化后的产物，是由各种大小不同的土粒按各种比例组成的集合体。土的三相组成包括固体、液体和气体。在特殊情况下可成为两相物质，没有气体时就是饱和土，没有液体时就是干土。这里的相是指土生成后物质的存在状态，包括微观的结构和构造。

## 1.2.1　土的固体颗粒

岩石经过物理、化学和生物风化作用形成固体土颗粒。固体土颗粒的矿物成分、颗粒大小、形状及级配是影响土的物理性质的重要因素。

1. 土的矿物成分

根据岩石风化的方式和矿物形成的先后，土的矿物成分可分为原生矿物和次生矿物。

1）物理风化与原生矿物

岩石由于温度变化、裂隙水的冻结及盐类结晶而逐渐破碎崩解为土的过程称为物理风化。岩石经物理风化作用形成的粗粒碎屑物，其矿物成分与母岩相同，故称为原生矿物。常见的原生矿物有石英、长石、云母等，其性质较为稳定。尤其是石英，在自然界存在最多，分布最广。无黏性土中的砾石和砂主要由原生矿物所组成。

2）化学及生物化学风化与次生矿物

岩石在水、大气及有机物的化学作用或生物化学作用下引起的破坏过程称为化学风化。它不仅破坏了岩石的结构，而且使其化学成分改变并形成新的矿物，即次生矿物，如黏土矿物、铁铝氧化物及氢氧化合物等。常见的黏土矿物有高岭石、蒙脱石和伊利石等，是构成黏性土的主要成分。因其矿物颗粒很微小，在电子显微镜下观察为鳞片状或片状，以 X 射线分析证明其内部具有层状结构，颗粒比表面积很大，故黏土矿物具有很强的与水作用的能力，即亲水性强。土中含黏土矿物越多，则土的黏性、塑性和胀缩性也越大。按亲水性的强弱分，蒙脱石最强，高岭石最弱。

2. 土颗粒粒组的划分

天然土是由大小不同的颗粒所组成的，土粒的大小通常以其平均直径表示，称为粒径，又称为粒度。土颗粒的大小相差悬殊，从大于几十厘米的漂石到小于几微米的黏粒，同时由于土粒的形状往往是不规则的，因此很难直接测量土粒的大小，只能用间接的方法来定量地描述土粒的大小及各种颗粒的相对含量。常用的方法主要有两种：一是对粒径大于 0.075 mm 的土粒常用筛分析的方法；二是对小于 0.075 mm 的土粒则用沉降分析的方法。

天然土的粒径一般是连续变化的，为了描述方便，工程上常把大小相近的土粒合并为组，称为粒组。粒组之间的分界线是人为划定的，划分时应使粒组界限与粒组性质的变化相适应，并按一定的比例递减关系划分粒组的界限值。

对粒组的划分，各个国家甚至一个国家的各个部门都有不同的规定。我国规范采用的粒组划分标准见表 1-7。《土的工程分类标准》（GB/T 50145—2007）在砂粒粒组与粉粒粒组的界限上取与《建筑地基基础设计规范》（GB 50007—2011）和《岩土工程勘察规范》（GB 50021—2009）相同的标准，但将卵石粒组与砾粒粒组的分界粒径改为 60 mm。《公路土工试验规程》（JTG E40—2007）的粒组划分标准与《土的工程分类标准》（GB/T 50145—2007）

基本相同，但是前者取 0.002 mm 作为黏粒与粉粒的分界粒径，而后者的黏粒与粉粒分界粒径则为 0.005 mm。

表 1-7　我国规范规定的粒组划分标准

| 粒组 | 《岩土工程勘察规范》（GB 50021—2009）与《建筑地基基础设计规范》（GB 50007—2011） | | 《土的工程分类标准》（GB/T 50145—2007） | | | 《公路土工试验规程》（JTG E40—2007） | | |
|---|---|---|---|---|---|---|---|---|
| | 颗粒名称 | 粒径范围/mm | 颗粒名称 | | 粒径范围/mm | 颗粒名称 | | 粒径范围/mm |
| 巨粒 | 漂石（块石） | >200 | 漂石（块石） | | >200 | 漂石（块石） | | >200 |
| | 卵石（碎石） | 20～200 | 卵石（碎石） | | 60～200 | 卵石（小块石） | | 60～200 |
| 粗粒 | 圆砾（角砾） | 2～20 | 砾粒 | 粗砾 | 20～60 | 砾（角砾） | 粗砾 | 20～60 |
| | | | | 中砾 | 5～20 | | 中砾 | 5～20 |
| | | | | 细砾 | 2～5 | | 细砾 | 2～5 |
| | 砂粒 | 粗砂 | 0.5～2 | 砂粒 | 粗砂 | 0.5～2 | 砂粒 | 粗砂 | 0.5～2 |
| | | 中砂 | 0.25～0.5 | | 中砂 | 0.25～0.5 | | 中砂 | 0.25～0.5 |
| | | 细砂 | 0.075～0.25 | | 细砂 | 0.075～0.25 | | 细砂 | 0.075～0.25 |
| 细粒 | 粉粒 | 0.005～0.075 | 粉粒 | | 0.005～0.075 | 粉粒 | | 0.002～0.075 |
| | 黏粒 | ≤0.005 | 黏粒 | | ≤0.005 | 黏粒 | | ≤0.002 |

**3. 土粒组成的表示方法**

土的颗粒大小及其组成情况，通常用土中各种不同粒组的相对含量（各粒组干土质量的百分比表示），称为土的颗粒级配，它可用以描述土中不同粒径土粒的分布特征。

常用的土颗粒级配的表示方法有表格法、累计曲线法和三角坐标法。

1）表格法

以列表形式直接表达各粒组的相对含量。它用于土的颗粒分析是十分方便的。表格法有两种不同的表示方法：一是以累计含量百分比表示，见表 1-8；二是以粒组表示，见表 1-9。累计百分含量是直接由试验求得的结果，粒组是由相邻两个粒径的累计百分含量之差求得的。

表 1-8　颗粒分析的累计百分含量表示法

| 粒径 $d_i$/mm | 粒径小于等于 $d_i$ 的累计百分含量 $p_i$/% | | |
|---|---|---|---|
| | 土样 A | 土样 B | 土样 C |
| 10 | — | 100.0 | — |
| 5 | 100.0 | 75.0 | — |
| 2 | 98.9 | 55.0 | — |
| 1 | 92.9 | 42.7 | — |
| 0.50 | 76.5 | 34.7 | — |
| 0.25 | 35.0 | 28.5 | 100.0 |

| 粒径 $d_i$/mm | 粒径小于等于 $d_i$ 的累计百分含量 $p_i$/% | | |
|---|---|---|---|
| | 土样 A | 土样 B | 土样 C |
| 0.10 | 9.0 | 23.6 | 92.0 |
| 0.075 | — | 19.0 | 77.6 |
| 0.010 | — | 10.9 | 40.0 |
| 0.005 | — | 6.7 | 28.9 |
| 0.001 | — | 1.5 | 10.0 |

表 1-9　颗粒分析的粒组表示法

| 粒径/mm | 土样 A | 土样 B | 土样 C |
|---|---|---|---|
| 10～5 | — | 25.0 | — |
| 5～2 | 1.1 | 20.0 | — |
| 2～1 | 6.0 | 12.3 | — |
| 1～0.5 | 16.4 | 8.0 | — |
| 0.5～0.25 | 41.5 | 6.2 | — |
| 0.250～0.100 | 26.0 | 4.9 | 8.0 |
| 0.100～0.075 | 9.0 | 4.6 | 14.4 |
| 0.075～0.010 | — | 8.1 | 37.6 |
| 0.010～0.005 | — | 4.2 | 11.1 |
| 0.005～0.001 | — | 5.2 | 18.9 |
| <0.001 | — | 1.5 | 10.0 |

2）累计曲线法

累计曲线法是一种图示的方法，通常用半对数纸绘制，横坐标（按对数比例尺）表示某一粒径，纵坐标表示小于某一粒径的土粒的百分含量。表 1-8 中三种土的累计曲线如图 1-9 所示。

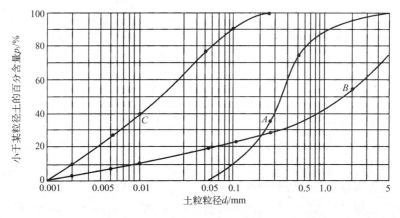

图 1-9　土的累计曲线

在累计曲线上，可确定两个描述土的级配的指标：

不均匀系数

$$C_u = \frac{d_{60}}{d_{10}} \tag{1-1}$$

曲率系数

$$C_s = \frac{d_{30}^2}{d_{60}d_{10}} \tag{1-2}$$

式中：$d_{10}$、$d_{30}$、$d_{60}$ 分别相当于累计百分含量达 10%、30%、60% 的粒径，$d_{10}$ 称为有效粒径，$d_{60}$ 称为限制粒径。

不均匀系数 $C_u$ 反映的是大小不同粒组的分布情况。$C_u < 5$ 的土称为匀粒土，级配不良。$C_u$ 越大，表示粒组分布范围越广，$C_u > 10$ 的土级配良好，但如 $C_u$ 过大，表示可能缺失中间粒径，属不连续级配，故需同时用曲率系数来评价。曲率系数则是描述累计曲线整体形状的指标。工程中，当同时满足 $C_u \geq 5$ 和 $C_s = 1 \sim 3$ 时，土的级配良好，为不均匀土。

3）三角坐标法

三角坐标法也是一种图示法，它是利用等边三角形内任意一点至三个边（$h_1$，$h_2$，$h_3$）的垂直距离的总和恒等于三角形之高 $H$ 的原理，用以表示组成土的三个粒组的相对含量，即图中的三个垂直距离可以确定一点的位置。三角坐标法只适用于划分为三个粒组的情况。例如当把黏性土划分为砂土、粉土和黏土粒组时，就可以用图 1-10 所示的三角坐标图来表示。图中的 $m$ 点分别向三条边作平行线，得到 $m$ 点的坐标分别为：黏粒含量 28.9%；粉粒含量 48.7%；砂粒含量 22.4%，三粒组之和为 100%。对照表 1-9 的数据可以发现，此土样即为表中的土样 $C$。

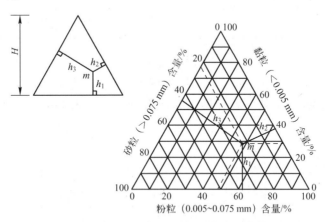

图 1-10　三角坐标图

上述三种方法各有其特点和适用条件。表格法能很清楚地用数量说明土样的各粒组含量，但对于大量土样之间的比较就显得过于冗长，且无直观概念，使用比较困难。

累计曲线法能用一条曲线表示一种土的颗粒组成，而且可以在一张图上同时表示多种土的颗粒组成，能直观地比较其级配状况。

三角坐标法能用一点表示一种土的颗粒组成，在一张图上能同时表示许多种土的颗粒组成，便于进行土料的级配设计。三角坐标图中不同的区域表示土的不同组成，因而还可以用来确定按颗粒级配分类的土名。

在工程上可根据使用的要求选用适合的表示方法，也可以在不同的场合选用不同的方法。

## 1.2.2　土中水

土在自然条件下总是含水的，土中的水可处于液态、气态或固态。其中固态水主要存在于冻土层中，气态水对土的性质影响不大。这里主要讨论土中的液态水。

土中的液态水主要有结合水（吸附水）和自由水两类。

### 1. 结合水（吸附水）

结合水是指受分子间力作用吸附于土粒表面的土中水。这种分子间力可高达几百至几千兆帕，使水分子和土粒表面牢固地黏结在一起。

研究表明，土粒（矿物颗粒）表面一般带有负电荷，围绕土粒形成电场，在土粒电场影响范围内的水分子以及水溶液中的阳离子（如 $Na^+$，$Ca^{2+}$，$Al^{3+}$ 等）一起被吸附于土颗粒周围。由于水分子是极性分子（图 1-11），受电场影响而定向排列，越靠近土粒表面吸附越牢固。随着距离增大，吸附力减小，故结合水又可分为强结合水和弱结合水。

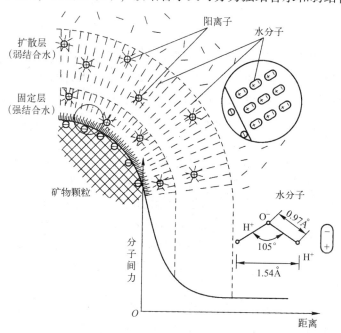

图 1-11　结合水分子定向排列及其所受分子间力变化的简图

#### 1）强结合水

强结合水是指紧靠土粒表面的结合水，又称为吸着水。它的特征为：无溶解能力，不受重力作用，不传递静水压力，温度在 105℃ 以上时才能蒸发，冰点为 $-78℃$，密度为 $1.2 \sim 2.4\,g/cm^3$。这种水牢固地结合在土粒表面，其性质接近于固体，具有极大的黏滞性、弹性及抗剪强度。土粒越细，比表面积越大，其最大吸着度就越大。黏土中仅含强结合水时，黏土呈固体状态，磨碎后则呈粉末状态。

2）弱结合水

弱结合水是指紧靠于强结合水外围的一层水膜，故又称为薄膜水。它仍不能传递静水压力，但水膜较厚的弱结合水能向较薄的水膜缓慢转移，直到平衡。弱结合水的存在，使土具有可塑性。由于黏性土比表面积较大，含薄膜水多，故其可塑性范围大。而砂土比表面积较小，含薄膜水极少，故几乎不具有可塑性。

随着与土粒距离的不断增大，分子间力逐渐减小，弱结合水就逐步过渡为自由水。

2. 自由水

自由水存在于土粒电场影响范围以外，其性质与普通水相同，服从重力定律，传递静水压力，冰点为0℃，具有溶解能力。

自由水按其移动所受作用力的不同，可分为重力水和毛细水。

1）重力水

重力水是存在于地下水位以下透水层中的地下水，它在重力和压力差的作用下运动，对土粒有浮力作用。在地下水位以下的土，受到重力和水浮力的共同作用，土中的应力状态不同于地下水位以上的土。重力水的存在会对基坑开挖产生很大影响。重力水在流速较大时所产生的动水压力可能会将土中细小颗粒冲走，或者溶蚀并带走土中物质，使土层产生机械或化学的"潜蚀"。

2）毛细水

毛细水是受水与空气界面的张力作用而存在于细小孔隙中的自由水，一般存在于地下水位以上的透水层中。由于表面张力的作用，地下水沿不规则的毛细孔上升，形成毛细水上升带，其上升高度视孔隙大小而定。毛细水通常存在于 0.002～0.5 mm 的孔隙中，孔隙过大，不会产生毛细现象，孔隙过小则孔隙易被结合水填满。砂土、粉土及粉质黏土中毛细水含量较大。

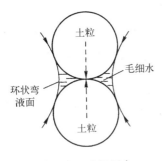

图1-12 毛细压力

当土孔隙中局部存在毛细水时，毛细水的弯液面和土粒接触处的表面张力反作用于土粒，使土粒之间由于这种毛细压力而挤紧（图1-12），土因而具有微弱的黏聚力，称为毛细黏聚力。在施工现场常常可以看到稍湿状态的砂堆，能保持垂直陡壁达几十厘米高而不塌落，就是因为砂粒间具有毛细黏聚力的缘故。在饱和的砂或干砂中，土粒之间的毛细压力消失。

在工程上常需研究毛细水的上升高度和速度，因为毛细水的上升会使地基湿润，强度降低，变形增大，另外还对建筑物地下部分的防潮措施及施工冻胀问题有重要影响。若毛细水上升至地表，则易形成沼泽化、盐渍化。

## 1.2.3 土中气体

土中气体是指存在于土孔隙中未被水占领的部分。

土中气体可分为：流通气体和密闭气体两种类型。

流通气体是指与大气连通的气体，常见于无黏性的粗粒土中。它易于逸出，对土的性质影响不大。

密闭气体是指与大气隔绝的以气泡形式出现的气体，常见于黏性细粒土中。它不易逸出，因而增大了土的压缩性，降低了透水性。较为典型的是淤泥质土和泥炭土，由于微生物分解有机物，在土层中产生了一些可燃性气体（如硫化氢、甲烷等），使其在自重作用下长期不易压密，成为高压缩性土层。

## 1.2.4　土的结构与构造

土的结构是指土颗粒的大小、形状、排列情况及相互连接的方式。通常认为有三种结构：单粒结构、蜂窝结构和絮状结构。

（1）单粒结构是由砂粒或更粗大的颗粒在水或空气中沉积形成。由于颗粒自重大于颗粒之间的引力，颗粒是以单个颗粒相互连接的。松散的单粒结构是不稳定的，在荷载的作用下变形很大；密实的单粒结构是良好的天然地基，如图 1-13 所示。

（2）蜂窝结构是由粉粒（粒径在 0.005～0.075 mm）在水中下沉时形成的，由于颗粒之间的引力大于自重力，下沉中的颗粒遇到已沉积的颗粒时，就停留在最初的接触点上不再下沉，形成具有很大孔隙的蜂窝结构，如图 1-14 所示。

（3）絮状结构是由黏粒（粒径 ≤0.005 mm）集合体组成。这些颗粒不因自重而下沉，长期悬浮在水中，构成孔隙很大的絮状结构，如图 1-15 所示。

 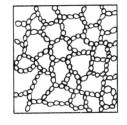 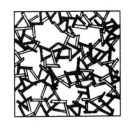

（a）松散　　　　（b）密实

图 1-13　单粒结构　　　　图 1-14　蜂窝结构　　　　图 1-15　絮状结构

土的构造是从宏观的角度研究土的组成，土的构造的最主要特征是土的成层性和裂隙性。

## 1.3　土的三相比例指标

以上研究土的成因类型、土的颗粒组成、土的矿物成分、土中水和气体、土的结构和构造等，目的是从本质方面了解土的性质。为了对土的基本物理性质有所了解，还需要对土的三相（土粒、水和气体）组成情况进行数量上的研究。

土是由固体颗粒、土中水和土中气体构成的三相体系（图 1-16），与岩石有着显著的差异。土中颗粒的大小、成分及三相之间的比例关系，必然在土的密度、松散程度、干

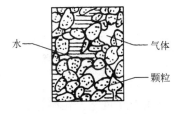

图 1-16　土的组成

湿、软硬等一系列物理性质和状态上有不同的反映。而土的物理性质在很大程度上又决定了土的力学性质，并影响其他性质。例如，土质疏松且湿润，则其强度低而压缩性大；反之，则强度高而压缩性小。再如，地下水位的升高或降低，都将改变土中水的含量，进而改变土的其他性质；经过压实的土，其孔隙体积减小，强度增大。这些变化均可通过相应指标的具体数字及其变化反映出来。

　　为了推导土的三相比例指标，通常把在土体中实际上是处于分散状态的三相物质理想化地分别集中在一起，构成如图 1-17 所示的三相图。在图 1-17（c）中，右边注明土中各相的体积，左边注明土中各相的质量。土样的体积 $V$ 为土中空气的体积 $V_a$、水的体积 $V_w$ 和土粒的体积 $V_s$ 之和；土样的质量 $m$ 为土中空气质量 $m_a$、水质量 $m_w$ 和土粒质量 $m_s$ 之和。通常认为空气的质量可以忽略，则土样的质量就仅为水的质量和土粒质量之和。

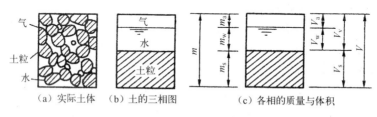

　　（a）实际土体　　（b）土的三相图　　　（c）各相的质量与体积

图 1-17　土的三相图

　　土的三相比例指标可分为两类：一是试验指标；二是换算指标。

## 1.3.1　试验指标

　　通过试验测定的指标称为试验指标，主要有土的密度、土粒比重和土的含水率等。

　　1. 土的密度 $\rho$

　　土的密度是单位体积土的质量，单位为 g/cm³。若令土的体积为 $V$，质量为 $m$，则土的密度 $\rho$ 可由下式表示：

$$\rho = \frac{m}{V} \tag{1-3}$$

　　土的密度常用环刀法测定，就是采用一定体积环刀切取土样并称出土的质量，环刀内土的质量与环刀体积之比即为土的密度。一般土的密度为 $1.60 \sim 2.20$ g/cm³。当用国际单位制计算重力 $W$ 时，由土的质量产生的单位体积的重力称为重力密度 $\gamma$，简称为重度；重力等于质量乘以重力加速度，因此重度由密度乘以重力加速度 $g$ 求得，其单位是 kN/m³，即：

$$\gamma = \rho g \tag{1-4}$$

　　对天然土求得的密度称为天然密度或湿密度，相应的重度称为天然重度或湿重度，以区别于其他条件下的指标，如后面将要出现的干密度和干重度、饱和密度和饱和重度等。

　　2. 土粒比重 $G_s$

　　土粒比重是土粒质量 $m_s$ 与同体积4℃时纯水的质量之比，可由下式表示：

$$G_s = \frac{m_s}{V_s \cdot \rho_{w1}} = \frac{\rho_s}{\rho_{w1}} \tag{1-5}$$

式中：$\rho_{w1}$——纯水在 4℃ 时的密度，通常取 1 g/cm³；

$\quad\quad\rho_s$——土粒密度。

土粒比重在数值上等于土粒密度（g/cm³），但土粒比重单位为无量纲。

土粒比重可采用比重瓶法测定，基本原理就是利用称好质量的干土放入盛满水的比重瓶的前后质量差异，来计算土粒的体积，从而进一步计算出土粒比重。但土粒比重主要取决于土的矿物成分，不同土类的比重变化幅度并不大，在有经验的地区可按经验值选用，一般土粒的比重见表 1-10。

表 1-10　土粒比重的一般数值

| 土　名 | 砂　土 | 砂质粉土 | 黏质粉土 | 粉质黏土 | 黏　土 |
|---|---|---|---|---|---|
| 土粒比重 | 2.65～2.69 | 2.70 | 2.71 | 2.72～2.73 | 2.74～2.76 |

3. 土的含水率 $w$

土的含水率是土中水的质量 $m_w$ 与土粒质量 $m_s$ 之比，可由下式表示：

$$w = \frac{m_w}{m_s} \times 100\% \tag{1-6}$$

土的含水率一般采用烘干法测定，就是将试样放在温度能保持 105～110℃ 的烘箱中，烘至恒量时所失去的水质量与达到恒量后干土质量的比值即为土的含水率。土的含水率是描述土的干湿程度的重要指标，常以百分数表示。土的天然含水率变化范围很大，从干砂的含水率接近于零到蒙脱土的含水率可达百分之几百。

## 1.3.2　换算指标

除了上述土的三个试验指标之外，还有一些土的指标可以通过计算求得，称为换算指标，主要包括土的干密度（干重度）、饱和密度（饱和重度）、有效重度、孔隙比、孔隙率和饱和度等。

1. 土的干密度 $\rho_d$

土的干密度是土的颗粒质量 $m_s$ 与土的总体积 $V$ 之比，单位为 g/cm³，可由下式表示：

$$\rho_d = \frac{m_s}{V} \tag{1-7}$$

土的干密度越大，土则越密实，强度也就越高，水稳定性也就越好。干密度常作为填土密实度的施工控制指标。

2. 土的饱和密度 $\rho_{sat}$

土的饱和密度是指当土的孔隙中全部为水所充满时的密度，即全部充满孔隙的水的质量

$m_w$ 与颗粒质量 $m_s$ 之和与土的总体积 $V$ 之比，单位为 $g/cm^3$，可由下式表示：

$$\rho_{sat} = \frac{m_s + V_v\rho_w}{V}$$ (1-8)

式中：$V_v$——土的孔隙体积；

   $\rho_w$——水的密度，通常取 $1\ g/cm^3$。

当用干密度或饱和密度计算重力时，应乘以重力加速度 $g$ 变换为干重度 $\gamma_d$ 或饱和重度 $\gamma_{sat}$，单位为 $kN/m^3$，可由式（1-9）或式（1-10）表示：

$$\gamma_d = \rho_d g$$ (1-9)

$$\gamma_{sat} = \rho_{sat} g$$ (1-10)

3. 土的有效重度 $\gamma'$

当土浸没在水中时，土的颗粒受到水的浮力作用，单位土体积中土粒的重力扣除同体积水的重力后，即为单位土体积中土粒的有效重力，称为土的有效重度（又称浮重度），单位为 $kN/m^3$，可由下式表示：

$$\gamma' = \frac{m_s g - V_s\gamma_w}{V} = \gamma_{sat} - \gamma_w$$ (1-11)

式中：$\gamma_w$——水的重度。

4. 土的孔隙比 $e$

土的孔隙比是土中孔隙的体积 $V_v$ 与土粒体积 $V_s$ 之比，由下式表示：

$$e = \frac{V_v}{V_s}$$ (1-12)

孔隙比可用来评价土的紧密程度，或从孔隙比的变化推算土的压密程度，是土的一个重要物理性指标。

5. 土的孔隙率 $n$

土的孔隙率是土中孔隙的体积 $V_v$ 与土的总体积 $V$ 之比，以百分数计，由下式表示：

$$n = \frac{V_v}{V} \times 100\%$$ (1-13)

6. 土的饱和度 $S_r$

土的饱和度是指孔隙中水的体积 $V_w$ 与孔隙体积 $V_v$ 之比，以百分数计，由下式表示：

$$S_r = \frac{V_w}{V_v} \times 100\%$$ (1-14)

## 1.3.3　三相比例指标的换算关系

土的三相比例指标之间可以互相换算。根据土的密度、土粒比重和土的含水率三个试验指标，可以换算求得全部计算指标，也可以用某几个指标换算其他的指标。

图 1-18 所示是土的三相示意图，假定土的颗粒体积 $V_s = 1$，并假定 $\rho_{w1} = \rho_w$，则孔隙体积 $V_v = e$，总体积 $V = 1 + e$，颗粒质量 $m_s = V_s G_s \rho_{w1} = G_s \rho_w$，水的质量 $m_w = w m_s = w G_s \rho_w$，总质量 $m = G_s(1 + w)\rho_w$，于是根据定义有：

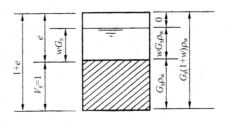

图 1-18   土的三相示意图

$$\rho = \frac{m}{V} = \frac{G_s(1 + w)\rho_w}{1 + e} \tag{1-15}$$

$$\rho_d = \frac{m_s}{V} = \frac{G_s \rho_w}{1 + e} = \frac{\rho}{1 + w} \tag{1-16}$$

$$e = \frac{G_s \rho_w}{\rho_d} - 1 = \frac{G_s(1 + w)\rho_w}{\rho} - 1 \tag{1-17}$$

$$\rho_{sat} = \frac{m_s + V_v \rho_w}{V} = \frac{(G_s + e)\rho_w}{1 + e} \tag{1-18}$$

$$\gamma' = \frac{m_s g - V_s \gamma_w}{V} = \frac{m_s g - (V - V_v)\gamma_w}{V} =$$

$$\frac{m_s g + V_v \gamma_w - V\gamma_w}{V} = \gamma_{sat} - \gamma_w =$$

$$\frac{(G_s + e)\gamma_w}{1 + e} - \gamma_w = \frac{(G_s - 1)\gamma_w}{1 + e} \tag{1-19}$$

$$n = \frac{V_v}{V} = \frac{e}{1 + e} \tag{1-20}$$

$$S_r = \frac{V_w}{V_v} = \frac{\dfrac{m_w}{\rho_w}}{e} = \frac{\dfrac{wG_s \rho_w}{\rho_w}}{e} = \frac{wG_s}{e} \tag{1-21}$$

土的三相比例指标换算公式一并列于表 1-11。

表 1-11   土的三相比例指标换算关系

| 换 算 指 标 | 用试验指标计算的公式 | 用其他指标计算的公式 |
|:---:|:---:|:---:|
| 孔隙比 $e$ | $e = \dfrac{G_s(1 + w)\gamma_w}{\gamma} - 1$ | $e = \dfrac{G_s \gamma_w}{\gamma_d} - 1$ <br><br> $e = \dfrac{wG_s}{S_r}$ |
| 饱和重度 $\gamma_{sat}$ | $\gamma_{sat} = \dfrac{\gamma(G_s - 1)}{G_s(1 + w)} + \gamma$ | $\gamma_{sat} = \dfrac{G_s + e}{1 + e}\gamma_w$ <br><br> $\gamma_{sat} = \gamma' + \gamma_w$ |
| 饱和度 $S_r$ | $S_r = \dfrac{\gamma G_s w}{G_s(1 + w)\gamma_w - \gamma}$ | $S_r = \dfrac{wG_s}{e}$ |
| 干重度 $\gamma_d$ | $\gamma_d = \dfrac{\gamma}{1 + w}$ | $\gamma_d = \dfrac{G_s}{1 + e}\gamma_w$ |

| 换 算 指 标 | 用试验指标计算的公式 | 用其他指标计算的公式 |
|---|---|---|
| 孔隙率 $n$ | $n = 1 - \dfrac{\gamma}{G_s (1+w) \gamma_w}$ | $n = \dfrac{e}{1+e}$ |
| 有效重度 $\gamma'$ | $\gamma' = \dfrac{\gamma (G_s - 1)}{G_s (1+w)}$ | $\gamma' = \gamma_{sat} - \gamma_w$ |

**【例1-1】** 已知土的试验指标，重度 $\gamma = 17.0 \text{ kN/m}^3$、土粒比重 $G_s = 2.72$ 和含水率 $w = 10.0\%$，试求孔隙比 $e$、饱和度 $S_r$ 和干重度 $\gamma_d$。

**解：** 可以有两种解法：第一种方法是直接采用表1-11中的换算公式计算；第二种方法则是利用试验指标按三相图分别求出三相物质的重力和体积，然后按定义计算。

方法一：

$$e = \frac{G_s (1+w) \gamma_w}{\gamma} - 1 = \frac{2.72 \times (1 + 0.10) \times 9.81}{17.0} - 1 = 0.727$$

$$S_r = \frac{w G_s}{e} = \frac{0.10 \times 2.72}{0.727} = 0.374 = 37.4\%$$

$$\gamma_d = \frac{\gamma}{1+w} = \frac{17.0}{1+0.10} = 15.5 (\text{kN/m}^3)$$

方法二：

设土粒体积 $V_s = 1 \text{ m}^3$，则

　　土粒的重力 $W_s = V_s G_s \gamma_w = 1 \times 2.72 \times 9.81 = 26.68$ （kN）

　　水的重力 $W_w = w W_s = 0.10 \times 26.68 = 2.67$ （kN）

　　土的重力 $W = W_s + W_w = 26.68 + 2.67 = 29.35$ （kN）

已知土的重度 $\gamma = 17.0 \text{ kN/m}^3$，则

　　土的体积 $V = \dfrac{W}{\gamma} = \dfrac{29.35}{17.0} = 1.727$ （m$^3$）

　　孔隙体积 $V_v = V - V_s = 1.727 - 1 = 0.727$ （m$^3$）

　　水的体积 $V_w = \dfrac{W_w}{\gamma_w} = \dfrac{2.67}{9.81} = 0.272$ （m$^3$）

求得三相物质的重力和体积后，就可根据定义计算孔隙比 $e$、饱和度 $S_r$ 和干重度 $\gamma_d$ 的数值为：

$$e = \frac{V_v}{V_s} = \frac{0.727}{1} = 0.727$$

$$S_r = \frac{V_w}{V_v} = \frac{0.272}{0.727} = 0.374 = 37.4\%$$

$$\gamma_d = \frac{W_s}{V} = \frac{26.68}{1.727} = 15.4 (\text{kN/m}^3)$$

从上述两种方法计算的结果看出，在尾数上有一个单位的误差，这是方法二计算误差积累的缘故，在工程实用上一般都采用第一种方法计算。

**【例1-2】** 已知饱和黏土的含水率为36%，土粒比重 $G_s = 2.75$，试求其孔隙比 $e$。

**解**：此题虽只给出两个试验指标，但同时指出该黏土为饱和黏土，因饱和土的饱和度 $S_r$ 为 1，则由表 1–11 可得：

$$e = \frac{wG_s}{S_r} = \frac{0.36 \times 2.75}{1} = 0.99$$

对饱和土来说，孔隙比与含水率一般呈线性关系，大量实测数据的统计也证明了这一点。

# 1.4　黏性土的界限含水率

在生活中，我们经常可以看到这样的现象，对于土路，雨天时泥泞不堪，车辆驶过便形成深深的车辙，而在久晴以后土路却又异常坚硬。这种现象说明土的工程性质及其含水率有着十分密切的关系，因而需要定量地加以研究。

## 1.4.1　黏性土的状态与界限含水率

黏性土从泥泞到坚硬经历了几个不同的物理状态，含水率很大时土就成为泥浆，是一种黏滞流动的液体，称为流动状态。含水率逐渐减小时，黏滞流动的特点渐渐消失而显示出可塑性，称为可塑状态。所谓可塑性就是指土可以塑成任何形状而不发生裂缝，并在外力解除以后能保持已有的形状而不恢复原状的性质。黏性土的可塑性是一个十分重要的性质，对于土木工程有着重要的意义。当含水率继续减小时，则发现土的可塑性逐渐消失，从可塑状态变为半固体状态。如果同时测定含水率减小过程中土的体积变化，则可发现土的体积随着含水率的减小而减小，但当含水率很小的时候，土的体积却不再随含水率的减小而减小了，这种状态称为固体状态。黏性土从一种状态转到另一种状态的分界含水率称为界限含水率，流动状态与可塑状态间的界限含水率称为液限 $w_L$；可塑状态与半固体状态间的界限含水率称为塑限 $w_P$；半固体状态与固体状态间的界限含水率称为缩限 $w_S$。

塑限 $w_P$ 和液限 $w_L$ 在国际上称为阿太堡界限（Atterberg），来源于农业土壤学，后来被应用于土木工程，成为表征黏性土物理性质的重要指标。

测定黏性土的塑限 $w_P$ 的试验方法主要是滚搓法。把可塑状态的土在毛玻璃板上用手滚搓，在缓慢地、单方向地搓动过程中，土膏内的水分渐渐蒸发，如搓到土条的直径为 3 mm 左右时产生裂缝并断裂为若干段，此时试样的含水率即为塑限 $w_P$。

测定黏性土的液限 $w_L$ 的试验方法主要有圆锥仪法和碟式仪法，也可采用液塑限联合测定法测定。在欧美等国家，大多采用碟式仪法测定液限，仪器为碟式液限仪，又称卡萨格兰德（Casagrande）液限仪，仪器构造如图 1–19 所示。试验时，将土膏分层填在圆碟内，表面刮平，使试样中心厚度为 10 mm，然后用刻槽刮刀在土膏中刮出一条底宽 2 mm 的 V 形槽，以每秒 2 次的速率转动摇柄，使圆碟上抬 10 mm 并自由落下，当碟的下落次数为 25 次时，两半土膏在碟底的合拢长度恰好达到 13 mm，此时试样的含水率即为液限 $w_L$。

我国采用圆锥仪法测定液限 $w_L$，仪器为平衡锥式液限仪，平衡锥质量为 76 g，锥角为 30°，试验仪器如图 1–20 所示。试验时使平衡锥在自重作用下沉入土膏，当达到规定的深度时的含水率即为液限 $w_L$。沉入深度按试验标准有两种规定：《建筑地基基础设计规范》（GB

50007—2011）和《岩土工程勘察规范》（GB 50021—2009）采用的沉入深度为 10 mm；《土的工程分类标准》（GB/T 50145—2007）采用沉入深度为 17 mm 的标准。按两种不同标准得到的液限值是不相同的，后一种液限的数值大于前一种液限值。同时，圆锥仪法与碟式仪法测定的液限值也是不相同的，应注意区别。

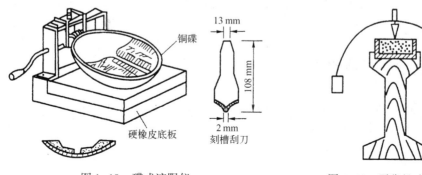

图 1-19　碟式液限仪　　　　　　　　　　　图 1-20　平衡锥式液限仪

　　《公路土工试验规程》（JTG E40—2007）采用的液限塑限联合测定法，其锥的质量分别为 76 g 或 100 g，锥角 30°，其中 76 g 锥的试验标准与《土的工程分类标准》（GB/T 50145—2007）相同；而 100 g 锥则取沉入深度为 20 mm 时的含水率为液限 $w_L$。

　　液限测定标准的差别给不同系统之间数据的交流与利用带来了困难，基于这些指标的一系列技术标准也存在一定的差异，因此不能相互通用。

## 1.4.2　塑性指数

　　可塑性是黏性土区别于砂土的重要特征。可塑性的大小可用黏性土处在可塑状态的含水率变化范围来衡量，从液限到塑限的变化范围愈大，土的可塑性也愈好，这个范围称为塑性指数 $I_P$。即：

$$I_P = (w_L - w_P) \times 100 \tag{1-22}$$

　　塑性指数习惯上用不带"%"的数值表示。

　　液限和塑限是细粒土颗粒与土中水相互物理化学作用的结果。土中黏粒含量越多，土的可塑性就越大，塑性指数也相应增大，这是由于黏粒部分含有较多的黏土矿物颗粒和有机质的缘故。

　　塑性指数是黏性土的最基本和最重要的物理指标之一，它综合地反映了土的物质组成，因此广泛应用于土的分类和评价。但由于液限测定标准的差别，同一土类按不同标准可能得到不同的塑性指数，因此即使塑性指数相同的土，其土类也可能完全不同。

## 1.4.3　液性指数

　　土的天然含水率是反映土中含有多少水量的指标，在一定程度上可说明黏性土的软硬与干湿状况。但仅有含水率的绝对数值也不能确切地说明黏性土处在什么状态。如果有几个含水率相同的土样，但它们的液限和塑限不同，那么这些土样所处的状态可能不同。例如，土样的含水率为32%，则对于液限为30%的土是处于流动状态，而对液限为35%的土来说则是处于可塑状态。因此，需要提出一个能表示天然含水率与界限含水率相对关系的指标来描述黏性土的状态。

液性指数 $I_L$ 是指黏性土的天然含水率和塑限的差值与塑性指数之比。液性指数可被用来表示黏性土所处的软硬状态，由下式定义：

$$I_L = \frac{(w - w_P) \times 100}{I_P} = \frac{w - w_P}{w_L - w_P} \qquad (1-23)$$

可塑状态的土的液性指数在0到1之间，液性指数越大，表示土越软；液性指数大于1的土处于流动状态；小于0的土则处于固体状态或半固体状态。

液性指数固然可以反映黏性土所处的状态，但必须指出，液限和塑限都是用重塑土膏测定的，没有完全反映出水对土的原状结构的影响。保持原状结构的土即使天然含水率大于液限，但仍有一定的强度，并不呈流动的性质，可称为潜流状态。也就是说，虽然天然含水率大于液限，原状土并不流动，但一旦天然结构被破坏时，强度立即丧失而出现流动的性质。

《岩土工程勘察规范》（GB 50021—2009）与《公路桥涵地基与基础设计规范》（JTG D63—2007）规定黏性土应根据液性指数 $I_L$ 划分状态，其划分标准和状态定名都是相同的，见表1-12的规定。但对于表中的液性指数 $I_L$，《岩土工程勘察规范》（GB 50021—2009）采用76 g圆锥仪沉入深度10 mm的液限求得；而《公路桥涵地基与基础设计规范》（JTG D63—2007）只规定采用76 g锥试验方法，没有对沉入深度作明文规定。但应指出的是，表1-12中的黏性土状态划分，只能采用76 g锥沉入深度10 mm的液限计算的液性指数来评价。

表 1-12　黏性土状态划分（GB 50021—2009、JTG D63—2007）

| 液性指数 $I_L$ 值 | 状　态 | 液性指数 $I_L$ 值 | 状　态 |
| --- | --- | --- | --- |
| $I_L \leq 0$ | 坚硬 | $0.75 \leq I_L \leq 1$ | 软塑 |
| $0 < I_L \leq 0.25$ | 硬塑 | $I_L > 1$ | 流塑 |
| $0.25 < I_L \leq 0.75$ | 可塑 | | |

【例1-3】已知黏性土的液限为41%，塑限为22%，土粒比重为2.75，饱和度为98%，孔隙比为1.55，试计算塑性指数、液性指数，并确定黏性土的状态。

解：根据液限和塑限可以求得塑性指数为：

$$I_P = (w_L - w_P) \times 100 = 41 - 22 = 19$$

土的含水率及液性指数可由下式求得：

$$w = \frac{eS_r}{G_s} = \frac{1.55 \times 0.98}{2.75} = 55.2\%$$

$$I_L = \frac{w - w_P}{w_L - w_P} = \frac{0.552 - 0.22}{0.41 - 0.22} = 1.74 > 1$$

由于 $I_L > 1$，故黏性土的状态为流塑状态。

## 1.5　土的压实性

地基土的压实是土木工程施工的一项重要内容。有时建筑场址建在人工填土上,为了提高填土的强度,增加土的密实度,降低其透水性和压缩性,通常需用分层压实的方法处理地基。土的压实在道路工程中的应用更为普遍,为了使路基具有足够的强度和稳定性,必须对土体进行人工压实,以提高其密实度。

压实的机理在于压实使土颗粒重新组合,彼此挤紧,孔隙减少,孔隙水被排出,土体的单位质量提高,形成密实的整体,内摩阻力和黏聚力大大增加,从而使土体强度增加,稳定性增强。同时,压实使土体透水性明显降低、毛细水作用减弱,因而其水稳性也大大提高。因此,对地基土压实并达到规定的密实度,是保证各级道路路基和建筑人工地基获得足够强度与稳定性的根本技术措施之一。

地基土压实的效果受很多因素影响,归类分析有内因和外因两个方面。内因主要包括土质类型和含水率;外因则主要包括压实能量、压实机具和压实方法等。

### 1.5.1　含水率的影响

通过对室内击实试验所获得的不同含水率与其相对应的干密度关系曲线(图1-21)进

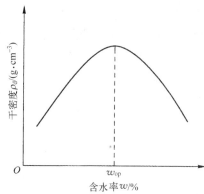

行分析可知:在相同击实能量条件下,当土的含水率较小时,土的干密度随含水率的增加而增加;当干密度增至最大值(峰值)时,含水率再继续增大,土的干密度反而随之降低。原因在于:压实初期含水率的增加可以在土粒之间起润滑作用,使土粒间的摩阻力减小,有利于随外力施加而孔隙减少,土粒挤紧,干密度提高;干密度达最大值后,过多的水(自由水)占据孔隙反而不利于外力施加后土的压实,故土的干密度随含水率的增加反而降低。

在一定击实条件下得到的干密度的最大值,称为

图1-21　含水率与干密度关系曲线

最大干密度,并以 $\rho_{dmax}$ 表示,与之相对应的含水率称为最佳含水率,用 $w_{op}$ 表示。试验表明,填土的最佳含水率(按轻型击实标准)大致相当于该种土液限 $w_L$ 的0.6倍,或与该种土的塑限 $w_P$ 接近,大致为 $w_{op} = w_P + 2\%$。

### 1.5.2　压实能量的影响

压实能量是指压实机具质量、碾压次数、作用时间等。通常对同一种土,随着压实能量的增大,最佳含水率会随之减小而干密度增加(图1-22)。因此,增大压实能量是提高填土密实度的又一重要方法,但其有一定的局限性,因为压实能量增加到一定程度后,土的干密度增长就不明显了。应用时应注意与控制含水率配合进行,使之既经济又可达到规定的密实度。

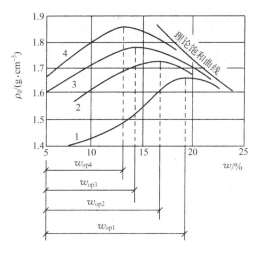

图 1-22　不同压实功下的压实曲线

## 1.5.3　压实机具和压实方法的影响

不同的压实机具，其压力传布作用深度不同，因而压实效果亦不同。通常夯击式作用深度最大，振动式次之，静力碾压式最浅。

压实作用时间越长，土密实度越高，但随着时间的进一步加长，其密实度的增长幅度会逐渐减小。在压实过程中，一般要求压实机具以较低速度行驶，以达到预期的压实效果。

## 1.5.4　土质的影响

在一定的压（振）实能量作用下，不同的土质，其压实效果也不同（图 1-23）。

对黏性土而言，当含水率很小时土粒表面仅存在结合水膜，土粒相互间相对移动困难，土的干密度增加很少。但随着含水率的增加，土粒表面水膜逐渐增厚，粒间引力迅速减小，在外力作用下土粒容易改变相互间位置而移动，达到更紧密的程度，此时干密度增加。当含水率达到某一程度（如最佳含水率值）后，土粒孔隙中几乎充满了水，饱和度达到 $85\% \sim 90\%$，孔隙中气体大多只能以微小封闭气泡的形式出现，它们完全被水包围并由表面张力固定，外力越来越难以挤出这些气体，因而压实效果越来越差，再继续增加含水率，在外力的作用下仅使孔隙水压增加并阻止土粒的移动，因而土体反而得不到压实，干密度下降。

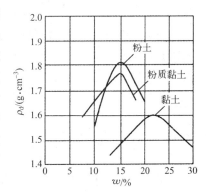

图 1-23　不同土质的压实曲线

在图 1-22 中还列出了理论饱和曲线，它表示当土处在饱和状态下的干密度 $\rho_d$ 与含水率 $w$ 的关系，即 $\rho_d = d_s / (1 + w d_s)$。在实践中，土不可能被压实到完全饱和的程度，压实曲线只能趋于理论饱和曲线的左下方，而不可能与它相交。

　　砂和砂砾等粗粒土的压实性也与含水率有关，不过不存在一个最佳含水率。一般在完全干燥或者充分洒水饱和的情况下容易压实到较大的干密度。潮湿状态，由于毛细压力增加了粒间阻力，压实干密度显著降低。粗砂在含水率4%～5%、中砂在含水率为7%左右时，压实干密度最小，如图1-24所示。所以，在压实砂砾时要充分洒水使土料饱和。

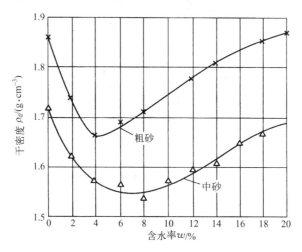

图1-24　粗粒土的击实曲线

　　需要指出的是，室内试验获得的曲线在工程应用时需经过合理的修正。由于工地现场条件、压（振）实的机械、土体边界条件、工程对土体密实度的要求等都与室内试验条件不一样，故结果自然各不相同。

# 1.6　无黏性土的密实度

　　无黏性土一般是指碎石土和砂土，粉土属于砂土和黏性土的过渡类型，但是其物质组成、结构及物理力学性质主要接近砂土，特别是砂质粉土。无黏性土的密实度是判定其工程性质的重要指标，它综合地反映了无黏性土颗粒的矿物组成、颗粒级配、颗粒形状和排列等对其工程性质的影响，无黏性土的密实状态对其工程性质具有重要的影响。密实的无黏性土具有较高的强度，且结构稳定，压缩性小；而松散的无黏性土则强度较低，稳定性差，压缩性大。因此在进行岩土工程勘察与评价时，必须对无黏性土的密实程度做出判断。

## 1.6.1　砂土相对密度

　　土的孔隙比一般可以用来描述土的密实程度，但砂土的密实程度并不单独取决于孔隙比，在很大程度上还取决于土的颗粒级配情况。颗粒级配不同的砂土即使具有相同的孔隙比，但由于颗粒大小不同，颗粒排列不同，所处的密实状态也会不同。为了同时考虑孔隙比和颗粒级配的影响，引入砂土相对密度的概念。

　　砂土相对密度是指砂土处于最疏松状态的孔隙比与天然状态孔隙比之差和最疏松状态的孔隙比与最紧密状态的孔隙比之差的比值。

　　当砂土处于最密实状态时，其孔隙比称为最小孔隙比 $e_{min}$；而砂土处于最疏松状态时的孔隙比则称为最大孔隙比 $e_{max}$，按下式可计算砂土的相对密度 $D_r$ 为：

$$D_r = \frac{e_{max} - e}{e_{max} - e_{min}} \qquad (1-24)$$

从上式可以看出，当砂土的天然孔隙比接近于最小孔隙比时，相对密度 $D_r$ 接近于 1，表明砂土接近于最密实的状态；而当天然孔隙比接近于最大孔隙比则表明砂土处于最松散的状态，其相对密度 $D_r$ 接近于 0。根据砂土的相对密度，可以按表 1-13 将砂土划分为密实、中密和松散三种密实度。

表 1-13　砂土密实度按相对密度划分

| 密　实　度 | 密　　实 | 中　密 | 松　　散 |
|---|---|---|---|
| 相对密度 | 1～0.67 | 0.67～0.33 | 0.33～0 |

我国一些地区砂土最大孔隙比和最小孔隙比的实测资料见表 1-14。从表中可以看出颗粒的大小和级配对砂土最大孔隙比和最小孔隙比的影响。随着粒径增大，最大孔隙比和最小孔隙比都相应地减小；级配良好的砂土与级配均匀的砂土相比，最大孔隙比增大，最小孔隙比减小。

表 1-14　砂土最大孔隙比和最小孔隙比实测资料

| 土　　类 | | 地　区 | 最大孔隙比 | 最小孔隙比 |
|---|---|---|---|---|
| 粉砂 | | 黑龙江 | 1.21 | 0.62 |
| 细砂 | | | 1.08 | 0.59 |
| 中砂 | | | 1.01 | 0.55 |
| 粗砂 | | | 0.98 | 0.52 |
| 砾砂 | | | 0.98 | 0.48 |
| 中砂 | （级配均匀） | 四川德阳 | 1.05 | 0.67 |
| | （级配良好） | | 1.14 | 0.51 |
| 粗砂 | （级配均匀） | | 0.89 | 0.56 |
| | （级配良好） | | 0.94 | 0.48 |
| 砾砂 | （级配均匀） | | 0.64 | 0.40 |
| | （级配良好） | | 0.74 | 0.38 |

## 1.6.2　无黏性土密实度分类

从理论上讲，用相对密度划分砂土的密实度是比较合理的。但由于测定砂土最大孔隙比和最小孔隙比的试验方法存在缺陷，试验结果常有较大的出入；同时也由于很难在地下水位以下的砂层中取得原状砂样，砂土的天然孔隙比很难准确地测定，这就使相对密度的应用受到限制。因此，在工程实践中通常采用标准贯入击数来划分砂土的密实度。

标准贯入试验是用规定的锤质量（63.5 kg）和落距（76 mm），把标准贯入器（带有刃口的对开管，外径 50 mm，内径 35 mm）打入土中，记录贯入一定深度（30 cm）所需的锤击数 N 值的原位测试方法。标准贯入试验的贯入锤击数反映了土层的松密和软硬程度，是一种简便的测试手段。《岩土工程勘察规范》（GB 50021—2009）规定，砂土的密实度应根据标准贯入锤击数按表 1–15 的规定，划分为密实、中密、稍密和松散四种状态。

表 1–15　砂土密实度按标准贯入锤击数 N 分类（GB 50021—2009）

| 标准贯入锤击数 N | 密　实　度 | 标准贯入锤击数 N | 密　实　度 |
|---|---|---|---|
| $N \leqslant 10$ | 松散 | $15 < N \leqslant 30$ | 中密 |
| $10 < N \leqslant 15$ | 稍密 | $N > 30$ | 密实 |

碎石土的密实度可根据圆锥动力触探锤击数按表 1–16 或表 1–17 确定，表中的 $N_{63.5}$ 和 $N_{120}$ 应按触探杆长进行修正。

表 1–16　碎石土密实度按重型动力触探锤击数 $N_{63.5}$ 分类（GB 50021—2009）

| 重型动力触探锤击数 $N_{63.5}$ | 密　实　度 | 重型动力触探锤击数 $N_{63.5}$ | 密　实　度 |
|---|---|---|---|
| $N_{63.5} \leqslant 5$ | 松散 | $10 < N_{63.5} \leqslant 20$ | 中密 |
| $5 < N_{63.5} \leqslant 10$ | 稍密 | $N_{63.5} > 20$ | 密实 |

注：本表适用于平均粒径等于或小于 50 mm，且最大粒径小于 100 mm 的碎石土。对于平均粒径大于 50 mm，或最大粒径大于 100 mm 的碎石土，可用超重型动力触探或用野外观察鉴别。

表 1–17　碎石土密实度按超重型动力触探锤击数 $N_{120}$ 分类（GB 50021—2009）

| 超重型动力触探锤击数 $N_{120}$ | 密　实　度 | 超重型动力触探锤击数 $N_{120}$ | 密　实　度 |
|---|---|---|---|
| $N_{120} \leqslant 3$ | 松散 | $11 < N_{120} \leqslant 14$ | 密实 |
| $3 < N_{120} \leqslant 6$ | 稍密 | $N_{120} > 14$ | 极密 |
| $6 < N_{120} \leqslant 11$ | 中密 | | |

粉土的密实度可根据孔隙比 e 按表 1–18 划分为密实、中密和稍密。

表 1–18　粉土密实度按孔隙比 e 分类（GB 50021—2009）

| 孔　隙　比 | 密　实　度 | 孔　隙　比 | 密　实　度 |
|---|---|---|---|
| $e < 0.75$ | 密实 | $e > 0.90$ | 稍密 |
| $0.75 \leqslant e \leqslant 0.90$ | 中密 | | |

# 1.7　土的工程分类

土的工程分类是岩土工程勘测与设计的前提。一个正确的设计必须建立在对土的正确评价的基础上，而土的工程分类正是岩土工程勘测评价的基本内容。因此土的工程分类一直是岩土工程界普遍关心的问题之一。

从为工程服务的目的来说，土的分类系统是把不同的土分别安排到各个具有相近性质的组合中去，其目的是为了人们有可能根据同类土已知的性质去评价其使用性能，或为工程师提供一个可供采用的描述与评价土的方法。由于各类工程的特点不同，分类依据的侧重面也就不同，因而形成了服务于不同工程类型的分类体系。对同样的土如果采用不同的规范分类，定出的土名可能会有差别，因此在对土进行分类时必须充分注意这个问题。

　　土的工程分类只能提供一些最基本的信息，指导工程师选择合适的勘察方法与试验方法，明确评价的重点，建议必要的施工措施，但分类不能代替试验和评价。在进行分类研究的时候，要遵循同类土的工程性质最大限度相似和异类土的工程性质显著差异的原则，来选择分类指标和确定分类界限。离开了工程性质变化规律这一前提，就不可能得出正确的工程分类结果。

　　目前我国各行业的标准中关于土的分类存在着不同的体系，即使在同一行业中，不同的规范之间也存在差异，下面主要介绍建筑工程和公路工程两个行业中土的分类标准。

## 1.7.1　碎石土分类

　　碎石土是指粒径大于 2 mm 的颗粒质量超过总质量的 50% 的土，按颗粒级配和颗粒形状可进一步划分为漂石、块石、卵石、碎石、圆砾和角砾。《岩土工程勘察规范》（GB 50021—2009）和《公路桥涵地基与基础设计规范》（JTG D63—2007）采用相同的划分标准，见表 1-19。

表 1-19　碎石土分类（GB 50021—2009、JTG D63—2007）

| 土 的 名 称 | 颗 粒 形 状 | 颗 粒 级 配 |
|---|---|---|
| 漂石 | 圆形及亚圆形为主 | 粒径大于 200 mm 的颗粒质量超过总质量的 50% |
| 块石 | 棱角形为主 | |
| 卵石 | 圆形及亚圆形为主 | 粒径大于 20 mm 的颗粒质量超过总质量的 50% |
| 碎石 | 棱角形为主 | |
| 圆砾 | 圆形及亚圆形为主 | 粒径大于 2 mm 的颗粒质量超过总质量的 50% |
| 角砾 | 棱角形为主 | |

注：定名时应根据颗粒级配由大到小以最先符合者确定。

## 1.7.2　砂土分类

　　砂土是指粒径大于 2 mm 的颗粒质量不超过总质量的 50%，且粒径大于 0.075 mm 的颗粒质量超过总质量的 50% 的土。按颗粒级配，砂土可进一步划分为砾砂、粗砂、中砂、细砂和粉砂。《岩土工程勘察规范》（GB 50021—2009）和《公路桥涵地基与基础设计规范》（JTG D63—2007）采用相同的划分标准，见表 1-20。

表 1-20　砂土分类（GB 50021—2009、JTG D63—2007）

| 土 的 名 称 | 颗 粒 级 配 |
|---|---|
| 砾砂 | 粒径大于 2 mm 的颗粒质量占总质量的 25%～50% |
| 粗砂 | 粒径大于 0.5 mm 的颗粒质量超过总质量的 50% |
| 中砂 | 粒径大于 0.25 mm 的颗粒质量超过总质量的 50% |
| 细砂 | 粒径大于 0.075 mm 的颗粒质量超过总质量的 85% |
| 粉砂 | 粒径大于 0.075 mm 的颗粒质量超过总质量的 50% |

注：定名时应根据颗粒级配由大到小以最先符合者确定。

### 1.7.3 细粒土分类

粒径大于 0.075 mm 的颗粒质量不超过总质量的 50% 的土称为细粒土。按塑性指数不同，细粒土可再划分为粉土和黏性土两大类，黏性土可再进一步划分为粉质黏土和黏土两个亚类。《岩土工程勘察规范》（GB 50021—2009）和《公路桥涵地基与基础设计规范》（JTG D63—2007）采用相同的划分标准，划分标准见表 1-21。

表 1-21 细粒土分类（GB 50021—2009、JTG D63—2007）

| 土 的 名 称 | 塑 性 指 数 |
|---|---|
| 黏土 | $I_P > 17$ |
| 粉质黏土 | $10 < I_P \leqslant 17$ |
| 粉土 | $I_P \leqslant 10$ |

粉土是介于砂土和黏性土之间的过渡性土类，它具有砂土和黏性土的某些特征。根据黏粒含量可以将粉土再划分为砂质粉土和黏质粉土，具体划分标准见表 1-22。

表 1-22 粉土划分（DGJ 08 - 11—1999）

| 土 的 名 称 | 黏 粒 含 量 |
|---|---|
| 砂质粉土 | 粒径小于 0.005 mm 的颗粒质量小于等于总质量的 10% |
| 黏质粉土 | 粒径小于 0.005 mm 的颗粒质量超过总质量的 10% |

### 1.7.4 塑性图分类

塑性图分类最早由美国卡萨格兰特（Casagrande）于 1942 年提出，是美国试验与材料协会（ASTM）统一分类法体系中细粒土的分类方法，后来为欧美许多国家所采用。塑性图以塑性指数为纵坐标，液限为横坐标，如图 1-25 所示。图中有两条经验界限，斜线称为 $A$ 线，它的方程为 $I_P = 0.73$（$w_L \times 100 - 20$），它的作用是区分有机土和无机土、黏土和粉土，根据卡萨格兰特的建议，$A$ 线上侧是无机黏土，下侧是无机粉土或有机土；竖线称为 $B$ 线，其方程为 $w_L = 50\%$，用以区分高塑性土和低塑性土。

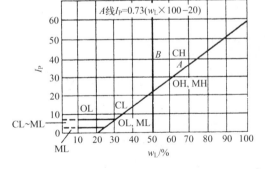

图 1-25 塑性图

在 ASTM 的分类体系中，在 $A$ 线以上的土分类为黏土，如果液限大于 50%，称为高塑性黏土 CH，液限小于 50% 的土称为低塑性黏土 CL；在 $A$ 线以下的土分类为粉土，液限大于 50% 的土称为高塑性粉土 MH，液限小于 50% 的土称为低塑性粉土 ML。在低塑性区，如果土样处于 $A$ 线以上，而塑性指数范围在 $4 \sim 7$，为低塑性黏土～低塑性粉土过渡区（CL ～ ML），则土的分类应给以相应的搭界分类。

在应用 ASTM 塑性图分类时应注意其试验标准与我国的不同，在 ASTM 的分类体系中，其液限是用卡萨格兰特碟式仪测定的，碟式仪在欧美国家是通用的液限仪；而我国《土的工程分类标准》（GB/T 50145—2007）和《公路土工试验规程》（JTG E40—2007）列出了 76 g 圆锥仪沉入深度 17 mm 液限的塑性图分类。由于试验标准不同，测定的结果不一样，因此用塑性图分类的结果也可能不同。

《土的工程分类标准》（GB/T 50145—2007）和《公路土工试验规程》（JTG E40—2007）将土分为巨粒土、粗粒土、细粒土三大类，见表 1-23。

**表 1-23 《土的工程分类标准》和《公路土工试验规程》的土分类标准**

| 土类 | 划分标准 | | 亚 类 | |
|---|---|---|---|---|
| | | | 《土的工程分类标准》（GB/T 50145—2007） | 《公路土工试验规程》（JTG E40—2007） |
| 巨粒土 | 巨粒含量超过 15% | 巨粒含量 75%～100% | 漂（卵）石 | 漂（卵）石 |
| | | 巨粒含量 50%～75% | 混合土漂（卵）石 | 漂（卵）石夹土 |
| | | 巨粒含量 15%～50% | 漂（卵）石混合土 | 漂（卵）石质土 |
| 粗粒土 | 巨粒含量少于或等于 15%，且巨粒含量与粗粒含量之和超过 50% | 砂粒含量多于砂粒含量 | 砾类土 | 砾类土 |
| | | 砂粒含量少于或等于砂粒含量 | 砂类土 | 砂类土 |
| 细粒土 | 细粒含量多于或等于 50% | 位于塑性图 A 线或 A 线以上和 $I_p \geq 7$ | 黏土 | 黏土 |
| | | 位于塑性图 A 线以下或 $I_p < 4$ | 粉土 | 粉土 |
| | | 位于塑性图 A 线以上和 $4 \leq I_p < 7$ | 黏土或粉土 | 黏土或粉土 |

**【例 1-4】** 对表 1-8 中的 3 个土样分别按《岩土工程勘察规范》（GB 50021—2009）和《公路土工试验规程》（JTG E40—2007）进行定名。

**解：** 根据表 1-8 所列数值，对土样 A 求得粒径大于 0.5 mm 的颗粒含量为 23.5%；粒径大于 0.25 mm 的颗粒含量为 65%。对土样 B 求得粒径大于 2 mm 的颗粒含量为 45%；大于 0.5 mm 的颗粒含量为 65.3%。对土样 C 求得粒径大于 0.075 mm 的颗粒含量为 22.4%。

（1）按《岩土工程勘察规范》（GB 50021—2009）分类

A、B、C 三个土样中均无满足表 1-19 碎石土的标准，因此应以表 1-20 按砂土分类。土样 A 满足中砂的条件，即粒径大于 0.25 mm 的颗粒质量超过总质量的 50%；土样 B，粒径大于 2 mm 的颗粒含量为 45%，介于 25% 与 50% 之间，故应定名为砾砂；土样 C，粒径大于 0.075 mm 的颗粒含量为 22.4%，不足 50%，故应属于细粒土。对于土样 B，大于 0.5 mm 的颗粒含量为 65.3%，虽也满足粗砂的标准，但不能定名为粗砂，这是因为规范规定了定名时应从粗到细，以最先符合者为准，既然先符合了砾砂的标准，就应按砾砂定名而不能按后符合的粗砂来定名。

（2）按《公路土工试验规程》（JTG E40—2007）分类

对照表 1-8 可知，三个土样中均无巨粒粒组，土样 A 中无细粒粒组含量，全部为粗粒粒组含量，且砂粒粒组含量超过 50%，因此根据表 1-23 应定名为砂类土；土样 B 细粒土含量为 19%，粗粒土含量为 81%，属粗粒土，其中砾粒粒组为 45%，少于 50%，定名为砂类土；土样 C 的细粒粒组已超过 50%，故定名为细粒土。

**【例 1-5】** 完全饱和的土样含水率为 30%，液限为 29%，塑限为 17%，试按塑性指数定名，并确定其状态。

**解：** 塑性指数 $I_P$ 由下式求得：

$$I_P = (w_L - w_P) \times 100 = 29 - 17 = 12$$

液性指数 $I_L$ 由下式求得

$$I_L = \frac{w - w_P}{w_L - w_P} = \frac{30\% - 17\%}{29\% - 17\%} = 1.08$$

按表 1-21 的规定定名该土样为粉质黏土，按表 1-12 确定其状态为流塑状态。

# 复习思考题

1-1 试比较土中各类水的特征，并分析它们对土的工程性质的影响。

1-2 试比较分析土的颗粒级配分类法和塑性指数分类法的差别及其适用条件。

1-3 试比较孔隙比和相对密实度这两个指标作为砂土密实度评价指标的优点和缺点。

1-4 既然可用含水率表示土中含水的多少，为什么还要引入液性指数来评价黏性土的软硬程度？

1-5 试比较砂粒和黏粒粒组对土的物理性质的影响。

1-6 试比较塑性指数分类法和塑性图分类法，说明它们的区别和适用条件。

1-7 进行土的三相指标计算至少必须已知几个指标？为什么？

1-8 试分析例题 1-4 说明土样 A 和 B 按两种规范定名出现差异的原因，试对两种规范的土分类方法进行评价。

1-9 试证明以下三相比例指标的换算关系式：

(1) $\gamma_d = \dfrac{G_s}{1+e} \gamma_w$

(2) $S_r = \dfrac{w G_s (1-n)}{n}$

1-10 某土样采用环刀取样试验，环刀体积为 60 cm³，环刀加湿土的质量为 156.6 g，环刀质量为 45.0 g，烘干后土样质量为 82.3 g，土粒比重为 2.73 g/cm³。试计算该土样的含水率 $w$、孔隙比 $e$、孔隙率 $n$、饱和度 $S_r$ 以及天然重度 $\gamma$、干重度 $\gamma_d$、饱和重度 $\gamma_{sat}$ 和有效重度 $\gamma'$。

1-11 土样试验数据见表 1-24，试求表内"空白"项的数值。

表 1-24 复习思考题 1-11 的数据

| 土样号 | $\gamma/$ (kN/m³) | $G_s$ | $w/\%$ | $\gamma_d/$ (kN/m³) | $e$ | $n$ | $S_r$ | 体积/ cm³ | 土的重力/N 湿 | 土的重力/N 干 |
|---|---|---|---|---|---|---|---|---|---|---|
| 1 | | 2.72 | 34 | | | 0.49 | | — | — | — |
| 2 | 17.3 | 2.74 | | | 0.73 | | | — | — | — |
| 3 | 19.0 | 2.74 | | 14.5 | | | | | 0.19 | 0.145 |
| 4 | | 2.73 | | | | | 1.00 | 86.2 | 1.62 | |

1-12　已知某 4 个土样的液限和塑限数据见表 1-25，试按《建筑地基基础设计规范》（GB 50007—2011）将土的定名及其状态填入表中。

表 1-25　复习思考题 1-12 的数据

| 土 样 号 | $w_L/\%$ | $w_P/\%$ | $I_P$ | $I_L$ | 土 的 定 名 | 土 的 状 态 |
|---|---|---|---|---|---|---|
| 1 | 31 | 17 | | | | |
| 2 | 38 | 19 | | | | |
| 3 | 39 | 20 | | | | |
| 4 | 33 | 18 | | | | |

1-13　某砂土土样的密度为 $1.75\,g/cm^3$，含水率为 10.5%，土粒比重为 $2.68\,g/cm^3$，试验测得最小孔隙比为 0.460，最大孔隙比为 0.941，试求该砂土的相对密实度 $D_r$。

1-14　用塑性图对表 1-26 给出的 4 种土样定名。

表 1-26　复习思考题 1-14 的数据

| 土 样 号 | $w_L/\%$ | $w_P/\%$ | 土 的 定 名 |
|---|---|---|---|
| 1 | 35 | 20 | |
| 2 | 12 | 5 | |
| 3 | 65 | 42 | |
| 4 | 75 | 30 | |

# 第2章　土中应力计算

**[本章提要和学习要求]**

土中应力计算是土力学基本内容之一。本章内容主要包括自重应力计算和附加应力计算两大部分。

通过本章学习，要求掌握土中应力的基本形式及基本含义；熟练掌握土中各种应力在不同条件下的计算方法；掌握附加应力在土中的分布规律；了解非均匀地基中附加应力的变化规律及修正方法。

## 2.1　概述

### 2.1.1　土中应力计算的目的和方法

土中应力是指土体在自身重力、构筑物荷载及其他因素（如土中水渗流、地震等）作用下，土中所产生的应力。应力计算的目的，一方面用于计算土体变形（如建筑物的沉降），另一方面用于验算土体的稳定。因此，在研究土的变形、强度及稳定性问题时，都必须先掌握土中应力状态。研究土中应力分布是土力学的重要内容之一。

土体的应力，按引起的原因分为自重应力和附加应力两种；按土体中土骨架和土中孔隙（水、气体）的应力承担作用原理或应力传递方式可分为有效应力和孔隙应（压）力。对于饱和土体孔隙应力就是孔隙水应（压）力（简称孔压）。

有效应力——由土骨架传递（或承担）的应力称为有效应力。冠以"有效"其含义是，只有当土骨架承担应力以后，土体颗粒才会移动产生变形，同时增加了土体的强度。

孔隙应力——由土中孔隙流体水和气体传递（或承担）的应力称为孔隙应力。对于饱和土体由于孔隙应力是通过土中孔隙水来传递的，因而它不会使土体产生变形，土体的强度也不会改变。孔隙应力还可分为静孔隙应力和超静孔隙应力。孔隙应力与有效应力之和称为总应力，保持总应力不变有效应力和孔隙应力可以互相转化。

自重应力——由土体自身质量所产生的应力称为自重应力。自重应力是指土粒骨架承担的由土体自重引起的有效应力部分。

附加应力——由外荷载（静止的或运动的）引起的土中应力称为附加应力。广义地讲，在土体原有应力之外新增加的应力都可以称为附加应力，它是使土体产生变形和强度变化的主要外因。

本章主要讨论自重应力和附加应力的计算。求解土中应力的方法通常采用古典弹性力学解法。

古典弹性力学主要研究理想弹性体的线性问题。

所谓理想弹性体，是指受力体是连续的、完全弹性的、均匀的和各向同性的物体。

实际上，土是不符合理想弹性体的含义的。土是非连续、非均匀、非完全弹性，且常表现为各向异性的。虽然土的实际情况同理想弹性体的假设有差别，但在一定的条件下，引用古典弹性理论计算土中应力，其结果尚能满足实际工程的要求。现具体分析如下。

（1）连续是指整个物体所占据的空间都被介质填满不留任何空隙。土是由颗粒堆积而成的具有孔隙的非连续体，土中应力是通过土颗粒间的接触而传递的。但是，由于建筑物的基础面积尺寸远远大于土颗粒尺寸，而研究的土，在通过应力下的变形和强度是对整个土而言，而不是对单个土颗粒（因土颗粒本身的变形可以忽略不计；土颗粒本身的强度远大于整个土的强度）而言。因此，我们只需了解土整个受力面上的平均应力，而不需要研究单个颗粒土的受力状态，所以可以忽略土分散性的影响，近似地把土作为连续体考虑。

（2）完全弹性是指受力体中应力增加时，应力–应变之间呈直线关系，应力减小后变形能完全恢复的物体。而变形后的土体，当外力卸除后，不能完全恢复原状，存有较大的残余变形。但是，在实际工程中土中应力水平较低，土的应力–应变关系接近于线性关系，可以应用弹性理论方法。

（3）各向同性主要是指受力体的变形性质是各向同性的，否则即为各向异性。土在形成过程中具有各种结构与构造，因此天然地基常常是各向异性的。将土看作各向同性有一定的误差。

（4）匀质是指整个受力体各点的性质都是相同的。土具有成层性，当各层土的性质相差不大时，将土作为匀质体所引起的误差并不大。

## 2.1.2　土中的应力状态

土中任意一点处的应力状态可以根据所选用的直角坐标系，用 $\sigma_x$，$\sigma_y$，$\sigma_z$，$\tau_{xy} = \tau_{yx}$，$\tau_{yz} = \tau_{zy}$，$\tau_{xz} = \tau_{zx}$ 六个独立分量来表示。如图 2–1 所示。

土力学中应力符号的确定，与材料力学不同，法向应力以压应力为正，拉应力为负，这是因为土力学所研究的对象绝大多数都是压应力；对于切应力的方向，在材料力学中规定使截面顺时针旋转为正，而在土力学中规定以外法线 $n$ 与坐标轴方向一致的截面为基准面，力的方向与坐标方向相反者为正，如图 2–2 所示。

在实际工程中，土中应力主要包括：土体本身自重产生的自重应力；由建筑物荷载、车辆荷载、土中水的渗流力、地震力等的作用所引起的附加应力。

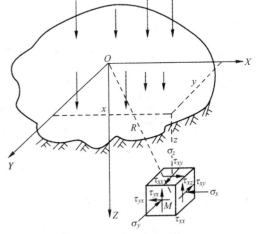

图 2–1　土中一点应力状态

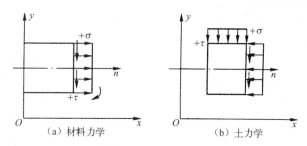

图 2-2 应力方向图

## 2.2 土中自重应力

若土体是均匀的半无限体，则在半无限土体中任意取的竖直截面都是对称面，因为截面左右的几何情况相同。同时该面又是一主平面。对于匀质土，由于地面以下任一深度处竖向自重应力都是均匀无限分布的，所以在自重应力作用下地基土只产生竖向变形，而无侧向位移及剪切变形。自重应力等于单位面积上土柱的质量。

### 2.2.1 竖向自重应力

如图 2-3 所示，若取四平面所夹的土柱体为脱离体，则该脱离体上作用的力有：土柱体的重力 $W$；土柱体底面的反力 $\sigma_{cz}$；侧向土压力 $\sigma_{cx}$、$\sigma_{cy}$。根据竖直方向的静力平衡条件，$W = \sigma_{cz}A$（$A$ 为土柱体的截面积）。

1. 均匀土体时

当地基是均匀土时，在深度 $z$ 处，$W = \gamma z A$，则 $\sigma_{cz}A = \gamma z A$，即

$$\sigma_{cz} = \gamma z \tag{2-1}$$

式中：$\gamma$——土的天然重度，$kN/m^3$。

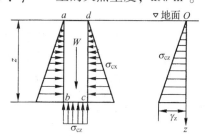

（a）土柱脱离体及其上的作用力　（b）$\sigma_{cz}$ 的分布

图 2-3 均匀土自重应力分布

$\sigma_{cz}$ 为 $Z$ 平面上由土体本身自重产生的应力。从式（2-1）可知，自重应力随深度 $z$ 线性增加，呈三角形分布图形，如图 2-3 所示。地基土在自重的作用下，除受竖向正应力作用外，还受水平向正应力作用。根据弹性力学原理可知，水平向正应力 $\sigma_{cx}$、$\sigma_{cy}$ 与 $\sigma_{cz}$ 成正比，而水平向及竖向的剪应力均为零，即：

$$\sigma_{cx} = \sigma_{cy} = K_0 \sigma_{cz} \tag{2-2}$$

$$\tau_{xy} = \tau_{yz} = \tau_{zx} = 0 \tag{2-3}$$

式中：$K_0$——土的侧压力系数（或称静止土压力系数）。

2. 成层土体时

地基往往是成层的，因各土层具有不同的厚度与重度，故深度 $z$ 处的竖向自重应力 $\sigma_{cz}$ 可按下式计算：

$$\sigma_{cz} = \gamma_1 h_1 + \gamma_2 h_2 + \cdots + \gamma_n h_n = \sum_{i=1}^{n} \gamma_i h_i \qquad (2-4)$$

式中： $n$——从天然地面起到深度 $z$ 处的土层数；

$h_i$——第 $i$ 层土的厚度；

$\gamma_i$——第 $i$ 层土的天然重度。

从式（2-4）可知，成层土的自重应力分布是折线形的，如图 2-4 所示。

必须指出，这里所讨论的土中自重应力是指土颗粒之间接触点传递的应力，该粒间应力使土粒彼此挤紧，不仅会引起土体变形，而且也会影响土体的强度，所以粒间应力又称为有效应力，本节所讨论的自重应力都是有效自重应力。以后各章有效自重应力均简称自重应力。

3. 土层中有地下水时

计算地下水位以下土的自重应力时，应根据土的性质确定是否需要考虑水的浮力作用。若受到水的浮力作用，则水下部分土的重度应按浮重度 $\gamma'$（有效重度）来计算，如图 2-5 所示，通常认为水下的砂性土应该考虑浮力的作用，黏性土则视其物理状态而定。

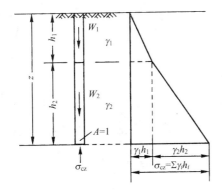

图 2-4   成层土自重应力分布

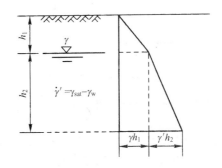

图 2-5   有地下水时土中应力分布

在地下水位以下，如果埋藏有不透水层，例如岩层或只含结合水的坚硬黏土层（$I_1 \leqslant 0$），由于不透水层中不存在水的浮力，则层面以下土中的应力应按上覆土的水土总重计算，如图 2-6 所示。这样在不透水层界面处应力有突变。

上述考虑同样适用于河水对河底土中应力的影响。若为完全透水的砂土层，不论河水深浅，计算自重应力时应考虑浮力的影响。若为不透水层，不考虑浮力的影响，且 $h_w$ 深的河水等于加在河床底面上的满布压力 $\gamma_w h_w$，此时河底不透水层中深度 $z$ 处的压力为：

$$\sigma_{cz} = \gamma z + \gamma_w h_w \qquad (2-5)$$

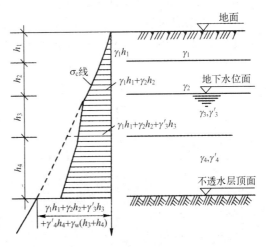

图 2-6   有地下水时成层土土中应力分布

水下地基土中应力如图 2-7 所示。

【例 2-1】 某土层及其物理性质指标如图 2-8 所示，试计算土中自重应力。

**解**：第一层土为细砂，地下水位以下的细砂受到水的浮力作用，其浮重度 $\gamma'$ 为：

$$\gamma'_1 = \frac{\gamma_1(G_s - 1)}{G_s(1 + w)} = \frac{19.0 \times (2.69 - 1)}{2.69 \times (1 + 0.18)} = 10 \ (\text{kN/m}^3)$$

第二层黏土层，其液性指数 $I_L = \dfrac{w - w_p}{w_1 - w_p} = \dfrac{50\% - 25\%}{48\% - 25\%} = 1.09 > 0$，故应考虑黏土层受到水的浮力的影响，浮重度 $\gamma'_2$ 为：

$$\gamma'_2 = \frac{16.8 \times (2.74 - 1)}{2.74 \times (1 + 0.50)} = 7.1 \ (\text{kN/m}^3)$$

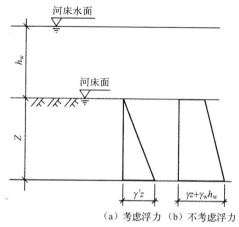

图 2-7　水下地基土中应力

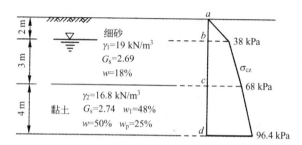

图 2-8　某土层土中自重应力计算

$a$ 点：$z = 0$，$\sigma_{cz} = \gamma z = 0$

$b$ 点：$z = 2 \ \text{m}$，$\sigma_{cz} = 19 \times 2 = 38 \ (\text{kPa})$

$c$ 点：$z = 5 \ \text{m}$，$\sigma_{cz} = \sum \gamma_i h_i = 19 \times 2 + 10 \times 3 = 68 \ (\text{kPa})$

$d$ 点：$z = 9 \ \text{m}$，$\sigma_{cz} = 19 \times 2 + 10 \times 3 + 7.1 \times 4 = 96.4 \ (\text{kPa})$

土层中的自重应力 $\sigma_{cz}$ 分布如图 2-8 所示。

【例 2-2】 计算图 2-9 所示水下地基土中的自重应力分布。

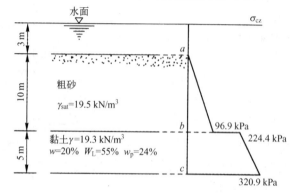

图 2-9　水下地基土中自重应力计算

**解**：水下粗砂层受到水的浮力作用，其浮重度为：

$\gamma' = \gamma_{sat} - \gamma_w = 19.5 - 9.81 = 9.69 \, (kN/m^3)$，黏土层：因为 $w < w_p$，$I_L < 0$，故认为该黏土层为不透水层，不受水的浮力作用，且该层面以下的应力应按上覆土层的水土总重计算。则土中各点的应力为：

$a$ 点：$z = 0$，$\sigma_{cz} = 0$

$b_上$ 点：$z = 10 \, m$，若该点位于粗砂层中：$\sigma_{cz} = \gamma' z = 9.69 \times 10 = 96.9 \, (kPa)$

$b_下$ 点：$z = 10 \, m$，若该点位于黏土层中：$\sigma'_{cz} = \gamma' z + \gamma_w \cdot h_w = 9.69 \times 10 + 9.81 \times 13$
$$= 224.4 \, (kPa)$$

$c$ 点：$z = 15 \, m$　$\sigma_{cz} = 224.4 + 19.3 \times 5 = 320.9 \, kPa$

土中自重应力 $\sigma_{cz}$ 分布如图 2-9 所示。

## 2.2.2　水平自重应力

在土体自重作用下，土体在水平向具有侧向应力，在半无限体中，土体不发生侧向变形。任一点水平向侧向应力在环向相等，用 $\sigma_{cx}$ 表示，可按下式计算。

由于侧限条件，$\varepsilon_x = \varepsilon_y = 0$，且 $\sigma_{cx} = \sigma_{cy}$。故根据广义虎克定律有：

$$\varepsilon_{cx} = \frac{1}{E} \left[ \sigma_{cx} - \mu (\sigma_{cy} + \sigma_{cx}) \right] \tag{2-6a}$$

$$\varepsilon_{cy} = \frac{1}{E} \left[ \sigma_{cx} - \mu (\sigma_{cz} + \sigma_{cx}) \right] = 0 \tag{2-6b}$$

将侧限条件代入式（2-6），得

$$\sigma_{cx} = \sigma_{cy} = \frac{\mu}{1 - \mu} \sigma_{cz}$$

令

$$K_0 = \frac{\mu}{1 - \mu}$$

则

$$\sigma_{cx} = \sigma_{cy} = K_0 \sigma_{cz}$$

$K_0$ 称为土的侧压力系数，它是侧限条件下土中水平向应力与竖向应力之比，所以侧限状态又称为 $K_0$ 状态；$\mu$ 是土的泊松比。$K_0$ 和 $\mu$ 依土的种类、密度不同而异，可由试验确定。无试验资料时，可参见表 2-1。

**表 2-1　土的侧压力系数 $K_0$ 与泊松比 $\mu$ 的参考值**

| 土的种类与状态 | | $K_0$ | $\mu$ |
|---|---|---|---|
| 碎石土 | | 0.18 ~ 0.25 | 0.15 ~ 0.20 |
| 砂土 | | 0.25 ~ 0.33 | 0.20 ~ 0.25 |
| 粉土 | | 0.33 | 0.25 |
| 粉质黏土 | 坚硬状态 | 0.33 | 0.25 |
| | 可塑状态 | 0.43 | 0.30 |
| 软塑及流塑状态 | | 0.53 | 0.35 |
| 黏土：坚硬状态 | | 0.33 | 0.25 |
| 可塑状态 | | 0.53 | 0.35 |
| 软塑及流塑状态 | | 0.72 | 0.42 |

## 2.3　基底压力与基底附加压力

　　基底压力是指上部结构荷载和基础自重靠基础传递，在基础底面处施加于地基上的单位面积压力。反向施加于基础底面上的压力称为基底反力。基底附加应力是指基底压力扣除因基础埋深所开挖土的自重应力之后在基底处施加于地基上的单位面积压力，也称为基底净压力。

### 2.3.1　基底压力分布的分析

　　基底压力分布的问题是涉及基础与地基土两种不同物体间的接触压力问题，在弹性理论中称为接触压力问题。这是一个比较复杂的问题，影响它的因素很多，如基础的刚度、形状、尺寸、埋置深度、土的性质及荷载大小等。目前在弹性理论中主要研究不同刚度的基础与弹性半空间体表面间的接触压力分布问题。下面着重分析基础刚度的影响。

　　基础按刚度不同可分为以下几个方面。

　　1. 柔性基础

　　理想的柔性基础是由多个侧壁光滑竖立的矩形块组成，如图 2-10（a）所示，这种基础相当于绝对柔性基础（即基础的抗弯刚度 $EL \rightarrow 0$）。基础上荷载通过小块直接传递在土上，基础底面的压力分布图形与基础上作用的荷载分布图形相同。如荷载是均匀的，则基底压力分布也是均匀的，这时地基的变形在基础中心大，边缘小。可以近似地将路堤、土坝等视为柔性基础。如图 2-10（b）所示。

　　如果要使柔性基础各点的变形相等，需施加中间小两边大的非均匀荷载，如图 2-10（a）中虚线所示。

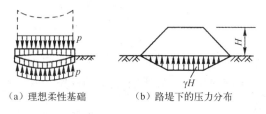

（a）理想柔性基础　　　　　（b）路堤下的压力分布

图 2-10　柔性基础下的压力分布

　　2. 刚性基础

　　在外荷载作用下，基础本身为不变形的绝对刚体，将此基础称为刚性基础（即 $EI \rightarrow \infty$）。桥梁墩台的扩大基础、重力式码头、挡土墙、大块墩柱等可视为刚性基础。

　　在中心荷载作用下，刚性基础各点竖向变形相同。这时基底压力分布呈马鞍形，中央小而两边大 [理论上边缘应力为无穷大，如图 2-11（a）中实线所示]。实际上这是不可能的，因为基底压力不可能超过土的极限强度。实际压力如图 2-11（a）中虚线所示。当作用的荷载较大时，基础边缘由于应力很大，将会使土产生塑性变形，边缘应力不再增加，而使中央部分继续增大，使基底压力重新分布而呈抛物线形分布，如图 2-11（b）所示。若作用荷载继续增大，则基底压力会继续发展呈钟形分布，如图 2-11（c）所示。

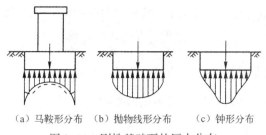

（a）马鞍形分布　（b）抛物线形分布　（c）钟形分布

图 2-11　刚性基础下的压力分布

普列斯（Press）于 1934 年在 0.6 m×0.6 m 的刚性板上进行试验，研究结果表明，刚性基础底面的压力分布形状不仅与荷载大小有关，而且与基础的埋置深度及土的性质有关。关于这些因素的影响，将在相关专业课中专门讨论。

## 2.3.2　基底压力的简化计算

由上述讨论可见，基底压力分布是比较复杂的，但根据弹性理论中的圣维南原理以及从土中实际应力的测量结果得知，在总荷载保持定值的前提下，基底压力分布的形状对土中应力的影响在超过一定深度（1.5 ~ 2.0 倍基础宽度）后就不显著了。因此，当基础尺寸不太大时，在实用上可以采用简化的计算方法，即假定基底压力分布的形状是线性变化的，则可以利用材料力学的公式进行简化计算。

1. 中心荷载作用下的基底压力

中心荷载作用下的基础，其所受荷载的合力通过基底形心。基底压力假定为均匀分布，如图 2-12（a）所示，此时基底平均压力按下式计算：

$$p = \frac{N}{F} \tag{2-7}$$

式中：$N$——作用在基础底面中心的竖直荷载；

　　　$F$——基础底面积，对矩形基础 $F = lb$，$l$ 和 $b$ 分别为矩形基底的长度和宽度。如图 2-12（b）所示，对于荷载沿长度方向均匀分布的条形基础，可沿长度方向取一延米长进行计算，则 $N$ 为沿长度方向一延米长上作用的荷载。

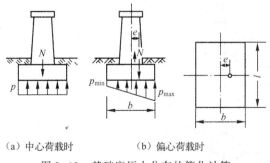

（a）中心荷载时　　　　（b）偏心荷载时

图 2-12　基础底压力分布的简化计算

2. 偏心荷载作用下的基底压力

对于单向偏心荷载，可假定在基础的宽度方向偏心，在长度方向不偏心，此时沿宽度方向基础边缘的最大压力 $p_{max}$ 与最小压力 $p_{min}$ 按材料力学的偏心受压公式计算：

$$p_{min}^{max} = \frac{N}{F} \pm \frac{M}{W} = \frac{N}{F}\left(1 \pm \frac{6e}{b}\right) \tag{2-8}$$

式中：$N$、$M$——作用在基础底面中心的竖直荷载及弯矩，$M = Ne$；

$\qquad$ $W$——基础底面的抵抗矩。对于矩形基础，$W = \frac{lb^2}{6}$；对于条形基础，$W = b^2/6$；

$\qquad$ $e$——荷载偏心距；

$\qquad$ $b$、$l$——基础底面的宽度与长度。

从式（2-8）可知，按荷载偏心距 $e$ 的大小，基底压力的分布可能出现下述 3 种情况（图 2-13 所示）。

（1）当 $e < \frac{b}{6}$ 时，$p_{min} > 0$，基底压力呈梯形分布，如图 2-13（a）所示。

（2）当 $e = \frac{b}{6}$ 时，$p_{min} = 0$，基底压力呈三角形分布，如图 2-13（b）所示。

（3）当 $e > \frac{b}{6}$ 时，$p_{min} < 0$，也即产生拉力，如图 2-13（c）所示。由于基底与地基土之间不能承受拉力，此时产生拉力部分的基底将与土脱开，而使基底压力重分布，如图 2-13（d）所示。因此，根据偏心荷载应与基底反力相平衡的条件，荷载合力 $N$ 应通过三角形反力分布图形的形心，如图 2-13（d）所示。由此可得基底边缘的最大压应力 $p'_{max}$ 为：

$$p'_{max} = \frac{2N}{3\left(\dfrac{b}{2} - e\right)l} \tag{2-9}$$

矩形基础在双向偏心荷载作用下（图 2-14），如基底最小压力 $p_{min} \geqslant 0$，则矩形基础边缘四个角点处的压力为 $p_{max}$、$p_{min}$、$p_1$、$p_2$ 可按下列公式计算：

$$\left.\begin{array}{c} p_{max} \\ p_{min} \end{array}\right\} = \frac{N}{F} \pm \frac{M_x}{W_x} \pm \frac{M_y}{W_y} \tag{2-10}$$

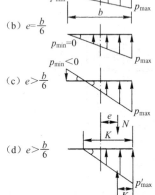

图 2-13　单向偏心荷载下矩形基础的基底压力分布

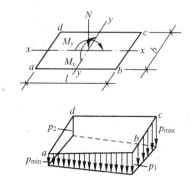

图 2-14　双向偏心荷载压力分布

$$\left.\begin{array}{c}p_1\\p_2\end{array}\right\}=\frac{N}{F}\pm\frac{M_x}{W_x}\pm\frac{M_y}{W_y} \tag{2-11}$$

式中：$M_x=Ne_y$ 偏心荷载 $X-X$ 轴的力矩；

　　　$M_y=Ne_x$ 偏心荷载 $Y-Y$ 轴的力矩；

　　　$W_x=\dfrac{lb^2}{6}$ 基础底面 $X-X$ 轴的抵抗矩；

　　　$W_y=\dfrac{lb^2}{6}$ 基础底面 $Y-Y$ 轴的抵抗矩。

## 2.3.3　基底附加压力

　　建筑物建造前，地基土中早已存在自重应力（此自重应力又称原存应力）。一般天然土层在自重应力作用下的变形早已结束，只有新增加于基底上的压力（即基底附加压力）才能引起地基的附加应力和变形。

　　如果基础砌置在天然地面上，那么全部基底压力就是新增加于地基表面的基底附加压力，即

$$p_0=p$$

　　实际上，一般浅基础总是埋置在天然地面以下某一深度处（假定基础埋深为 $d$），则基底附加压力为：

$$p_0=p-\sigma_{cz}=p-\gamma_0 d \tag{2-12}$$

式中：$p$——基底平均压力；

　　　$\sigma_{cz}$——土中自重应力，基底处 $\sigma_{cz}=\gamma_0 d$；

　　　$\gamma_0$——基础底面高程以上天然土层的加权平均重度，$\gamma_0=(\gamma_1 h_1+\gamma_2 h_2+\cdots)/(h_1+h_2+\cdots)$。

　　如图 2-15 所示，建造建筑物基础需开挖基坑，开挖前，在基底位置处由土自重而产生的应力为 $\gamma_0 d$。该应力由于开挖基坑而卸去。因此，由建筑物建造后的基底压力中扣除基底处原有的土中自重应力后，才是基底平面处新增加于地基的附加压力。

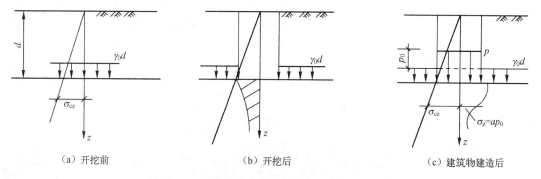

　（a）开挖前　　　　　　　　（b）开挖后　　　　　　　　（c）建筑物建造后

图 2-15　开挖前后地基土中压力变化情况示意图

## 2.4　竖向集中力作用下土中应力计算

　　土中附加应力是由建筑物荷载引起的应力增量。本节讨论在竖向集中力作用时土中的应力计算。虽然在实践中是没有集中力的，但它在土的应力计算中是一个基本公式，应用集中力的解答，通过叠加原理或者数值积分的方法可以得到各种分布荷载作用时的土中应力计算公式。

　　下面讨论在均匀的各向同性的半无限弹性体表面，作用一竖向集中力 $Q$（图2-16），计算半无限体内任一点 $M$ 的应力（不考虑弹性体的体积力）。这个课题已在弹性理论中由法国布辛奈斯克（J. V. Boussinesq）解得，其应力及位移的表达式分别如下。

### 2.4.1　采用直角坐标系时

　　如图2-16所示，具体计算如下。

法向应力：

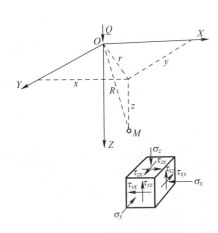

图2-16　布辛奈斯克课题
（直角坐标表示）

$$\sigma_z = \frac{3Qz^3}{2\pi R^5} \tag{2-13}$$

$$\sigma_x = \frac{3Q}{2\pi}\left\{\frac{zx^2}{R^5} + \frac{1-2\mu}{3}\left[\frac{R^2-Rz-z^2}{R^3(R+z)} - \frac{x^2(2R+z)}{R^3(R+z)^2}\right]\right\} \tag{2-14}$$

$$\sigma_y = \frac{3Q}{2\pi}\left\{\frac{zy^2}{R^5} + \frac{1-2\mu}{3}\left[\frac{R^2-Rz-z^2}{R^3(R+z)} - \frac{y^2(2R+z)}{R^3(R+z)^2}\right]\right\} \tag{2-15}$$

剪应力：

$$\tau_{xy} = \tau_{yx} = \frac{3Q}{2\pi}\left[\frac{xyz}{R^5} - \frac{1-2\mu}{3}\cdot\frac{xy(2R+z)}{R^3(R+z)^2}\right] \tag{2-16}$$

$$\tau_{yz} = \tau_{zy} = -\frac{3Q}{2\pi}\frac{yz^2}{R^5} \tag{2-17}$$

$$\tau_{zx} = \tau_{xz} = -\frac{3Q}{2\pi}\frac{xz^2}{R^5} \tag{2-18}$$

$X$、$Y$、$Z$ 轴方向的位移分别为：

$$u = \frac{Q(1+\mu)}{2\pi E}\left[\frac{xz}{R^3} - (1-2\mu)\frac{x}{R(R+z)}\right] \tag{2-19}$$

$$v = \frac{Q(1+\mu)}{2\pi E}\left[\frac{yz}{R^3} - (1-2\mu)\frac{y}{R(R+z)}\right] \tag{2-20}$$

$$w = \frac{Q(1+\mu)}{2\pi E}\left[\frac{z^2}{R^3} + 2(1-\mu)\frac{1}{R}\right] \tag{2-21}$$

$$R = \sqrt{x^2 + y^2 + z^2}$$

式中：$x$、$y$、$z$——$M$ 点的坐标；

　　　　$E$、$\mu$——弹性模量及泊松比。

## 2.4.2　采用极坐标表示时

如图 2-17 所示，具体计算如下。

$$\sigma_z = \frac{3Q}{2\pi z^2}\cos^5\theta \qquad (2-22)$$

$$\sigma_r = \frac{Q}{2\pi z^2}\Big[3\sin^2\theta\cos^3\theta - \frac{(1-2\mu)\cos^2\theta}{1+\cos\theta}\Big]$$
$$\qquad (2-23)$$

$$\sigma_t = -\frac{Q(1-2\mu)}{2\pi z^2}\Big[\cos^3\theta - \frac{\cos^2\theta}{1+\cos\theta}\Big] \quad (2-24)$$

$$\tau_{rz} = \frac{3Q}{2\pi z^2}(\sin\theta\cos^4\theta) \qquad (2-25)$$

$$\tau_{tr} = \tau_{tz} = 0 \qquad (2-26)$$

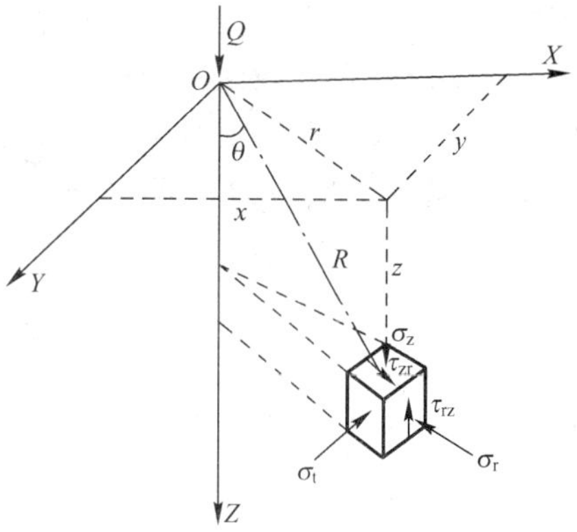

图 2-17　布辛奈斯克课题（极坐标表示）

上述的应力及位移分量计算公式，在集中力作用点处是不适用的，因为当 $R \to 0$，从上述公式可见应力及位移均趋于无穷大，这时土已发生塑性变形，按弹性理论解得的公式已不适用了。

在上述应力及位移分量中，应用最多的是竖向法向应力 $\sigma_z$ 及竖向位移 $w$，因此本章将着重讨论 $\sigma_z$ 的计算。为了应用方便，式（2-13）的 $\sigma_z$ 表达式可以写成如下形式：

$$\sigma_z = \frac{3Qz^3}{2\pi R^5} = \frac{3Q}{2\pi z^2}\frac{1}{\Big[1+\big(\frac{r}{z}\big)^2\Big]^{5/2}} = \alpha\frac{Q}{z^2} \qquad (2-27)$$

式中，应力系数 $\alpha = \dfrac{3}{2\pi\Big[1+\big(\frac{r}{z}\big)^2\Big]^{5/2}}$，它是 $\big(\frac{r}{z}\big)$ 的函数，可制成表格查用。现将应力系数值 $\alpha$ 列于表 2-2。

### 表 2-2　集中力作用下的应力系数 $\alpha$

| $r/z$ | $\alpha$ | $r/z$ | $\alpha$ | $r/z$ | $\alpha$ | $r/z$ | $\alpha$ | $r/z$ | $\alpha$ |
|---|---|---|---|---|---|---|---|---|---|
| 0.00 | 0.477 5 | 0.50 | 0.273 3 | 1.00 | 0.084 4 | 1.50 | 0.025 1 | 2.00 | 0.008 5 |
| 0.05 | 0.474 5 | 0.55 | 0.246 6 | 1.05 | 0.074 4 | 1.55 | 0.022 4 | 2.20 | 0.005 8 |
| 0.10 | 0.465 7 | 0.60 | 0.221 4 | 1.10 | 0.065 8 | 1.60 | 0.020 0 | 2.40 | 0.004 0 |
| 0.15 | 0.451 6 | 0.65 | 0.197 8 | 1.15 | 0.058 1 | 1.65 | 0.017 9 | 2.60 | 0.002 9 |
| 0.20 | 0.432 9 | 0.70 | 0.176 2 | 1.20 | 0.051 3 | 1.70 | 0.016 0 | 2.80 | 0.002 1 |
| 0.25 | 0.410 3 | 0.75 | 0.156 5 | 1.25 | 0.045 4 | 1.75 | 0.014 4 | 3.00 | 0.001 5 |
| 0.30 | 0.384 9 | 0.80 | 0.138 6 | 1.30 | 0.040 2 | 1.80 | 0.012 9 | 3.50 | 0.000 7 |
| 0.35 | 0.357 7 | 0.85 | 0.122 6 | 1.35 | 0.035 7 | 1.85 | 0.011 6 | 4.00 | 0.000 4 |
| 0.40 | 0.329 4 | 0.90 | 0.108 3 | 1.40 | 0.031 7 | 1.90 | 0.010 5 | 4.50 | 0.000 2 |
| 0.45 | 0.301 1 | 0.95 | 0.095 6 | 1.45 | 0.028 2 | 1.95 | 0.009 5 | 5.00 | 0.000 1 |

在工程实践中最常遇到的问题是地面竖向位移（地表沉降）。计算地面某点 $A$（其坐标为 $z=0$，$R=r$）的沉降 $s$ 可由式（2-28）求得（见图2-18），即：

$$s = w \cdot \frac{Q(1-\mu^2)}{\pi E_0 r} \tag{2-28}$$

式中：$E_0$——土的变形模量/kPa。

**【例2-3】** 在地表面作用集中力 $Q=200\,\text{kN}$，计算地面深度 $z=3\,\text{m}$ 处水平面上的竖向法向应力 $\sigma_z$ 分布，以及距 $Q$ 的作用点 $r=1\,\text{m}$ 处竖直面上的竖向法向应力 $\sigma_z$ 分布。

**解：** 各点的竖应力 $\sigma_z$ 可按式（2-27）计算，并列于表2-3及表2-4中，同时绘出 $\sigma_z$ 的分布图示于图2-19。$\sigma_z$ 的分布曲线表明，在半无限土体内任一水平面上，随着与集中作用力点距离的增大，$\sigma_z$ 值迅速减小。在不通过集中力作用点的任一竖向剖面上，在土体表面处，随着深度的增加，$\sigma_z$ 逐渐增大，在某一深度处达到最大值，此后又逐渐减小。

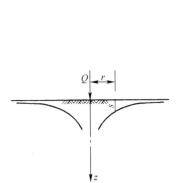

图2-18 集中力作用下地面沉降

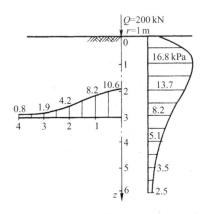

图2-19 竖向集中力作用下土中应力分布

表2-3 $z=3\,\text{m}$ 处水平面上竖应力 $\sigma_z$ 的计算

| $r/\text{m}$ | 0 | 1 | 2 | 3 | 4 | 5 |
|---|---|---|---|---|---|---|
| $r/z$ | 0 | 0.33 | 0.67 | 1.00 | 1.33 | 1.67 |
| $\alpha$ | 0.478 | 0.369 | 0.189 | 0.084 | 0.038 | 0.017 |
| $\sigma_z/\text{kPa}$ | 10.6 | 8.2 | 4.2 | 1.9 | 0.8 | 0.5 |

表2-4 $r=1\,\text{m}$ 处竖直面上竖应力 $\sigma_z$ 的计算

| $z/\text{m}$ | 0 | 1 | 2 | 3 | 4 | 5 | 6 |
|---|---|---|---|---|---|---|---|
| $r/z$ | $\infty$ | 1.00 | 0.50 | 0.33 | 0.25 | 0.20 | 0.17 |
| $\alpha$ | 0 | 0.084 | 0.273 | 0.369 | 0.410 | 0.433 | 0.444 |
| $\sigma_z/\text{kPa}$ | 0 | 16.8 | 13.7 | 8.2 | 5.1 | 3.5 | 2.5 |

**【例2-4】** 有一矩形基础，$b=2\,\text{m}$，$l=4\,\text{m}$，作用均布荷载 $p=10\,\text{kPa}$，计算矩形基础中点下深度 $z=2\,\text{m}$ 及 $10\,\text{m}$ 处的竖应力 $\sigma_z$ 值。

计算时将基础上的分布荷载用 8 个等份集中力 $Q_i$ 代替，如图 2-20 所示。

**解**：将基础分成 8 等份，每等份面积 $\Delta F = 1 \times 1 \text{ m}^2$，则作用在每等份面积上的集中力为：

$$Q_i = p \cdot \Delta F = 10 \times 1 = 10 \text{ kN}$$

各集中力 $Q_i$ 对矩形基础中点 $O$ 的距离分别为：

$$r_1 = \sqrt{0.5^2 + 1.5^2} = 1.581 \text{ m}$$

$$r_2 = \sqrt{0.5^2 + 0.5^2} = 0.707 \text{ m}$$

将各集中力 $Q_i$ 对基础中点 $O$ 下深度 $z = 2 \text{ m}$ 及 10 m 处的竖应力 $\sigma_z$ 值计算列于表 2-5。

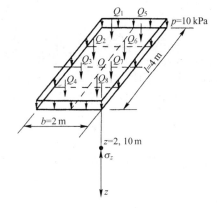

图 2-20　基础上的分布荷载用集中力代替

**表 2-5　$\sigma_{zi}$ 计算值**

| $Q_i$ | $z/\text{m}$ | $r/\text{m}$ | $r/z$ | $\alpha$ | $\sigma_{si} = \dfrac{Q_i}{z^2}\alpha/\text{kPa}$ |
|---|---|---|---|---|---|
| $Q_i$ | 2 | 1.581 | 0.791 | 0.142 | 0.36 |
| $Q_s$ | 2 | 0.707 | 0.353 | 0.356 | 0.89 |
| $Q_i$ | 10 | 1.581 | 0.158 | 0.449 | 0.045 |
| $Q_s$ | 10 | 0.707 | 0.071 | 0.471 | 0.047 |

在 $O$ 点下深度 $z = 2 \text{ m}$ 处的竖应力为：

$$\sigma_z = \sum_{i=1}^{2} \sigma_{zi} = 4 \times (0.36 + 0.89) = 5 \text{ kPa}$$

$z = 10 \text{ m}$ 处的竖应力为：

$$\sigma_z = \sum_{i=1}^{2} \sigma_{zi} = 4 \times (0.045 + 0.047) = 0.368 \text{ kPa}$$

## 2.5　竖直分布荷载作用下土中应力计算

在实践中荷载很少以集中力的形式作用在土上，而往往是通过基础分布在一定面积上。若基础底面的形状或基底下的荷载分布不规则时，则可以把分布荷载分割为许多集中力，然后应用布辛奈斯克公式和叠加方法计算土中应力。若基础底面的形状及分布荷载都是有规律时，则可以应用积分方法解得相应的土中应力。

若在半无限土体表面作用一分布荷载 $p(\xi, \eta)$，如图 2-21 所示。为了计算土中某点 $M(x, y, z)$ 的竖应力值 $\sigma_z$，可以在基底范围取元素面积 $\mathrm{d}F = \mathrm{d}\xi\mathrm{d}\eta$，作用在元素面积上的分布荷载可以用集中力 $\mathrm{d}Q$ 表示，$\mathrm{d}Q = p(\xi, \eta)\mathrm{d}\xi\mathrm{d}\eta$。这时土中 $M$ 点的竖应力 $\sigma_z$ 值可以用式（2-13）在基底面积范围内进行积分求

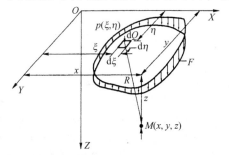

图 2-21　分布荷载作用下土中应力计算

得，即：

$$\sigma_z = \iint_F \mathrm{d}\sigma_z = \frac{3z^2}{2\pi} \iint_F \frac{\mathrm{d}Q}{R^5} = \frac{3z^2}{2\pi} \iint_F \frac{p(\xi,\eta)\,\mathrm{d}\xi\mathrm{d}\eta}{\left(\sqrt{\left[(x-\xi)^2 + (y-\eta)^2 + z^2\right]}\right)^5} \tag{2-29}$$

在求解上式时取决于三个边界条件：

① 分布荷载 $p(\xi,\eta)$ 的分布规律及其大小。

② 分布荷载的分布面积 $F$ 的几何形状及其大小。

③ 应力计算点 $M$ 的坐标值 $x$、$y$、$z$ 值。

下面介绍几种常见的基础底面形状及分布荷载作用时土中应力的计算公式。

## 2.5.1　空间问题

若作用的荷载是分布在有限面积范围内，那么由式（2-29）可知，土中应力是与计算点的空间坐标（$z$，$y$，$z$）有关，这类解均属空间问题。如前面所介绍的集中力作用时的布辛奈斯克课题，以及下面所讨论的圆形面积和矩形面积分布荷载下的解均为空间问题。

1. 圆形面积上作用均布荷载时土中竖向应力 $\sigma_z$ 的计算

在图 2-22 中，圆形面积上作用均布荷载 $p$，计算土中任一点 $M(r,z)$ 的竖应力。若采用极坐标表示，原点在圆心 $O$。取元素面积 $\mathrm{d}F = \rho\mathrm{d}\varphi\mathrm{d}\rho$，其上作用元素荷载 $\mathrm{d}Q = p\mathrm{d}F = p\rho\mathrm{d}\varphi\mathrm{d}\rho$，那么可以由式（2-13）在圆面积范围内积分求得 $\sigma_z$ 值。应注意式中的 $R$ 值在图 2-22 中是用 $R_1$ 表示，已知

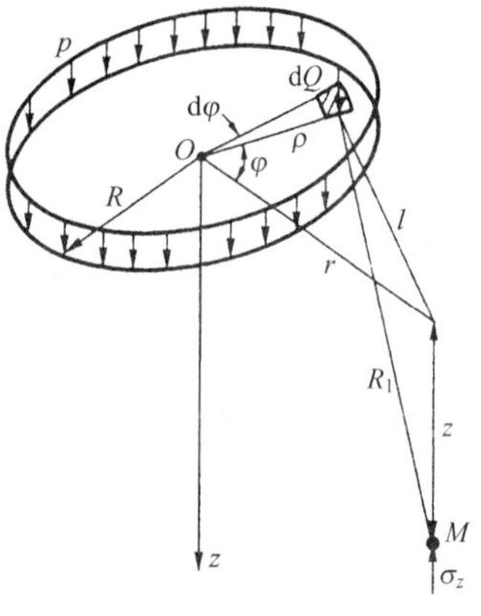

$$R_1 = \sqrt{l^2 + z^2} = (\rho^2 + r^2 - 2\rho r\cos\varphi + z^2)^{\frac{1}{2}}$$

则得

$$\sigma_z = \frac{3pz^3}{2\pi} \int_0^{2\pi} \int_0^R \frac{\rho\mathrm{d}\rho\mathrm{d}\varphi}{(\rho^2 + r^2 - 2\rho r\cos\varphi + z^2)^{\frac{5}{2}}} \tag{2-30}$$

解式（2-30）得竖向应力的表达式：

$$\sigma_z = \alpha_c p \tag{2-31}$$

式中：$\alpha_c$——应力系数，它是 $r/R$ 及 $z/R$ 的函数，可由表 2-6 查得；

$R$——圆面积的半径；

$r$——应力计算点 $M$ 到 $z$ 轴的水平距离。

图 2-22　圆形面积均布荷载
作用下的土中应力计算

### 表 2-6　圆形面积上均布荷载作用下的竖应力系数 $\alpha_c$ 值

| $z/R$ ＼ $r/R$ | 0 | 0.2 | 0.4 | 0.6 | 0.8 | 1.0 | 1.2 | 1.4 | 1.6 | 1.8 | 2.0 |
|---|---|---|---|---|---|---|---|---|---|---|---|
| 0.0 | 1.000 | 1.000 | 1.000 | 1.000 | 1.000 | 0.500 | 0.000 | 0.000 | 0.000 | 0.000 | 0.000 |
| 0.2 | 0.998 | 0.991 | 0.987 | 0.970 | 0.890 | 0.468 | 0.077 | 0.015 | 0.005 | 0.002 | 0.001 |
| 0.4 | 0.949 | 0.943 | 0.920 | 0.860 | 0.712 | 0.435 | 0.181 | 0.065 | 0.026 | 0.012 | 0.006 |
| 0.6 | 0.864 | 0.852 | 0.813 | 0.733 | 0.591 | 0.400 | 0.224 | 0.113 | 0.056 | 0.029 | 0.016 |
| 0.8 | 0.756 | 0.742 | 0.699 | 0.619 | 0.504 | 0.366 | 0.237 | 0.142 | 0.083 | 0.048 | 0.029 |
| 1.0 | 0.646 | 0.633 | 0.593 | 0.525 | 0.434 | 0.332 | 0.235 | 0.157 | 0.102 | 0.065 | 0.012 |
| 1.2 | 0.547 | 0.535 | 0.502 | 0.447 | 0.377 | 0.300 | 0.226 | 0.162 | 0.113 | 0.078 | 0.053 |

续表

| z/R \ r/R | 0 | 0.2 | 0.4 | 0.6 | 0.8 | 1.0 | 1.2 | 1.4 | 1.6 | 1.8 | 2.0 |
|---|---|---|---|---|---|---|---|---|---|---|---|
| 1.4 | 0.461 | 0.452 | 0.425 | 0.383 | 0.329 | 0.270 | 0.212 | 0.161 | 0.118 | 0.088 | 0.062 |
| 1.6 | 0.390 | 0.383 | 0.362 | 0.330 | 0.288 | 0.243 | 0.197 | 0.156 | 0.120 | 0.090 | 0.068 |
| 1.8 | 0.332 | 0.327 | 0.311 | 0.285 | 0.254 | 0.218 | 0.182 | 0.148 | 0.118 | 0.092 | 0.072 |
| 2.0 | 0.285 | 0.280 | 0.268 | 0.248 | 0.224 | 0.196 | 0.167 | 0.140 | 0.114 | 0.092 | 0.074 |
| 2.2 | 0.246 | 0.242 | 0.233 | 0.218 | 0.198 | 0.176 | 0.153 | 0.131 | 0.109 | 0.090 | 0.074 |
| 2.4 | 0.214 | 0.211 | 0.203 | 0.192 | 0.176 | 0.159 | 0.146 | 0.122 | 0.101 | 0.087 | 0.073 |
| 2.6 | 0.187 | 0.185 | 0.179 | 0.170 | 0.158 | 0.144 | 0.129 | 0.113 | 0.098 | 0.084 | 0.071 |
| 2.8 | 0.165 | 0.163 | 0.159 | 0.151 | 0.141 | 0.130 | 0.118 | 0.105 | 0.092 | 0.080 | 0.069 |
| 3.0 | 0.146 | 0.145 | 0.141 | 0.135 | 0.127 | 0.118 | 0.108 | 0.097 | 0.087 | 0.077 | 0.067 |
| 3.4 | 0.117 | 0.116 | 0.114 | 0.110 | 0.105 | 0.098 | 0.091 | 0.084 | 0.076 | 0.068 | 0.061 |
| 3.8 | 0.096 | 0.095 | 0.093 | 0.091 | 0.087 | 0.083 | 0.078 | 0.073 | 0.067 | 0.061 | 0.053 |
| 4.2 | 0.079 | 0.079 | 0.078 | 0.076 | 0.073 | 0.070 | 0.067 | 0.063 | 0.059 | 0.054 | 0.050 |
| 4.6 | 0.067 | 0.067 | 0.066 | 0.064 | 0.063 | 0.060 | 0.058 | 0.055 | 0.052 | 0.048 | 0.045 |
| 5.0 | 0.057 | 0.057 | 0.056 | 0.055 | 0.054 | 0.052 | 0.050 | 0.048 | 0.046 | 0.043 | 0.041 |
| 5.5 | 0.048 | 0.048 | 0.047 | 0.046 | 0.045 | 0.044 | 0.043 | 0.041 | 0.039 | 0.038 | 0.036 |
| 6.0 | 0.040 | 0.040 | 0.040 | 0.039 | 0.039 | 0.038 | 0.037 | 0.036 | 0.034 | 0.033 | 0.031 |

**【例 2-5】** 有一圆形基础，半径 $R = 1\,\text{m}$，其上作用中心荷载 $Q = 200\,\text{kN}$，求基础边点下的竖向应力 $\sigma_z$ 分布，并将计算结果与【例 2-3】的计算结果（表 2-4）进行比较。

**解：** 在基础底面的压力为：

$$p = \frac{Q}{F} = \frac{200}{\pi \times 1^2} = 63.7\,\text{kPa}$$

圆形基础边缘点下的竖向应力 $\sigma_z$ 按式（2-31）计算，即：

$$\sigma_z = \alpha_c p$$

将计算结果列于表 2-7，在表中同时列出了【例 2-3】中表 2-4 的结果。

表 2-7　圆形面积边缘点下竖向应力值 $\sigma_z$ 计算

| z/m | 圆形面积均布荷载力 p 作用时 | | 集中力 Q 作用时 | |
|---|---|---|---|---|
| | $\alpha_c$ | $\sigma_z = \alpha_c p /\text{kPa}$ | $\alpha$ | $\sigma_z /\text{kPa}$ |
| 0 | 0.500 | 31.8 | 0 | 0 |
| 0.5 | 0.418 | 26.6 | 0.008 5 | 6.8 |
| 1.0 | 0.332 | 21.1 | 0.084 | 16.8 |
| 2.0 | 0.196 | 12.5 | 0.273 | 13.7 |
| 3.0 | 0.118 | 7.5 | 0.369 | 8.2 |
| 4.0 | 0.077 | 4.9 | 0.410 | 5.1 |
| 6.0 | 0.038 | 2.4 | 0.444 | 2.5 |

对比表中两种计算结果可以看到，当深度 $z \geqslant 4\,\text{m}$ 后，两种计算的结果已相差很小。由此说明，当 $\dfrac{z}{2R} \geqslant 2$ 后，荷载分布形式对土中应力的影响已很不显著。

**2. 矩形面积均布荷载作用时土中竖向应力 $\sigma_z$ 计算**

**1）矩形面积中点 $O$ 下土中竖向应力 $\sigma_z$ 计算**

图 2-23 表示在地基表面 $l \times b$ 面积上作用均布荷载 $p$，其中点 $O$ 下深度 $z$ 处竖向应力 $\sigma_z$ 可由式（2-29）解得：

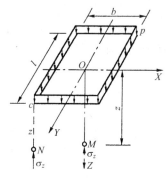

图 2-23　矩形面积均布荷载作用下中点及角点竖向应力 $\sigma_z$ 的计算

$$
\begin{aligned}
\sigma_z &= \frac{3z^3}{2\pi} p \int_{-\frac{l}{2}}^{\frac{l}{2}} \int_{-\frac{b}{2}}^{\frac{b}{2}} \frac{\mathrm{d}\eta \mathrm{d}\xi}{\left(\sqrt{\xi^2 + \eta^2 + z^2}\right)^5} \\
&= \frac{2p}{\pi} \left[ \frac{2mn(1 + n^2 + 8m^2)}{\sqrt{1 + n^2 + 4m^2}(1 + 4m^2)(n^2 + 4m^2)} + \arctan\frac{n^2}{2m\sqrt{1 + n^2 + 4m^2}} \right] \quad (2\text{-}32) \\
&= \alpha_0 p
\end{aligned}
$$

式中：$\alpha_0 = \dfrac{2}{\pi}\left[ \dfrac{2mn(1 + n^2 + 8m^2)}{\sqrt{1 + n^2 + 4m^2}(1 + 4m^2)(n^2 + 4m^2)} + \arctan\dfrac{n}{2m\sqrt{1 + n^2 + 4m^2}} \right]$，$\alpha_0$ 是 $n = \dfrac{l}{b}$ 和 $m = \dfrac{z}{b}$ 的函数，可由表 2-8 查得。

表 2-8　矩形面积上均布荷载作用时中点下竖向应力系数 $\alpha_0$ 值

| 深宽比 $m = \dfrac{z}{b}$ | 矩形面积长宽比 $n = \dfrac{l}{b}$ | | | | | | | | | |
|---|---|---|---|---|---|---|---|---|---|---|
| | 1.0 | 1.2 | 1.4 | 1.6 | 1.8 | 2.0 | 3.0 | 5.0 | 5.0 | ≥10 |
| 0 | 1.000 | 1.000 | 1.000 | 1.000 | 1.000 | 1.000 | 1.000 | 1.000 | 1.000 | 1.000 |
| 0.2 | 0.960 | 0.968 | 0.972 | 0.974 | 0.975 | 0.976 | 0.977 | 0.977 | 0.977 | 0.977 |
| 0.4 | 0.800 | 0.830 | 0.848 | 0.859 | 0.866 | 0.870 | 0.879 | 0.880 | 0.881 | 0.881 |
| 0.6 | 0.606 | 0.651 | 0.682 | 0.703 | 0.717 | 0.727 | 0.748 | 0.753 | 0.754 | 0.755 |
| 0.8 | 0.449 | 0.496 | 0.532 | 0.558 | 0.579 | 0.593 | 0.627 | 0.636 | 0.639 | 0.642 |
| 1.0 | 0.334 | 0.378 | 0.414 | 0.441 | 0.463 | 0.481 | 0.524 | 0.540 | 0.545 | 0.550 |
| 1.2 | 0.257 | 0.294 | 0.325 | 0.352 | 0.374 | 0.392 | 0.442 | 0.462 | 0.470 | 0.477 |
| 1.4 | 0.201 | 0.232 | 0.260 | 0.284 | 0.304 | 0.321 | 0.376 | 0.400 | 0.410 | 0.420 |
| 1.6 | 0.160 | 0.187 | 0.210 | 0.232 | 0.251 | 0.267 | 0.322 | 0.348 | 0.360 | 0.374 |
| 1.8 | 0.130 | 0.153 | 0.173 | 0.192 | 0.209 | 0.224 | 0.278 | 0.305 | 0.320 | 0.337 |
| 2.0 | 0.108 | 0.127 | 0.145 | 0.161 | 0.176 | 0.189 | 0.237 | 0.270 | 0.285 | 0.304 |
| 2.5 | 0.072 | 0.085 | 0.097 | 0.109 | 0.210 | 0.131 | 0.174 | 0.202 | 0.219 | 0.249 |
| 3.0 | 0.051 | 0.060 | 0.070 | 0.078 | 0.087 | 0.095 | 0.130 | 0.155 | 0.172 | 0.208 |
| 3.5 | 0.038 | 0.045 | 0.052 | 0.059 | 0.066 | 0.072 | 0.100 | 0.123 | 0.139 | 0.180 |
| 4.0 | 0.029 | 0.035 | 0.040 | 0.046 | 0.051 | 0.056 | 0.080 | 0.095 | 0.113 | 0.158 |
| 5.0 | 0.019 | 0.022 | 0.026 | 0.030 | 0.033 | 0.037 | 0.053 | 0.067 | 0.079 | 0.128 |

2）矩形面积角点 $c$ 下土中竖向应力 $\sigma_z$ 的计算

在图 2-23 所示均布荷载 $p$ 作用下，计算矩形面积角点 $c$ 下深度处 $N$ 点的竖向应力 $\sigma_z$ 时，同样可以由式（2-29）解得：

$$\sigma_z = \iint_F \mathrm{d}\sigma_z = \frac{3z^3}{2\pi}p \int_{-\frac{l}{2}}^{\frac{l}{2}} \int_{-\frac{b}{2}}^{\frac{b}{2}} \frac{\mathrm{d}\xi\mathrm{d}\eta}{\left[\left(\frac{b}{2}-\xi\right)^2 + \left(\frac{l}{2}-\eta\right)^2 + z^2\right]^{5/2}}$$

$$= \frac{p}{2\pi}\left[\frac{mn(1+n^2+2m^2)}{\sqrt{1+m^2+n^2}\,(m^2+n^2)(1+m^2)}\right] + \arctan\frac{n}{m\sqrt{1+n^2+m^2}} \tag{2-33}$$

$$= \alpha_a p$$

式中：应力系数 $\alpha_a = \dfrac{1}{2\pi}\left[\dfrac{mn(1+n^2+2m^2)}{\sqrt{1+m^2+n^2}\,(m^2+n^2)(1+m^2)} + \arctan\dfrac{n}{m\sqrt{1+m^2+n^2}}\right]$，$\alpha_a$ 值是

$n = \dfrac{l}{b}$ 和 $m = \dfrac{z}{b}$ 的函数，可由表 2-9 查得。

表 2-9　矩形面积上均布荷载作用时角点下竖向应力系数 $\alpha_a$ 值

| 深宽比 $m = \dfrac{z}{b}$ | 矩形面积长宽比 $n = \dfrac{l}{b}$ | | | | | | | | | |
|---|---|---|---|---|---|---|---|---|---|---|
| | 1.0 | 1.2 | 1.4 | 1.6 | 1.8 | 2.0 | 3.0 | 4.0 | 5.0 | ≥10 |
| 0 | 0.250 | 0.250 | 0.250 | 0.250 | 0.250 | 0.250 | 0.250 | 0.250 | 0.250 | 0.250 |
| 0.2 | 0.249 | 0.249 | 0.249 | 0.249 | 0.249 | 0.249 | 0.249 | 0.249 | 0.249 | 0.249 |
| 0.4 | 0.240 | 0.242 | 0.243 | 0.243 | 0.244 | 0.244 | 0.244 | 0.244 | 0.244 | 0.244 |
| 0.6 | 0.223 | 0.228 | 0.230 | 0.232 | 0.232 | 0.233 | 0.234 | 0.234 | 0.234 | 0.234 |
| 0.8 | 0.200 | 0.208 | 0.212 | 0.215 | 0.217 | 0.218 | 0.220 | 0.220 | 0.220 | 0.220 |
| 1.0 | 0.175 | 0.185 | 0.191 | 0.196 | 0.198 | 0.200 | 0.203 | 0.204 | 0.204 | 0.205 |
| 1.2 | 0.152 | 0.163 | 0.171 | 0.176 | 0.179 | 0.182 | 0.187 | 0.188 | 0.189 | 0.189 |
| 1.4 | 0.131 | 0.142 | 0.151 | 0.157 | 0.161 | 0.164 | 0.171 | 0.173 | 0.174 | 0.174 |
| 1.6 | 0.112 | 0.124 | 0.133 | 0.140 | 0.145 | 0.148 | 0.157 | 0.159 | 0.160 | 0.160 |
| 1.8 | 0.097 | 0.108 | 0.117 | 0.124 | 0.129 | 0.133 | 0.143 | 0.146 | 0.147 | 0.148 |
| 2.0 | 0.084 | 0.095 | 0.103 | 0.110 | 0.116 | 0.120 | 0.131 | 0.135 | 0.136 | 0.137 |
| 2.5 | 0.060 | 0.069 | 0.077 | 0.083 | 0.089 | 0.093 | 0.106 | 0.111 | 0.114 | 0.115 |
| 3.0 | 0.045 | 0.052 | 0.058 | 0.064 | 0.069 | 0.073 | 0.087 | 0.093 | 0.096 | 0.099 |
| 4.0 | 0.027 | 0.032 | 0.036 | 0.040 | 0.044 | 0.048 | 0.060 | 0.067 | 0.071 | 0.076 |
| 5.0 | 0.018 | 0.021 | 0.024 | 0.027 | 0.030 | 0.033 | 0.044 | 0.050 | 0.055 | 0.061 |
| 7.0 | 0.010 | 0.011 | 0.013 | 0.015 | 0.016 | 0.018 | 0.025 | 0.031 | 0.035 | 0.043 |
| 9.0 | 0.006 | 0.007 | 0.008 | 0.009 | 0.010 | 0.011 | 0.016 | 0.020 | 0.024 | 0.032 |
| 10.0 | 0.005 | 0.006 | 0.007 | 0.007 | 0.008 | 0.009 | 0.013 | 0.017 | 0.020 | 0.028 |

3）矩形面积均布荷载作用时土中任意点的竖向应力 $\sigma_z$ 计算——角点法

如图 2-24 所示，在矩形面积 $abcd$ 上作用均布荷载 $p$，要求计算任意点 $M$ 的竖向应力 $\sigma_z$，$M$ 点既不在矩形面积中点的下面，也不在角点的下面，而是任意点。$M$ 点的竖直投影

点 $A$ 可以在矩形面积 $abcd$ 范围之内，也可能在范围之外。这时可以用式（2-33）按下述叠加方法进行计算，这种计算方法一般称为角点法。

（1）$A$ 点在矩形面积范围之内［图2-24（a）］。

计算时可以通过 $A$ 点将受荷面积 $abcd$ 划分为 4 个小矩形面积 $aeAh$、$ebfA$、$hAgd$ 及 $Afcg$。这时 $A$ 点分别在 4 个小矩形面积的角点，这样就可以用式（2-33）分别计算 4 个小矩形面积均布荷载在角点 $A$ 下引起的竖向应力 $\sigma_{zi}$，再叠加起来即得：

$$\sigma_z = \sum \sigma_{zi} = \sigma_{z(aeAh)} + \sigma_{z(ebfA)} + \sigma_{z(hAgd)} + \sigma_{z(Afcg)}$$

（2）$A$ 点在矩形面积范围之外［图2-24（b）］。

计算时可按图2-24（b）划分的方法，分别计算矩形面积 $aeAh$、$beAg$、$dfAh$ 及 $cfAg$ 在角点 $A$ 下引起的竖向应力 $\sigma_{zi}$，然后按下述叠加方法计算：

$$\sigma_z = \sigma_{z(aeAh)} - \sigma_{z(beAg)} - \sigma_{z(dfAh)} + \sigma_{z(cfAg)}$$

【例2-6】 有一矩形面积基础，$b = 4\,\text{m}$，$l = 6\,\text{m}$，其上作用均布荷载 $p = 100\,\text{kPa}$，计算矩形基础中点下深度 $z = 8\,\text{m}$ 处 $M$ 点竖向应力 $\sigma_z$ 值（图2-25）。

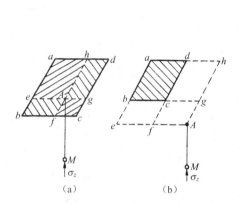

图2-24 角点法计算图示

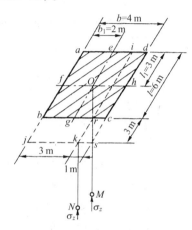

图2-25 矩形面积基础

**解**：按式（2-32）计算 $\sigma_z$ 值，即：

$$\sigma_z = \alpha_0 p$$

已知 $\dfrac{l}{b} = \dfrac{6}{4} = 1.5$，$\dfrac{z}{b} = \dfrac{8}{4} = 2$，由表2-8查得应力系数 $\alpha_0 = 0.153$。

由式（2-32）得：$\sigma_z = 0.153 \times 100 = 15.3\,\text{kPa}$

【例2-7】 同【例2-6】，但用角点法计算 $M$ 点的竖向应力 $\sigma_z$ 值。

**解**：将矩形面积 $abcd$ 通过中心点 $O$ 划分成 4 个相等的小矩形面积（$afOe$、$Ofbg$、$eOhd$ 及 $Ogch$），$M$ 点位于 4 个小矩形面积的角点下，可以按式（2-33）用角点法计算点的竖向应力 $\sigma_z$ 值。

考虑矩形面积 $afOe$，已知 $\dfrac{l_1}{b_1} = \dfrac{3}{2} = 1.5$，$\dfrac{z}{b_1} = \dfrac{8}{2} = 4$，由表2-9查得应力系数 $\alpha_a = 0.038$，则有：

$$\sigma_z = 4\sigma_{z(afOe)} = 4 \times 0.038 \times 100 = 15.2\,\text{kPa}$$

按角点法计算结果与【例2-6】的计算结果一致。

【例2-8】同【例2-6】，求矩形基础外 $k$ 点下深度 $z=6$ m 处点竖向应力 $\sigma_z$ 值（见图 2-25）。

**解：** 如图 2-25 所示，将 $k$ 点置于假设的矩形受荷面积的角点处，按角点法计算 $N$ 点的竖向应力。$N$ 点的竖向应力是由矩形受荷面积（$ajki$）与（$iksd$）引起的竖向应力之和，减去矩形受荷面积（$bjkr$）与（$rksc$）引起的竖向应力。即：

$$\sigma_z = \sigma_{z(ajki)} + \sigma_{z(iksd)} - \sigma_{z(bjkr)} - \sigma_{z(rksc)}$$

将计算结果列于表 2-10。

表 2-10　用角点法计算 $N$ 点竖向应力 $\sigma_z$ 值

| 荷载作用面积 | $n=\dfrac{l}{b}$ | $m=\dfrac{z}{b}$ | $\alpha_a$ |
|---|---|---|---|
| $ajki$ | $\dfrac{9}{3}=3$ | $\dfrac{6}{3}=2$ | 0.131 |
| $iksd$ | $\dfrac{9}{1}=9$ | $\dfrac{6}{1}=6$ | 0.051 |
| $bjkr$ | $\dfrac{3}{3}=1$ | $\dfrac{6}{3}=2$ | 0.084 |
| $rksc$ | $\dfrac{3}{1}=3$ | $\dfrac{6}{1}=6$ | 0.035 |

$$\sigma_z = 100 \times (0.131 + 0.051 - 0.084 - 0.035)$$
$$= 100 \times 0.063 = 6.3 \text{ kPa}$$

3. 矩形面积上作用三角形分布荷载时土中竖向应力 $\sigma_z$ 计算

如图 2-26 所示，在地基表面作用矩形（$l \times b$）三角形分布荷载，计算荷载为零的角点下深度 $z$ 处 $M$ 点的竖向应力 $\sigma_z$ 时，同样可以用式（2-29）求解。将坐标原点取在荷载为零的角点上，$Z$ 轴通过 $M$ 点。取元素面积 $\mathrm{d}F = \mathrm{d}x\mathrm{d}y$，其上作用元素集中力 $\mathrm{d}Q = \dfrac{x}{b}p\mathrm{d}x\mathrm{d}y$，则得：

$$\sigma_z = \frac{3z^3}{2\pi}p\int_0^l\int_0^b \frac{\frac{x}{b}\mathrm{d}x\mathrm{d}y}{(x^2+y^2+z^2)^{5/2}}$$
$$= \frac{mn}{2\pi}\left[\frac{1}{\sqrt{n^2+m^2}} - \frac{m^2}{(1+m^2)\sqrt{1+m^2+n^2}}\right]p \quad (2\text{-}34)$$
$$= \alpha_t p$$

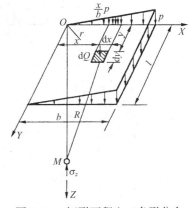

图 2-26　矩形面积上三角形分布荷载作用下 $\sigma_z$ 计算

式中：应力系数 $\alpha_t = \dfrac{mn}{2\pi}\left[\dfrac{1}{\sqrt{n^2+m^2}} - \dfrac{m^2}{(1+m^2)\sqrt{1+m^2+n^2}}\right]$，它是 $m=\dfrac{z}{b}$、$n=\dfrac{l}{b}$ 的函数，可以从表 2-11 查得。应注意上述 $b$ 值不是指基础的宽度，而是指三角形荷载分布方向的基础边长，如图 2-26 所示。

【例2-9】有一矩形面积（$l=5$ m，$b=3$ m）三角形分布的荷载作用在地基表面，荷载最大值 $p=100$ kPa，计算在矩形面积内 $O$ 点下深度 $z=3$ m 处的竖向应力 $\sigma_z$ 值（图 2-27）。

**表 2-11　矩形面积上三角形分布荷载作用下压力为零的角点以下的竖向应力系数 $\alpha_t$ 值**

| $m = \dfrac{z}{b}$ ＼ $n = \dfrac{l}{b}$ | 0.2 | 0.6 | 1.0 | 1.4 | 1.8 | 3.0 | 8.0 | 10.0 |
|---|---|---|---|---|---|---|---|---|
| 0 | 0.000 0 | 0.000 0 | 0.000 0 | 0.000 0 | 0.000 0 | 0.000 0 | 0.000 0 | 0.000 0 |
| 0.2 | 0.023 3 | 0.029 6 | 0.030 4 | 0.030 5 | 0.030 6 | 0.030 6 | 0.030 6 | 0.030 6 |
| 0.4 | 0.026 9 | 0.048 7 | 0.053 1 | 0.054 3 | 0.054 6 | 0.054 8 | 0.054 9 | 0.054 9 |
| 0.6 | 0.025 9 | 0.056 0 | 0.065 4 | 0.068 4 | 0.069 4 | 0.070 1 | 0.070 2 | 0.070 2 |
| 0.8 | 0.023 2 | 0.055 3 | 0.068 8 | 0.073 9 | 0.075 9 | 0.077 3 | 0.077 6 | 0.077 6 |
| 1.0 | 0.020 1 | 0.050 8 | 0.056 6 | 0.073 5 | 0.076 6 | 0.079 0 | 0.079 6 | 0.079 6 |
| 1.2 | 0.017 1 | 0.045 0 | 0.061 5 | 0.069 8 | 0.073 3 | 0.077 4 | 0.078 3 | 0.078 3 |
| 1.4 | 0.014 5 | 0.039 2 | 0.055 4 | 0.064 4 | 0.069 2 | 0.073 9 | 0.075 2 | 0.075 3 |
| 1.6 | 0.012 3 | 0.033 9 | 0.049 2 | 0.058 6 | 0.063 9 | 0.069 7 | 0.071 5 | 0.071 5 |
| 1.8 | 0.010 5 | 0.029 4 | 0.045 3 | 0.052 8 | 0.058 5 | 0.065 2 | 0.067 5 | 0.067 5 |
| 2.0 | 0.009 0 | 0.025 5 | 0.038 4 | 0.047 4 | 0.053 3 | 0.060 7 | 0.063 6 | 0.063 6 |
| 2.5 | 0.006 3 | 0.018 3 | 0.028 4 | 0.036 2 | 0.041 9 | 0.051 4 | 0.054 7 | 0.054 8 |
| 3.0 | 0.004 6 | 0.013 5 | 0.021 4 | 0.023 0 | 0.033 1 | 0.041 9 | 0.047 4 | 0.047 6 |
| 5.0 | 0.001 8 | 0.005 4 | 0.008 8 | 0.012 0 | 0.014 8 | 0.021 4 | 0.029 6 | 0.030 1 |
| 7.0 | 0.000 9 | 0.002 8 | 0.004 7 | 0.006 4 | 0.008 1 | 0.012 4 | 0.020 4 | 0.021 2 |
| 10.0 | 0.000 5 | 0.001 4 | 0.002 4 | 0.003 3 | 0.004 1 | 0.006 6 | 0.012 8 | 0.013 9 |

注：$b$ 为三角形荷载分布方向的基础边长；$l$ 为另一方向的全长。

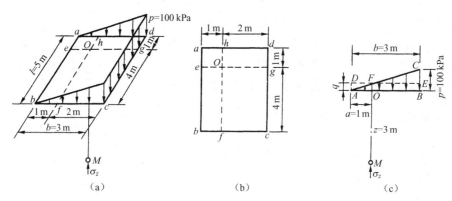

图 2-27　矩形面积基础计算

**解：**本题求解时要通过两次叠加法计算。第一次时荷载作用面积的叠加，即前述的角点法；第二次是荷载分布图形的叠加。现分别计算如下：

（1）荷载作用面积叠加计算

因为 $O$ 点在矩形面积（$abcd$）内，故可用角点法计算划分。如图 2-27（a）、（b）所示，通过 $O$ 点将矩形面积划分为 4 块，假定其上作用着均布荷载 $q$ [图 2-27（c）中荷载 $DABE$]，则 $M$ 点产生的竖向应力 $\sigma_{zi}$ 可用前述角点法计算，即：

$$\sigma_{z1} = \sigma_{z1(aeOh)} + \sigma_{z1(ebfO)} + \sigma_{z1(Ofcg)} + \sigma_{z1(hOgd)} = q\left(\alpha_{a1} + \alpha_{a2} + \alpha_{a3} + \alpha_{a4}\right)$$

式中：$\alpha_{a1}$、$\alpha_{a2}$、$\alpha_{a3}$、$\alpha_{a4}$——各块面积的应力系数，由表 2-9 查得，其计算结果列于
　　　　表 2-12。

表 2-12　应力系数 $\alpha_{ai}$ 计算

| 编　号 | 荷载作用面积 | $n = \dfrac{l}{b}$ | $m = \dfrac{z}{b}$ | $\alpha_{ai}$ |
|:---:|:---:|:---:|:---:|:---:|
| 1 | ($aeOh$) | $\dfrac{1}{1} = 1$ | $\dfrac{3}{1} = 3$ | 0.045 |
| 2 | ($ebfO$) | $\dfrac{4}{1} = 4$ | $\dfrac{3}{1} = 3$ | 0.093 |
| 3 | ($Ofcg$) | $\dfrac{4}{2} = 2$ | $\dfrac{3}{2} = 1.5$ | 0.156 |
| 4 | ($hOgd$) | $\dfrac{2}{1} = 2$ | $\dfrac{3}{1} = 3$ | 0.073 |

$$\sigma_{z1} = q \sum \alpha_{ai} = \frac{100}{3} \times (0.045 + 0.093 + 0.156 + 0.073)$$

$$= \frac{100}{3} \times 0.367 = 12.2 \text{ kPa}$$

（2）荷载分布图形叠加计算

上述角点法求得的应力 $\sigma_{z1}$ 是由均布荷载 $q$ 引起的，但实际作用的荷载是三角形分布，因此可以将图 2-27（c）所示的三角形分布荷载（$ABC$）分割成 3 块：均布荷载（$DABE$），三角形荷载（$AlFD$）及（$CFE$）。三角形荷载（$ABC$）等于均布荷载（$DABE$）减去三角形荷载（$AFD$），加上三角形荷载（$CFE$）。故可将此三块分布荷载产生的应力叠加计算。

三角形分布荷载（$AFD$），其最大值为 $q$，作用在矩形面积（$aeOh$）及（$ebfO$）上，并且 $O$ 点在荷载为零处。因此它对 $M$ 点引起的竖向应力 $\sigma_{z2}$ 是两块矩形面积三角形分布荷载引起的应力之和，可按式（2-34）计算。即：

$$\sigma_{z2} = \sigma_{z2(aeOh)} + \sigma_{z2(ebfO)} = q(\alpha_{t1} + \alpha_{t2})$$

式中，应力系数 $\alpha_{t1}$、$\alpha_{t2}$ 由表 2-11 查得，列于表 2-13 中。

$$\alpha_{z2} = \frac{100}{3} \times (0.021 + 0.045) = 2.2 \text{ kPa}$$

表 2-13　应力系数 $\alpha_{ti}$ 计算

| 编　号 | 荷载作用面积 | $n = \dfrac{l}{b}$ | $m = \dfrac{z}{b}$ | $\alpha_{ti}$ |
|:---:|:---:|:---:|:---:|:---:|
| 1 | ($aeOh$) | $\dfrac{1}{1} = 1$ | $\dfrac{3}{1} = 3$ | 0.021 |
| 2 | ($ebfO$) | $\dfrac{4}{1} = 4$ | $\dfrac{3}{1} = 3$ | 0.045 |
| 3 | ($Ofcg$) | $\dfrac{4}{2} = 2$ | $\dfrac{3}{2} = 1.5$ | 0.069 |
| 4 | ($hOgd$) | $\dfrac{1}{2} = 0.5$ | $\dfrac{3}{2} = 1.5$ | 0.032 |

三角形分布荷载（$CFE$），其最大值为（$p-q$），作用在矩形面积（$Ofcg$）及（$hOgd$）上，同样 $O$ 点也在荷载零点处。因此，它对 $M$ 点产生的竖向应力 $\sigma_{z3}$ 是这两块矩形面积三角形分布荷载

引起的应力之和，按式（2-34）计算。即：

$$\sigma_{z3} = \sigma_{z3(Ofcg)} + \sigma_{z3(hOgd)} = (p - q)(\alpha_{t3} + \alpha_{t4})$$

$$= \left(100 - \frac{100}{3}\right) \times (0.069 + 0.032) = 6.7 \text{ kPa}$$

最后叠加求得三角形分布荷载（$ABC$）对 $M$ 点产生的竖向应力 $\sigma_z$ 为：

$$\sigma_z = \sigma_{z1} - \sigma_{z2} + \sigma_{z3} = 12.2 - 2.2 + 6.7 = 16.7 \text{ kPa}$$

## 2.5.2　平面问题

若在半无限体表面作用无限长条形的分布荷载，荷载在宽度方向分布是任意的，但在长度方向的分布规律则是相同的，如图 2-28 所示。在计算土中任一点 $M$ 的应力时，只与该点的平面坐标$(X, Z)$有关，而与荷载长度方向 $Y$ 轴坐标无关，这种情况属于平面应变问题。虽然在工程实践中不存在无限长条分布荷载，但通常把路堤、堤坝以及长宽比 $\frac{l}{b} \geqslant 10$ 的条形基础等，均视作平面应变问题计算。

1. 均布线性荷载作用时土中应力计算

在地基土表面作用无限分布的均布线荷载 $p$，如图 2-29 所示，计算土中任一点 $M$ 的应力时，可以用布辛奈斯克解公式积分求得：

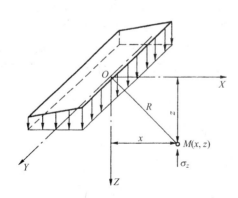
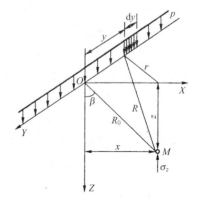

图 2-28　无限长条分布荷载　　　图 2-29　均布线荷载作用时土中应力计算

$$\sigma_z = \frac{3z^3}{2\pi}p \int_{-\infty}^{\infty} \frac{\mathrm{d}y}{\left[x^2 + y^2 + z^2\right]^{\frac{5}{2}}} = \frac{2z^3 p}{\pi(x^2 + z^2)^2} \tag{2-35}$$

$$\sigma_x = \frac{2x^2 zp}{\pi(x^2 + z^2)^2} \tag{2-36}$$

$$\tau_{xz} = \frac{2xz^2 p}{\pi(x^2 + z^2)^2} \tag{2-37}$$

上式在弹性理论中称为弗拉曼（Flamant）解。若用极坐标表示时，从图 2-29 可知，$z = R_0 \cos\beta$，$x = R_0 \sin\beta$，代入式（2-35）～式（2-37），即得：

$$\sigma_z = \frac{2p}{\pi R_0}\cos^3\beta \tag{2-38}$$

$$\sigma_x = \frac{p}{\pi R_0}\sin\beta \cdot \sin 2\beta \tag{2-39}$$

$$\tau_{xz} = \frac{p}{\pi R_0}\cos\beta \cdot \sin 2\beta \tag{2-40}$$

**2. 均布条形荷载作用下土中应力 $\sigma_z$ 计算**

（1）计算土中任一点的竖向应力

在土体表面作用均布条形荷载 $p$，其分布宽度为 $b$，如图 2-30 所示，计算土中任一点 $M(x, z)$ 的竖向应力 $\sigma_z$ 时，可以将式（2-35）在荷载分布宽度 $b$ 范围内积分求得：

$$\begin{aligned}
\sigma_z &= \int_{-\frac{b}{2}}^{\frac{b}{2}} \frac{2z^3 p \mathrm{d}\xi}{\pi\left[(x-\xi)^2 + z^2\right]^2} \\
&= \frac{p}{\pi}\left[\arctan\frac{1-2n'}{2m} + \arctan\frac{1+2n'}{2m} - \frac{4m(4n'^2 - 4m^2 - 1)}{(4n'^2 + 4m^2 - 1)^2 + 16m^2}\right] \\
&= \alpha_{\mathrm{u}} p
\end{aligned} \tag{2-41}$$

式中：$\alpha_{\mathrm{u}}$——应力系数，它是 $n' = \dfrac{x}{b}$ 及 $m = \dfrac{z}{b}$ 的函数，可从表 2-14 中查得。

表 2-14　均布条形荷载下竖向应力系数 $\alpha_{\mathrm{u}}$ 值

| $m = \dfrac{z}{b}$ ＼ $n' = \dfrac{x}{b}$ | 0 | 0.25 | 0.50 | 1.00 | 1.50 | 2.00 |
|---|---|---|---|---|---|---|
| 0 | 1.00 | 1.00 | 0.50 | 0 | 0 | 0 |
| 0.25 | 0.96 | 0.90 | 0.50 | 0.02 | 0 | 0 |
| 0.50 | 0.82 | 0.74 | 0.48 | 0.08 | 0.02 | 0 |
| 0.75 | 0.67 | 0.61 | 0.45 | 0.15 | 0.04 | 0.02 |
| 1.00 | 0.55 | 0.51 | 0.41 | 0.19 | 0.07 | 0.03 |
| 1.25 | 0.46 | 0.44 | 0.37 | 0.20 | 0.10 | 0.04 |
| 1.50 | 0.40 | 0.38 | 0.33 | 0.21 | 0.11 | 0.06 |
| 1.75 | 0.35 | 0.34 | 0.30 | 0.21 | 0.13 | 0.07 |
| 2.00 | 0.31 | 0.31 | 0.28 | 0.20 | 0.13 | 0.08 |
| 3.00 | 0.21 | 0.21 | 0.20 | 0.17 | 0.14 | 0.10 |
| 4.00 | 0.16 | 0.16 | 0.15 | 0.14 | 0.12 | 0.10 |
| 5.00 | 0.13 | 0.13 | 0.12 | 0.12 | 0.11 | 0.09 |
| 6.00 | 0.11 | 0.10 | 0.10 | 0.10 | 0.10 | — |

注意坐标轴的原点是在均布荷载的中点处。

若采用图 2-31 中的极坐标表示时，从 $M$ 点到荷载边缘的连线与竖直线之间的夹角分别为 $\beta_1$ 和 $\beta_2$。其正负号规定是，从竖直线 $MN$ 绕 $M$ 点逆时针旋转至连线时为正，反之为负。在图 2-31 中的 $\beta_1$ 和 $\beta_2$ 均为正值。

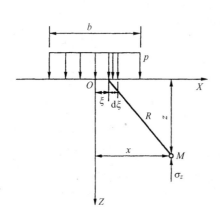 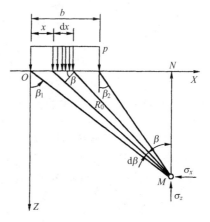

图 2-30　均布条形荷载作用下土中 $\sigma_z$ 计算　　图 2-31　均布条形荷载作用时土中应力计算（极坐标表示）

取元素荷载宽度 $dx$，可知

$$dx = \frac{R_0 d\beta}{\cos\beta}$$

利用极坐标表示的弗拉曼公式 [式（2-38）～式（2-40）]，在荷载分布宽度范围内积分，即可求得 $M$ 点的应力表达式：

$$\sigma_z = \frac{2p}{\pi R_0}\int_{\beta_2}^{\beta_1}\cos^3\beta \cdot \frac{R}{\cos\beta}d\beta = \frac{2p}{\pi}\int_{\beta_2}^{\beta_1}\cos^2\beta d\beta$$

$$= \frac{p}{\pi}\left[\beta_1 + \frac{1}{2}\sin 2\beta_1 - \beta_2 - \frac{1}{2}\sin 2\beta_2\right] \tag{2-42}$$

$$\sigma_x = \frac{p}{\pi}\left[\beta_1 - \frac{1}{2}\sin 2\beta_1 - \beta_2 + \frac{1}{2}\sin 2\beta_2\right] \tag{2-43}$$

$$\tau_{xz} = \frac{p}{2\pi}(\cos 2\beta_2 - \cos\beta_1) \tag{2-44}$$

（2）计算土中任一点的主应力

如图 2-32 所示，在土体表面作用均布条形荷载 $p$，计算土中任一点 $M$ 的最大、最小主应力 $\sigma_1$ 和 $\sigma_3$ 时，可以用材料力学中有关主应力与法向应力及剪应力间的关系式计算，即：

$$\left.\begin{matrix}\sigma_1\\\sigma_3\end{matrix}\right\} = \frac{\sigma_x + \sigma_z}{2} \pm \sqrt{\left(\frac{\sigma_x - \sigma_z}{2}\right)^2 + \tau_{xz}^2} \tag{2-45}$$

$$\tan 2\theta = \frac{2\tau_{xz}}{\sigma_z - \sigma_x} \tag{2-46}$$

式中：$\theta$——最大主应力的作用方向与竖直线间的夹角。

将式（2-42）～式（2-44）代入上式，即得 $M$ 点的主应力表达式及其作用方向。

$$\left.\begin{matrix}\sigma_1\\\sigma_3\end{matrix}\right\} = \frac{p}{\pi}\left[(\beta_1 - \beta_2) \pm \sin(\beta_1 - \beta_2)\right] \tag{2-47}$$

$$\tan 2\theta = \tan(\beta_1 + \beta_2) \tag{2-48}$$

$$\theta = \frac{1}{2}(\beta_1 + \beta_2)$$

若令从 $M$ 点到荷载宽度边缘连线的夹角为 $2\alpha$（一般也称视角），从图 2-32 可得：

$$2\alpha = \beta_1 - \beta_2 \tag{2-49}$$

那么由式（2-48）可知，最大主应力 $\sigma_1$ 的作用方向正好在视角 $2\alpha$ 的等分线上，如图 2-32 所示。

将式（2-49）代入式（2-47），也可得到用视角表示的点的主应力表达式：

$$\left.\begin{array}{c}\sigma_1 \\ \sigma_3\end{array}\right\} = \frac{p}{\pi}(2\alpha \pm \sin 2\alpha) \tag{2-50}$$

从上式看到，式中仅有一个变量 $\alpha$，因此土中凡视角 $2\alpha$ 相等的点，其主应力也相等。这样，土中主应力的等值线将是通过荷载分布宽度两个边缘点的圆，如图 2-32 所示。

3. 三角形分布条形荷载作用时土中应力计算

如图 2-33 所示，其最大值为 $p$，计算土中 $M$ 点 $(x, z)$ 的竖向应力 $\sigma_z$ 时，可按式（2-35）在宽度范围 $b$ 内积分即得：

$$\mathrm{d}p = \frac{\xi}{b}p\mathrm{d}\xi$$

$$
\begin{aligned}
\sigma_z &= \frac{2z^3 p}{\pi b}\int_0^b \frac{\xi\mathrm{d}\xi}{\left[(x-\xi)^2 + z^2\right]^2} \\
&= \frac{p}{\pi}\left[n'\left(\arctan\frac{n'}{m} - \arctan\frac{n'-1}{m}\right) - \frac{m(n'-1)}{(n'-1)^2 + m^2}\right] \\
&= \alpha_s p
\end{aligned} \tag{2-51}
$$

式中：$\alpha_s$——应力系数，它是 $n' = \dfrac{x}{b}$ 及 $m = \dfrac{z}{b}$ 的函数，可由表 2-15 中查得。

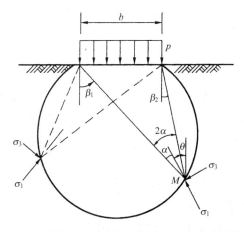

图 2-32　均布条形荷载作用下土中主应力计算

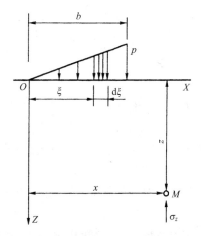

图 2-33　三角形分布条形荷载作用下土中
竖向应力 $\sigma_z$ 计算

坐标轴原点在三角形荷载的零点处。

表 2-15　三角形分布的条形荷载下竖向应力系数 $\alpha_s$ 值

| $m=\dfrac{z}{b}$ ＼ $n'=\dfrac{x}{b}$ | -1.5 | -1.0 | -0.5 | 0.0 | 0.25 | 0.50 | 0.75 | 1.0 | 1.5 | 2.0 | 2.5 |
|---|---|---|---|---|---|---|---|---|---|---|---|
| 0.00 | 0.000 | 0.000 | 0.000 | 0.000 | 0.250 | 0.500 | 0.750 | 0.500 | 0.000 | 0.000 | 0.000 |
| 0.25 | 0.000 | 0.000 | 0.001 | 0.075 | 0.256 | 0.480 | 0.643 | 0.424 | 0.017 | 0.003 | 0.000 |
| 0.50 | 0.002 | 0.003 | 0.023 | 0.127 | 0.263 | 0.410 | 0.477 | 0.353 | 0.056 | 0.017 | 0.003 |
| 0.75 | 0.006 | 0.016 | 0.042 | 0.153 | 0.248 | 0.335 | 0.361 | 0.293 | 0.108 | 0.024 | 0.009 |
| 1.00 | 0.014 | 0.025 | 0.061 | 0.159 | 0.223 | 0.275 | 0.279 | 0.241 | 0.129 | 0.045 | 0.013 |
| 1.50 | 0.020 | 0.048 | 0.096 | 0.145 | 0.178 | 0.200 | 0.202 | 0.185 | 0.124 | 0.062 | 0.041 |
| 2.00 | 0.033 | 0.061 | 0.092 | 0.127 | 0.146 | 0.155 | 0.163 | 0.153 | 0.108 | 0.069 | 0.05 |
| 3.00 | 0.050 | 0.064 | 0.080 | 0.096 | 0.103 | 0.104 | 0.108 | 0.104 | 0.090 | 0.071 | 0.050 |
| 4.00 | 0.051 | 0.060 | 0.067 | 0.075 | 0.078 | 0.085 | 0.082 | 0.075 | 0.073 | 0.060 | 0.049 |
| 5.00 | 0.047 | 0.052 | 0.057 | 0.059 | 0.062 | 0.063 | 0.063 | 0.065 | 0.061 | 0.051 | 0.047 |
| 6.00 | 0.041 | 0.041 | 0.050 | 0.051 | 0.052 | 0.053 | 0.053 | 0.053 | 0.050 | 0.050 | 0.045 |

　　【例 2-10】 某路堤如图 2-34（a）所示，已知填土重度 $\gamma=20\,\text{kN/m}^3$，求该路堤中线下 $O$ 点（$z=0$）及 $M$ 点（$z=10\,\text{m}$）的竖向应力 $\sigma_z$ 值。

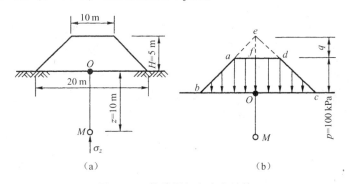

图 2-34　某路堤竖向应力计算

　　**解**：该路堤填土的重力产生的荷载为梯形分布，如图 2-34（b）所示，其最大强度 $p=\gamma h=20\times5=100\,\text{kPa}$。将梯形荷载（$abcd$）分解为两个三角形荷载（$ebc$）及（$ead$）之差，这样就可以用式（2-51）进行叠加计算。

$$\sigma_z=2\left[\sigma_{z(ebO)}-\sigma_{z(eaf)}\right]=2\left[\alpha_{s1}(p+q)-\alpha_{s2}q\right]$$

其中 $q$ 为三角形荷载（$eaf$）的最大强度，可按三角形比例关系求得：

$$q=p=100\,\text{kPa}$$

应力系数 $\alpha_{s1}$、$\alpha_{s2}$ 可由表 2-15 查得，将其结果列于表 2-16 中。

故得 $O$ 点的竖向应力 $\sigma_z$ 为：

$$\sigma_z=2\times\left[\sigma_{z(ebO)}-\sigma_{z(eaf)}\right]$$
$$=2\times\left[0.5\times(100+100)-0.5\times100\right]=100\,\text{kPa}$$

$M$ 点的竖向应力 $\sigma_z$ 为:

$$\sigma_z = 2 \times \left[ 0.241 \times (100 + 100) - 0.153 \times 100 \right] = 65.8\,\text{kPa}$$

表 2–16　应力系数 $\alpha_{si}$ 计算

| 编号 | 荷载分布面积 | $\dfrac{x}{b}$ | $O$ 点 ($z=0$) | | $M$ 点 ($z=10$) | |
| --- | --- | --- | --- | --- | --- | --- |
| | | | $\dfrac{z}{b}$ | $\alpha_{si}$ | $\dfrac{z}{b}$ | $\alpha_{si}$ |
| 1 | ($ebO$) | $\dfrac{10}{10}=1$ | 0 | 0.500 | $\dfrac{10}{10}=1$ | 0.241 |
| 2 | ($eaf$) | $\dfrac{5}{5}=1$ | 0 | 0.500 | $\dfrac{10}{5}=2$ | 0.153 |

## 2.5.3　非均质和各向异性土体中附加应力问题

地基附加应力计算都是考虑柔性荷载和均质各向同性的土体,因此土中附加应力计算与土的性质无关,这显然是合理的。实际工程中,地基往往是由软硬不一的多种土层所组成,土的变形性质无论在竖直方向还是在水平方向的差异较大。对于这样一些问题的考虑是比较复杂的,目前也未得到完全满意的解。但从一些简单情况的解答发现,由两种压缩性的不同土层构成的双层地基的应力分布与各向同性地基相比较,对地基竖向应力的影响有两种情况:一是坚硬土层上覆盖着不厚的可压缩土层;二是软弱土层上有一层压缩模量较高的硬壳层。如图 2–35 所示。

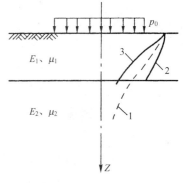

图 2–35　双层地基竖向应力比较

当上层土的压缩模量比下层土低时,即 $E_1 < E_2$,则土中附加应力分布将发生应力集中的现象,如图 2–35 中曲线 2 所示,两土层分界面上的应力分布如图 2–36 (a) 所示。当上层土的压缩模量比下层土高时,即 $E_1 > E_2$,则土中附加应力将发生扩散现象,如图 2–35 中曲线 3 所示,分界面上的应力分布如图 2–36 (b) 所示。土中曲线 1 (虚线) 为均质地基中附加应力分布。

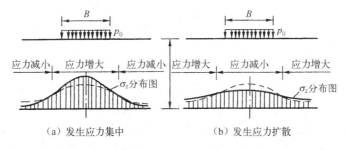

(a) 发生应力集中　　　　　　　(b) 发生应力扩散

图 2–36　双层地基界面上地基附加应力的分布

(虚线表示均质地基中水平面上的附加应力分布)

下卧刚性岩层的存在而引起应力集中的影响与岩层的埋藏深度有关。岩层埋藏越浅,应力集中的影响就越显著。

坚硬土层在上软弱土层在下，引起应力扩散的现象随上层坚硬土层厚度的增大而更加显著。

应力集中和应力扩散现象主要与上下两层土的模量比 $E_1/E_2$ 有关，而土的泊松比因本身变化不大，所以影响较小，一般不予考虑。

双层地基中应力集中和扩散的概念十分重要，特别是在软土地区，表面有一层硬壳层，由于应力扩散作用，可以减少地基的沉降，所以在设计中基础应尽量浅埋，在施工中也应采取保护措施，避免硬壳层遭受破坏。

## 2.6 应力计算中的其他一些问题

### 2.6.1 建筑物基础下地基应力计算

建筑物基础下的应力计算包括自重应力及附加应力两部分，其计算方法在前面几节中均已作了介绍。在前面所提出的布辛奈斯克课题，以及其他荷载作用下的土中应力计算公式，都是假定荷载作用在半无限土体表面，但是实际的建筑物基础均有一定的埋置深度 $D$，基础底面荷载是作用在地基内部深度 $D$ 处。因此，按前述公式计算时将有误差，一般浅基础的埋置深度较小，所引起的计算误差不大，可不考虑，但是对深基础则应考虑其埋深影响。

计算图 2-37 所示桥墩基础下的地基应力时，可以按基础施工过程分解成图 2-37 中的 $a$、$b$、$c$、$d$ 几个阶段，分别计算土中自重应力及附加应力的变化。

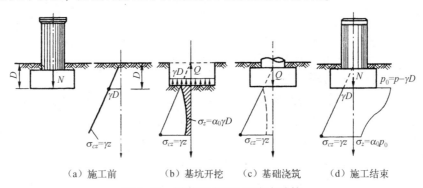

（a）施工前　　　（b）基坑开挖　　　（c）基础浇筑　　　（d）施工结束

图 2-37 桥墩基础下地基应力计算

图 2-37（a）表示基础施工前，地基中只有自重应力 $\sigma_{cz} = \gamma z$，在预定基础埋置深度 $D$ 处自重应力为 $\sigma_{cz} = \gamma D$。图 2-37（b）是基坑开挖后，这时挖去的土体重力 $Q = \gamma DF$，式中 $F$ 为基底面积。它将使地基中应力减小，其减小值相当于在基础底面作用处作用一向上的均布荷载 $\gamma D$ 所引起的应力，也即 $\sigma_z = \alpha_0 \gamma D$，式中 $\alpha_0$ 为应力系数。其减小的地基应力分布图形如图 2-37（b）中阴影线部分。图 2-37（c）表示基础浇筑时，当施加于基础底面的荷载正好等于基坑被挖去的土体重力时，则图 2-37（b）原来被减小的应力又恢复到原来的自重应力水平，这时土中附加应力等于零；图 2-37（d）表示桥墩已施工完毕，基础底面作用着全部荷载 $N$，与图 2-37（c）情况相比，这时基础底面增加的荷载为（$N-Q$），在这个荷载作用下引起的地基附加压力为 $p_0 = \dfrac{N-Q}{F} = p - \gamma D$，式中 $p = \dfrac{N}{F}$。因此，在基础底面下深度 $z$

处产生的附加应力为 $\sigma_z = \alpha_0 p_0$。在图2-37（d）中左侧表示土中自重应力分布，右侧表示附加应力分布曲线。

从图2-37的桥墩施工过程分解图上可以很清楚地理解，在计算基础下的地基附加应力时，为什么不用基底压力 $p$ 而要用 $p_0$ 计算的原因了。

**【例2-11】** 图2-38表示某桥梁桥墩基础及土层剖面。已知基础底面尺寸为 $b = 2\,\mathrm{m}$，$l = 8\,\mathrm{m}$。作用在基础底面中心处的荷载为：$N = 1120\,\mathrm{kN}$，$H = 0$，$M = 0$。计算在竖直荷载 $N$ 作用下，基础中心轴线上的自重应力及附加应力的分布。

已知各土层的重度为：

褐黄色粉质黏土：$\gamma = 18.7\,\mathrm{kN/m^3}$（水上）；$\gamma' = 8.9\,\mathrm{kN/m^3}$（水下）。

灰色淤泥质粉质黏土：$\gamma' = 8.4\,\mathrm{kN/m^3}$（水下）。

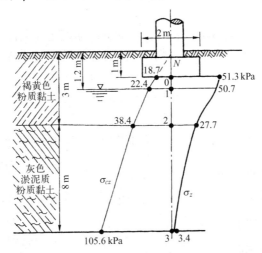

图2-38　桥墩基础下地基应力计算

**解：** 在基础底面中心轴线上取几个计算点0、1、2、3，它们都位于土层分界面上，如图2-38所示。

（1）自重应力计算

按式（2-4）计算 $\sigma_{cz} = \sum h_i \gamma_i$，将各点的自重应力计算结果列于表2-17。

（2）附加应力计算

基底压力：

$$p = \frac{N}{F} = \frac{1120}{2 \times 8} = 70\,\mathrm{kPa}$$

基底处的附加压力：

$$p_0 = p - \gamma D = 70 - 18.7 = 51.3\,\mathrm{kPa}$$

表2-17　自重应力计算

| 计算点 | 土层厚度 $h_i/\mathrm{m}$ | 重度 $\gamma_i/(\mathrm{kN/m^3})$ | $\gamma_i h_i/\mathrm{kPa}$ | $\sigma_{cz} = \sum \gamma_i h_i/\mathrm{kPa}$ |
|---|---|---|---|---|
| 0 | 1.0 | 18.7 | 18.7 | 18.7 |
| 1 | 0.2 | 18.7 | 3.7 | 22.4 |
| 2 | 1.8 | 8.9 | 16.0 | 38.4 |
| 3 | 8.0 | 8.4 | 67.2 | 105.6 |

由式（2-32）$\sigma_z = \alpha_0 p_0$ 计算土中各点附加应力，其结果列于表 2-18。在图 2-37 中绘出地基自重应力及附加应力分布图。

**表 2-18　附加应力计算**

| 计 算 点 | $z/\mathrm{m}$ | $m = \dfrac{z}{b}$ | $n = \dfrac{l}{b}$ | $\alpha_0$ | $\sigma_z = \alpha_0 p_0/\mathrm{kPa}$ |
|---|---|---|---|---|---|
| 0 | 0.0 | 0.0 | 4 | 1.000 | 51.3 |
| 1 | 0.2 | 0.1 | 4 | 0.989 | 50.7 |
| 2 | 2.0 | 1.0 | 4 | 0.540 | 27.7 |
| 3 | 10.0 | 5.0 | 4 | 0.067 | 3.4 |

## 2.6.2　应力扩散角概念

应用弹性理论计算土中应力结果表明，表面荷载通过土体向深部扩散，在距地表越深的平面上，应力分布范围越大，$z$ 越小。根据这种应力扩散概念，提出了一种简化计算方法，即应力分布扩散角法或称压力扩散角法。

假定随着深度 $z$ 的增加，荷载 $p_0$ 在按规律 $z\tan\theta$ 扩大的面积上均匀分布，$\theta$ 称为扩散角，如图 2-39 所示。

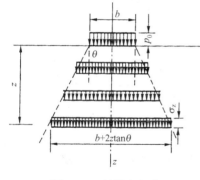

图 2-39　扩散角概念

对于条形基础，附加竖应力按下式计算：

$$\sigma_z = \frac{b p_0}{b + 2z\tan\theta} \tag{2-52}$$

对于矩形基础，附加竖应力按下式计算：

$$\sigma_z = \frac{b l p_0}{(b + 2z\tan\theta)(l + 2z\tan\theta)} \tag{2-53}$$

式中：$z$——基础中心轴线上应力计算点的深度；

$\theta$——压力扩散角；

$p_0$——基底附加压力；

$b$、$l$——基础的短边和长边。

压力扩散角 $\theta$ 一般取 22°。当用以验算软弱下卧层强度，上层土为密实的碎卵石土、粗砂及硬黏性土，$\theta$ 可取 30°。

## 2.6.3　水平向集中力作用下土中应力计算

在地基表面上作用着水平荷载时，地基中应力分布的公式由洗露蒂（Cerruti）推导得出。图 2-40 表示的在水平集中力 $Q$ 作用下，任意点 $M(x, y, z)$ 的竖向应力 $\sigma_z$ 以及在水平力作用方向的位移公式如下：

$$\sigma_z = \frac{3Q}{2\pi R^5} x z^2 \tag{2-54}$$

$$\Delta_x = \frac{Q}{4\pi G R}\left\{1 + \frac{x^2}{R^2} + (1 - 2\mu)\left[\frac{R}{R + z} - \frac{x^2}{(R + z)^2}\right]\right\} \tag{2-55}$$

式中：$G$——土的剪切模量，其值 $G = \dfrac{E}{2(1 + \mu)}$；

其余符号意义如图 2-40 所示。

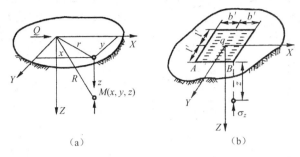

图 2-40　洗露蒂课题

在均匀分布的水平荷载 $q$ 作用下，矩形基础角点下的竖应力计算公式如下：

$$\sigma_z = \mp \alpha_1 q \tag{2-56}$$

当计算的角点位于水平力的前方时，如图 2-40 中角点 $B$ 下的竖向应力为压应力，取式（2-56）中的正号；反之，如角点 $A$ 下的竖向应力则取负号。

矩形基础的平均水平位移公式如下：

$$u_0 = q \frac{1-\mu^2}{E} 2 \sqrt{l'b'} \frac{1}{K_x} \tag{2-57}$$

式中：$b'$——水平荷载 $q$ 作用方向基础边长的一半；

　　　$l'$——另一方向的基础边长的一半；

　　　$\alpha_1$——应力系数，是 $\dfrac{l'}{b'}$ 与 $\dfrac{z}{2b'}$ 的函数，查表 2-19 确定。

　　　$K_x$——$\mu$ 与 $\dfrac{l'}{b'}$ 的函数，查表 2-20 确定。

表 2-19　矩形面积上均布水平荷载下角点下竖向应力系数 $\alpha_1$ 值

| $\dfrac{z}{2b'}$ ＼ $\dfrac{l'}{b'}$ | 0.2 | 0.4 | 1.0 | 1.6 | 2.0 | 3.0 | 4.0 | 6.0 | 8.0 | 10.0 |
|---|---|---|---|---|---|---|---|---|---|---|
| 0.0 | 0.1592 | 0.1592 | 0.1592 | 0.1592 | 0.1592 | 0.1592 | 0.1592 | 0.1592 | 0.1592 | 0.1592 |
| 0.2 | 0.1114 | 0.1401 | 0.1518 | 0.1528 | 0.1529 | 0.1530 | 0.1530 | 0.1530 | 0.1530 | 0.1530 |
| 0.4 | 0.0672 | 0.1049 | 0.1328 | 0.1362 | 0.1367 | 0.1371 | 0.1372 | 0.1372 | 0.1372 | 0.1372 |
| 0.4 | 0.0432 | 0.0746 | 0.1091 | 0.1150 | 0.1160 | 0.1168 | 0.1169 | 0.1170 | 0.1170 | 0.1170 |
| 0.8 | 0.0290 | 0.0527 | 0.0861 | 0.0939 | 0.0955 | 0.0967 | 0.0969 | 0.0970 | 0.0970 | 0.0970 |
| 1.0 | 0.0201 | 0.0375 | 0.0666 | 0.0753 | 0.0774 | 0.0790 | 0.0794 | 0.0795 | 0.0796 | 0.0796 |
| 1.2 | 0.0142 | 0.0270 | 0.0512 | 0.0601 | 0.0624 | 0.0645 | 0.0650 | 0.0652 | 0.0652 | 0.0652 |
| 1.4 | 0.0103 | 0.0199 | 0.0395 | 0.0480 | 0.0505 | 0.0528 | 0.0534 | 0.0537 | 0.0537 | 0.0538 |
| 1.6 | 0.0077 | 0.0149 | 0.0308 | 0.0385 | 0.0410 | 0.0436 | 0.0443 | 0.0446 | 0.0447 | 0.0447 |
| 1.8 | 0.0058 | 0.0113 | 0.0242 | 0.0311 | 0.0336 | 0.0362 | 0.0370 | 0.0374 | 0.0375 | 0.0375 |
| 2.0 | 0.0045 | 0.0088 | 0.0192 | 0.0253 | 0.0277 | 0.0303 | 0.0312 | 0.0317 | 0.0318 | 0.0318 |
| 2.5 | 0.0025 | 0.0050 | 0.0113 | 0.0157 | 0.0176 | 0.0202 | 0.0211 | 0.0217 | 0.0219 | 0.0219 |
| 3.0 | 0.0015 | 0.0031 | 0.0071 | 0.0102 | 0.0117 | 0.0140 | 0.0150 | 0.0156 | 0.0158 | 0.0159 |
| 5.0 | 0.0004 | 0.0007 | 0.0018 | 0.0027 | 0.0032 | 0.0043 | 0.0050 | 0.0057 | 0.0059 | 0.0062 |
| 7.0 | 0.0001 | 0.0003 | 0.0007 | 0.0010 | 0.0013 | 0.0018 | 0.0022 | 0.0027 | 0.0029 | 0.0030 |
| 10.0 | 0.0001 | 0.0001 | 0.0002 | 0.0004 | 0.0005 | 0.0007 | 0.0008 | 0.0011 | 0.0013 | 0.0014 |

表 2-20　计算矩形基础平均水平位移的系数 $K_x$ 值

| $\dfrac{l'}{b'}$ ＼ $\mu$ | 0.1 | 0.2 | 0.3 | 0.4 | 0.5 |
|---|---|---|---|---|---|
| 0.1 | 1.366 | 1.317 | 1.260 | 1.190 | 1.105 |
| 0.2 | 1.182 | 1.132 | 1.074 | 1.006 | 0.923 |
| 0.3 | 1.105 | 1.054 | 0.995 | 0.926 | 0.843 |
| 0.4 | 1.064 | 1.011 | 0.950 | 0.880 | 0.797 |
| 0.5 | 1.039 | 0.985 | 0.922 | 0.851 | 0.767 |
| 0.6 | 1.023 | 0.967 | 0.903 | 0.830 | 0.746 |
| 0.7 | 1.013 | 0.956 | 0.890 | 0.816 | 0.731 |
| 0.8 | 1.007 | 0.948 | 0.881 | 0.806 | 0.720 |
| 0.9 | 1.003 | 0.943 | 0.875 | 0.798 | 0.711 |
| 1.0 | 1.001 | 0.939 | 0.870 | 0.792 | 0.704 |
| 1.5 | 1.006 | 0.938 | 0.863 | 0.781 | 0.689 |
| 2.0 | 1.021 | 0.949 | 0.870 | 0.783 | 0.687 |
| 3.0 | 1.061 | 0.981 | 0.895 | 0.801 | 0.698 |
| 5.0 | 1.140 | 1.048 | 0.951 | 0.845 | 0.732 |
| 10.0 | 1.303 | 1.192 | 1.074 | 0.949 | 0.816 |

## 2.6.4　竖向集中力作用于半无限体内部时的应力分布

在前面的应力计算中，均假定荷载作用于半无限体表面。事实上，基础一般都有一定的埋置深度，也就是说，荷载不是作用在半无限体表面，而是作用在它的内部。在弹性力学的研究中，已经导出集中力作用于半无限体内部时的应力和位移解，称为明特林（R. D. Mindlin）解，读者如需探讨，可查阅有关弹性力学或土力学专著。

## 2.7　饱和土有效应力原理

有效应力原理是土力学中一个最常用的基本原理。1923 年太沙基（K. Terzaghi）最早提出饱和土有效应力原理的基本概念，阐明了碎散介质的土体与连续固体介质在应力应变关系上的重大区别，从而使土力学从一般固体力学中分离出来，成为一门独立的分支学科。

在土中某点截取一水平截面，其面积为 $F$，截面上作用应力 $\sigma$，如图 2-41 所示，它是由上面的土体的重力、静水压力及外荷载 $p$ 所产生的应力，称为总应力。这一应力一部分是由土颗粒间的接触面承担，称为有效应力；另一部分是由土体孔隙内的水及气体承担，称为孔隙应力（也称孔隙压力）。

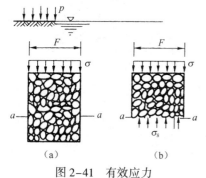

图 2-41　有效应力

考虑图 2-41（b）所示的土体平衡条件，沿 $a-a$

截面取脱离体，$a-a$ 截面是沿着土颗粒间接触面截取的曲线形状截面，在此截面上土颗粒间接触面间的作用法向应力为 $\sigma_s$，各土颗粒间接触面积之和为 $F_s$，孔隙内的水压力为 $u_w$，气体压力为 $u_a$，其相应的面积为 $F_w$ 及 $F_a$，由此可建立平衡条件：

$$\sigma F = \sigma_s F_s + u_w F_w + u_a F_a \tag{2-58}$$

　　对于饱和土，式（2-58）中的 $u_a$、$F_a$ 均等于零，则此式可写成：

$$\sigma F = \sigma_s F_s + u_w F_w = \sigma_s F_s + u_w(F - F_s)$$

或

$$\sigma = \frac{\sigma_s F_s}{F} + u_w\left(1 - \frac{F_s}{F}\right) \tag{2-59}$$

　　由于颗粒间的接触面积 $F_s$ 很小，1950 年毕肖普和伊尔定根据粒状土的试验工作认为 $\dfrac{F_s}{F}$ 一般小于 0.03，有可能小于 0.01。因此，式（2-59）中的第二项的第 $\dfrac{F_s}{F}$ 可略去不计，但第一项中因为土颗粒间的接触应力 $\sigma_s$ 很大，故不能略去。此时式（2-59）可写为：

$$\sigma = \frac{\sigma_s F_s}{F} + u_w \tag{2-60}$$

式中，$\dfrac{\sigma_s F_s}{F}$ 实际上是土颗粒间的接触应力在截面积 $F$ 上的平均应力，称为土的有效应力，通常用 $\sigma'$ 表示，并把孔隙水压力 $u_w$ 用 $u$ 表示。于是式（2-60）可写成：

$$\sigma = \sigma' + u \tag{2-61}$$

这个关系式在土力学中很重要，称为饱和土有效应力公式。

　　对于饱和土，土中任意点的孔隙压力 $u$ 对各个方向作用是相等的，因此它只能使土颗粒产生压缩（由于土颗粒本身的压缩量是很微小的，在土力学中均不考虑），而不能使土颗粒产生位移。土颗粒间的有效应力作用，则会引起土颗粒的位移，使孔隙体积改变，土体发生压缩变形，同时有效应力的大小也影响土的抗剪强度。由此得到土力学中很常用的饱和土有效应力原理，它包含两个基本要点：

　　① 土的有效应力 $\sigma'$ 等于总应力 $\sigma$ 减去孔隙水压力 $u$。

　　② 土的有效应力控制了土的变形及强度性能。

　　对于非饱和土，由式（2-58）可得：

$$\sigma = \frac{\sigma_s F_s}{F} + u_w \frac{F_w}{F} + u_a \frac{F - F_w - F_a}{F}$$
$$= \sigma' + u_a - \frac{F_w}{F}(u_a - u_w) - u_a \frac{F_a}{F} \tag{2-62}$$

略去 $u_a \dfrac{F_a}{F}$ 这一项，这样可得非饱和土的有效应力公式为：

$$\sigma' = \sigma - u_a + \chi(u_a - u_w) \tag{2-63}$$

　　这个公式是由毕肖普等人提出的，式中 $\chi = \dfrac{F_w}{F}$ 是由试验确定的参数，取决于土的类型及饱和度。一般认为有效应力原理能正确地用于饱和土，对非饱和土则尚存在一些问题需进一步研究。

　　有效应力原理在土的变形及强度性能中的应用，将在有关章节中讨论。

## 复习思考题

2-1　何谓自重应力与附加应力？

2-2　在基底总压力不变的前提下，增大基础埋置深度对土中应力分布有何影响？

2-3　有两个宽度不同的基础，其基底总压力相同，试问在同一深度处哪一个基础下产生的附加应力大，为什么？

2-4　在填方地段，如基础砌置在填土中，试问填土的重力引起的应力在什么条件下应当作为附加应力考虑？

2-5　地下水位的升降，对土中应力分布有何影响？

2-6　布辛奈斯克课题假定荷载作用在地表面，而实际上基础都有一定的埋置深度，试问这一假定将使土中应力的计算值偏大还是偏小？

2-7　矩形均布荷载中点下与角点之间的应力之间有什么关系？

2-8　计算图 2-42 所示地基中的自重应力并绘出其分布图。已知土的性质为：

细砂（水上）：$\gamma = 17.5\ \text{kN/m}^3$，$G_s = 2.69\ \text{g/cm}^3$，$w = 20\%$；

黏土：$\gamma = 18.0\ \text{kN/m}^3$，$G_s = 2.74$，$w = 22\%$，$w_L = 48\%$，$w_p = 24\%$。

2-9　图 2-43 所示桥墩基础，已知基础底面尺寸 $b = 4\ \text{m}$，$l = 10\ \text{m}$，作用在基础地面中心的荷载 $N = 4000\ \text{kN}$，$M = 2800\ \text{kN} \cdot \text{m}$。计算基础底面的压力。

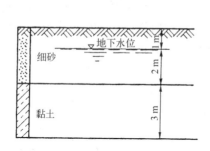

图 2-42　地基中自重应力计算

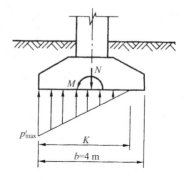

图 2-43　桥墩基础计算

2-10　图 2-44 所示矩形面积（$ABCD$）上作用均布荷载 $p = 100\ \text{kPa}$，试用角点法计算 $G$ 点下深度 6 m 处 $M$ 点的竖向应力 $\sigma_z$ 值。

2-11　图 2-45 所示条形分布荷载，$p = 150\ \text{kPa}$。计算 $G$ 点下深度 3 m 处的竖向应力 $\sigma_z$ 值。

2-12　某粉质黏土层位于两砂层之间，如图 2-46 所示。已知砂土重度（水上）$\gamma = 16.5\ \text{kN/m}^3$，饱和重度 $\gamma_{\text{sat}} = 18.8\ \text{kN/m}^3$；粉质黏土的饱和重度 $\gamma_{\text{sat}} = 17.3\ \text{kN/m}^3$。

（1）若粉质黏土层为透水层，试计算土中总应力 $\sigma$、孔隙水压力 $u$ 及有效应力 $\sigma'$。（绘图表示）

（2）若粉质黏土层为相对隔水层，下层砂土受承压水作用，其水头高出地面 3 m，则土中总应力 $\sigma$、孔隙水压力 $u$ 及有效应力 $\sigma'$ 分别有何变化？（绘图表示）

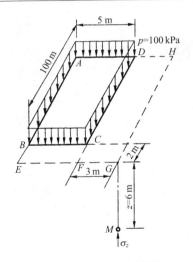

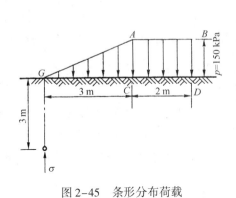

图 2-44　竖向应力计算　　　　　　　　　　图 2-45　条形分布荷载

2-13　计算图 2-47 所示桥墩下地基的自重应力及附加应力。作用在基础底面中心的荷载：$N = 2520 \text{ kN}$，$H = 0$，$M = 0$。地基土的物理及力学性质指标见表 2-21。

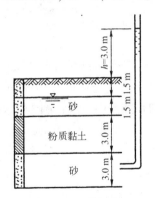

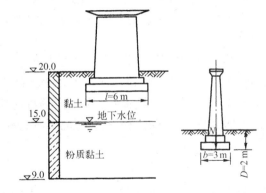

图 2-46　粉质黏土层计算　　　　图 2-47　桥墩下地基自重应力及附加应力计算

表 2-21　地基土的物理及力学性质指标

| 土层名称 | 层底高程/ m | 土层厚/ m | 重度 $\gamma$/ (kN/m³) | 含水率 $w$/ % | 土粒比重 $G_s$/ (g/cm³) | 孔隙比 $e$ | 液限 $w_L$/ % | 塑限 $w_P$/ % | 塑性指数 $I_P$ | 饱和度 $S_r$ |
|---|---|---|---|---|---|---|---|---|---|---|
| 黏土 | 15 | 5 | 20 | 22 | 2.74 | 0.640 | 45 | 23 | 22 | 0.94 |
| 粉质黏土 | 9 | 6 | 18 | 38 | 2.72 | 1.045 | 38 | 22 | 16 | 0.99 |

# 第 3 章　土中水的运动规律

[本章提要和学习要求]

土的渗透性是土力学所研究的主要力学性质之一。本章主要讨论土中水的运动规律及其在工程中的应用。

通过本章学习，要求了解土的毛细现象和毛细特征；掌握影响土的渗透能力的主要因素；掌握土的渗透系数测定方法；掌握动水力、流砂和管涌的概念、发生条件和判别方法；了解流网的概念及其应用；了解土的冻胀特性和机理。

## 3.1　概述

存在于地表下面土和岩石的孔隙、裂隙及溶洞中的水，称为地下水。地下水的存在，常给地基基础的设计和施工带来许多困难。在地下水位以下开挖基坑，需要考虑降低地下水位及基坑边坡的稳定性问题；建筑物有地下室时，则应考虑防渗、抵抗水压力和浮力以及地下水侵蚀性等问题。

土是具有连续孔隙的介质，当它作为水工建筑物的地基或直接把它用作水工建筑物的材料（如土坝等）时，水就会在水位差作用下从水位较高的一侧透过土体的孔隙流向水位较低的一侧。图 3-1（a）为水闸挡水后水从上游透过地基土的孔隙流向下游；图 3-1（b）为土坝蓄水后，水从上游透过坝身填土孔隙流向下游的示例。

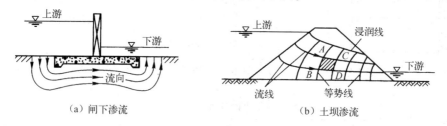

（a）闸下渗流　　　　　　　　（b）土坝渗流

图 3-1　闸坝渗透示意图

在水位差作用下，水透过土体孔隙的现象称为渗透。土具有被水透过的性能称为土的渗透性。

水在土体中渗透，一方面会造成水能损失，影响工作效益；另一方面将引起土体内部应力状态的变化，从而改变水工建筑物或地基的稳定条件，严重时还会酿成破坏事故。此外，土渗透性的强弱，对土体的固结、强度及工程施工都有非常重要的影响。为此，必须对土的渗透性质、水在土中的渗透规律及其与工程的关系进行很好的研究，从而为土工建筑物和地基的设计、施工提供必要的资料。

水利工程中渗透（或渗流）所涉及的范围和问题较多，除闸、坝挡水以外，诸如打井取水、筑堤防洪、施工围堰、渠道防渗等均有渗流问题。有关这些渗流问题的基本理论在水力学课程中讲授，本章将主要讨论水在土体中的渗透规律以及与渗透有关的土体变形问题。

此外，还将介绍在渗流作用下的有效应力和孔隙水压力（或应力）的基本概念。

## 3.2　土的水理性质

土在水的作用及其变化的条件下，产生的土的物理、力学状态及性质的变化以及对工程的影响称为土的水理性质。土的水理性质包括：毛细水现象，黏性土含水状态特征及水—土系统的胶体特征，黄土的湿陷性，膨胀土特征，饱和松砂的地震液化，潜蚀和流沙现象，黏性土的含水率与夯（压）实，土的收缩、膨胀与崩解，土的冻结，土的抗冲刷性，水质不良对土质的污染，水对岩土的溶蚀与潜蚀等。由于前面章节对上述问题有所阐述，本节主要介绍以下两个方面的问题。

### 3.2.1　土的毛细水性质

土的毛细现象是指土中水在表面张力作用下，沿着细的孔隙向上及向其他方向移动的现象，这种细微孔隙中的水被称为毛细水。土能够产生毛细现象的性质称为土的毛细性。土的毛细现象在以下几个方面对工作有影响：

（1）毛细水的上升是引起路基冻害的因素之一。

（2）对于房屋建筑，毛细水的上升会引起地下室过分潮湿。

（3）毛细水的上升可能引起土的沼泽化和盐渍化，对工程及农业经济都有很大影响。

下面分别讨论土层中的毛细水带、毛细水上升高度、毛细水上升速度及毛细压力。

**1. 土层中的毛细水带**

土层中由于毛细现象所润湿的范围称为毛细水带。根据形成条件和分布状况，毛细水带可分为正常毛细水带、毛细网状水带和毛细悬挂水带，如图 3-2 所示。

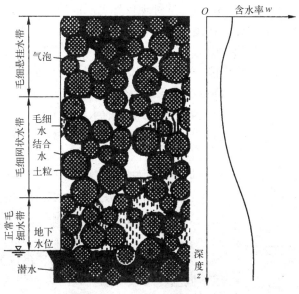

图 3-2　土层中的毛细水带

1）正常毛细水带（又称毛细饱和带）

它位于毛细水带的下部，与地下潜水连通。这一部分的毛细水主要是由潜水面直接上升而形成的，毛细水几乎充满了全部孔隙。正常毛细水带会随着地下水位的升降而作相应的移动。

2）毛细网状水带

它位于毛细水带的中部，当地下水位急剧下降时，它也随之急速下降。这时在较细的毛细孔隙中有一部分毛细水来不及移动，仍残留在孔隙中，而在较粗的孔隙中因毛细水下降，孔隙中留下空气泡，这样使毛细水呈网状分布。毛细网状水带中的水可以在表面张力和重力作用下移动。

3）毛细悬挂水带

它位于毛细水带的上部，这一带的毛细水是由地表水渗入而形成的，水悬挂在土颗粒之间，它不与中部或下部的毛细水相连。当地表有大气降水时，毛细悬挂水在重力作用下向下移动。

上述三种毛细水带不一定同时存在，其存在取决于当地的水文地质条件。如地下水位很高时，可能就只有正常毛细水带，而没有毛细悬挂水带和毛细网状水带；反之，当地下水位较低时，则可能同时出现三种毛细水带。

在毛细水带内，土的含水率是随深度而变化的，自地下水位向上含水率逐渐减小，但到毛细悬挂水带后，含水率可能有所增加。

**2. 毛细水上升高度、上升速度和毛细压力**

为了了解土中毛细水上升高度，可借助于水在毛细管内上升的现象来说明。若将一根毛细管插入水中，就可看到水会沿毛细管上升。原因有两个：第一，水与空气的分界面上存在着表面张力，而液体总是力图缩小自己的表面积，以使表面自由能变得最小，这也就是一滴水珠总是成为球状的原因。第二，毛细管管壁的分子和水分子之间有引力作用，这个引力使与管壁接触部分的水面呈向上的弯曲状，这种现象称为浸润现象。毛细管的直径较细，浸润现象使毛细管内水面的弯液面互相连接，形成了内凹的弯液面状（图3-3），增大了水柱的表面积。由于管壁与水分子之间的引力很大，它又会促使管内的水柱升高，从而改变弯液面形状，缩小表面积，降低表面自由能。当水柱升高而改变了弯液面的形状时，管壁与水之间的浸润现象又会使水柱面恢复为内凹的弯液面状。这样周而复始，毛细管内的水柱上升，一直到升高的水柱重力和管壁与水分子间的引力所产生的上举力平衡为止。

若毛细管内水柱上升到最大高度 $h_{max}$，如图3-3所示，根据平衡条件知道，管壁与弯液面水分子间引力的合力 $s$ 等于水的表面张力 $\sigma$，若 $s$ 与管壁间的夹角为 $\theta$（亦称浸润角），则作用在毛细水柱上的上举力 $F$ 为：

$$F = s \cdot 2\pi r \cos\theta = 2\pi r \sigma \cos\theta$$

式中，$\sigma$ 为水的表面张力，单位为 N/m，表3-1给出了不同温度时水与空气间的表面张力值；$r$ 为毛细管的半径；$\theta$ 为浸润角，它的大小取决于管壁材料及液体性质，

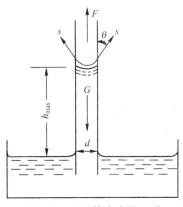

图3-3 毛细管中水柱上升

对于毛细管内的水柱，可以认为 $\theta = 0°$，即认为是完全浸润的。

**表 3-1　水与空气间的表面张力 $\sigma$ 值**

| 温度/℃ | -5 | 0 | 5 | 10 | 15 | 20 | 30 | 40 |
|---|---|---|---|---|---|---|---|---|
| 表面张力 $\sigma/(10^{-3}\ \mathrm{N \cdot m^{-1}})$ | 76.4 | 75.6 | 74.9 | 74.2 | 73.5 | 72.8 | 71.2 | 69.6 |

毛细管内上升水柱的重力 $G$ 为：

$$G = \gamma_w \pi r^2 h_{\max}$$

当毛细水上升到最大高度时，毛细水受到的上举力和水柱重力平衡，由此得：

$$F = G$$

$$2\pi r \sigma \cos \theta = \gamma_w \pi r^2 h_{\max}$$

若令 $\theta = 0°$，可求得毛细水上升最大高度的计算公式为：

$$h_{\max} = \frac{2\sigma}{r\gamma_w} = \frac{4\sigma}{d\gamma_w} \tag{3-1}$$

式中，$\gamma_w$ 为水的重度；$d$ 为毛细管的直径，$d = 2r$。

从式（3-1）可以看出，毛细水上升高度是与毛细管直径成反比的。毛细管直径越细，毛细水上升高度越大。

在天然土层中，毛细水的上升高度不能简单地直接引用式（3-1）计算，那样将得到令人难以置信的结果。例如，假定黏土颗粒为直径等于 0.0005 mm 的圆球，那么这种假想土粒堆置起来的孔隙直径 $d_0 \approx 0.00001$ cm，代入式（3-1）中将得到毛细水上升高度 $h_{\max} = 300$ m，这在实际土层中是根本不可能观测到的。在天然土层中毛细水上升的实际高度很少超过数米。因为土中的孔隙不规则，与实验室回柱状的毛细管根本不同，特别是土颗粒与水之间的物理化学作用，使得天然土层中的毛细现象比毛细管的情况要复杂得多。

在实践中，可以通过实地调查、观测，也可根据当地建筑经验或规范、文献中推荐的经验公式估算毛细水上升高度，如汉森（A. Hazen）经验公式：

$$h_0 = \frac{C}{e d_{10}} \tag{3-2}$$

式中，$h_0$ 为毛细水上升高度/m；$e$ 为土的孔隙比；$d_{10}$ 为土的有效粒径/m；$C$ 为系数，与土粒形状及表面洁净情况有关，$C = 1 \times 10^{-5} \sim 5 \times 10^{-5}\ \mathrm{m^2}$。

经验认为：碎石类土，无毛细作用；砂类土，$h_{\max} = 0.2 \sim 0.3$ m；粉类土，$h_{\max} = 0.9 \sim 1.5$ m；黏性土的 $h_{\max}$ 不及粉土，上升速度也较慢。由于在黏性土颗粒周围吸附着一层结合水膜，这层水膜将影响毛细水弯液面的形成。此外，黏性土的结合水膜将减小土中孔隙的有限直径，使得毛细水在上升时受到很大阻力，上升速度很慢，上升的高度也受到影响，当土粒间的孔隙被结合水完全充满时，毛细水的上升也就停止了。因此，粉砂、粉土和粉质黏土等的毛细现象较显著，毛细水上升高度大，上升速度快。

毛细压力可用图 3-4 来说明。图中两个土粒 $A$、$B$ 的接触面上有一些毛细水，由于土粒表面的湿润作用，使毛细水形成弯液面。在水和空气的分界面上产生的表面张力总是沿着弯液面切线方向作用的，它促使两个土粒互相靠拢，在土粒的接触面上产生

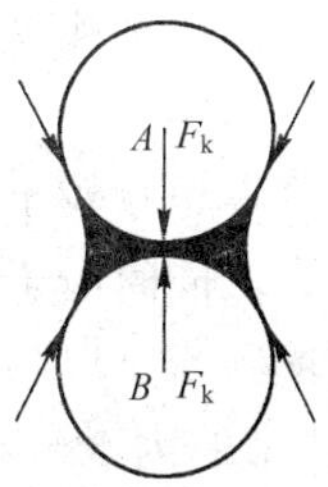

图 3-4　毛细压力示意图

一个压力，这个压力称为毛细压力，也称为毛细黏聚力。它随含水率的变化时有时无，如干燥的砂土是松散的，颗粒间没有黏结力，而在潮湿砂中有时可挖成直立的坑壁，短期内不会坍塌，但当砂土被水淹没时，表面张力消失，坑壁便会倒塌。这就是毛细黏聚力的生成与消失所造成的现象。了解了毛细压力的特性后，在工程实践中可以解决一些问题。

## 3.2.2　土的冻胀

地面下一定深度的水温，会随大气温度的改变而改变。当大气负温传入土中时，土中的自由水首先冻结成冰晶体，随着气温继续下降，弱结合水的最外层也开始冻结，使冰晶体逐渐扩大。这样使冰晶体周围土粒的结合水膜减薄，土粒就产生剩余的分子引力。另外，由于结合水膜的减薄，使得水膜中的离子浓度增加，产生了渗透压力，即当两种水溶液的浓度不同时，会在它们之间产生一种压力差，使浓度较小溶液中的水向浓度较大的溶液渗入，在这两种引力作用下，下卧未冻结区水膜较厚处的弱结合水，被吸引到水膜较薄的冻结区，并参与冻结，使冰晶体增大，而不平衡引力却继续存在。假使下卧未冻结区存在着水源（如地下水距冻结区很近）及适当的水源补给通道（如毛细通道），水能够源源不断地补充到冻结区来，那么，未冻结区的水分（包括弱结合水和自由水）就会不断地向冻结区迁移和积聚，使冰晶体不断扩大，在土层中形成冰夹层，土体随之发生隆起，即冻胀现象。这种冰晶体的不断增大，一直要到水源的补给断绝后才停止。当土层解冻时，土中积聚的冰晶体融化，土体随之下陷，即出现融陷现象。土的冻胀现象和融陷现象是季节性冻土的特性，亦即土的冻融特性。

可见，冻胀和融陷对工程都将产生不利影响。特别是高寒地区，发生冻胀时，使路基隆起，柔性路面鼓包、开裂，刚性路面错缝或折断；若在冻土上修建了建筑物，冻胀会引起建筑物的开裂、倾斜甚至使轻型构筑物倒塌。而发生融陷后，路基土在车辆反复辗压下，轻者路面变得松软，重者路面翻浆，也会使房屋、桥梁、涵管发生大量下沉或不均匀下沉，引起建筑物的开裂破坏。

从上述土冻胀的机理分析中可以看到，土的冻胀现象是在一定条件下形成的。影响冻胀的因素有以下3个方面。

1）土的因素

冻胀现象通常发生在细粒土中，特别是粉砂、粉土和粉质黏土等，冻结时水分迁移积聚最为强烈，冻胀现象严重。这是因为这类土具有显著的毛细现象，毛细水上升高度大，上升速度快，具有较通畅的水源补给通道，同时，这类土的颗粒较细，表面能大，土粒矿物成分亲水性强，能持有较多结合水，从而能使大量结合水迁移和积聚。相反，黏土虽有较厚的结合水膜，但毛细孔隙很小，对水分迁移的阻力很大，没有通畅的水源补给通道，所以其冻胀性较上述土类为小。

砂砾等粗颗粒土，没有或具有很少量的结合水，孔隙中自由水冻结后，不会发生水分的迁移积聚，同时由于砂砾无毛细现象，因而不会发生冻胀。所以在工程实践中常在地基或路基中换填砂土，以防治冻胀的发生。

2）水的因素

前面指出，土层发生冻胀的原因是水分的迁移和积聚所致。因此，当冻结区附近地下水位较高，毛细水上升高度能够达到或接近冻结线，使冻结区能得到外部水源的补给时，将发生比较强烈的冻胀现象。这样，可以区分开敞型冻胀和封闭型冻胀两种冻胀类型。前者是在冻结过程中有外来水源补给；后者是冻结过程中没有外来水分补给。开敞型冻胀往往在土层中形成很厚的冰夹层，产生强烈冻胀，而封闭型冻胀，土中冰夹层薄，冻胀量很小。

3) 温度的因素

当气温骤降且冷却强度很大时，土的冻结面迅速向下推移，即冻结速度很快。这时，土中弱结合水及毛细水还来不及向冻结区迁移就在原地冻结成冰，毛细通道也被冰晶体所堵塞。这样，水分的迁移和积聚不会发生，在土层中看不到冰夹层，只有散布于土孔隙中的冰晶体，这时形成的冻土一般无明显的冻胀。如气温缓慢下降，冷却强度小，但负温持续的时间较长，则就能促使未冻结区水分不断地向冻结区迁移积聚，在土中形成冰夹层，出现明显的冻胀现象。

上述 3 方面的因素是土层发生冻胀的必要条件。其结论是：在持续负温作用下，地下水位较高处的粉砂、粉土、粉质黏土等土层常具有较大的冻胀危害。因此，可以根据影响冻胀的 3 个因素，采取相应的防治冻胀的工程措施。主要措施是，要将构筑物基础底面置于当地冻结深度（可查阅有关规范）以下，以防止冻害的影响。

# 3.3　土的渗透性

在工程地质中，土能让水等流体通过的性质定义为土的渗透性。在水头差作用下，土中的自由水通过土体孔隙通道流动的特性，则定义为土中水的渗流。在房屋建筑、桥梁和道路工程中，很多工程措施的采用都是基于对土的渗透性认识之上的。例如房屋建筑和桥梁墩台等基坑开挖时，为防止坑外水向坑内渗流，需要了解土的渗透性，以配置排水设备；在河滩上修筑渗水路堤时，需要考虑路堤填料的渗透性；在计算饱和黏性土上建筑物的沉降和时间的关系时，需要掌握土的渗透性。

下面讨论 4 个问题：渗流模型；土中水渗透的基本规律（层流渗透定律）；影响土渗透性的因素；动水力及流砂现象。

## 3.3.1　渗流模型

水在土中的渗流是在土颗粒间的孔隙中发生的。由于土体孔隙的形状、大小及分布极为复杂，导致渗流水质点的运动轨迹很不规则，如图 3-5（a）所示。如果只着眼于这种真实渗流情况的研究，不仅会使理论分析复杂化，同时也会使试验观察变得异常困难。考虑到实际工程中并不需要了解具体孔隙中的渗流情况，因而可以对渗流做出如下简化：一是不考虑渗流路径的迂回曲折，只分析它的主要流向；二是不考虑土体中颗粒的影响，认为孔隙和土粒所占的空间之总和均为渗流所充满。做了这种简化后的渗流其实只是一种假想的土体渗流，称为渗流模型，如图 3-5（b）所示。为了使渗流模型在渗流特性上与真实的渗流相一致，它还应符合以下要求：

① 在同一过水断面，渗流模型的流量等于真实渗流的流量。

② 在任一界面上，渗流模型的压力与真实渗流的压力相等。

③ 在相同体积内，渗流模型所受到的阻力与真实渗流所受到的阻力相等。

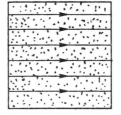

（a）水在土孔隙中的运动轨迹 （b）理想化的渗流模型

图 3-5 渗流模型

有了渗流模型，就可以采用液体运动的有关概念和理论对土体渗流问题进行分析计算。

再分析一下渗流模型中的流速与真实渗流中的流速 $v$ 之间的关系。流速 $v$ 是指单位时间内流过单位土截面的水量，单位为 m/s。在渗流模型中，设过水断面面积为 $F$（m²），单位时间内通过截面积 $F$ 的渗流流量为 $q$（m³/s），则渗流模型的平均流速 $v$ 为：

$$v = \frac{q}{F} \tag{3-3}$$

真实渗流仅发生在相应于断面 $F$ 中所包含的孔隙面积 $\Delta F$ 内，因此真实流速 $v_0$ 为：

$$v_0 = \frac{q}{\Delta F} \tag{3-4}$$

于是

$$v/v_0 = \frac{\Delta F}{F} = n \tag{3-5}$$

式中：$n$——土的孔隙率。

因为土的孔隙率 $n < 1.0$，所以 $v < v_0$，即模型的平均流速要小于真实流速。由于真实流速很难测定，因此工程上常采用模型的平均流速 $v$。在本章及以后的内容中，如果没有特别说明，所说的流速均指模型的平均流速。

## 3.3.2 土的层流渗透定律

1. 伯努利方程

饱和土体中的渗流，一般为层流运动（即水流流线互相平行的流动），服从伯努利（Bernowlli）方程，即饱和土体中的渗流总是从能量高处向能量低处流动。伯努利方程可用下式表示：

$$\frac{v^2}{2g} + z + \frac{u}{\gamma_w} = h = 常数 \tag{3-6}$$

式中：$z$——位置水头；

$u$——孔隙水压力；

$\gamma_w$——水的重度；

$v$——孔隙中水的流速；

　　$g$——重力加速度。

　　式（3-6）中的第三项表示饱和土体中孔隙水受到的压力（如加荷引起），称为压力水头，第一项称为流速水头。由于通常情况下土中水的流速很小，因此流速水头一般可忽略不计，此时有：

$$z + \frac{u}{\gamma_w} = h = 常数 \qquad (3-7)$$

　　2. 达西定律

　　若土中孔隙水在压力梯度下发生渗流，如图 3-6 所示。对于土中 $a$、$b$ 两点，已测得 $a$ 点的水头 $H_1$，$b$ 点的水头为 $H_2$，其位置水头分别为 $z_1$ 和 $z_2$，压力水头分别为 $h_1$ 和 $h_2$，则有：

$$\Delta H = H_1 - H_2 = (z_1 + h_1) - (z_2 + h_2) \qquad (3-8)$$

式中：$\Delta H$——水头损失，是土中水从 $a$ 点流向 $b$ 点的结果，也是由于水与土颗粒之间的黏滞阻力产生的能量损失。

　　水自高水头的 $a$ 点流向低水头的 $b$ 点，水流流经长度为 $l$。由于土的孔隙较小，在大多数情况下水在孔隙中的流速较小，其渗流状态可以认为是属于层流。那么土中的渗流规律可以认为是符合层流渗透定律，这个定律是法国学者达西（H. Darcy）根据砂土的实验结果而得到的，也称达西定律。它是指水在土中的渗透速度与水头梯度成正比，即：

$$v = kI \qquad (3-9)$$

或　　　　　　　$$q = kIF \qquad (3-10)$$

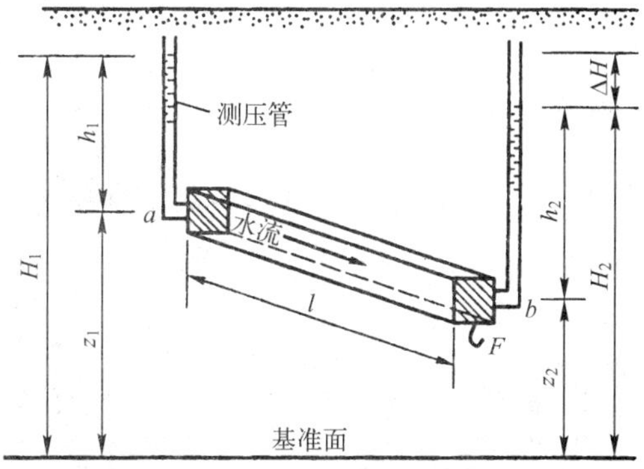

图 3-6　水在土中的渗流

式中：$v$——渗透速度/（m/s）；

　　　$I$——水头梯度，即沿着水流方向单位长度上的水头差。如图 3-6 中 $a$、$b$ 两点的水头

　　　　梯度 $I = \dfrac{\Delta H}{\Delta l} = \dfrac{H_1 - H_2}{l}$；

　　　$k$——渗透系数/（m/s），各类土的渗透系数参考值见表 3-2；

　　　$q$——渗透流量/（m³/s），即单位时间内流过土截面积 $F$ 的流量。

表 3-2　土的渗透系数参考值

| 土 的 类 别 | 渗透系数/（m/s） | 土 的 类 别 | 渗透系数/（m/s） |
| --- | --- | --- | --- |
| 黏土 | $< 5 \times 10^{-8}$ | 细砂 | $1 \times 10^{-5} \sim 5 \times 10^{-5}$ |
| 粉质黏土 | $5 \times 10^{-8} \sim 1 \times 10^{-6}$ | 中砂 | $5 \times 10^{-5} \sim 2 \times 10^{-4}$ |
| 粉土 | $1 \times 10^{-6} \sim 5 \times 10^{-6}$ | 粗砂 | $2 \times 10^{-4} \sim 5 \times 10^{-4}$ |
| 黄土 | $2.5 \times 10^{-6} \sim 5 \times 10^{-6}$ | 圆砾 | $5 \times 10^{-4} \sim 1 \times 10^{-3}$ |
| 粉砂 | $5 \times 10^{-6} \sim 1 \times 10^{-5}$ | 卵石 | $1 \times 10^{-3} \sim 5 \times 10^{-3}$ |

　　由于达西定律只适用于层流的情况，故一般只适用于中砂、细砂、粉砂等。对粗砂、砾石、卵石等粗颗粒土，达西定律就不再适用了，因为这时水的渗流速度较大，已不再是层流

而是紊流。黏土中的渗流规律不完全符合达西定律，因此需要进行修正。

在黏土中，土颗粒周围存在着结合水，结合水因受到分子引力作用而呈现黏滞性。因此，黏土中自由水的渗流受到结合水的黏滞作用产生很大阻力，只有克服结合水的抗剪强度后才能开始渗流。克服此抗剪强度所需要的水头梯度，称为黏土的起始水头梯度 $I_0$。

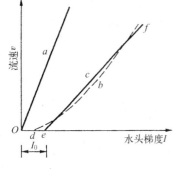

图 3-7 砂土和黏土的渗透规律

这样，在黏土中，应按下述修正后的达西定律计算渗流速度：

$$v = k(I - I_0) \tag{3-11}$$

在图 3-7 中绘出了砂土与黏土的渗透规律。直线 $a$ 表示砂土的 $v \sim I$ 关系，它是通过原点的一条直线。黏土的 $v \sim I$ 关系是曲线 $b$（图中虚线所示），$d$ 点是黏土的起始水头梯度，当土中水头梯度超过此值后水才开始渗流。一般常用折线 $c$（图中 $Oef$ 线）代替曲线 $b$，即认为 $e$ 点是黏土的起始水头梯度 $I_0$，其渗流规律用式（3-11）表示。

### 3.3.3 土的渗透系数

渗透系数 $k$ 是综合反映土体渗透能力的一个指标，其数值的正确确定对渗透计算有着非常重要的意义。表 3-2 中给出了一些土的渗透系数参考值，渗透系数也可以在试验室或通过现场试验测定。

1. 室内试验测定法

试验室测定渗透系数 $k$ 值的方法称为室内渗透试验，根据所用试验装置的差异又可分为常水头试验和变水头试验。

1）常水头渗透试验

常水头渗透试验装置如图 3-8 所示。在圆柱形试验筒内装置土样，土的截面积为 $F$（即试验筒截面积），在整个试验过程中，土样的压力水头维持不变。在土样中选择两点 $a$、$b$，两点的距离为 $l$，分别在两点设置测压管。试验开始时，水自上而下流经土样，待渗流稳定后，测得在时间 $t$ 内流过土样的流量为 $Q$，同时读得 $a$、$b$ 两点测压管的水头差为 $\Delta H$。则由式（3-10）可得：

$$Q = qt = kIFt = k\frac{\Delta H}{l}Ft$$

由此求得土样的渗透系数 $k$ 为：

$$k = \frac{Ql}{\Delta HFt} \tag{3-12}$$

2）变水头渗透试验

变水头渗透试验装置如图 3-9 所示。在试验筒内装置土样，土样的截面积为 $F$，高度为 $l$。试验筒上设置储水管，储水管截面积为 $a$，在试验过程中储水管的水头不断减小。若试验开始时，储水管水头为 $h_1$，经过时间 $t$ 后降为 $h_2$。在时间 $dt$ 内，水头降低了 $-dh$，则在 $dt$ 时间内通过土样的流量为：

$$dQ = -a \cdot dh$$

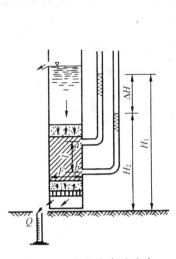
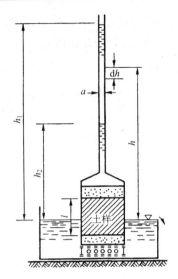

图 3-8   常水头渗透试验             图 3-9   变水头渗透试验

又从式（3-10）可知

$$\mathrm{d}Q = q\mathrm{d}t = kIF\mathrm{d}t = k\frac{h}{l}F\mathrm{d}t$$

故得

$$-a\mathrm{d}h = k\frac{h}{l}F\mathrm{d}t$$

积分后有

$$-\int_{h_1}^{h_2}\frac{\mathrm{d}h}{h} = \frac{kF}{al}\int_0^t\mathrm{d}t$$

$$\ln\frac{h_1}{h_2} = \frac{kF}{al}t$$

由此求得渗透系数为：

$$k = \frac{al}{Ft}\ln\frac{h_1}{h_2} = \frac{2.3al}{Ft}\lg\frac{h_1}{h_2} \tag{3-13}$$

2. 现场抽水试验

渗透系数也可以在现场进行抽水试验测定。对于粗颗粒土或成层的土，室内试验时不易取得原状土样，或者土样不能反映天然土层的层次或颗粒排列情况。这时，从现场试验得到的渗透系数将比室内试验准确。现场测定渗透系数的方法较多，常用的有野外注水试验和野外抽水试验等，这种方法一般是在现场钻井孔或挖试坑，在往地基中注水或抽水时，量测地基中的水头高度和渗流量，再根据相应的理论公式求出渗透系数 $k$ 值。下面主要介绍现场抽水试验。

抽水试验开始前，在试验现场钻一中心抽水井，根据井底土层情况可分为两种类型：井底钻至不透水层时称为完整井，井底未钻至不透水层时称为非完整井，如图 3-10 所示。在距抽水井中心半径为 $r_1$ 和 $r_2$ 处布置观测孔，以观测周围地下水位的变化。试验抽水后，地基中将形成降水漏斗。当地下水进入抽水井流量与抽水量相等且维持稳定时，测读此时的单位时间抽水量 $q$，同时在观测孔处测量出其水头分别为 $h_1$ 和 $h_2$。对于非完整井，还需量测

抽水井中的水深 $h_0$，确定降水影响半径 $R$。在假定土中任一半径处的水头梯度为常数的条件下，渗透系数 $k$ 可通过下列方法确定。

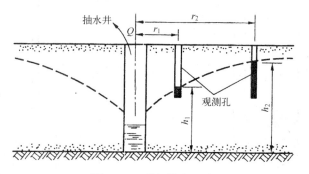

图 3-10 现场抽水试验

（1）无压完整井

$$k = \frac{q\ln(r_2/r_1)}{\pi(h_2^2 - h_1^2)} = \frac{2.3q\lg(r_2/r_1)}{\pi(h_2^2 - h_1^2)} \tag{3-14}$$

由上式求得的 $k$ 值为 $r_1 \leqslant r \leqslant r_2$ 范围内的平均值。若在试验中不设观测井，则需测定抽水井的水深 $h_0$，并确定其降水影响半径 $R$，此时降水半径范围内的平均渗透系数为：

$$k = \frac{q\ln\left(\dfrac{R}{r_0}\right)}{\pi(H^2 - h_0^2)} \tag{3-15}$$

式中：$H$——不受降水影响的地下水面至不透水层层面的距离/m；

$h_0$——抽水井的水深/m；

$r_0$——抽水井的半径/m。

（2）无压非完整井

$$k = \frac{q\ln\left(\dfrac{R}{r_0}\right)}{\pi\left[(H - h')^2 - h_0^2\right]\left\{1 + \left(0.3 + \dfrac{10r_0}{H}\right)\sin\left(\dfrac{1.8h'}{H}\right)\right\}} \tag{3-16}$$

式中：$h'$——井底至不透水层层面的距离/m；

其余符号意义同前。

式（3-15）和式（3-16）中 $R$ 的取值，在无实测资料时可采用经验值计算。通常强透水土层（如乱石、砾石层等）的影响半径值很大，在 $200 \sim 500$ m 以上，而中等透水土层（如中、细砂等）的影响半径较小，在 $100 \sim 200$ m 左右。

**【例 3-1】** 如图 3-11 所示，在现场进行抽水试验测定砂土层的渗透系数。抽水井穿过 10 m 厚砂土层进入不透水层，在距井管中心 15 m 及 60 m 处设置观测孔。已知抽水前静止地下水位在地面下 2.35 m 处。抽水后待渗流稳定时，从抽水井测得流量 $q = 5.47 \times 10^{-3}$ m³/s，同时从两个观测孔测得水位分别下降了 1.93 m 及 0.52 m，求砂土层的渗透系数。

**解**：两个观测的水头分别为：

$$r_1 = 15 \text{ m 处}, \quad h_1 = 10 - 2.35 - 1.93 = 5.72 \text{ m}$$

$$r_2 = 60 \text{ m 处}, \quad h_2 = 10 - 2.35 - 0.52 = 7.13 \text{ m}$$

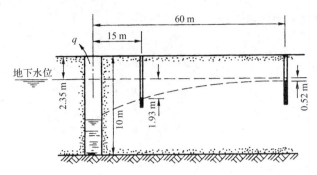

图 3-11  抽水试验测定渗透系数

由式（3-14）求得渗透系数为：

$$k = \frac{q\ln(r_2/r_1)}{\pi(h_2^2 - h_1^2)} = \frac{5.47 \times 10^{-3}}{\pi} \times \frac{\ln\left(\dfrac{60}{15}\right)}{(7.13^2 - 5.72^2)} = 1.33 \times 10^{-4} \ \text{m/s}$$

**3. 成层土的渗透系数**

若已知每层土的渗透系数，则成层土的渗透系数可按下述方法计算。图 3-12 表示土层由两层组成，各层土的渗透系数为 $k_1$、$k_2$，厚度为 $h_1$、$h_2$。

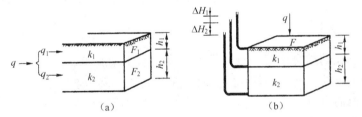

图 3-12  成层土的渗透系数

考虑水平渗流时（水流方向与土层平行），如图 3-12（a）所示。因为各土层的水头梯度相同，总流量等于各土层流量之和，总截面积等于各土层截面积之和，即：

$$I = I_1 = I_2$$
$$q = q_1 + q_2$$
$$F = F_1 + F_2$$

因此土层水平向的平均渗透系数 $k_h$ 为：

$$k_h = \frac{q}{FI} = \frac{q_1 + q_2}{FI} = \frac{k_1 F_1 I_1 + k_2 F_2 I_2}{FI} = \frac{k_1 h_1 + k_2 h_2}{h_1 + h_2} = \frac{\sum k_i h_i}{\sum h_i} \tag{3-17}$$

考虑竖直向渗流时（水流方向与土层垂直），如图 3-12（b）所示。则可知总流量等于每一土层的流量，总截面积与每层土的截面积相同，总水头损失等于每一层的水头损失之和。即：

$$q = q_1 = q_2$$
$$F = F_1 = F_2$$
$$\Delta H = \Delta H_1 + \Delta H_2$$

由此得土层竖向的平均渗透系数 $k_v$ 为：

$$k_v = \frac{q}{FI} = \frac{q}{F} \cdot \frac{(h_1 + h_2)}{\Delta H} = \frac{q}{F} \frac{(h_1 + h_2)}{(\Delta H_1 + \Delta H_2)}$$

$$= \frac{q}{F} \frac{(h_1 + h_2)}{\left(\dfrac{q_1 h_1}{F_1 k_1}\right) + \left(\dfrac{q_2 h_2}{F_2 k_2}\right)} = \frac{h_1 + h_2}{\dfrac{h_1}{k_1} + \dfrac{h_2}{k_2}} = \frac{\sum h_i}{\sum \dfrac{h_i}{k_i}} \tag{3-18}$$

## 3.3.4　影响土的渗透性的因素

### 1. 土的粒度成分及矿物成分

土的颗粒大小、形状及级配，影响土中孔隙大小及形状，因而影响土的渗透性。土颗粒越粗、越浑圆、越均匀，其渗透性也就越大。当砂土中含有较多粉土及黏土颗粒时，其渗透性就大大降低。

土的矿物成分对于卵石、砂土和粉土的渗透性影响不大，但对于黏性土的渗透性影响较大。黏性土中含有亲水性较大的黏土矿物（如蒙脱石等）或有机质时，由于它们具有很大的膨胀性，就大大降低土的渗透性。含有大量有机质的淤泥几乎是不透水的。

### 2. 结合水膜的厚度

黏性土中若土粒的结合水膜厚度较厚时，会阻塞土的孔隙，降低土的渗透性。如钠黏土，由于钠离子的存在，使黏土颗粒的扩散层厚度增加，所以透水性很低。又如在黏土中加入高价离子的电解质（如 Al、Fe 等），会使土粒扩散层厚度减薄，黏土颗粒会凝聚成粒团，土的孔隙因而增大，这将使土的渗透性增大。

### 3. 土的结构构造

天然土层通常不是各向同性的，在渗透性方面往往也是如此。如黄土具有竖直方向的大孔隙，所以竖直方向的渗透系数要比水平方向大得多。层状黏土常夹有薄的粉砂层，它的水平方向的渗透系数要比竖直方向大得多。

### 4. 水的黏度

水在土中的渗流速度与水的密度及黏度有关，而这两个数值又与温度有关。一般水的密度随温度变化很小，可略去不计，但水的动力黏度 $\eta$ 随温度变化而变化。故室内渗透试验时，同一种土在不同温度下会得到不同的渗透系数。在天然土层中，除了靠近地表的土层外，一般土中的温度变化很小，故可忽略温度的影响。但是室内试验的温度变化较大，故应考虑它对渗透系数的影响。目前常以水温为 20℃时的 $k_{20}$ 作为标准值，在其他温度测定的渗透系数 $k_t$ 可按下式进行修正：

$$k_{20} = k_t \frac{\eta_t}{\eta_{20}} \tag{3-19}$$

式中：$\eta_t$、$\eta_{20}$——分别为 $t/℃$ 时及 20℃ 时水的动力黏度/(kPa·s)，$\dfrac{\eta_t}{\eta_{20}}$ 的比值与温度的关系见表 3-3。

表 3-3 水的动力黏度比 $\eta_t/\eta_{20}$ 与温度的关系

| 温度/℃ | $\eta_t/\eta_{20}$ | 温度/℃ | $\eta_t/\eta_{20}$ | 温度/℃ | $\eta_t/\eta_{20}$ |
|---|---|---|---|---|---|
| 6 | 1.455 | 16 | 1.104 | 26 | 0.870 |
| 8 | 1.373 | 18 | 1.050 | 28 | 0.833 |
| 10 | 1.297 | 20 | 1.000 | 30 | 0.798 |
| 12 | 1.227 | 22 | 0.958 | 32 | 0.765 |
| 14 | 1.168 | 24 | 0.910 | 34 | 0.735 |

5. 土中气体

当土孔隙中存在密闭气泡时，会阻塞水的渗流，从而降低了水土的渗透性。这种密闭气泡有时是由溶解于水中的气体分离出来而形成的，故室内渗透试验有时规定要用不含溶解空气的蒸馏水。

## 3.3.5 动水力及渗流破坏

水在土中渗流时，受到土颗粒的阻力 $T$ 的作用，这个力的作用方向是与水流方向相反的。根据作用力与反作用力相等的原理，水流也必然有一个相等的力作用在土颗粒上，通常把水流作用在单位体积土体中土颗粒上的力称为动水力 $G_D$（kN/m³），也称为渗流力。动水力的作用方向与水流方向一致。$G_D$ 和 $T$ 的大小相等，方向相反，它们都是用体积力表示的。

动水力计算在工程实践中具有重要意义，例如研究土体在水渗流时的稳定性问题，就要考虑动水力的影响。

1. 动水力的计算公式

在土中沿水流的渗透方向，切取一个土柱体 $ab$（图 3-13），土柱体的长度为 $l$，横截面积为 $F$。已知 $a$、$b$ 两点距基准面的高度分别为 $z_1$ 和 $z_2$，两点的测压管水柱高分别为 $h_1$ 和 $h_2$，则两点的水头分别为 $H_1 = h_1 + z_1$ 和 $H_2 = h_2 + z_2$。

将土柱体 $ab$ 内的水作为脱离体，考虑作用在水上的力系。因为水流的流速变化很小，其惯性力可以略去不计。这样，可以求得这些力在 $ab$ 轴线方向的分别为：

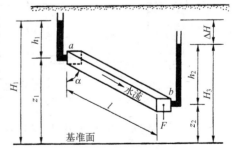

图 3-13 动水力计算

$\gamma_w h_1 F$——作用在土柱体的截面 $a$ 处的水压力，其方向与水流方向一致；

$\gamma_w h_2 F$——作用在土柱体的截面 $b$ 处的水压力，其方向与水流方向相反；

$\gamma_w nlF\cos\alpha$——土柱体内水的重力在 $ab$ 方向的分力，其方向与水流方向一致；

　　　　$\gamma_w(1-n)lF\cos\alpha$——土柱体内土颗粒作用于水的力在 $ab$ 方向的分力（土颗粒作用于水的力，也就是水对于土颗粒作用的浮力的反作用力），其方向与水流方向一致；

　　　　　　　　$lFT$——水渗流时，土柱中的土颗粒对水的阻力，其方向与水流方向相反；

　　　　　　　　$\gamma_w$——水的重度；

　　　　　　　　$n$——土的孔隙率。

　　其他符号意义如图 3–13 所示。

　　根据作用在土柱体 $ab$ 内水上的各力的平衡条件可得：

$$\gamma_w h_1 F - \gamma_w h_2 F + \gamma_w nlF\cos\alpha + \gamma_w(1-n)lF\cos\alpha - lFT = 0$$

或

$$\gamma_w h_1 - \gamma_w h_2 + \gamma_w l\cos\alpha - lT = 0$$

以 $\cos\alpha = \dfrac{z_1 - z_2}{l}$ 代入上式，可得：

$$T = \gamma_w \frac{(h_1 + z_1) - (h_2 + z_2)}{l} = \gamma_w \frac{H_1 - H_2}{l} = \gamma_w I \tag{3–20}$$

　　故得动水力的计算公式为：

$$G_D = T = \gamma_w I \tag{3–21}$$

　　*2. 流砂现象、管涌和临界水头梯度*

　　由于动水力的方向与水流方向一致，因此当水的渗流自上向下时〔如图 3–14（a）中容器内的土样，或图 3–15 中河滩路堤基底土层中的 $d$ 点〕，动水力方向与土体重力方向一致，这样将增加土颗粒间的压力；若水的渗流方向自下而上时〔如图 3–14（b）容器内的土样，或图 3–15 中的 $e$ 点〕，动水力的方向与土体重力方向相反，这样将减小土颗粒间的压力。

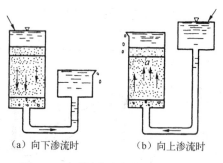

(a) 向下渗流时　　　　(b) 向上渗流时

图 3–14　不同渗流方向对土的影响

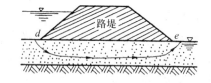

图 3–15　河滩路堤下的渗流

　　若水的渗流方向自下而上，在土体表面〔如图 3–14（b）的 $a$ 点，或图 3–15 路堤下的 $e$ 点〕取一单位体积的土体进行分析。已知土的有效重度为 $\gamma'$，当向上的动水力 $G_D$ 与土的有效重度相等时，则有

$$G_D = \gamma_w I = \gamma' = \gamma_{sat} - \gamma_w \tag{3–22}$$

式中：$\gamma_{sat}$——土的饱和重度；

　　　　$\gamma_w$——水的重度。

　　这时土颗粒间的压力等于零，土颗粒将处于悬浮状态而失去稳定，这种现象称为流砂现象，此时的水头梯度称为临界水头梯度 $I_{cr}$，可由下式得到：

$$I_{cr} = \frac{\gamma'}{\gamma_w} = \frac{\gamma_{sat}}{\gamma_w} - 1 \qquad (3-23)$$

　　工程中将临界水头梯度 $I_{cr}$ 除以安全系数 $K$ 作为容许水头梯度 $[I]$，设计时，渗流逸出处的水头梯度应满足以下要求：

$$I \leq [I] = \frac{I_{cr}}{K} \qquad (3-24)$$

　　对流砂的安全性进行评价时，$K$ 一般可取 $2.0 \sim 2.5$。

　　水在砂性土中渗流时，土中的一些细小颗粒在动水力的作用下，可能通过粗颗粒的孔隙被水流带走，这种现象称为管涌。管涌可以发生于局部范围，但也可能逐步扩大，最后导致土体失稳破坏。发生管涌的临界水头梯度与土的颗粒大小及其级配情况有关。图 3-16 给出了临界水头梯度 $I_{cr}$ 与土的不均匀系数 $C_u$ 之间的关系曲线。从图中可以看出，土的不均匀系数越大，管涌现象越容易发生。

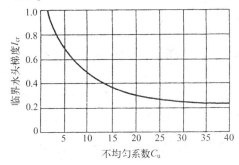

图 3-16　临界水头梯度与土颗粒组成关系

　　流砂现象是发生在土体表面渗流逸出处，不发生于土体内部，而管涌现象可以发生在渗流逸出处，也可能发生于土体内部。

　　流砂现象主要发生在细砂、粉砂及粉土等土层中。对饱和的低塑性黏性土，当受到扰动，也会发生流砂；而在粗颗粒与及黏土中则不易产生。

　　基坑开挖排水时，若采用表面直接排水，坑底土将受到向上的动水力作用，可能发生流砂现象。这时坑底土边挖边会随水涌出，无法清除。由于坑底土随水涌入基坑，使坑底土的结构破坏，强度降低，重则造成坑底失稳，轻则将会造成建筑物的附加沉降。在基坑四周由于土颗粒流失，地面会发生凹陷，危及邻近的建筑物和地下管线，严重时会导致工程事故。水下深基坑或沉井排水挖土时，若发生流砂现象将危及施工安全，应引起特别注意。通常，施工前应做好周密的勘测工作，当基坑底面的土层是容易引起流砂现象的土质时，应避免采用表面直接排水，而可采用人工降低地下水位方法进行施工。

　　河滩路堤两侧有水位差时，在路堤内或基底土内发生渗流。当水头梯度较大时，可能产生管涌现象，导致路堤坍塌破坏。为了防止管涌现象发生，一般可在路基下游边坡的水下部分设置反滤层，可以防止路堤中细小颗粒被管涌带走。

# 3.4　流网及其应用

　　在上一节中我们知道，为防止渗流破坏，应使渗流逸出处的水头梯度小于容许水头梯度。因此，确定渗流逸出处的水头梯度就成为解决此类问题的关键之一。在实际工程中，经常遇到的是边界条件较为复杂的二维或三维渗流问题。如图 3-17 所示的带板桩闸基的渗流，在这类渗流问题中，渗流场中各点的渗流速度 $v$ 与水头梯度 $I$ 均是该点位置坐标的二维

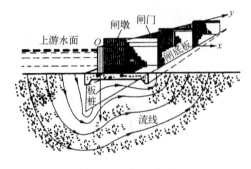

图 3-17 闸基渗流

或三维函数。对此首先必须建立它们的渗流微分方程，然后再结合渗流边界条件与初始条件求解。

工程中涉及渗流问题的常见构筑物主要有坝基、闸基、河滩路堤及带挡墙（或板桩）的基坑等。这类构筑物有一个共同的特点，就是轴线长度远大于其横向尺寸，因而可以近似地认为渗流仅发生在横断面内，或者说在轴向方向上的任一个断面上，其渗流特性是相同的，这种渗流称为二维渗流或平面渗流。

## 3.4.1　平面渗流基本微分方程

如图 3-18 所示，在渗流场中任取一点 $(x,z)$ 的微单元体，分析其在 $\mathrm{d}t$ 时段内沿 $x$、$z$ 方向流入和流出水量的关系。假设 $x$、$z$ 方向流入微单元体的渗流速度分别为 $v_x$、$v_z$，则相应流出微单元体的渗流速度为 $v_x + \dfrac{\partial v_x}{\partial x}\mathrm{d}x$，$v_z + \dfrac{\partial v_z}{\partial z}\mathrm{d}z$，而流出与流入微单元体的水量差为：

$$
\begin{aligned}
\mathrm{d}Q &= \left[\left(v_x + \frac{\partial v_x}{\partial x}\mathrm{d}x - v_x\right)\mathrm{d}z \cdot 1 + \left(v_z + \frac{\partial v_z}{\partial z}\mathrm{d}z - v_z\right)\mathrm{d}x \cdot 1\right]\mathrm{d}t \\
&= \left(\frac{\partial v_x}{\partial x} + \frac{\partial v_z}{\partial z}\right)\mathrm{d}x\mathrm{d}z\mathrm{d}t
\end{aligned}
\tag{3-25}
$$

通常可以假定渗流为稳定流，而土体骨架可以认为不产生变形，并且假定流体是不可压缩的，则在同一时段内微单元体的流出水量与流入水量相等，即：

$$\mathrm{d}Q = 0$$

故

$$
\frac{\partial v_x}{\partial x} + \frac{\partial v_z}{\partial z} = 0
\tag{3-26}
$$

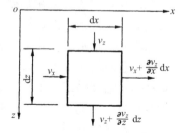

图 3-18　渗流场单元体

式（3-26）称为平面渗流连续条件微分方程。

对于 $k_x \neq k_z$ 的各向异性土，达西定律可表示为：

$$
\left.
\begin{aligned}
v_x &= k_x I_x = k_x\frac{\partial h}{\partial x} \\
v_y &= k_z I_z = k_z\frac{\partial h}{\partial z}
\end{aligned}
\right\}
\tag{3-27}
$$

将式（3-27）代入式（3-26）可得：

$$
k_x\frac{\partial^2 h}{\partial x^2} + k_z\frac{\partial^2 h}{\partial z^2} = 0
\tag{3-28}
$$

上式即为平面稳定渗流问题的基本微分方程。式中，$k_x$、$k_z$ 为 $x$、$z$ 方向的渗透系数；$I_x$、$I_z$ 为 $x$、$z$ 方向的水头梯度；$h$ 为水头高度。

为求解方便，可对式（3-28）进行适当变换，令 $x' = x \cdot \sqrt{\dfrac{k_z}{k_x}}$，可得：

$$\frac{\partial^2 h}{\partial x'^2} + \frac{\partial^2 h}{\partial z^2} = 0 \qquad (3-29)$$

对各向同性土，$k_x = k_z$，平面稳定渗流问题基本微分方程成为如下形式：

$$\frac{\partial^2 h}{\partial x^2} + \frac{\partial^2 h}{\partial z^2} = 0 \qquad (3-30)$$

至此，求解渗流问题可归结为上述式（3-29）或式（3-30）的拉普拉斯（Laplace）方程求解问题，当已知渗流问题的具体边界条件时，结合这些边界条件求解上述微分方程，便能得到渗流问题的唯一解答。

## 3.4.2　平面稳定渗流问题的流网解法

在实际工程中，渗流问题的边界条件往往是比较复杂的，其严密的解析解一般很难求得。因此对渗流问题的求解除采用解析解外，还有数值解法、图解法和模型试验法等，其中最常用的是图解法，即流网解法。

### 1. 流网及其性质

平面稳定渗流基本微分方程的解可以用渗流区平面内两簇相互正交的曲线来表示。其中一簇为流线，它代表水流的流动路径；另一簇为等势线，在任一条等势线上，各点的测压水位或总水头都在同一水平线上。工程上把这种等势线簇和流线簇交织成的网格图形称为流网，如图 3-19 所示。

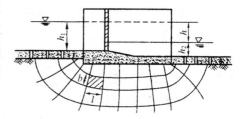

图 3-19　闸基础的渗流流网

各向同性土的流网具有如下特性：

（1）流网是相互正交的网格。由于流线与等势线具有相互正交的性质，故流网为正交网格。

（2）流网为曲边正方形。在流网网格中，网格的长度与宽度之比通常取为定值，一般取 1.0，使方格网成为曲边正方形。

（3）任意两相邻等势线间的水头损失相等。渗流区内水头依等势线等量变化，相邻等势线的水头差相同。

（4）任意两相邻流线间的单位渗流量相等。相邻流线间的渗流区域称之为流槽，每一流槽的单位流量与总水头 $h$、渗透系数 $k$ 及等势线间隔数有关，与流槽位置无关。

### 2. 流网的绘制

流网的绘制方法大致有三种：一是解析法，即用解析的方法求出流速势函数及流函数，再令其函数等于一系列的常数，就可以描绘出一簇流线和等势线；二是实验法，常用的有水电比拟法，此方法利用水流与电流在数学上和物理上的相似性，通过测绘相似几何边界电场中的等电位线，获取渗流的等势线和流线，再根据流网性质补绘出流网；三是近似作图法，也称为手描法，是根据流网性质和确定的边界条件，用作图方法逐步近似画出流线和等势线。在上述方法中，解析法虽然严密，但数学上求解还存在较大困难；试验方法在操作上比较复杂，不易在工程中推广应用。目前常用的方法还是近似作图法，故下面对这一方法作一介绍。

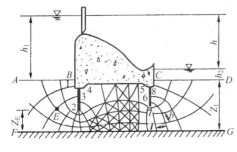

图 3-20 溢流坝的渗流流网

近似作图法的步骤大致为：先按流动趋势画出流线，然后根据流网正交性画出等势线，如发现所画的流网不成曲边正方形时，需反复修改等势线和流线，直至满足要求。图 3-20 为一带板桩的溢流坝，其流网可按如下步骤绘出：

（1）首先将构筑物及土层剖面按一定的比例绘出，并根据渗流区的边界，确定边界线及边界等势线。

如图中的上游透水边界 $AB$ 是一条等势线，其上各点的水头高度均为 $h_1$，下游透水边界也是一条等势线，其上各点的水头高度均为 $h_2$。坝基的地下轮廓线 $B-1-2-3-4-5-6-7-8-C$ 为一流线。渗流区边界 $FG$ 为另一条边界流线。

（2）根据流网特性初步绘出流网形态。

可先按上下边界流线形态大致描绘几条流线，描绘时注意，中间流线的形状由坝基轮廓线形状逐步变为与不透水层面 $FG$ 相接近。中间流线数量越多，流网越准确，但绘制与修改工作量也越大，中间流线的数量应视工程的重要性而定，一般中间流线可绘 $3\sim4$ 条。流线绘好后，根据曲边正方形的要求描绘等势线，描绘时应注意等势线与上、下边界流线保持垂直，并且等势线与流线都应是光滑的曲线。

（3）逐步修改流网。

初绘的流网，可以加绘网格的对角线来检验其正确性。如果每一网格的对角线都正交，且成正方形，则表明流网是正确的，否则应作进一步修改。但是，由于边界通常是不规则的，在形状突变处，很难保证网格为正方形，有时甚至成为三角形。对此应从整个流网来分析，只要大多数网格满足流网特征，个别网格不符合要求，对计算结果影响不大。

流网的修改过程是一项细致的工作，常常是改变一个网格便带来整个流网图的变化。因此只有通过反复的实践演练，才能做到快速正确地绘制流网。

**3. 流网的工程应用**

正确地绘制出流网后，可以用它来求解渗流、渗流速度及渗流区的孔隙水压力。

1）渗流速度计算

如图 3-20 所示，计算渗流区中某一网格内的渗流速度，可先从流网图中量出该网格的流线长度 $l$。根据流网的特性，在任意两条等势线之间的水头损失是相等的，设流网中的等势线的数量为 $n$（包括边界等势线），上下游总水头差为 $h$，则任意两等势线间的水头差为：

$$\Delta h = \frac{h}{n-1} \tag{3-31}$$

而所求网格内的渗透速度为：

$$v = kl = k\frac{\Delta h}{l} = \frac{kh}{(n-1)l} \tag{3-32}$$

2）渗流量计算

由于任意两相邻流线间的单位渗流量相等，设整个流网的流线数量为 $m$（包括边界流线），则单位宽度内总的渗流量 $q$ 为：

$$q = (m-1)\Delta q \tag{3-33}$$

式中，$\Delta q$ 为任意两相邻流线间的单位渗流量，$q$、$\Delta q$ 的单位均为 $m^3/(d \cdot m)$。其值可根据某一网格的渗透速度及网格的过水断面宽度求得。设网格的过水断面宽度（即相邻两条流线的间距）为 $b$，网格的渗透速度为 $v$，则有：

$$\Delta q = vb = \frac{khb}{(n-1)l} \tag{3-34}$$

而单位宽度内的总流量 $q$ 为：

$$q = \frac{kh(m-1)}{n-1} \cdot \frac{b}{l} \tag{3-35}$$

3）孔隙水压力计算

一点的孔隙水压力 $u$ 等于该点测压管水柱高度 $H$ 与水的重度 $\gamma_w$ 的乘积，即 $u = \gamma_w H$，任意点的测压管水柱高度 $H_i$ 可根据该点所在的等势线的水头确定。

如图 3-20 所示，设 $E$ 点处于上游开始起算的第 $i$ 条等势线上，若从上游入渗的水流达到 $E$ 点所损失的水头为 $h_f$，则 $E$ 点的总水头 $h_E$（以不透水层面 $FG$ 为 $Z$ 坐标起始点）应为入渗边界上总水头高度减去这段流程的水头损失高度，即：

$$h_E = (Z_1 + h_1) - h_f \tag{3-36}$$

而 $h_f$ 可由等势线间的水头差 $\Delta h$ 求得：

$$h_f = (i-1)\Delta h \tag{3-37}$$

$E$ 点测压管水柱高度 $H_E$ 为 $E$ 点总水头与其位置坐标值 $Z_E$ 之差，即：

$$H_E = h_E - Z_E = h_1 + (Z_1 - Z_E) - (i-1)\Delta h \tag{3-38}$$

【例 3-2】某板桩支挡结构如图 3-21 所示，由于基坑内外土层存在水位差而发生渗流，渗流流网如图所示。已知土层渗透系数 $k = 3.2 \times 10^{-3}$ cm/s，$A$ 点、$B$ 点分别位于基坑底面以下 1.2 m 和 2.6 m 处，试求：

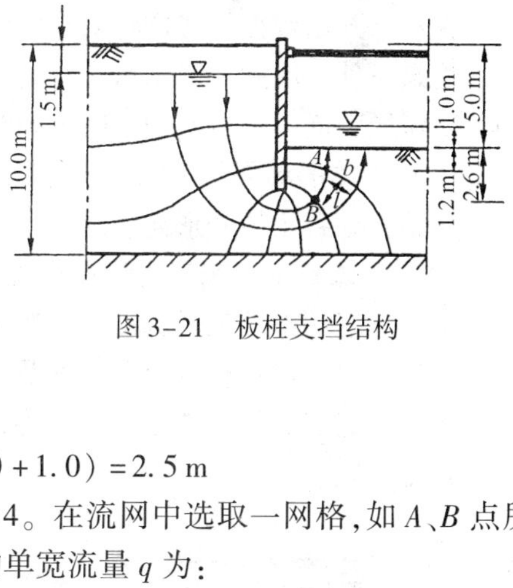

(1) 整个渗流区的单宽流量 $q$；

(2) $AB$ 段的平均流速 $v_{AB}$；

图 3-21 板桩支挡结构

(3) 图中 $A$ 点和 $B$ 点的孔隙水压力 $u_A$ 与 $u_B$。

解：(1) 基坑内外的总水头差为：

$$h = (10.0 - 1.5) - (10.0 - 5.0 + 1.0) = 2.5 \text{ m}$$

流网图中共有 4 条流线，9 条等势线，即 $n = 9$，$m = 4$。在流网中选取一网格，如 $A$、$B$ 点所在的网格，其长度与宽度 $l = b = 1.5$ m，则整个渗流区的单宽流量 $q$ 为：

$$
\begin{aligned}
q &= \frac{kh(m-1)}{n-1} \times \frac{b}{l} \\
&= \frac{3.2 \times 10^{-3} \times 10^{-2} \times 2.5 \times (4-1)}{9-1} \times \frac{1.5}{1.5} \\
&= 3.0 \times 10^{-5} \text{ m}^3/(\text{s} \cdot \text{m}) \\
&= 2.60 \text{ m}^3/(\text{d} \cdot \text{m})
\end{aligned}
$$

（2）任意两等势线间的水头差：

$$\Delta h = \frac{h}{n-1} = \frac{2.5}{9-1} = 0.31 \text{ m}$$

$AB$ 段的平均渗流速度：

$$v_{AB} = k \cdot I_{AB} = k \frac{\Delta h}{l}$$

$$= 3.2 \times 10^{-3} \times \frac{0.31}{1.5} = 0.66 \times 10^{-3} \text{ cm/s}$$

（3）$A$ 点和 $B$ 点的测压水柱高度分别为：

$$H_A = (Z_1 + h_1) - Z_A - (8-1)\Delta h$$

$$= (10.0 - 1.5) - (10.0 - 5.0 - 1.2) - 7 \times 0.31$$

$$= 2.53 \text{ m}$$

$$H_B = (Z_1 + h_1) - Z_B - (7-1)\Delta h$$

$$= (10.0 - 1.5) - (10.0 - 5.0 - 2.6) - 6 \times 0.31$$

$$= 4.24 \text{ m}$$

而 $A$ 点和 $B$ 点的孔隙水压力分别为：

$$u_A = H_A \cdot \gamma_w = 2.53 \times 10.0 = 25.3 \text{ kPa}$$

$$u_B = H_B \cdot \gamma_w = 4.24 \times 10.0 = 42.4 \text{ kPa}$$

## 3.5　渗流力及渗透变形

在本章开始曾提及渗透将引起土体内部应力状态的变化，从而改变水工建筑物基础或土坝的稳定条件。因此，对于水工建筑物来说，如何确保在有渗流作用时的稳定性是非常重要的。渗流所引起的稳定问题一般可归结为以下两类：

（1）土体的局部稳定问题。这是由于渗透水流将土体的细颗粒冲出、带走或局部土体产生移动，导致土体变形而引起的。因此，这类问题又常称为渗透变形问题。

（2）整体稳定问题。这是在渗流作用下，整个土体发生滑动或坍塌。岸坡或土坝在水位降落时引起的滑动是这类破坏的典型事例。

应该指出，局部稳定问题如不及时加以防治，同样会酿成整个建筑物的毁坏。

关于渗流引起的整体稳定问题将在后面章节结合土坡稳定予以介绍，本节仅限于土体的局部稳定问题。

### 3.5.1　渗流力的概念

水在土体中流动时，将会引起水头的损失。而这种水头损失是由于水在土体孔隙中流动时，力图拖曳土粒而消耗能量的结果。自然，水流在拖曳土粒时将给予土粒以某种拖曳力，将渗透水流施于单体土体内土粒上的拖曳力称为渗流力，亦即渗透力、动力压力。

为了验证渗流力的存在，我们可做如图 3-22（a）中圆筒形容器 A 的细筛上装有均匀的砂土的试验，其厚度为 $L$，容器顶缘高出砂面 $L_1$，细筛底部用一根管子与容器 B 相连，两个容器的水面保持齐平时，则无渗流发生。若将容器 B 逐级提升，则由于水位差的存在，容器 B 内的水就从底部透过砂层从容器 A 的顶缘不断溢出，渗透水流的速度也越来越快。当容器 B 提升到某一高度时，可以看到砂面出现沸腾那样的现象，这种现象称为流土或浮冲、砂沸。

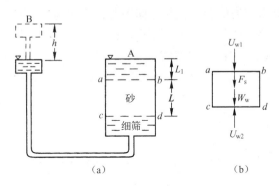

图 3-22 流土试验示意图

上述现象的发生，足以说明水在土体孔隙中流动时，确有促使土粒沿水流方向移动的渗流力存在。按照牛顿第三定律，土粒将以大小相等、方向相反的反作用力施于水流上。

从图 3-22（a）的渗流场中任取以两条相邻流线和两条相邻等势线组成的网格（即土体）$ABCD$，设等势线的间距为 $a$，流线的间距为 $b$。网格边界上的测压管水柱高度和孔隙水应力分别示于图 3-23（a）和（b）。对应边上的孔隙水应力经相减后为矩形分布，如图 3-23（c）所示。现以网格中的孔隙水为脱离体（取单位厚度），其上的作用力有：

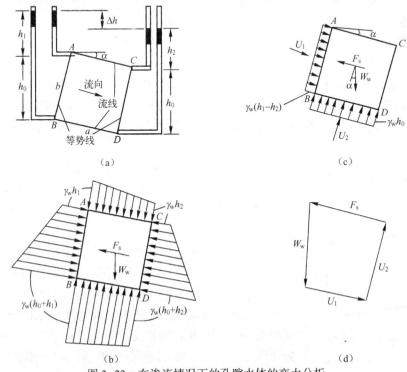

图 3-23 在渗流情况下的孔隙水体的变力分析

（1）孔隙水的质量与水对土粒浮力的反作用力之和，方向竖直向下，其值为：

$$W_\mathrm{w} = \gamma_\mathrm{w} V_\mathrm{w} + \gamma_\mathrm{w} V_\mathrm{s} = \gamma_\mathrm{w} V = \gamma_\mathrm{w} ab \qquad\text{(a)}$$

（2）$AB$ 面上的孔隙水应力的合力，沿水流方向，其值为：

$$U_1 = \gamma_\mathrm{w}(h_1 - h_2)b \qquad\text{(b)}$$

（3）$BD$ 面上的孔隙水应力的合力，与流向垂直，其值为：

$$U_2 = \gamma_\mathrm{w} h_0 a \qquad\text{(c)}$$

（4）网格内的土粒对水流的总阻力为 $F_\mathrm{s}$，逆水流方向。

网格内孔隙水体的力矢多边形如图 3-23（d）所示。于是，由沿水流方向力的平衡条件可得：

$$U_1 + W_\mathrm{w}\sin\alpha - F_\mathrm{s} = 0$$

将（a）和（b）代入上式，则得：

$$F_\mathrm{s} = \gamma_\mathrm{w}(h_1 - h_2)b + \gamma_\mathrm{w} ab\sin\alpha$$

由图 3-23（a）可知

$$\sin\alpha = \frac{\Delta h + h_2 - h_1}{a}$$

将其代入上式并经整理后，可得土粒对水流的总阻力为：

$$F_\mathrm{s} = \gamma_\mathrm{w} b\Delta h$$

设单位体积土体内土粒给予水流的阻力为 $f_\mathrm{s}$，则有：

$$f_\mathrm{s} = \frac{F_\mathrm{s}}{ab} = \gamma_\omega \frac{\Delta h}{a} = \gamma_\mathrm{w} i$$

由于渗流力的大小等于单位土体内水流所受的阻力方向相反，所以渗流力为：

$$j = f_\mathrm{s} = \gamma_\mathrm{w} i \qquad\text{(3-39)}$$

从上式可知，渗流力的大小与水力梯度成正比，其作用方向与渗流（或流线）方向一致，是一种体积力，常以 kN/m³ 计。

为了进一步讨论渗流对土体稳定的影响，我们再以图 3-23（a）所示的整个网络 $ABCD$（包括土粒与孔隙水，即土体）为脱离体来分析其受力情况。若不考虑网格边界上土粒之间传递的应力，则网格除了四周边界上作用着孔隙水应力外，还有土体本身总质量，方向竖直向下，其值为：

$$W = \gamma_\mathrm{sat} ab = \gamma' ab + \gamma_\mathrm{w} ab = W' + W_\mathrm{w} \qquad\text{(3-40)}$$

式中，$W'$（等于 $\gamma' ab$）为土体的有效质量；$W_\mathrm{w}$（等于 $\gamma_\mathrm{w} ab$）为土体内孔隙水的质量与土粒浮力的反作用力之和（其值等于土体所受的浮力）。

将网格边界上对应边的孔隙水应力相减后，则作用的土体上的力有土体总质量 $W$ 和周界上的孔隙水应力的合力（$U_1$ 和 $U_2$），它们的力矢图如图 3-24 所示，合力为 $R$。

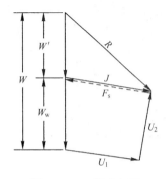

图 3-24　土体力矢图

按照渗流力的定义，土体内土粒对渗透水的阻力等于土粒所受的渗流力，两者方向相反。于是，对照图 3-23（d）和图 3-24 可知，$W_\mathrm{w}$、$U_1$ 和 $U_2$ 的合力 $F_\mathrm{s}$ 即等于土体内土粒所受的渗流力 $J$，$J$ 与 $W'$ 的合力亦为 $R$，从而得出结论，即当考虑渗流对土体的影响时，可以采用两种力的组合方式：其一是以土粒为考察对象，直接采用作用在土体上的渗流力 $J$ 与土体的有效质量 $W'$（水下以 $\gamma'$ 计算）的组合；其二是以整个土体（包括孔隙水和土粒）为考察对象，采用土体的总质量 $W''$（水下以 $\gamma_{sat}$ 计算）与作用在土体周界上的孔隙水应力的组合。显然，这两种力的组合结果是完全等效的，其合力均为 $R$。

应当指出，在静水条件下，上述力的分析方法仍然有效。这时，$J$ 为零，周界上的孔隙水应力的合力等于土体所受的浮力 $W_w$，而作用在整个土体上的力的合力 $R$ 即为土体的有效质量 $W'$。

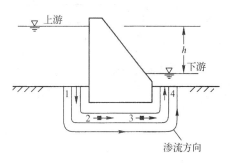

从上述分析结果可知，在有渗流的情况下，由于渗流力的存在，将使土体内部受力情况（包括大小和方向）发生变化。一般地说，这种变化对土体的整体稳定是不利的，但是，对于渗流中的具体部位应作具体分析。例如，对于图 3-25 中的 1 点，由于渗流力方向与重力一致，渗流力促使土体压密、强度提高，对稳定起着有利的作用；2、3 两点的渗流力方向与重力近乎正交，使土粒有向下游方向移动的趋势，对稳定是不利的；4 点的渗流力方向与重力相反，对稳定最为不利，特别当向上的渗流力大于土体的有效重力时，土粒将被水流冲出，造成流土破坏，如不及时加以防治，将会引起整个建筑物的破坏。

图 3-25 土体的整体稳定分析

## 3.5.2 渗透变形

按照渗透水流所引起的局部破坏的特征，渗透变形可分为潜蚀和流砂两种基本形式。

1. 潜蚀

1）潜蚀的概念

在渗流情况下，地下水对岩土的矿物、化学成分产生溶蚀、溶滤后这些成分被带走以及水流将细小颗粒从较大颗粒的孔隙中直接带走，这种作用称为潜蚀，前者称为化学潜蚀，后者称为机械潜蚀。潜蚀的作用久而久之，在岩土内部形成管状流水孔道，直到渗流出口处形成孔穴、洞穴等，严重时造成岩土体的塌陷变形或滑动。这些作用过程及其结果称为潜蚀破坏。潜蚀是岩土体内部的水土流失，在渗流出口处表现为管状涌水并带出细小颗粒，所以潜蚀也称管涌。在实际工程中，机械潜蚀和化学潜蚀以某一种为主或二者并存。图 3-26 表示混凝土坝坝基由于管涌失事的实例。开始土体中的细土粒沿渗流方向移动并不断流失，继而较粗土粒发生移动，从而在土体内部形成管状通道，带走大量砂粒，最后上部土体坍塌而造成坝体破坏。

2）潜蚀的形成条件

（1）水动力条件

渗流及动水压力存在时，才能有潜蚀，这是最基本的条件。由式（3-39）可知，渗流力 $j = \gamma_w i$，但是，动水压力究竟多大就会发生潜蚀，即形成潜蚀的临界水力梯度 $i_{cr}$ 应该如何确定，目前还没有一个公认的标准。实际工程中可参考下式进行判断。

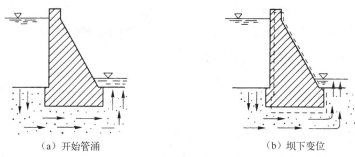

（a）开始管涌　　　　　　　　　　　（b）坝下变位

图 3-26　坝基管涌破坏示意图

自下而上的渗流时

$$i_{cr} = C \frac{d_3}{\sqrt{k/n^3}} \tag{3-41}$$

侧向渗流时

$$i_{cr} = C \frac{d_3}{\sqrt{k/n^3}} \tan \varphi \tag{3-42}$$

上述两式中，$d_3$ 为土中小于某粒径的颗粒重占总重的 3% 时的粒径；$\varphi$ 为土的内摩擦角；$C$ 为常数，根据工程经验，取 $C = 42$。

（2）土粒大小及粒径级配状况

潜蚀是在土石孔隙中渗流的水带走细小颗粒，因此，土石内部的孔隙必须有一定的大小，以便细小颗粒能够通过，这种状况和颗粒大小、粒径级配、细粒料含量有关。根据工程经验，发生潜蚀的临界水力梯度 $i_{cr}$ 和粒径级配不均匀因数 $C_u = \dfrac{d_{60}}{d_{10}}$ 之间存在在一定的函数关系，$C_u$ 值越大，$i_{cr}$ 越小，见表 3-4。当 $C_u > 20$ 时比较容易发生潜蚀。

表 3-4　潜蚀的临界水力梯度

| 粒径级配不均匀因数 $C_u$ | 5 | 10 | 15 | 20 | 40 |
|---|---|---|---|---|---|
| 潜蚀临界水力梯度 $i_{cr}$ | 0.65 | 0.45 | 0.35 | 0.30 | 0.20 |

用临界水力梯度 $i_{cr}$ 再除以安全因数（通常采用 1.5 ~ 2.0）就得到为防止潜蚀破坏允许的水力梯度。

通常在粉细砂、粉土、黄土、砂砾石上中比较容易发生潜蚀。在砂砾石土中，除了水动力条件和粒径级配之外，细粒填料（粒径 $d < 2.0\,\text{mm}$）的多少对潜蚀的形成也有明显影响。填料较少时说明土不密实，如细粒填料所占比例小于 20% ~ 25% 时，更容易发生潜蚀，这里主要指的是机械潜蚀。

3）潜蚀造成的破坏

（1）边坡及堤坝的塌陷及滑动

我国有"千里之堤，溃于蚁穴"的古训，蝼蚁这样微小的动物在土中活动形成的细小孔道和潜蚀形成的细小管孔类似，有利于水的渗流，水从高水位处流到渗流出口处。潜蚀的形成和长期存在，使土（石）体的孔隙比增大，质地疏松，内部出现管孔、洞穴，在渗流压力及渗流冲刷作用下，造成明显的内部水土流失，在渗流出口处形成泉涌现象。在浮力、静水压力和渗流的共同作用下，严重地恶化了土的物理、力学指标，降低了土体强度，破坏了土体的整体性，容易造成边坡及堤坝的塌陷变形和滑动破坏或整体溃决。滑动破坏可由土体软化、抗剪强度降低引起，也可能先在土体内部形成滑动面或在坡脚处被淘空而引起失稳。

（2）溶洞、土洞的形成及破坏

水在岩体裂隙中的渗流形成的潜蚀作用（包括机械潜蚀和化学潜蚀，也是化学风化）可以使岩石的矿物、化学成分流失，使裂隙扩展、连通。久而久之形成一些岩体中的洞穴和溶洞。按岩石的可溶性比较，碳酸盐的可溶性最低，硫酸盐居中，盐酸盐的可溶性最高，因为在地壳表层碳酸盐岩的分布极广，所以石灰岩中见到的溶洞就比较多见。岩体中洞穴、溶洞的形成，广义地讲，也是在岩体内部长期水土流失的结果，这里所说的长期是指地质年代。岩体中形成洞穴，特别是形成溶洞之后，改变了岩体的受力条件，在一定条件下，有的出现了塌陷，有的则保存了下来。

潜蚀在土体中能形成土洞。土洞的形成和发展与当地的地貌、土层、土质、地质构造、水的活动（包括地下水和地表水）状况有关，也与当地的岩溶发育状况有关，最重要的是水的活动状况和土质条件。土洞多发育在黏性土、粉土、红黏土及黄土中。土的颗粒组成特征、土中的黏粒含量及胶结物含量、土的密实度、土的透水性及水理性质（如湿化崩解）等都直接影响着土洞的形成，这也是广义的水土流失的结果。

地表水流沿着孔隙及裂隙下渗，由分散的网状细流可能汇成脉状水流。由渗流压力及冲蚀、冲刷作用形成洞穴，以致进一步造成塌陷。在地下水位反复升降幅度较大的区域和干旱、半干旱地区，年降雨强度分布极不均匀。例如，黄土地区，在岩土层交界面附近区域，由于地表水、地下水对松软土质的潜蚀作用（包括机械潜蚀和化学潜蚀），在近地表处形成的土洞，可能引起地表塌陷，形成碟形凹地。在地下深处形成的土洞，可能出现土洞上方及洞周边的塌落及滑塌，一般不引起地表塌陷。当地表塌陷或洞顶、洞壁塌落、滑塌后又对水的渗流起到堵塞作用，所以土洞的发育不是连续的，具有明显的阶段特性。

土洞的发育比岩体中的溶洞快得多，其破坏作用很明显。如在地基中有土洞未查明或在建筑物完成之后形成了土洞，对地基的稳定性危害极大。在地下工程周围，如有潜蚀作用形成的土洞，则会明显地改变地下工程土洞周围的受力条件。在地下工程土洞周围岩土出现塌落和滑塌，对地下工程的稳定极为不利，严重时可造成地下工程上方的岩土体塌陷，直至影响到地表。

常年抽水的深井，在降水漏斗范围内，潜蚀作用也很明显，也会造成降水漏斗范围内的塌陷和不均匀沉降。

4）潜蚀的防治

（1）改变渗流条件

这是根本的措施，如降低水头差，延长渗流路径，在地基中及地下工程洞周围进行灌浆固结处理。

（2）控制排水及在出水口处设置反（倒）滤层

排水的过程及出水口处的处理是很重要的。如控制抽、排水速度和时间，在渗流的边坡、堤岸坡脚处采取防冲刷、防淘空的措施（包括造型设计和材料选择），在渗流出口处设置反滤层对防止细小颗粒被水流带走是很有效的。所谓倒滤层是指在渗流出口处，自来水方向到排水方向或自下而上分层铺设不同粒径的土石料，细粒料在下面（或来水方向），粗粒料在上面（或排水方向），至少分为3层。这样被渗流水携带的细小颗粒就会受到阻挡，也可能细小颗粒被带到粗粒料的孔隙中停下来，因为在渗流出口处，水已经没有压力了。细小颗粒不被带走，也就避免了潜蚀破坏。

（3）对地基中由于潜蚀形成的土洞进行堵塞

按照防重于治的原则，在边坡、堤岸、地基等土工工程中，对材料选择、施工密实度等都要有严格明确的要求，防患于未然。

2. 流沙

1）流沙现象及形成条件

在实际工程中，自下而上的渗流情况很多，例如，有承压含水层的地基中，降低地下水位时钢板桩内侧的渗流；在渗流出口处倒滤层中的渗流；在饱和软黏土地基上加载，把地基中的水自下而上挤出来形成的渗流。渗流自下而上，动水压力（渗流压力）当然也是自下而上作用在土粒上，由式（3-39）可知，渗流力 $j_d = \gamma_w i$。在水下的土，其自重减去浮力后用浮重度 $\gamma'$ 表示。此时，动水压力方向和重力方向相反，当渗流力 $j_d = \gamma_w i \geq \gamma'$ 时，土颗粒完全失重，随渗流水一起悬浮和上涌，也完全失去了抗剪强度。这时的表土层就变得完全像液体一样，即地层遭到破坏，产生流荡、大规模涌水、涌土，于是工程场地受到严重破坏。上述这种破坏现象称为流土，因为流土现象比较容易在粉细沙、粉土地层中发生，所以工程上常称为流沙。在黏土中，因渗透系数 $k$ 值太小，黏土颗粒间的联结强度较高，所以不易发生流土。中粗砂、砾砂、颗粒较大，要使其较大的颗粒产生流动、悬浮，必须有较大的渗流速度及渗流压力，工程中通常达不到那么大的值。基坑或渠道开挖时所出现的流砂现象是流土的一种常见形式。图3-27表示在已建房屋附近进行排水开挖基坑时的情况。由于地基内埋藏着一细砂层，当基坑开挖至该层时，在渗流力作用下，细砂向上涌出，造成大量流土，引起房屋不均匀下沉，上部结构开裂，影响了正常作用；图3-28为河堤下相对不透水覆盖层下面有一层强透水砂层。由于堤外水位高涨，局部覆盖层被水流冲蚀，砂土大量涌出，危及堤防的安全。

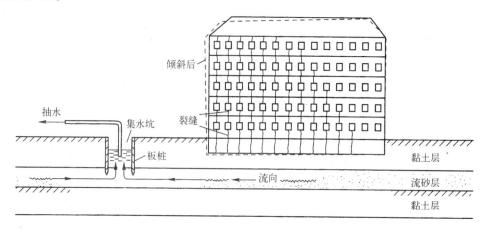

图3-27 流砂涌向基坑引起房屋不均匀下沉

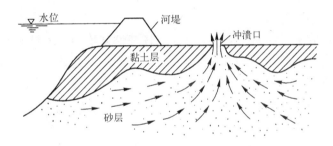

图 3-28　河堤下游覆盖层下流砂涌出的现象

发生流沙的条件主要有：

（1）土颗粒的粒径级配状况

当土的粒径级配不均匀因数 $C_u < 10$，土的孔隙率较大，在粗粒之间的细粒填料（粒径 $d < 2.0\,mm$）所占比例大于 $30\% \sim 35\%$，且土质疏松、透水快时，容易发生流沙。如果砂类土中黏粒含量极少，透水、排水很快，水压力消散很快，则流沙状态存在时间较短，如果砂类土中有较多的黏粒含量，由于黏粒在水中所具有的胶体特征，能使流沙状态存在很长的时间。

（2）水动力条件

产生流沙的水动力条件是，自下而上渗流，动水压力的方向向上，大小为：

$$G_d = \gamma_w i \geqslant \gamma'$$

$$\gamma' = (d_s - 1)(1 - n)\gamma_w = \frac{d_s - 1}{1 + e}\gamma_w \qquad (3-43)$$

由式（3-43）可知，发生流沙的临界水力梯度为：

$$i_{cr} = \frac{\gamma'}{\gamma_w} = (d_s - 1)(1 - n) = \frac{d_s - 1}{1 + e} \qquad (3-44)$$

因为在渗流过程中总有水头损失，式（3-44）是发生流沙的理论上的临界水力梯度，工程实用中的 $i_{cr}$ 可表示为：

$$i_{cr} = (d_s - 1)(1 - n) + 0.5n \qquad (3-45)$$

或

$$i_{cr} = 1.17(d_s - 1)(1 - n) \qquad (3-46)$$

式（3-45）和式（3-46）中符号的意义同式（3-43）。

2）流沙的防治

（1）如果在勘察工作中已发现存在流沙地层，应采用特殊的施工方案或特殊的施工措施，或在基坑开挖时通过设计计算，防止流沙出现。如采用冻结法施工就是从施工方案上防止流沙破坏。

（2）如果基坑底下有相对不透水层，其下有承压含水层时，为防止基坑发生流沙破坏，应使基坑底面到承压含水层顶面这个范围内各层土的自重应力大于水压力，即

$$\sum \gamma_i h_i > \gamma_w H \qquad (3-47)$$

式中：$\gamma_i$、$h_i$ 为自基坑底面至承压含水层顶面各层土的重度和厚度，在水下的土层采用浮重度 $\gamma'$；$H$ 为承压水的压力水头高度。

（3）采用特殊的施工技术措施，改变渗流条件。通常采用的施工技术措施，如降低地下水位，减少水头差；打钢板桩或设防渗墙，改变或延长渗流路径。上述措施都可以降低水力

梯度，是防治流沙的有效措施。

④ 在工程现场防治、控制流沙。在工程现场开挖基坑中，一旦突然出现了流沙现象，应采取紧急措施。这时不能采用抽排水措施，否则只会加剧破坏。应向流沙出现地点抛填粗砂、碎石、砖及砌块等。这样一方面以抛填料的自重作为压重以平衡动水压力，另一方面也可以造成类似倒滤层的抛填顺序，以防止土颗粒被带走，基坑内造成一定的积水（清水）在一定程度上也降低了水头差。

# 3.6  土体冻结过程中水分的迁移和积聚

## 3.6.1  冻土现象及其对工程的危害

在冰冻季节因大气负温影响，使土中水分冻结成为冻土。根据其冻融情况，冻土分为季节性冻土、隔年冻土和多年冻土。季节性冻土是指冬季冻结夏季全部融化的冻土；若冬季冻结，一两年不融化的土层称为隔年冻土；凡冻结状态持续 3 年或 3 年以上的土层称为多年冻土。多年冻土地区的表土层，有时夏季融化，冬季冻结，所以也是属于季节性冻土。

我国的多年冻土分布，基本上集中在纬度较高和海拔较高的严寒地区，如东北的大兴安岭北部和小兴安岭北部，青藏高原及西部天山、阿尔泰山等地区，总面积约占我国领土的20% 左右，而季节性冻土则分布范围更广。

在冻土地区，随着土中水的冻结和融化，会发生一些独特的现象，称为冻土现象。冻土现象严重威胁着建筑物的稳定及安全，冻土现象是由冻结及融化两种作用所引起。某些细粒土层在冻结时，往往会发生土层体积膨胀，使地面隆起成丘，即所谓冻胀现象。土层发生冻胀的原因，不仅是由于水分冻结成冰时体积要增大 9% 的缘故，还主要是由于土层冻结时，周围未冻结区中的水分会向表层冻结区集聚，使冻结区土层中水分增加，冻结后的冰晶体不断增大，土体积也随之发生膨胀隆起。冻土的冻胀会使路基隆起，使柔性路面鼓包、开裂，使刚性路面错缝或折断；冻胀还会使修建在其上的建筑物抬起，引起建筑物开裂、倾斜，甚至倒塌。

对工程危害更大的是季节性冻土地区，一到春暖季节土层解冻融化后，由于土层上部积累的冰晶体融化，使土中含水率大大增加，加之细粒土排水能力差，土层处于饱和状态，土层软化，强度大大降低。路基土冻融后，在车辆反复碾压作用下，轻者路面变得松软，限制行车速度，重者路面开裂、冒泥，即出现翻浆现象，使路面完全破坏。冻融也会使房屋、桥梁、涵管发生大量下沉或不均匀下沉，引起建筑物开裂破坏。因此，冻土的冻胀及冻融都会对工程带来危害，必须引起注意，采取必要的防治措施。

## 3.6.2  冻胀的机理与影响因素

### 1. 冻胀的原因

土发生冻胀的原因是因为冻结时土中的水向冻结区迁移和积聚的结果。土中水分的迁移是怎样发生的呢？解释水分迁移的学说很多，其中以"结合水迁移学说"较为普遍。

土中水可区分为结合水和自由水两大类，结合水根据其所受分子引力的大小可分为强结合水和弱结合水；自由水则可分为重力水与毛细水。重力水在0℃时冻结，毛细水因受表面张力的作用其冰点稍低于0℃；结合水的冰点则随着其受到的引力增加而降低，弱结合水的外层在 -0.5℃时冻结，越靠近土粒表面其冰点越低，弱结合水要在 -20 ～ -30℃时才全部冻结，而强结合水在 -78℃仍不冻结。

当大气温度降至负温时，土层中的温度也随之降低，土体孔隙中的自由水首先在0℃时冻结成冰晶体。随着气温的继续下降，弱结合水的最外层也开始冻结，使冰晶体逐渐扩大。这样使冰晶体周围土粒的结合水膜减薄，土粒就产生剩余的分子引力。另外，由于结合水膜的减薄，使得水膜中的离子浓度增加（因为结合水中的水分子结成冰晶体，使离子浓度相应增加），这样，就产生渗附压力（即当两种水溶液的浓度不同时，会在它们之间产生一种压力差，使浓度较小溶液中的水向浓度较大的溶液渗流）。在这两种引力作用下，附近未冻结区水膜较厚处的结合水，被吸引到冻结区的水膜较薄处。一旦水分被吸引到冻结区后，因为负温作用，水即冻结，使冰晶体增大，而不平衡引力继续存在。若未冻结区存在着水源（如地下水距冻结区很近）及适当的水源补给通道（即毛细通道），就能够源源不断地补充被吸收的结合水，则未冻结的水分就会不断地向冻结区迁移积聚，使冰晶体扩大，在土层中形成冰夹层，土体积发生隆胀，形成冻胀现象。这种冰晶体的不断增大，一直要到水源的补给断绝后才停止。

2. 影响冻胀的因素

从上述土冻胀的机理分析中可以看出，土的冻胀现象是在一定条件下形成的。影响冻胀的因素有以下三方面：

（1）土的因素。冻胀现象通常发生在细粒土中，特别是在粉土、粉质黏土中，冻结时水分迁移积聚最为强烈，冻胀现象严重。这是因为这类土具有较显著的毛细现象，上升高度大，上升速度快，具有较通畅的水源补给通道。同时，这类土的颗粒较细，表面能大，土粒矿物成分亲水性强，能持有较多的结合水，从而能使大量结合水迁移和积聚。相反，黏土虽有较厚的结合水膜，但毛细孔隙较小，对水分迁移的阻力很大，没有通畅的水源补给通道，所以其冻胀性较上述粉质土为小。

砂砾等粗颗粒土，没有或具有较少量的结合水，孔隙中自由水冻结后，不会发生水分的迁移积聚，同时由于砂砾的毛细现象不显著，因而不会发生冻胀。所以在工程实践中常在路基或路基中换填砂土，以防止冻胀。

（2）水的因素。前面已经指出，土层发生冻胀的原因是水分的迁移和积聚。因此，当冻结区附近地下水水位较高，毛细水上升高度能够达到或接近冻结线，使冻结区能得到水源的补给时，将发生比较强烈的冻胀现象。通常可以区分为两种类型：一是冻结过程中有外来水源补给的，称为开敞型冻胀；二是冻胀冻结过程中没有外来水分补给的，称为封闭型冻胀。开敞型冻胀往往在土层中形成很厚的冰夹层，产生强烈冻胀，而封闭型冻胀，土中冰夹层薄，冻胀量也小。

（3）温度的因素。如气温骤降且冷却强度很大时，土的冻结迅速向下推移，即冻结速度很快。这时，土中弱结合水及毛细水来不及向冻结区迁移就在原地冻结成冰，毛细通道也被冰晶体所堵塞。此时，水分的迁移和积聚不会发生，在土层中看不到冰夹层，只有散布于土孔隙中的冰晶体，这时形成的冻土一般无明显的冻胀。

如气温缓慢下降，冷却强度小，但负温持续的时间较长时，就能促使未冻结区水分不断地向冻结区迁移积聚，在土中形成冰夹层，出现明显的冻胀现象。

上述三方面的因素是土层发生冻胀的三个必要因素。因此，在持续负温作用下，地下水位较高处的粉砂、粉土、粉质黏土等土层常具有较大的冻胀危害。但是，也可以根据影响冻胀的三个因素，采取相应的防治冻胀的工程措施。

### 3.6.3　冻结深度

由于土的冻胀和冻融将危害建筑物的正常和安全使用，因此一般设计中，均要求将基础底面置于当地冻结深度以下，以防止冻害的影响。土的冻结深度不仅和当地气候有关，而且也和土的类别、温度以及地面覆盖情况（如植被、积雪、覆盖土层等）有关，在工程实践中，常把在地表平坦、裸露、城市之外的空旷场地中不少于10年实测最大冻深的平均值称为标准冻结深度 $z_0$。我国《建筑地基基础设计规范》（GB 50007—2011）等规范根据实测资料编绘了中国季节性冻土标准冻深线图。当无实测资料时，可参照标准冻深线图，并结合实地调查确定。

在季节性冻土区的路基工程，由于路基土层具有保温作用，使路基下天然地基中的冻结深度要相应减小，其减小的程度与路基土的保温性能有关。

## 复习思考题

3-1　土层中的毛细水带是怎样形成的？各有何特点？

3-2　毛细水上升的原因是什么？在哪种土中毛细现象最显著？

3-3　影响土冻胀的因素主要有哪些？

3-4　影响土的渗透能力的主要因素有哪些？

3-5　何谓达西定律？何谓伯努利方程？

3-6　渗透系统的测定方法主要有哪些？它们的适用条件是什么？

3-7　什么是动水力？什么是临界水头梯度？

3-8　简述流砂现象和管涌现象的异同。

3-9　流网的绘制方法主要有哪几种？近似作图法有哪些步骤？

3-10　土发生冻胀的原因是什么？发生冻胀的条件是什么？

3-11　将某土样置于渗透仪中进行变水头渗透试验。已知土样的高度 $l=4.0\ cm$，土样的横断面面积为 $32.2\ cm^2$，变水头测压管面积为 $1.2\ cm^2$。试验经过的时间 $\Delta t$ 为 1 h，测压管的水头高度从 $h_1=320.5\ cm$ 降至 $h_2=290.3\ cm$，测得的水温 $T=25℃$。试确定：（1）该土样在20℃时的渗透系数 $k_{20}$ 值；（2）大致判断该土样属于哪一种土。

3-12　在图 3-29 所示容器中的土样，受到水的渗流作用。已知土样高度 $l=0.4\ m$，土样横截面面积 $F=25\ cm^2$，土样的土粒比重 $G_s=2.69$，孔隙比 $e=0.800$。试求：（1）作用在土样上的动水力大小及其方向；（2）若土样发生流砂现象，其水头差 $h$ 应是多少？

3–13　某基坑施工中采用地下连续墙围护结构，其渗流流网如图 3–30 所示。已知土层的孔隙比 $e = 0.92$，土粒比重 $G_s = 2.68$，坑外地下水位距离地表 1.2 m，基坑的开挖深度为 8.0 m，$a$、$b$ 点所在的流网网格长度 $l = 1.8$ m，试判断基坑中 $a \sim b$ 区段的渗流稳定性。

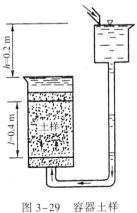

图 3–29　容器土样

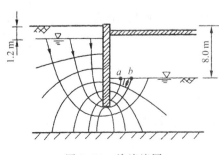

图 3–30　渗流流网

# 第4章　地基变形分析

[**本章提要和学习要求**]

土的变形特性是土力学所研究的主要力学性质之一。本章主要讨论：土的压缩性及压缩性指标的测定方法；地基沉降量的计算方法；土的变形特性；地基的沉降与时间的关系（一维固结理论）。

通过本章学习，要求掌握土的压缩性试验及指数；掌握现场载荷试验及变形模量的确定；掌握弹性理论法、分层总和法、规范法、用原位压缩曲线计算最终沉降的方法；理解饱和黏性土地基沉降与时间的关系。

## 4.1　概述

建筑物的荷载通过基础传给地基，并在地基中扩散。由于土是可压缩的，地基在附加应力的作用下，就必然会产生变形（主要是竖向变形），从而引起建筑物基础的沉降或倾斜。

地基变形的大小主要取决于两个方面：一是建筑物基底压力 $p$，它与建筑物荷载大小、基础底面面积、基础埋深及基础形状有关；另一方面取决于土的压缩性质。从工程意义上来说，地基沉降分为均匀沉降和不均匀沉降两类。当建筑物基础均匀下沉时，从结构安全的角度来看，不致有什么影响，但过大的沉降将会严重影响建筑物的使用和美观。例如，造成设备管道排水倒流，甚至断裂等；当建筑物基础发生不均匀沉降时，建筑物可能发生裂缝、扭曲和倾斜，影响使用和安全，严重时甚至使建筑物倒塌。因此在不均匀或软弱地基上修建建筑物时，必须考虑地基的变形问题。

路桥工程中的土工构筑物（如路堤等）在本身重力及车辆荷载作用下将产生压缩变形，同时，路桥工程的地基土也将会产生压缩变形。一般来说，均匀沉降对路桥工程的上部结构危害较小，但沉降量过大也会导致路面高程降低、桥下净空减少而影响正常使用；不均匀沉降将会造成路堤开裂、路面不平，对超静定结构桥梁还会产生较大的附加应力等工程问题，甚至影响其正常和安全使用。因此，为了确保路桥工程的安全，既需要确定地基土的变形大小，也需要了解和估计沉降随时间的发展及其趋于稳定的可能性。因此研究地基沉降包含两个方面的内容：一是绝对沉降量的大小，也即最终沉降；二是沉降与时间的关系。在本章中主要介绍较为简单的太沙基一维固结理论。

在工程设计和施工中，如能事先预估并妥善考虑地基的变形而加以控制或利用，是可以防止地基变形所带来的不利影响。如某高炉，地基上层是可压缩性土层，下层为倾斜的基岩，在基础底面积范围内，土层厚薄不均，按一般设计惯例需要采用桩基，以防止基础发生不均匀沉降，在修建时有意使高炉向土层薄的一侧倾斜，建成后由于土层较厚的一侧产生较大的变形，结果使高炉恰好恢复其竖向位置，保障了生产，节约了投资。

地基的变形是可压缩地基上建筑物最重要的控制因素之一。为确保建筑物的正常使用和安全可靠，必须把地基变形的计算值控制在容许范围以内，否则就要考虑采取地基加固处理或采用其他的基础形式。

沉降计算是地基基础验算的重要内容，也是土力学的重大课题之一。

值得说明的是，引起地基变形的因素很多，除荷载外，地下水位的升降、地下采空、侵蚀、土的湿陷、膨胀、冻胀、融化、施工影响、振动、地震等许多因素都会引起地基的变形，大多数情况下，地基的变形主要是由于建筑物的荷载（包括相邻荷载的影响）引起的。本章只讨论荷载引起的地基变形计算，其他方面的影响将在相应的章节中介绍。

## 4.2　土的压缩性及压缩性指标

### 4.2.1　土的压缩性

在附加应力的作用下，地基土要产生附加变形，这种变形一般包括体积变形和形状变形。对土这种材料来说，体积变形通常表现为体积缩小，这种在外力作用下体积缩小的特性称为土的压缩性。土的压缩通常有 3 个部分：①固体土颗粒被压缩；②土中水及封闭气体被压缩；③水和气体从孔隙中被挤出。试验研究表明，固体颗粒和水的压缩量是微不足道的，在一般压力下（100 ～ 600 kPa），土颗粒和水的压缩量都可以忽略不计（不足 1/400），所以土的压缩主要是孔隙中一部分水和空气被挤出，封闭气泡被压缩。与此同时，土颗粒相应发生移动，重新排列，靠拢挤紧，从而使土中孔隙减小。对于饱和土来说，其压缩则主要是由于孔隙水被挤出。

在建筑物荷载作用下，地基土由于压缩而引起的竖直方向位移称为沉降，本节研究土的压缩性，主要是为了计算地基的沉降。

由于土的压缩性具有上述两个特点，因此研究建筑物地基沉降也包括两方面的内容：一是绝对沉降量的大小，亦即最终沉降，在本章将介绍几种工程实践中广泛采用并积累了很多经验的实用计算方法；二是沉降与时间的关系，在本章将介绍太沙基一维固结理论。研究土的受力变形特性必须有压缩性指标，因此，本章首先介绍土的压缩性试验及相应的指标，这些指标将用于地基沉降的计算中。

### 4.2.2　压缩试验及压缩性指标

1. 室内压缩试验

室内压缩试验（也称固结试验）是研究土的压缩性最基本的方法。

图 4-1 为试验装置压缩仪的主要部分压缩容器简图，其中金属环刀用来切取土样，环刀内径通常有 6.18 cm 和 7.98 cm 两种，相应的截面积为 30 cm$^2$ 和 50 cm$^2$，高度为 2 cm；切有土样的环刀置于刚性护环中，由于金属环

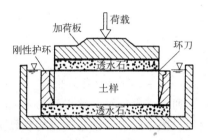

图 4-1　压缩仪的压缩容器简图

刀及刚性护环的限制，使得土样在竖向压力作用下只能发生竖向变形，而无侧向变形；在土样上下放置的透水石是土样受压后排出孔隙水的两个界面；在水槽内注水，以使土样在试验过程中保持浸在水中。如需做非饱和土的侧限压缩试验，就不能浸土样于水中，但需要用湿棉纱或湿海绵覆盖于容器上，以免土样内水分蒸发。竖向的压力通过刚性板施加给土样，土样产生的压缩量可通过百分表量测。

　　试验时应用环刀切取钻探取得的保持天然结构的原状土样，由于地基沉降主要与土竖直方向的压缩性有关，且土是各向异性的，所以切土方向还应与土天然状态时的垂直方向一致。常规压缩试验的加荷等级 $p$ 为：50 kPa、100 kPa、200 kPa、300 kPa、400 kPa。每一级荷载要求恒压 24 h 或当在 1 h 内的压缩量不超过 0.01 mm 时，认为变形已经稳定，并测定稳定时的总压缩量 $\Delta H$，称为标准压缩（固结）试验法。对于沉降计算精度要求不高，而渗透性又较大的土，且不需要求固结系数时，每级荷载可只恒压 1 ~ 2 h，测定其压缩量，只是在最后一级荷载下才压缩到 24 h，称为快速压缩（固结）试验法，但试验结果需经校正才能用于沉降计算。其他特殊要求的压缩试验，此处不再赘述。

　　由压缩试验得到的 $\Delta H - p$ 关系，可进一步得到土样相应的孔隙比与加荷等级之间的 $e - p$ 关系。

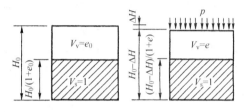

图 4-2　压缩试验中土样孔隙比的变化

　　如图 4-2 所示，设土样的初始高度为 $H_0$，在荷载 $p$ 作用下土样稳定后的总压缩量为 $\Delta H$。假设土粒体积 $V_s = 1$（不变），根据土的孔隙比的定义，则受压前后土孔隙体积 $V_v$ 分别为 $e_0$ 和 $e$，因为受压前后土粒体积不变，且土样横截面积不变，所以受压前后试样中土粒所占的高度不变，根据荷载作用下土样压缩稳定后总压缩量 $\Delta H$ 可求出相应的孔隙比 $e$ 的计算公式：

$$\frac{H_0}{1 + e_0} = \frac{H_0 - \Delta H}{1 + e} \tag{4-1a}$$

　　于是得到：

$$e = e_0 - \frac{\Delta H}{H_0}(1 + e_0) \tag{4-1b}$$

式中：$e_0 = \dfrac{G_s(1 + w_0)}{\rho_0}\rho_w - 1$，$\rho_w$ 为水的密度；

　　　　$G_s$、$w_0$、$\rho_0$——土粒比重、土样的初始含水率及初始密度，它们可根据室内试验测定。

　　这样，根据式（4-1b）即可得到各级荷载 $p$ 下对应的孔隙比 $e$，从而可绘制出土的 $e - p$ 曲线及 $e - \lg p$ 曲线等。

　　1）$e - p$ 曲线及有关指标

　　通常将由压缩试验得到的 $e - p$ 关系，采用普通直角坐标绘制成如图 4-3（a）的 $e - p$ 曲线，图中绘出了两条典型的软黏土和密实砂土的压缩曲线。

　　（1）压缩系数 $a$

　　从图 4-3（a）可以看出，由于软黏土的压缩性大，当发生压力变化 $\Delta p$ 时，则相应的

孔隙比的变化 $\Delta e$ 也大, 因而曲线就比较陡; 反之, 密实砂土的压缩性小, 当发生相同压力变化 $\Delta p$ 时, 相应的孔隙比的变化 $\Delta e$ 就小, 因而曲线比较平缓。因此, 可用曲线的斜率来反映土压缩性的大小。

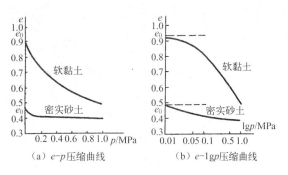

(a) $e-p$ 压缩曲线　　(b) $e-\lg p$ 压缩曲线

图 4-3　土的压缩曲线

如图 4-4 (a) 所示, 假设压力由 $p_1$ 增至 $p_2$, 相应的孔隙比由 $e_1$ 减小到 $e_2$, 当压力变化范围不大时, 可将该压力范围的曲线用割线 $M_1M_2$ 来代替, 并用割线 $M_1M_2$ 的斜率来表示土在这一段压力范围的压缩性, 即:

$$a = \tan \alpha = \frac{\Delta e}{\Delta p} = \frac{e_1 - e_2}{p_2 - p_1} \tag{4-2}$$

式中: $a$——土的压缩系数/$MPa^{-1}$, 压缩系数越大, 土的压缩性越高。

从图 4-4 (a) 还可以看出, 压缩系数 $a$ 值与土所受的荷载大小有关。为了便于比较, 一般采用压力间隔 $p_1 = 100\ kPa$ 至 $p_2 = 200\ kPa$ 时对应的压缩系数 $a_{1-2}$ 来评价土的压缩性。当 $a_{1-2} < 0.1\ MPa^{-1}$ 时, 属于低压缩性土; 当 $0.1 \leqslant a_{1-2} < 0.5\ MPa^{-1}$ 时, 属于中压缩性土; 当 $a_{1-2} \geqslant 0.5\ MPa^{-1}$ 时, 属于高压缩性土。

(2) 压缩模量 $E_s$

根据 $e-p$ 曲线, 可以得到另一个重要的压缩指标——压缩模量, 用 $E_s$ 来表示。其定义为土在完全侧限的条件下竖向应力增量 $\Delta p$ (如从 $p_1$ 增至 $p_2$) 与相应的应变增量 $\Delta \varepsilon$ 的比值, 根据这个定义由图 4-5 可得到:

$$E_s = \frac{\Delta p}{\Delta \varepsilon} = \frac{\Delta p}{\Delta H / H_1} \tag{4-3}$$

式中: $E_s$——压缩模量/MPa。

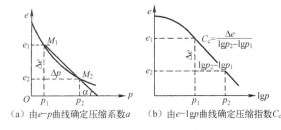

(a) 由 $e-p$ 曲线确定压缩系数 $a$　(b) 由 $e-\lg p$ 曲线确定压缩指数 $C_c$

图 4-4　由压缩曲线确定压缩指标

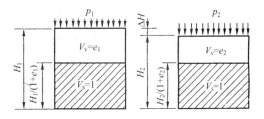

图 4-5　侧限条件下土样高度变化与孔隙比变化的关系

在无侧向变形即横截面积不变的情况下, 同样根据土粒所占高度不变的条件, $\Delta H$ 可用相应的孔隙比的变化 $\Delta e = e_1 - e_2$ 来表示:

$$\frac{H_1}{1+e_1} = \frac{H_2}{1+e_2} = \frac{H_1 - \Delta H}{1+e_2} \tag{4-4a}$$

得到

$$\Delta H = \frac{e_1 - e_2}{1+e_1} H_1 = \frac{\Delta e}{1+e_1} H_1 \tag{4-4b}$$

将式（4-4b）代入式（4-3）得：

$$E_s = \frac{\Delta p}{\Delta H / H_1} = \frac{\Delta p}{\Delta e / (1 + e_1)} = \frac{1 + e_1}{a} \qquad (4\text{-}4c)$$

同压缩系数 $a$ 一样，压缩模量 $E_s$ 也不是常数，而是随着压力大小而变化。显然，在压力小的时候，压缩系数 $a$ 大，压缩模量 $E_s$ 小；在压力大的时候，压缩系数 $a$ 小，压缩模量 $E_s$ 大。因此在运用到沉降计算中时，比较合理的做法是根据实际竖向应力的大小在压缩曲线上取相应的值计算压缩模量。

此外，工程上还常用体积压缩系数 $m_v$（$MPa^{-1}$）作为地基沉降的计算参数，定义为土在完全侧限条件下体积应变（等于竖向应变）与竖向附加应力之比值。体积压缩系数在数值上等于压缩模量的倒数，即：

$$m_v = \frac{1}{E_s} = \frac{a}{1 + e_1} \qquad (4\text{-}5)$$

2）土的回弹曲线和再压缩曲线

在压缩试验中，如果加压到某一值 $p_i$［相应于图 4-6（a）中曲线上的 $b$ 点］后不再加压，而是逐级进行卸载直至零，并且测得各卸载等级下土样回弹稳定后土样高度，进而换算得到相应的孔隙比，即可绘制出卸载阶段的关系曲线，如图中 $bc$ 曲线所示，称为回弹曲线（或膨胀曲线）。可以看到不同于一般的弹性材料的是，回弹曲线不和初始加载的曲线 $ab$ 重合，卸载至零时，土样的孔隙比没有恢复到初始压力为零时的孔隙比 $e_0$。这就显示了土残留了一部分压缩变形，称为残余变形，但也恢复了一部分压缩变形，称为弹性变形。

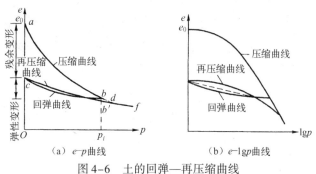

（a）$e$-$p$曲线 （b）$e$-$\lg p$曲线

图 4-6 土的回弹—再压缩曲线

若接着重新逐级加压，则可测得土样在各级荷载作用下再压缩稳定后的孔隙比，相应地可绘制出再压缩曲线，如图 4-6（a）中 $cdf$ 曲线所示。可以发现其中 $df$ 段像是 $ab$ 段的延续，犹如期间没有经过卸载和再压缩的过程一样。

土在卸载和再压缩过程中所表现的特性，应在工程实践中引起足够的重视。

3）室内试验 $e$-$\lg p$ 曲线及有关指标

当采用半对数的直角坐标来绘制室内压缩试验 $e$-$p$ 关系时，就得到了 $e$-$\lg p$ 曲线［图 4-3（b）］，可以看到，在压力较大部分，$e$-$\lg p$ 关系接近直线，这是这种表示方法区别于 $e$-$p$ 曲线的独特优点。它通常用来整理有特殊要求的试验，试验时以较小的压力开始，采用小增量多级加荷，并加到较大的荷载为止，一般为 12.5 kPa、25 kPa、50 kPa、100 kPa、200 kPa、400 kPa、800 kPa、1 600 kPa、3 200 kPa。同样图 4-6（a）中的回弹—再压缩曲线也可绘制成 $e$-$\lg p$ 曲线［图 4-6（b）］。

（1）压缩指数与回弹指数

将图4-4（b）中 $e$-$\lg p$ 曲线直线段的斜率用 $C_c$ 来表示，称为压缩指数，它是无量纲的量：

$$C_c = \frac{e_1 - e_2}{\lg p_2 - \lg p_1} = \frac{e_1 - e_2}{\lg \dfrac{p_2}{p_1}} \tag{4-6}$$

压缩指数 $C_c$ 与压缩系数 $a$ 不同，$a$ 值随压力变化而变化，而 $C_c$ 值在压力较大时为常数，不随压力变化而变化。$C_c$ 值越大，土的压缩性越高，低压缩性土的 $C_c$ 值一般小于 0.2，高压缩性土的 $C_c$ 值一般大于 0.4。

卸载段和再压缩段的平均斜率［图4-6（b）］称为回弹指数或再压缩指数 $C_e$，$C_e \ll C_c$，一般黏性土的 $C_e \approx (0.1 \sim 0.2) C_c$。

（2）前期固结压力

试验表明，在图 4-7 的 $e$-$\lg p$ 曲线上，对应于曲线段过渡到直线段的某拐弯点的压力值是土层历史上所曾经承受过的最大固结压力，也就是土体在固结过程中所受的最大有效应力，称为前期固结压力，用 $p_c$ 来表示，它是一个非常有用的概念，是了解土层应力历史的重要指标。

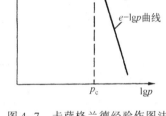

图 4-7　卡萨格兰德经验作图法
确定前期固结压力 $p_c$

目前最为常用的是根据室内压缩试验做出 $e$-$\lg p$ 曲线确定 $p_c$，较简便明了的方法是卡萨格兰德（Casagrande）于 1936 年提出的经验作图法，其具体步骤如下：

① 在 $e$-$\lg p$ 曲线拐弯处找出曲率半径最小的点 $A$，过 $A$ 点作水平线 $A1$ 和切线 $A2$。

② 作 $\angle 1A2$ 的平分线 $A3$，与 $e$-$\lg p$ 曲线直线段的延长线交于 $B$ 点。

③ $B$ 点所对应的有效应力即为前期固结压力。

必须指出，采用这种简易的经验作图法，要求取土质量较高，绘制 $e$-$\lg p$ 曲线时还应注意选用合适的比例，否则，很难找到曲率半径最小的点 $A$，同时还应结合现场的调查资料综合分析确定。

通过测定的前期固结压力 $p_c$ 和土层自重应力 $p_0$（即自重作用下固结稳定的有效竖向应力）状态的比较，将天然土层划分为正常固结土、超固结土和欠固结土三类固结状态，并用超固结比 $OCR = \dfrac{p_c}{p_0}$ 进行判别：

① 如果土层的自重应力 $p_0$ 等于前期固结压力 $p_c$，也就是说土自重应力就是该土层历史上受过的最大的有效应力，这种土称为正常固结土，则 $OCR = 1$。

② 如果土层的自重应力 $p_0$ 小于前期固结压力 $p_c$，也就是说该土层历史上受过的最大的有效压力大于土自重应力，这种土称为超固结土。如覆盖的土层由于被剥蚀等原因，使得原来长期存在于土层中的竖向有效压应力减小了，则 $OCR > 1$。

③ 如果土层的前期固结压力 $p_c$ 小于土层的自重应力 $p_0$，也就是说该土层在自重作用下的固结尚未完成，这种土称为欠固结土。如新近沉积黏性土、人工填土等，由于沉积时间

短，在自重作用下还没有完全固结，则 OCR < 1。

某些结构性强的土，其室内 $e - \lg p$ 曲线也会有曲率突变的 $B$ 点，但不是由于前期固结压力所致，而是结构强度的一种反映。这时 $B$ 点并不代表前期固结压力，而是土的结构强度，当然土的结构强度主要与前期固结压力有关。

4）原位压缩 $e - \lg p$ 曲线及有关指标

上述 $e - \lg p$ 曲线是由室内压缩试验得到的，但由于钻探采样、土样取出地面后应力释放、室内试验时切土等人工扰动因素的影响，室内的压缩曲线已经不能完全代表地基中原位土层承受荷载后的孔隙比与荷载之间的关系了。因此必须对室内压缩试验得到的压缩曲线进行修正，以得到符合现场土实际压缩性的原位压缩曲线，才能更好地用于地基沉降的计算。

（1）对于正常固结土，假定土样取出后体积保持不变，则室内测定的初始孔隙比 $e_0$ 就代表取土深度处土的天然孔隙比，由于是正常固结土，所以前期固结压力 $p_c$ 就等于取土深度处土的自重应力 $p_0$，所以图 4-8（a）中 $E(e_0, p_c)$ 点反映了原位土的一个应力—孔隙比状态。此外，根据许多室内压缩试验，若将土样加以不同程度的扰动，所得出的不同的室内压缩 $e - \lg p$ 曲线的直线段，都大致交于 $e = 0.42 e_0$ 的 $D$ 点。这说明对经受过很大压力、压密程度已经很高的土样，此时起始的各种不同程度的扰动对土的压缩性影响已没什么区别了。由此可推想原位压缩曲线也大致交于此点。因此室内压缩曲线上的 $D$ 点，也表示原位土的一个应力—孔隙比状态。

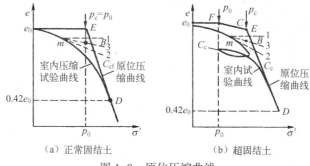

（a）正常固结土　　　（b）超固结土

图 4-8　原位压缩曲线

连接 $E$、$D$ 点的直线就是原位压缩曲线，其斜率 $C_{cf}$（区别于室内压缩试验得到的 $C_c$）就是原位土的压缩指数。

（2）对于超固结土，要得到原位压缩曲线，需在进行室内压缩试验时，当压力进入到 $e - \lg p$ 曲线的直线段时，进行卸载回弹和再压缩循环试验，滞回圈的平均斜率即再压缩指数 $C_e$。

同样，室内测定的初始孔隙比 $e_0$ 假定为自重应力作用下的孔隙比，因此 $F(e_0, p_0)$ 点代表取土深度处的应力—孔隙比状态，由于超固结土的前期固结压力 $p_c$ 大于当前取土点的土自重应力 $p_0$，当压力从 $p_0$ 到 $p_c$ 过程中，原位土的变形特性必然具有再压缩的特性。因此过 $F$ 点作一斜率为室内回弹再压缩曲线的平均斜率的直线，与前期固结压力的作用线交于 $E$ 点，当应力增加到前期固结压力以后，土样才进入正常固结状态，这样在室内压缩曲线上取孔隙比等于 $0.42 e_0$ 的 $D$ 点。$FE$ 为原位再压缩曲线，$ED$ 为原位压缩曲线，相应的 $FE$ 直线段的斜率 $C_e$ 也为原位回弹指数，$ED$ 直线段的斜率 $C_{cf}$ 为原位压缩指数。

应注意到，在上述分析中，将室内压缩试验得到的孔隙比 $e_0$ 作为原位土体的孔隙比是不准确的，因为土样取出后由于应力释放，土样要发生回弹膨胀，所以试验测得的孔隙比将大于原位土的孔隙比。因此，所谓的原位压缩曲线、原位再压缩曲线并非真正的原位，但真正的原位孔隙比无法准确测定，这样得到的压缩指数值将偏大。

2. 现场载荷试验及变形模量

除了上述介绍的室内压缩试验之外，还可以通过现场原位试验的方法研究测定土的压缩性，下面介绍现场载荷试验方法。

1）载荷试验

试验装置如图 4-9 所示，一般包括加荷装置、反力装置和沉降量测装置三部分。其中加荷装置包括载荷板、垫块及千斤顶等；根据反力装置不同分类，载荷试验主要有地锚反力架法及堆重平台反力法两类，前者将千斤顶的反力通过地锚最终传至地基中去，后者通过平台上的堆重来平衡千斤顶的反力；沉降量测装置包括百分表和基准短桩、基准梁等。

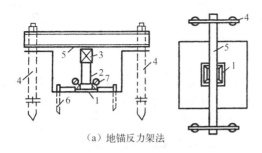

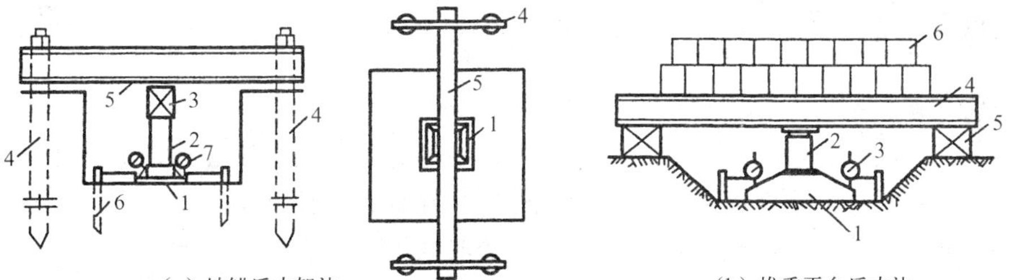

（a）地锚反力架法　　　　　　　　　　　（b）堆重平台反力法

1－载荷板；2－垫块；3－千斤顶；4－地锚；　　　1－载荷板；2－千斤顶；3－百分表；
5－横梁；6－基准梁；7－百分表　　　　　　　　4－平台；5－枕木；6－堆重

图 4-9　载荷试验装置

试验时，通过千斤顶逐级给载荷板施加荷载，每加一级荷载，观测记录沉降随时间的发展以及稳定时的沉降量 $s$，直至加到终止加载条件满足时为止。将试验得到的各级荷载与相应的稳定沉降量绘制成 $p-s$ 曲线，如图 4-10 所示，此外，通常还进行卸荷，并进行沉降观测，得到图中虚线所示的回弹曲线，这样就可以知道卸荷时的回弹变形（即弹性变形）和残余变形。

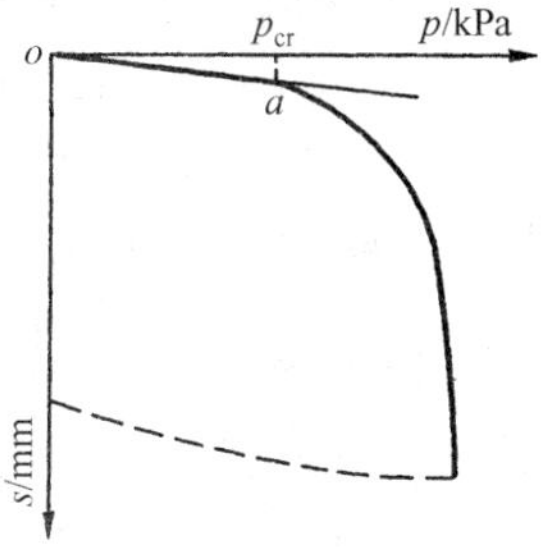

2）变形模量

从图中 $p-s$ 曲线可看出，当荷载小于某数值时，荷载 $p$ 与载荷板沉降之间呈直线关系，如图 4-10 中 $oa$ 段。根据弹性力学公式，可反求地基的变形模量为：

图 4-10　载荷试验 $p-s$ 曲线

$$E_0 = \omega \frac{pb(1-\mu^2)}{s} \tag{4-7}$$

式中：$E_0$——土的变形模量/MPa；

　　　$p$——直线段的荷载强度/kPa；

　　　$s$——相应于 $p$ 的载荷板下沉量；

　　　$b$——载荷板的宽度或直径；

　　　$\mu$——土的泊松比。砂土可取 $0.2\sim0.25$，黏性土可取 $0.25\sim0.45$；

　　　$\omega$——沉降影响系数。对刚性载荷板，取 $\omega_r = 0.88$（方板）或 $0.79$（圆板）。

变形模量也是反映土的压缩性的重要指标之一。

室内试验操作比较简单，但要得到保持天然结构状态的原状土样很困难，而且更重要的是试验是在完全侧限条件下进行的，因此试验得到的压缩性规律和指标的实际运用有其局限性或近似性。相比室内压缩试验，现场载荷试验排除了取样和试样制备等过程中应力释放及人为扰动的影响，更接近于实际工作条件，能比较真实地反映土在天然埋藏条件下的压缩性，但它仍然存在一些缺点，首先是现场载荷试验所需的设备笨重，操作繁杂，时间较长，费用较大。此外，载荷板的尺寸很难取得与原型基础一样的尺寸，而小尺寸载荷板在同样的压力下引起的地基受力层深度较浅，所以它只能反映板下深度不大范围内土的变形特性，此深度一般为 2 ～ 3 倍板宽或直径。因此国内外对现场快速测定变形模量的方法，如旁压试验、触探试验等给予了很大的重视，并且为了改进载荷试验影响深度有限的缺点，发展了如在不同深度地基土层中做载荷试验的螺旋压板试验等方法。

### 3. 弹性模量及试验测定

弹性模量是指正应力 $\sigma$ 与弹性（即可恢复）正应变 $\varepsilon_d$ 的比值，通常用 $E$ 来表示。

弹性模量的概念在实际工程中有一定的意义。在计算高层结构物在风荷载作用下的倾斜时发现，如果采用土的压缩模量或变形模量指标进行计算，将得到实际上不可能那么大的倾斜值。这是因为风荷载是瞬时重复荷载，在很短的时间内土体中的孔隙水来不及排出或不完全排出，土的体积压缩变形来不及发生，如此，荷载作用结束之后，发生的大部分变形可以恢复，因此用弹性模量计算就比较合理一些。再比如，在计算饱和黏性土地基上瞬时加荷所产生的瞬时沉降时，同样也应采用弹性模量。

一般采用三轴仪进行三轴重复压缩试验，得到的应力—应变曲线上的初始切线模量 $E_i$ 或再加荷模量 $E_r$ 作为弹性模量。具体试验方法如下：

（1）采用取样质量好的不扰动土样，在三轴仪中进行固结，所施加的固结压力 $\sigma_3$ 各向相等，其值取试样在现场条件下有效自重应力。固结后在不排水的条件下施加轴向压力 $\Delta\sigma$（此时试样所受的轴向压力 $\sigma_1 = \sigma_3 + \Delta\sigma$）。

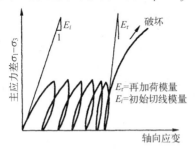

（2）逐渐在不排水条件下增大轴向压力达到现场条件下的压力（$\Delta\sigma = \sigma_z$），然后减压至零。这样重复加荷和卸荷若干次，便可测得初始切线模量 $E_i$，并测得每一循环在最大轴向压力一半时的切线模量，这种切线模量随着循环次数的增多而增大，最后趋近于一稳定的再加荷模量 $E_r$。如图 4-11 所示，一般加荷和卸荷 5 ～ 6 个循环就可确定 $E_r$ 值。用 $E_i$ 计算的初始（瞬时）沉降与建筑物实测瞬时沉降值比较一致。

图 4-11　室内三轴试验确定土的弹性模量

### 4. 关于三种模量的讨论

前面介绍了三种模量：压缩模量、变形模量和弹性模量。

压缩模量是根据室内压缩试验得到的，它是指土在完全侧限条件下，竖向正应力与相应的变形稳定情况下正应变的比值。压缩模量将用于分层总和法、应力面积法的地基最终沉降计算中。

变形模量是根据现场载荷试验得到的，它是指土在侧向自由膨胀条件下正应力与相应的正应变的比值。变形模量将用于弹性理论法最终沉降估算中，但载荷试验中所规定的沉降稳定标准带有很大的近似性。

弹性模量是指正应力 $\sigma$ 与弹性（即可恢复）正应变 $\varepsilon_d$ 的比值。弹性模量的测定方法有静力法和动力法两大类。上面介绍的在静三轴仪中测定的方法为静力法，得到的弹性模量称为静弹模，一般用 $E$ 来表示；动力法所使用的仪器是动三轴仪，测得的弹性模量称为动弹模，一般用 $E_d$ 来表示。弹性模量常用于用弹性理论公式估算建筑物的初始瞬时沉降。

根据上述三种模量的定义可看出：压缩模量和变形模量的应变为总的应变，既包括可恢复的弹性应变，又包括不可恢复的塑性应变；而弹性模量的应变只包括弹性应变。

从理论上可以得到压缩模量与变形模量之间的换算关系。

在压缩试验中，$\sigma_z$ 为竖向压力，由于侧向完全侧限，所以有：

$$\varepsilon_x = \varepsilon_y = 0 \tag{4-8}$$

$$\sigma_x = \sigma_y = K_0 \sigma_z \tag{4-9}$$

式中：$K_0$——静止侧压力系数，可通过试验测定。无试验条件时，可采用表 4-1 的经验值。

表 4-1　$K_0$ 的经验值

| 土的种类及状态 | 碎石土 | 砂土 | 粉土 | 粉质黏土 | | | 黏　土 | | |
|---|---|---|---|---|---|---|---|---|---|
| | | | | 坚硬 | 可塑 | 软塑～流塑 | 坚硬 | 可塑 | 软塑～流塑 |
| $K_0$ | 0.18～0.25 | 0.25～0.33 | 0.33 | 0.33 | 0.43 | 0.53 | 0.33 | 0.53 | 0.72 |

利用三向应力状态下的广义虎克定律，根据式（4-8）得：

$$\varepsilon_x = \frac{\sigma_x}{E_0} - \mu \left( \frac{\sigma_y}{E_0} + \frac{\sigma_z}{E_0} \right) = 0 \tag{4-10}$$

式中：$\mu$——土的泊松比。

将式（4-9）代入式（4-10）得：

$$K_0 = \frac{\mu}{1 - \mu} \tag{4-11a}$$

或

$$\mu = \frac{K_0}{1 + K_0} \tag{4-11b}$$

再考察 $\varepsilon_z$ 得：

$$\begin{aligned} \varepsilon_z &= \frac{\sigma_z}{E_0} - \mu \left( \frac{\sigma_x}{E_0} + \frac{\sigma_y}{E_0} \right) \\ &= \frac{\sigma_z}{E_0} (1 - 2\mu K_0) \\ &= \frac{\sigma_z}{E_0} \left( 1 - \frac{2\mu^2}{1 - \mu} \right) \end{aligned} \tag{4-12}$$

将侧限压缩条件 $\varepsilon_z = \dfrac{\sigma_z}{E_s}$ 代入式（4-12）左边，则有：

$$\frac{\sigma_z}{E_s} = \frac{\sigma_z}{E_0}(1 - 2\mu K_0) = \frac{\sigma_z}{E_0}\left(1 - \frac{2\mu^2}{1-\mu}\right) \tag{4-13}$$

这样就得到:

$$E_0 = E_s(1 - 2\mu K_0)$$

$$= E_s\left(1 - \frac{2\mu^2}{1-\mu}\right) \tag{4-14a}$$

令 $\beta = 1 - \dfrac{2\mu^2}{1-\mu} = 1 - 2\mu K_0$,则有:

$$E_0 = \beta E_s \tag{4-14b}$$

式(4-14)列出了变形模量与压缩模量之间的关系,由于 $0 \leqslant \mu \leqslant 0.5$,所以 $0 \leqslant \beta \leqslant 1$。

必须指出,上式只是 $E_0$ 和 $E_s$ 之间的理论关系,是基于线弹性假定得到的。但土体不是完全弹性体,而且,由于现场载荷试验和室内压缩试验测定相应指标时,各有无法考虑的因素,如压缩试验的土样受扰动影响较大,载荷试验与压缩试验的加荷速率、压缩稳定标准均不一样、$\mu$ 值不易精确测定等,使得理论计算结果与实测结果有一定差距。实测资料表明,$E_0$ 与 $E_s$ 的比值并不像理论得到的在 $0 \sim 1$ 之间变化,如我国 20 世纪 60 年代初期总结出的 $E_0/E_s$ 平均值都超过 1,土压缩性越小,比值越大,表 4-2 列出了全国调查资料。从表中可以看出,与两个指标间的理论关系相比,结构性强的土,如老黏性土等,相差较大;反之,结构性弱的土,如新近沉积黏土等,$E_0/E_s$ 平均值和下限值都是最小的,较接近理论计算结果。

表 4-2 $E_0/E_s$ 全国调查资料

| 土的种类 | | $E_0/E_s$ | | 频　率 |
|---|---|---|---|---|
| | | 一般变化范围 | 平均值 | |
| 老黏性土 | | $1.45 \sim 2.80$ | 2.11 | 13 |
| 红黏土 | | $1.04 \sim 4.87$ | 2.36 | 29 |
| 一般黏性土 | $I_p > 10$ | $1.60 \sim 2.80$ | 1.35 | 84 |
| | $I_p \leqslant 10$ | $0.54 \sim 2.68$ | 0.98 | 21 |
| 新近沉积黏性土 | | $0.35 \sim 1.94$ | 0.93 | 25 |
| 淤泥及淤泥质土 | | $1.05 \sim 2.97$ | 1.90 | 25 |

值得注意的是,土的弹性模量要比变形模量、压缩模量大得多,可能是它们的十几倍或者更大。

# 4.3　地基沉降计算

地基土层在建筑物荷载作用下,不断地产生压缩,压缩稳定后地基表面的沉降称为地基的最终沉降量。

对于建筑物、构筑物及桥梁等结构而言,设计中需预知其建成后将产生的最终沉降量、沉降差、倾斜和局部倾斜,以判断地基变形值是否超过允许的范围,否则应采用相应的措施，保证结构主体的安全。

产生地基沉降的主要原因有两个方面：一是结构主体荷载在地基中产生的附加应力；二是土的压缩特性。本节主要讨论由荷载引起的沉降计算，其他因素的影响将在以后的章节中讨论。

国内外关于地基沉降量的计算方法很多，主要分为 4 类，即弹性理论法、分层总和法、规范法和用原位压缩曲线法。本书主要介绍国内常用的几种实用沉降计算方法。

## 4.3.1　弹性理论法计算最终沉降

### 1. 基本假设

本节中弹性理论法计算地基沉降是基于布辛奈斯克课题的位移解，因此该法假定地基是均质的、各向同性的、线弹性的半无限体；此外，还假定基础整个底面和地基一直保持接触。需要指出的是，布辛奈斯克课题是研究荷载作用于地表的情形，因此可以近似用来研究荷载作用面埋置深度较浅的情况。当荷载作用位置埋置深度较大时（如深基础），则应采用明德林课题的位移解进行弹性理论法沉降计算。

### 2. 计算公式

1）点荷载作用下地表沉降

式（4-15）给出了半空间表面作用有一竖向集中力 $Q$ 时，半空间内任一点 $M(x,y,z)$ 的竖向位移 $w(x,y,z)$，运用到半无限地基中，当 $z$ 取 0 时，$w(x,y,0)$ 即为地表沉降 $s$（图 4-12）：

$$s = \frac{Q(1-\mu^2)}{\pi E \sqrt{x^2+y^2}} = \frac{Q(1-\mu^2)}{\pi E r} \tag{4-15}$$

式中：$s$——竖向集中力 $Q$ 作用下地表任意点沉降；

$r$——集中力 $Q$ 作用点与地表沉降计算点的距离，即 $\sqrt{x^2+y^2}$；

$E$——土的弹性模量（计算饱和黏性土的瞬时沉降）或变形模量（计算最终沉降）；

$\mu$——泊松比。

理论的点荷载在实际上是不存在的，荷载总是作用在一定面积上的局部荷载。只是当沉降计算点离开荷载作用范围的距离与荷载作用面的尺寸相比是很大时，可以用一集中力 $Q$ 代替局部荷载利用式（4-15）进行近似计算。

2）完全柔性基础沉降

由于完全柔性基础抗弯刚度趋于零，无抗弯曲能力，因此，传至基底地基的荷载与作用于基础上的荷载分布完全一致，因此当基础 $A$ 上作用有分布荷载 $p_0(\xi,\eta)$ 时（图 4-13），基础任一点 $M(x,y)$ 的沉降 $s(x,y)$ 可利用式（4-15）通过在荷载分布面积 $A$ 上积分得：

$$s(x,y) = \frac{1-\mu^2}{\pi E} \iint_A \frac{p_0(\xi,\eta)\,\mathrm{d}\xi\mathrm{d}\eta}{\sqrt{(x-\xi)^2+(y-\eta)^2}} \tag{4-16}$$

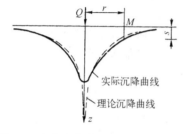

图 4-12 集中荷载作用下的地表沉降

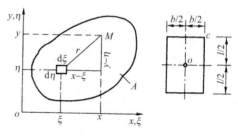

图 4-13 局部柔性荷载作用下的地表沉降

当 $p_0(\xi,\eta)$ 为矩形面积上的均布荷载时，由式（4-16）知，角点的沉降 $s_c$ 为：

$$s_c = \frac{(1-\mu^2)b}{\pi E}\left[m\ln\frac{1+\sqrt{m^2+1}}{m}+\ln(m+\sqrt{m^2+1})\right]p_0 \qquad (4\text{-}17\text{a})$$

$$= \delta_c p_0 \qquad (4\text{-}17\text{b})$$

$$= \frac{(1-\mu^2)}{E}\omega_c b p_0 \qquad (4\text{-}17\text{c})$$

式中：$m=\dfrac{l}{b}$，即矩形面积的长宽比；

$\quad\quad p_0$ ——基底附加压力；

$\delta_c = \dfrac{(1-\mu^2)b}{\pi E}\left[m\ln\dfrac{1+\sqrt{m^2+1}}{m}+\ln(m+\sqrt{m^2+1})\right]$，称为角点沉降系数，即单位矩形均布荷载在角点引起的沉降；

$\omega_c = \dfrac{1}{\pi}\left[m\ln\dfrac{1+\sqrt{m^2+1}}{m}+\ln(m+\sqrt{m^2+1})\right]$，称为角点沉降影响系数，是长宽比的函数，可由表 4-3 查得。

利用式（4-17）并采用角点法可得到矩形完全柔性基础上均布荷载作用下地基任意点沉降。如基础中点的沉降 $s_o$ 为：

$$s_o = 4\times\frac{1-\mu^2}{E}\omega_c\times\frac{b}{2}\times p_0 \qquad (4\text{-}18\text{a})$$

$$= \frac{1-\mu^2}{E}\omega_o b p_0 \qquad (4\text{-}18\text{b})$$

式中：$\omega_o$ ——中点沉降影响系数，是长宽比的函数，可由表 4-3 查得。对应某一长宽比，$\omega_o = 2\omega_c$。

另外，还可以得到矩形完全柔性基础上均布荷载作用下基底面积 $A$ 范围内各点沉降的平均值，即基础平均沉降 $s_m$ 为：

$$s_m = \frac{\iint_A s(x,y)\,\mathrm{d}x\mathrm{d}y}{A} = \frac{1-\mu^2}{E}\omega_m b p_0 \qquad (4\text{-}19)$$

式中：$\omega_m$ ——平均沉降影响系数，是长宽比的函数，可由表 4-3 查得。对应某一长宽比，$\omega_c < \omega_m < \omega_o$。

当 $p_0(\xi,\eta)$ 为圆形面积上的均布荷载时，可得到与式（4-17c）、式（4-18b）及式（4-19）相似的圆形面积圆心点、周边点及基底平均沉降，沉降影响系数可由表 4-3 查得。

表 4-3　沉降影响系数 $\omega$ 值

| 项目 | | 圆形 | 方形 | 矩形 $(l/b)$ | | | | | | | | | | | |
|---|---|---|---|---|---|---|---|---|---|---|---|---|---|---|---|
| | | — | 1.0 | 1.5 | 2.0 | 3.0 | 4.0 | 5.0 | 6.0 | 7.0 | 8.0 | 9.0 | 10.0 | 100.0 |
| 柔性基础 | $\omega_c$ | 0.64 | 0.56 | 0.68 | 0.77 | 0.89 | 0.98 | 1.05 | 1.12 | 1.17 | 2.21 | 1.25 | 1.27 | 2.00 |
| | $\omega_o$ | 1.00 | 1.12 | 1.36 | 1.53 | 1.78 | 1.96 | 2.10 | 2.23 | 2.33 | 2.42 | 2.49 | 2.53 | 4.00 |
| | $\omega_m$ | 0.85 | 0.95 | 1.15 | 1.30 | 1.53 | 1.70 | 1.83 | 1.96 | 2.04 | 2.12 | 2.19 | 2.25 | 3.69 |
| 刚性基础 | $\omega_r$ | 0.79 | 0.88 | 1.08 | 1.22 | 1.44 | 1.61 | 1.72 | — | — | — | — | 2.12 | 3.40 |

3）绝对刚性基础沉降

绝对刚性基础的抗弯刚度为无穷大，受弯矩作用不会发生挠曲变形，因此基础受力后，原来为平面的基底仍保持为平面，计算沉降时，上部传至基础的荷载可用合力来表示。

（1）中心荷载作用下，地基各点的沉降相等。根据这个条件，可以从理论上得到圆形基础和矩形基础的沉降值。

对于圆形基础，基础沉降为：

$$s = \frac{1-\mu^2}{E} \cdot \frac{\pi}{4}dp_0 = \frac{1-\mu^2}{E}\omega_r dp_0 \qquad (4-20)$$

式中：$d$——圆形基础直径。

对于矩形基础，数学上可以用无穷级数来表示基础沉降，即：

$$s = \frac{1-\mu^2}{E}\omega_r bp_0 \qquad (4-21)$$

式中：$\omega_r$——刚性基础的沉降影响系数，是关于长宽比的级数，近似地可由表 4-3 查得；

$p_0 = \dfrac{P}{A}$；

$P$——中心荷载合力；

$A$——基底面积。

（2）偏心荷载作用下，基础要产生沉降和倾斜。沉降后基底为一倾斜平面，基底倾斜可由弹性力学公式求得。

对于圆形基础：

$$\tan\theta = \frac{1-\mu^2}{E} \cdot \frac{6Pe}{d^3} \qquad (4-22)$$

对于矩形基础：

$$\tan\theta = \frac{1-\mu^2}{E} \cdot 8K\frac{Pe}{b^3} \qquad (4-23)$$

式中：$b$——偏心方向的边长；

$P$——传至刚性基础上的合力大小；

$e$——合力的偏心距；

$K$——系数，按 $l/b$ 可由图 4-14 查得。

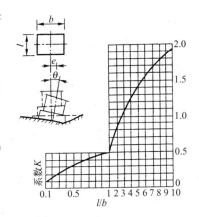

图 4-14　绝对刚性矩形基础
倾斜计算系数 $K$ 值

## 4.3.2　分层总和法计算最终沉降

分层总和法是以地基土无侧向变形假定为基础的简易沉降计算方法，长期以来广泛应用于我国工程中的地基最终沉降量计算。

1. 基本假设

（1）一般取基底中心点下地基附加应力来计算各分层土的竖向压缩量，认为基础的平均沉降量 $s$ 为各分层土竖向压缩量 $s_i$ 之和，即：

$$s = \sum_{i=1}^{n} \Delta s_i \qquad (4-24)$$

式中：$n$——沉降计算深度范围内的分层数。

（2）计算 $\Delta s_i$ 时，假设地基土只在竖向发生压缩变形，没有侧向变形，故可利用室内压缩试验成果进行计算。

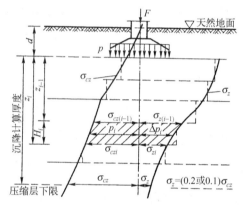

图 4-15 分层总和法计算地基最终沉降量

2. 计算步骤（图 4-15）

（1）地基土分层。成层土的层面（不同土层的压缩性及重度不同）及地下水面（水面上下土的有效重度不同）是当然的分层界面，此外，分层厚度一般不宜大于 $0.4b$（$b$ 为基底宽度）。附加应力沿深度的变化是非线性的，土的 $e-p$ 曲线也是非线性的，因此分层厚度太大将产生较大的误差。

（2）计算各分层界面处土的自重应力。土的自重应力应从天然地面起算，地下水位以下一般应取有效重度。

（3）计算各分层界面处基底中心下竖向附加应力，按第 2 章介绍的方法计算。

（4）确定地基沉降计算深度（或压缩层厚度）。附加应力随深度递减，自重应力随深度递增，因此，到了一定深度之后，附加应力与自重应力相比很小，引起的压缩变形就可忽略不计。一般取地基附加应力等于自重应力的 20%（$\sigma_z = 0.2\sigma_{cz}$）深度处作为沉降计算深度的限值；若在该深度以下为高压缩性土，则应取地基附加应力等于自重应力的 10%（$\sigma_z = 0.1\sigma_{cz}$）深度处作为沉降计算深度的限值。

（5）计算各分层土的压缩量 $\Delta s_i$，利用室内压缩试验成果进行计算。

$$\Delta s_i = \varepsilon_i H_i = \frac{\Delta e_i}{1 + e_{1i}} H_i = \frac{e_{1i} - e_{2i}}{1 + e_{1i}} H_i \qquad (4-25a)$$

$$= \frac{a_i (p_{2i} - p_{1i})}{1 + e_{1i}} H_i \qquad (4-25b)$$

$$= \frac{\Delta p_i}{E_{si}} H_i \qquad (4-25c)$$

式中：$\varepsilon_i$——第 $i$ 分层土的平均压缩应变；

$H_i$——第 $i$ 分层土的厚度；

$e_{1i}$——对应于第 $i$ 分层土上下层面自重应力值的平均值 $p_{1i} = \dfrac{\sigma_{cz(i-1)} + \sigma_{czi}}{2}$ 从土的压缩曲

线上得到的孔隙比;

$e_{2i}$——对应于第 $i$ 分层土自重应力平均值 $p_{1i}$ 与上下层面附加应力值的平均值 $\Delta p_i = \dfrac{\sigma_{z(i-1)} + \sigma_{zi}}{2}$ 之和 $p_{2i} = p_{1i} + \Delta p_i$ 从土的压缩曲线上得到的孔隙比;

$a_i$——第 $i$ 分层对应于 $p_{1i} \sim p_{2i}$ 段的压缩系数;

$E_{si}$——第 $i$ 分层对应于 $p_{1i} \sim p_{2i}$ 段的压缩模量。

根据已知条件,具体可选用式 (4-25a) ～式 (4-25c) 中的一个进行计算。

(6) 按式 (4-24) 计算基础的平均沉降量。

### 3. 简单讨论

(1) 分层总和法假设地基土在侧向不能变形,而只在竖向发生压缩,这种假设在当压缩土层厚度同基底荷载分布面积相比很薄时才比较接近。如当不可压缩岩层上压缩土层厚度 $H$ 不大于基底宽度一半 (即 $b/2$) 时,由于基底摩阻力及岩层层面阻力对可压缩土层的限制作用,土层压缩只出现很少的侧向变形。

(2) 假定地基土侧向不能变形引起的计算结果偏小,取基底中心点下的地基中的附加应力来计算基础的平均沉降导致计算结果偏大,因此在一定程度上得到了相互弥补。

(3) 当需考虑相邻荷载对基础沉降影响时,通过将相邻荷载在基底中心下各分层深度处引起的附加应力叠加到基础本身引起的附加应力中去来进行计算。

(4) 当基坑开挖面积较大、较深以及暴露时间较长时,由于地基土有足够的回弹量,因此基础荷载施加之后,不仅附加压力要产生沉降,初始阶段基底地基土恢复到原自重应力状态也会发生再压缩量沉降 [图 4-6 (a)]。简化处理时,一般用 $p - \alpha\sigma_c$ 来计算地基中附加应力。$\alpha$ 为考虑基坑回弹和再压缩影响的系数,$0 \leqslant \alpha \leqslant 1$,对小基坑,由于再压缩量小,$\alpha$ 取 1,对宽达 10 m 以上的大基坑,$\alpha$ 一般取 0;$\sigma_c$ 为基底处自重应力。

【例 4-1】如图 4-16 所示的单独基础,基底尺寸为 3.0 m × 2.0 m,传至地面的荷载为 300 kN,基础埋置深度为 1.2 m,地下水位在基底以下 0.6 m,地基土层室内压缩试验试验成果见表 4-4,用分层总和法求基础中点的沉降量。

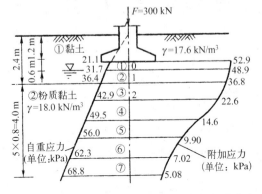

图 4-16　地基土分层及自重应力、附加应力分布

#### 表 4-4　地基土层的 $e - p$ 曲线

| 土的类别 | $e$ | | | | |
|---|---|---|---|---|---|
| | $p/\text{kPa}$ | | | | |
| | 0 | 50 | 100 | 200 | 300 |
| 黏土 | 0.651 | 0.625 | 0.608 | 0.587 | 0.570 |
| 粉质黏土 | 0.978 | 0.889 | 0.855 | 0.809 | 0.773 |

**解:** (1) 地基分层

考虑分层厚度不超过 $0.4b = 0.8$ m 以及地下水位,基底以下厚 1.2 m 的黏土层分为两层,

层厚均为 0.6 m，其下粉质黏土层分层厚度均取为 0.8 m。

（2）计算自重应力

计算分层处的自重应力，地下水位以下取有效重度进行计算。

如第 2 点自重应力为：$1.8 \times 17.6 + 0.6 \times (17.6 - 9.8) = 36.4$ kPa

计算各分层上下界面处自重应力的平均值，作为该分层受压前所受侧限竖向应力 $p_{1i}$，各分层点的自重应力值及各分层的平均自重应力值如图 4-16 及表 4-5。

（3）计算竖向附加应力

基底平均附加应力为：$p_0 = \dfrac{300 + 3.0 \times 2.0 \times 1.2 \times 20}{3.0 \times 2.0} - 1.2 \times 17.6 = 52.9$ kPa

从表 2-9 查应力系数 $\alpha_c$ 并计算各分层点的竖向附加应力，如第 1 点的附加应力，$n = l/b = 1.5/1.0 = 1.5$，$m = z/b = 0.6/1.0 = 0.6$，则 $\alpha_c = 0.231$，所以 $\sigma_z = 4\alpha_c p_0 = 4 \times 0.231 \times 52.9 = 48.9$ kPa。

计算各分层上下界面处附加应力的平均值。各分层点的附加应力值及各分层的平均附加应力值如图 4-16 及表 4-5。

（4）各分层自重应力平均值和附加应力平均值之和，作为该分层受压后所受总应力 $p_{2i}$。

（5）确定压缩层深度

一般按 $\sigma_z = 0.2\sigma_{cz}$ 来确定压缩层深度。在 $z = 2.8$ m 处，$\sigma_z = 14.6$ kPa $> 0.2\sigma_{cz} = 9.9$ kPa，在 $z = 3.6$ m 处，$\sigma_z = 9.9$ kPa $< 0.2\sigma_{cz} = 11.2$ kPa，所以压缩层深度为基底以下 3.6 m。

（6）计算各分层的压缩量

如第③层 $\Delta s_3 = \dfrac{e_{1i} - e_{2i}}{1 + e_{1i}} H_i = \dfrac{0.901 - 0.876}{1 + 0.901} \times 800 = 10.5$ mm，各分层的压缩量列于表 4-5 中。

**表 4-5　分层总和法计算地基最终沉降**

| 分层点 | 深度 $z_i$/m | 自重应力 $\sigma_{cz}$/kPa | 附加应力 $\sigma_z$/kPa | 层号 | 层厚 $H_i$/m | 自重应力平均值 $\dfrac{\sigma_{cz(i-1)} + \sigma_{czi}}{2}$（即 $p_{1i}$）/kPa | 附加应力平均值 $\dfrac{\sigma_{z(i-1)} + \sigma_{zi}}{2}$（即 $\Delta p_i$）/kPa | 总应力平均值 $p_{1i} + \Delta p_i$（即 $p_{2i}$）/kPa | 受压前孔隙比 $e_{1i}$（对应 $p_{1i}$） | 受压后孔隙比 $e_{2i}$（对应 $p_{2i}$） | 分层压缩量 $\Delta s_i = \dfrac{e_{1i} - e_{2i}}{1 + e_{1i}} H_i$/mm |
|---|---|---|---|---|---|---|---|---|---|---|---|
| 0 | 0 | 21.1 | 52.9 | — | — | — | — | — | — | — | — |
| 1 | 0.6 | 31.7 | 48.9 | ① | 0.6 | 26.4 | 50.9 | 77.3 | 0.637 | 0.616 | 7.7 |
| 2 | 1.2 | 36.4 | 36.8 | ② | 0.6 | 34.1 | 42.9 | 77.0 | 0.633 | 0.617 | 5.9 |
| 3 | 2..0 | 42.9 | 22.6 | ③ | 0.8 | 39.7 | 29.7 | 69.4 | 0.901 | 0.876 | 10.5 |
| 4 | 2.8 | 49.5 | 14.6 | ④ | 0.8 | 46.2 | 18.6 | 64.8 | 0.896 | 0.879 | 7.2 |
| 5 | 3.6 | 56.0 | 9.9 | ⑤ | 0.8 | 52.8 | 12.3 | 65.1 | 0.887 | 0.879 | 3.4 |

（7）计算基础平均最终沉降量

$$s = \Delta s_i = 7.7 + 5.9 + 10.5 + 7.2 + 3.4 = 34.7 \text{ mm}$$

## 4.3.3　规范法计算最终沉降

《建筑地基基础设计规范》（GB 50007—2011）推荐使用的最终沉降计算方法对分层总和法单向压缩公式作了进一步修正，应用了"应力面积"的基本概念，故通常称为应力面积法。

1. 计算公式

1）基本计算公式的推导

如图 4-17 所示，若基底以下 $z_{i-1} \sim z_i$ 深度范围第 $i$ 土层的侧限压缩模量为 $E_{si}$（可取该层中点处相应于自重应力至自重应力加附加应力段的 $E_s$ 值），则在基础附加压力作用下第 $i$ 分层的压缩量 $\Delta s_i'$ 为：

$$\Delta s_i' = \frac{p_0}{E_{si}}(z_i \overline{\alpha}_i - z_{i-1} \overline{\alpha}_{i-1})$$

这样，基础平均沉降量又可表示为：

$$s' = \sum_{i=1}^{n} \Delta s_i' = \sum_{i=1}^{n} \frac{p_0}{E_{si}}(z_i \overline{\alpha}_i - z_{i-1} \overline{\alpha}_{i-1})$$

式中：$n$——沉降计算深度范围内划分的土层数；

　　　$p_0$——基底附加压力；

$\overline{\alpha}_i$、$\overline{\alpha}_{i-1}$——平均竖向附加应力系数，可查阅有关书籍确定，这里从略。

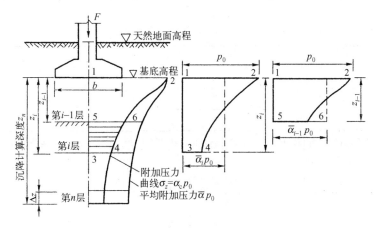

图 4-17　应力面积法计算地基最终沉降

2）沉降计算深度 $z_n$ 的确定

《建筑地基基础设计规范》（GB 50007—2011）用符号 $z_n$ 表示沉降计算深度，并规定 $z_n$ 应符合下列要求：

$$\Delta s_n' \leqslant 0.025 \sum_{i=1}^{n} \Delta s_i' \tag{4-26}$$

式中：$\Delta s_n'$——自试算深度往上 $\Delta z$ 厚度范围的压缩量（包括考虑相邻荷载的影响），$\Delta z$ 的取值按表 4-6 确定。

表 4-6　$\Delta z$ 值

| $b/\text{m}$ | $b \leqslant 2$ | $2 < b \leqslant 4$ | $4 < b \leqslant 8$ | $8 < b \leqslant 15$ | $15 < b \leqslant 30$ | $b > 30$ |
|---|---|---|---|---|---|---|
| $\Delta z/\text{m}$ | 0.3 | 0.6 | 0.8 | 1.0 | 1.2 | 1.5 |

如确定的沉降计算深度下部仍有较软弱土层时，应继续往下进行计算，同样也应直到满足式（4-26）为止。

当无相邻荷载影响，基础宽度在 $1 \sim 30$ m 范围时，地基沉降计算深度也可按下列简化公式计算：

$$z_n = b(2.5 - 0.4\ln b) \qquad (4-27)$$

式中：$b$——基础宽度。

在计算深度范围内存在基岩时，$z_n$ 可取至基岩表面；当存在较厚的坚硬黏性土层，其孔隙比小于 0.5、压缩模量大于 50 MPa，或存在较厚的密实砂卵石层，其压缩模量大于 80 MPa 时，$z_n$ 可取至该层土表面。

3）沉降计算经验系数 $\psi_s$

规范规定，按上述公式计算得到的沉降 $s'$ 尚应乘以一个沉降计算经验系数 $\psi_s$，以提高计算准确度。$\psi_s$ 定义为根据地基沉降观测资料推算的最终沉降量 $s_\infty$ 与由式（4-28）计算得到的 $s'$ 之比，一般根据地区沉降观测资料及经验确定，也可按表 4-7 查取。

综上所述，规范推荐的地基最终沉降计算公式为：

$$s_\infty = \psi_s s' = \psi_s \sum_{i=1}^{n} \frac{p_0}{E_{si}} (z_i \overline{\alpha}_i - z_{i-1} \overline{\alpha}_{i-1}) \qquad (4-28)$$

表 4-7　沉降计算经验系数 $\psi_s$

| 基底附加压力 | $\overline{E}_s$/MPa | | | | |
| --- | --- | --- | --- | --- | --- |
| | 2.5 | 4.0 | 7.0 | 15.0 | 20.0 |
| $p_0 \geqslant f_{ak}$ | 1.4 | 1.3 | 1.0 | 0.4 | 0.2 |
| $p_0 \leqslant 0.75 f_{ak}$ | 1.1 | 1.0 | 0.7 | 0.4 | 0.2 |

注：$\overline{E}_s$——沉降计算深度范围内各分层压缩模量的当量值，按式（4-29）计算；$f_{ak}$——地基承载力特征值（参阅有关资料）；表列数值可内插。

$$\overline{E}_s = \frac{\sum A_i}{\sum \dfrac{A_i}{E_{si}}} \qquad (4-29)$$

式中：$A_i$——第 $i$ 层土附加应力面积，$A_i = p_0(z_i \overline{\alpha}_i - z_{i-1} \overline{\alpha}_{i-1})$。

2. 与分层总和法的比较

与分层总和法相比，应力面积法主要有以下三个特点：

（1）由于附加应力沿深度的分布是非线性的，因此如果分层总和法中分层厚度太大，用分层上下层面附加应力的平均值来作为该分层平均附加应力将产生较大的误差；而应力面积法由于采用了精确的"应力面积"的概念，因而可以划分较少的层数，一般可以按地基土的天然层面划分，使得计算工作得以简化。

（2）地基沉降计算深度 $z_n$ 的确定方法较分层总和法更为合理。

（3）提出了沉降计算经验系数 $\psi_s$。由于 $\psi_s$ 是从大量的工程实际沉降观测资料中，经数理统计分析得出的，它综合反映了许多因素的影响，如侧限条件的假设，计算附加应力时对地基土均质的假设与地基土层实际成层的不一致对附加应力分布的影响，不同压缩性的地基土沉降计算值与实测值的差异不同等。因此，应力面积法更接近于实际。

应力面积法也是基于同分层总和法一样的基本假设，由于它具有以上的特点，因此实质上它是一种简化并经修正的分层总和法。

【例 4-2】 如图 4-18 所示的基础，底面尺寸为 4.8 m×3.2 m，埋深为 1.5 m，传至地面的中心荷载 $F = 1\,800$ kN，地基的土层分层及各层土的压缩模量（相应于自重应力至自重应力加附加应力段）如图 4-18 所示，地基承载力特征值 $f_{ak} = 120$ kPa。试用应力面积法计算基础中点的最终沉降。

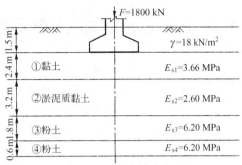

图 4-18 地基基础底面

**解：**（1）基底附加压力

$$p_0 = \frac{1\,800 + 4.8 \times 3.2 \times 1.5 \times 20}{4.8 \times 3.2} - 18 \times 1.5 = 120 \text{ kPa}$$

（2）计算过程（表 4-8）

表 4-8 应力面积法计算地基最终沉降

| $z/m$ | $l/b$ | $z/b$ | $\bar{\alpha}$ | $z_i\,\bar{\alpha}$ | $z_i\,\bar{\alpha}_i - z_{i-1}\bar{\alpha}_{i-1}$ | $E_{si}/$MPa | $\Delta s'_i/$mm | $\sum \Delta s'_i/$mm |
|---|---|---|---|---|---|---|---|---|
| 0.0 | 4.8/3.2 = 1.5 | 0/1.6 = 0.0 | $4 \times 0.250\,0 = 1.000\,0$ | 0.000 | | | | |
| 2.4 | 1.5 | 2.4/1.6 = 1.5 | $4 \times 0.210\,8 = 0.843\,2$ | 2.024 | 2.024 | 3.66 | 66.3 | 66.3 |
| 5.6 | 1.5 | 5.6/1.6 = 3.5 | $4 \times 0.139\,2 = 0.556\,8$ | 3.118 | 1.094 | 2.60 | 50.5 | 116.8 |
| 7.4 | 1.5 | 7.4/1.6 = 4.6 | $4 \times 0.114\,5 = 0.458\,0$ | 3.389 | 0.271 | 6.20 | 5.3 | 122.1 |
| 8.0 | 1.5 | 8.0/1.6 = 5.0 | $4 \times 0.108\,0 = 0.432\,0$ | 3.456 | 0.067 | 6.20 | $1.3 \leqslant 0.025 \times 123.4$ | 123.4 |

（3）确定沉降计算深度 $z_n$

表 4-8 中 $z = 8$ m 深度范围内的计算沉降量为 123.4 mm，相应于 $7.4 \sim 8.0$ m 深度范围（按表 4-6 往上取 $\Delta z = 0.6$ m）土层计算沉降量为 1.3 mm $\leqslant 0.025 \times 123.4 = 3.1$ mm，满足要求，故沉降计算深度 $z_n = 8.0$ m。

（4）确定 $\psi_s$

$$\bar{E}_s = \frac{\sum\limits_{i=1}^{n} A_i}{\sum\limits_{i=1}^{n} A_i/E_{si}}$$

$$= \frac{p_0(z_n\,\bar{\alpha}_n - 0 \times \bar{\alpha}_0)}{p_0\left[\dfrac{(z_1\,\bar{\alpha}_1 - 0 \times \bar{\alpha}_0)}{E_{s1}} + \dfrac{(z_2\,\bar{\alpha}_2 - z_1\,\bar{\alpha}_1)}{E_{s2}} + \dfrac{(z_3\,\bar{\alpha}_3 - z_2\,\bar{\alpha}_2)}{E_{s3}} + \dfrac{(z_4\,\bar{\alpha}_4 - z_3\,\bar{\alpha}_3)}{E_{s4}}\right]}$$

$$= \frac{p_0 \times 3.456}{p_0\left[\dfrac{2.024}{3.66} + \dfrac{1.094}{2.60} + \dfrac{0.271}{6.20} + \dfrac{0.067}{6.20}\right]} = 3.36 \text{ MPa}$$

由表 4-7 可知，当 $p_0 = 120$ kPa $\geqslant f_{ak} = 120$ kPa 时，得 $\psi_s = 1.34$。

（5）计算基础中点最终沉降量

$$s = \psi_s s' = \psi_s \sum_{i=1}^{4} \frac{p_0}{E_{si}}(z_i\,\bar{\alpha}_i - z_{i-1}\,\bar{\alpha}_{i-1}) = 1.34 \times 123.4 = 165.4 \text{ mm}$$

## 4.3.4 用原位压缩曲线计算最终沉降

前面介绍的分层总和法是根据 $e-p$ 曲线进行沉降计算的，这里介绍的方法是根据由相应的 $e-\lg p$ 曲线修正得到的原位压缩曲线进行沉降计算的。原位压缩曲线是由折线组成的，通过 $C_{cf}$ 及 $C_e$ 两个压缩指标即可计算，计算时较为方便。此外，原位压缩曲线很直观地反映出前期固结压力 $p_c$，从而可以清楚地考虑地基的应力历史对沉降的影响。

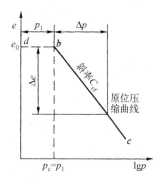

图 4-19 正常固结土的
孔隙比变化

1. 正常固结土层的沉降计算

正常固结土各分层 $p_{0i} = p_{ci}$，如图 4-19 所示，则固结压缩量 $s_c$ 的计算公式如下：

$$s_c = \sum_{i=1}^{n} \varepsilon_i H_i = \sum_{i=1}^{n} \frac{\Delta e_i}{1+e_{0i}} H_i = \sum_{i=1}^{n} \frac{H_i}{1+e_{0i}} \left[ C_{cfi} \lg \frac{(p_{0i} + \Delta p_i)}{p_{0i}} \right]$$

(4-30)

式中：$\varepsilon_i$——第 $i$ 分层土的侧限压缩应变；

$H_i$——第 $i$ 分层土的厚度；

$\Delta e_i$——第 $i$ 分层土孔隙比的变化；

$e_{0i}$——第 $i$ 分层土的初始孔隙比；

$C_{cfi}$——第 $i$ 分层土的原位压缩指数；

$p_{0i}$——第 $i$ 分层土自重应力平均值；

$p_{ci}$——第 $i$ 分层土前期固结压力平均值；

$\Delta p_i$——第 $i$ 分层土附加应力平均值。

2. 欠固结土层的沉降计算

欠固结土的沉降不仅包括地基受附加应力所引起的沉降，而且还包括地基土在自重作用下尚未固结的那部分沉降。可近似地按与正常固结土一样的方法求得的原位压缩曲线来计算孔隙比的变化 $\Delta e_i$。$\Delta e_i$ 包括两部分：一是各分层从现有的实际有效应力 $p_{ci}$ 至地基土在自重作用下固结结束时达到的土自重应力 $p_{0i}$ 所引起的孔隙比变化；二是从 $p_{0i}$ 至 $\Delta p_i + p_{0i}$ 所引起的孔隙比变化，这些孔隙比的变化均是沿着图 4-20 曲线 $bc$ 段发生的，所以计算公式为：

$$s_c = \sum_{i=1}^{n} \frac{H_i}{1+e_{0i}} \left[ C_{cfi} \lg \frac{(p_{0i} + \Delta p_i)}{p_{ci}} \right]$$

(4-31)

式中：$\Delta p_i$——各分层土平均附加应力。

3. 超固结土层的沉降计算

超固结土各分层 $p_{0i} < p_{ci}$，固结沉降 $s_c$ 的计算应分下列两种情况：

（1）当 $p_{0i} + \Delta p_i \geqslant p_{ci}$ 时 [图 4-21（a）]

$$s_{cn} = \sum_{i=1}^{n} \frac{\Delta e_i}{1+e_{0i}} H_i$$

$$= \sum_{i=1}^{n} \frac{\Delta e_i' + \Delta e_i''}{1 + e_{0i}} H_i$$

$$= \sum_{i=1}^{n} \frac{H_i}{1 + e_{0i}} \left[ C_{ei} \lg \frac{p_{ci}}{p_{0i}} + C_{cfi} \lg \frac{(p_{0i} + \Delta p_i)}{p_{ci}} \right] \tag{4-32}$$

式中：$\Delta e_i$——第 $i$ 分层总孔隙比的变化；

$\quad\quad\Delta e_i'$——第 $i$ 分层由现有土平均自重应力 $p_{0i}$ 增至该分层前期固结压力 $p_{ci}$ 的孔隙比变化，

$\quad\quad\quad\quad$ 即沿着图 4-21（a）压缩曲线 $b_1b$ 段发生的孔隙比变化：$\Delta e_i' = C_{ei} \lg \dfrac{p_{ci}}{p_{0i}}$；

$\quad\quad\Delta e_i''$——第 $i$ 分层由前期固结压力 $p_{ci}$ 增至 $(p_{0i} + \Delta p_i)$ 的孔隙比变化，即沿着压缩曲线

$\quad\quad\quad\quad bc$ 段发生的孔隙比变化：$\Delta e_i'' = C_{cfi} \lg \dfrac{p_{0i} + \Delta p_i}{p_{ci}}$；

$\quad\quad C_{ei}$——第 $i$ 分层土的压缩指数。

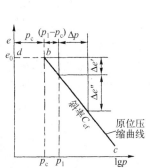

图 4-20　欠固结土的孔隙比变化

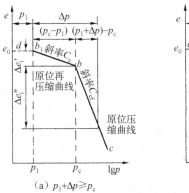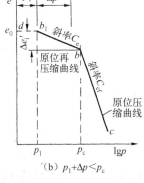

图 4-21　超固结土的孔隙比变化

（2）当 $p_{0i} + \Delta p_i < p_{ci}$ 时［图 4-21（b）］

$$s_{cn} = \sum_{i=1}^{n} \frac{\Delta e_i}{1 + e_{0i}} H_i$$

$$= \sum_{i=1}^{n} \frac{H_i}{1 + e_{0i}} \left[ C_{ei} \lg \frac{(p_{0i} + \Delta p_i)}{p_{0i}} \right] \tag{4-33}$$

即孔隙比变化只沿着图 4-21（b）压缩曲线的 $b_1b$ 段发生。

如果超固结土层中，既有 $p_{0i} + \Delta p_i \geqslant p_{ci}$，又有 $p_{0i} + \Delta p_i < p_{ci}$ 的分层时，其固结沉降量可分别按式（4-32）和式（4-33）计算，然后再将两部分叠加即可。

【例 4-3】某超固结黏土层厚为 2 m，前期固结压力为 $p_c = 300$ kPa，原位压缩曲线压缩指数 $C_{cf} = 0.5$，回弹指数 $C_e = 0.1$，土层所受的平均自重应力 $p_0 = 100$ kPa，$e_0 = 0.70$。试求下列两种情形下该黏土层的最终压缩量：（1）建筑物荷载在土层中引起的平均竖向附加应力 $\Delta p = 400$ kPa；（2）建筑物荷载在土层中引起的平均竖向附加应力 $\Delta p = 180$ kPa。

解：（1）因为 $p_0 + \Delta p = 500$ kPa $> p_c = 300$ kPa，根据式（4-32），该黏土层的最终压缩量为：

$$s = \sum_{i=1}^{n} \frac{H_i}{1 + e_{0i}} \left[ C_{ei} \lg \frac{p_{ci}}{p_{0i}} + C_{cfi} \lg \frac{(p_{0i} + \Delta p_i)}{p_{ci}} \right]$$

$$= \frac{200}{1 + 0.7} \times \left[ 0.1 \times \lg \frac{300}{100} + 0.5 \times \lg \frac{500}{300} \right] = 18.67 \, \text{cm}$$

（2）因为 $p_0 + \Delta p = 280 < p_c = 300 \, \text{kPa}$，根据式（4-33），该黏土层的最终压缩量为：

$$s = \sum_{i=1}^{n} \frac{H_i}{1 + e_{0i}} \left[ C_{ei} \lg \frac{(p_{0i} + \Delta p_i)}{p_{0i}} \right]$$

$$= \frac{200}{1 + 0.7} \times \left[ 0.1 \times \lg \frac{280}{100} \right] = 5.26 \, \text{cm}$$

## 4.4　饱和黏性土地基沉降与时间的关系

饱和黏性土地基在建筑物荷载作用下要经过相当长时间才能达到最终沉降，不是瞬时完成的。为了建筑物的安全与正常使用，对于一些重要又特殊的建筑物，应在工程实践和分析研究中掌握沉降与时间关系的规律性，这是因为较快的沉降速率对于建筑物有较大的危害。例如，在第四纪一般黏性土地区，一般的四、五层以上的民用建筑物的允许沉降仅 10 cm 左右，沉降超过此值就容易产生裂缝；而在沿海软土地区，沉降的固结过程很慢，建筑物能够适应于地基的变形。因此，类似建筑物的允许沉降量可达 20 cm 甚至更大。

碎石土和砂土的压缩性很小，而渗透性大，因此受力后固结稳定所需的时间较短，可以认为在外荷载施加完毕时，其固结变形基本就已完成。对于黏性土及粉土，完全固结所需的时间就比较长，例如厚的饱和软黏土层，其固结变形需要几年甚至几十年才能完成。因此，实践中一般只考虑黏性土和粉土的变形与时间的关系。

### 4.4.1　饱和土的渗流固结

饱和土的渗流固结，可借助如图 4-22 的弹簧活塞模型来说明。在一个盛满水的圆筒中装着一个带有弹簧的活塞，弹簧上下端连接着活塞和筒底，活塞上有许多细小的孔。

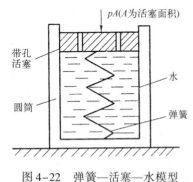

图 4-22　弹簧—活塞—水模型

当在活塞上瞬时施加压力 $p$ 的一瞬间，由于活塞上孔细小，水还未来得及排出，水的侧限压缩模量远大于弹簧的弹簧系数，所以弹簧也就来不及变形，这样弹簧基本没有受力，而增加的压力就必须由活塞下面的水来承担，提高了水的压力。由于活塞小孔的存在，受到超静水压力的水开始逐渐经活塞小孔排出，结果活塞下降，弹簧受压所提供的反力平衡了一部分 $p$，这样水分担的压力相应减少。水在超静孔隙水压力的作用下继续渗流，弹簧继续下降，弹簧提供的反力逐渐增加，直至最后 $p$ 完全由弹簧来平衡，水不受超静孔隙水压力而停止流出为止。

这个模型的上述过程可以用来模拟实际的饱和黏土的渗流固结。弹簧与土的固体颗粒构成的骨架相当，圆筒内的水与土骨架周围孔隙中的水相当，水从活塞内的细小孔排出相当于水在土中的渗透。

当在如图 4-23 所示的饱和黏性土地基表面瞬时大面积均匀堆载 $p$ 后，将在地基中各点产

生竖向附加应力 $\sigma_z = p$。加载后的一瞬间，作用于饱和土中各点的附加应力 $\sigma_z$ 开始完全由土中水来承担，土骨架不承担附加应力，即超静孔隙水压力 $u = p$，土骨架承担的有效应力 $\sigma' = 0$，这一点也可以通过设置于地基中不同深度的测压管内的水头看出，加载前测压管内水头与地下水位齐平，即各点只有静水压力，而此时测压管内水头升至地下水位以上最高值 $h = p/\gamma_w$。随后类似上述模型的圆筒内的水开始从活塞内小孔排出，土孔隙中一些自由水也被挤出，这样土体积减小，土骨架就被压缩，附加应力逐渐转嫁给土骨架，土骨架承担的有效应力 $\sigma'$ 增加，相应的孔隙水受到的超静孔隙水压力 $u$ 逐渐减少，可以观察出测压管内的水头开始下降。直至最后全部附加应力 $\sigma$ 由土骨架承担，即 $\sigma' = p$，超静孔隙水压力 $u$ 才消散为零。

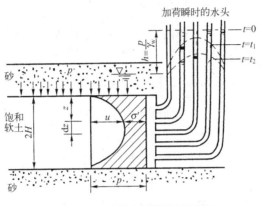

图 4-23　天然土层的渗透固结

上面对渗流固结过程进行了定性的说明。

为了具体求饱和黏性土地基受外荷载后在渗流固结过程中任意时刻的土骨架及孔隙水分担量，下面就一维侧限应力状态（如大面积均布荷载下薄压缩层地基）下的渗流固结问题引入太沙基（K. Terzaghi）一维渗流固结理论。

## 4.4.2　太沙基一维渗流固结理论

### 1. 基本假设

太沙基一维渗流固结理论假定：①土是均质的、完全饱和的；②土粒和水是不可压缩的；③土层的压缩和土中水的渗流只沿竖向发生，是一维的；④土中水的渗流服从达西定律，且渗透系数 $k$ 保持不变；⑤孔隙比的变化与有效应力的变化成正比，即 $-\dfrac{de}{d\sigma'} = a$，且压缩系数 $a$ 保持不变；⑥外荷载是一次瞬时施加的。

### 2. 固结微分方程的建立

在如图 4-24 所示的厚度为 $H$ 的饱和土层上，施加无限宽广的均布荷载 $p$，土中附加应力沿深度均匀分布（即面积 $abce$），土层上面为排水边界，有关条件符合基本假定，考察土层顶面以下 $z$ 深度的微元体 $dxdydz$ 在 $dt$ 时间内的变化。

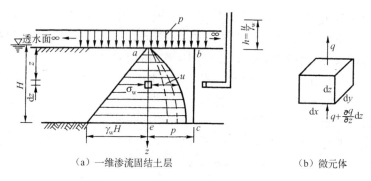

（a）一维渗流固结土层                （b）微元体

图 4-24    饱和黏性土的一维渗流固结

（1）连续性条件 $dt$ 时间内微元体内水量的变化，应等于微元体内孔隙体积的变化。

$dt$ 时间内微元体内水量 $Q$ 的变化为：

$$dQ = \frac{\partial Q}{\partial t}dt = \left[ q dx dy - \left( q + \frac{\partial q}{\partial z}dz \right) dx dy \right] dt = -\frac{\partial q}{\partial z} dx dy dz dt \qquad (4-34)$$

式中：$q$——单位时间内流过单位水平横截面积的水量。

$dt$ 时间内微元体内孔隙体积 $V_v$ 的变化为：

$$dV_v = \frac{\partial V_v}{\partial t}dt = \frac{\partial (e V_s)}{\partial t}dt = \frac{1}{1+e_1}\frac{\partial e}{\partial t} dx dy dz dt \qquad (4-35)$$

式中：$V_s = \dfrac{1}{1+e_1} dx dy dz$ 为固体体积，不随时间而变；$e_1$ 为渗流固结前初始孔隙比。

在 $dt$ 时间内，微元体内孔隙体积的减小应等于微元体内水量的变化，即 $dQ = -dV$，得：

$$\frac{1}{1+e_1}\frac{\partial e}{\partial t} = \frac{\partial q}{\partial z} \qquad (4-36)$$

（2）根据达西定律有：

$$q = ki = k\frac{\partial h}{\partial z} = \frac{k}{\gamma_w}\frac{\partial u}{\partial z} \qquad (4-37)$$

式中：$i$——水头梯度；

$h$——超静水头；

$u$——超孔隙水压力。

（3）根据侧限条件下孔隙比的变化与竖向有效应力变化的关系（见基本假设），得：

$$\frac{\partial e}{\partial t} = -a\frac{\partial \sigma'}{\partial t} \qquad (4-38)$$

（4）根据有效应力原理，式（4-38）变为：

$$\frac{\partial e}{\partial t} = -a\frac{\partial \sigma'}{\partial t} = -\frac{a \partial (\sigma - u)}{\partial t} = \frac{a \partial u}{\partial t} \qquad (4-39)$$

上式在推导中利用了在一维固结过程中任一点竖向总应力 $\sigma$ 不随时间而变的条件。

将式（4-37）及式（4-39）代入式（4-36）可得到：

$$\frac{a}{1+e_1}\frac{\partial u}{\partial t} = \frac{k}{\gamma_w}\frac{\partial^2 u}{\partial^2 z} \qquad (4-40)$$

令 $c_v = \dfrac{k(1+e_1)}{a\gamma_w} = \dfrac{kE_s}{\gamma_w}$，则式（4-40）可变为：

$$\frac{\partial u}{\partial t} = c_v \frac{\partial^2 u}{\partial z^2} \tag{4-41}$$

式中：$c_v$——土的竖向固结系数/$(\mathrm{cm^2/s})$。

式（4-41）即为太沙基一维渗流固结微分方程。

3. 固结微分方程的求解

以下针对几种较简单的初始条件及边界条件对式（4-41）求解。

（1）土层单面排水，起始超孔隙水压力沿深度为线性分布，如图 4-25 所示，定义 $\alpha = p_1/p_2$，初始条件及边界条件见表 4-9。

表 4-9　单面排水的初始条件及边界条件

| 次　序 | 时　间 | 坐　标 | 已 知 条 件 |
|---|---|---|---|
| 1 | $t = 0$ | $0 \leqslant z \leqslant H$ | $u = p_2\left[1 + (\alpha - 1)\dfrac{H - z}{H}\right]$ |
| 2 | $0 < t \leqslant \infty$ | $z = 0$ | $u = 0$ |
| 3 | $0 \leqslant t \leqslant \infty$ | $z = H$ | $\dfrac{\partial u}{\partial z} = 0$ |
| 4 | $t = \infty$ | $0 \leqslant z \leqslant H$ | $u = 0$ |

采用分离变量法求得式（4-41）的特解为：

$$u(z,t) = \frac{4p_2}{\pi^2}\sum_{m=1}^{\infty}\frac{1}{m^2}\left[m\pi\alpha + 2(-1)^{\frac{m-1}{2}}(1-\alpha)\right]\mathrm{e}^{-\frac{m^2\pi^2}{4}T_v}\cdot\sin\frac{m\pi z}{2H} \tag{4-42}$$

在实践中常取第一项，即取 $m = 1$ 得：

$$u(z,t) = \frac{4p_2}{\pi^2}\left[\alpha(\pi - 2) + 2\right]\mathrm{e}^{-\frac{\pi^2}{4}T_v}\cdot\sin\frac{\pi z}{2H} \tag{4-43}$$

式中：$m$——奇正整数（$m = 1$，$3$，$5\cdots$）；

e——自然对数底，e $= 2.71828\cdots$；

$H$——孔隙水的最大渗径，在单面排水条件下为土层厚度；

$T_v$——时间因数，$T_v = \dfrac{c_v t}{H^2}$。

（2）土层双面排水，起始超孔隙水压力沿深度为线性分布，如图 4-26 所示，定义 $\alpha = p_1/p_2$，令土层厚度为 $2H$，初始条件及边界条件见表 4-10。

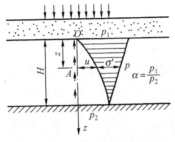

图 4-25　单面排水条件下超
孔隙水压力的消散

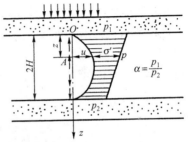

图 4-26　双面排水条件下超
孔隙水压力的消散

**表4-10 双面排水的初始条件及边界条件**

| 次 序 | 时 间 | 坐 标 | 已 知 条 件 |
|---|---|---|---|
| 1 | $t=0$ | $0 \leqslant z \leqslant H$ | $u = p_2 \left[ 1 + (\alpha - 1) \dfrac{H-z}{H} \right]$ |
| 2 | $0 < t \leqslant \infty$ | $z = 0$ | $u = 0$ |
| 3 | $0 < t \leqslant \infty$ | $z = H$ | $u = 0$ |

采用分离变量法求得式（4-41）的特解为：

$$u(z,t) = \frac{p_2}{\pi} \sum_{m=1}^{\infty} \frac{2}{m} \left[ 1 - (-1)^m \alpha \right] e^{-\frac{m^2 \pi^2}{4} T_v} \cdot \sin \frac{m\pi(2H-z)}{H} \tag{4-44}$$

在实用中常取第一项，即取 $m=1$ 得：

$$u(z,t) = \frac{2p_2}{\pi}(1+\alpha) e^{-\frac{\pi^2}{4} T_v} \cdot \sin \frac{\pi(2H-z)}{2H} \tag{4-45}$$

超孔隙水压力随深度分布由线上各点斜率反映出该点在某时刻的水力梯度。

**4. 固结度**

**1）基本概念**

（1）某点的固结度。如图4-25及图4-26所示，深度 $z$ 的 $A$ 点在 $t$ 时刻竖向有效应力 $\sigma'_t$ 与起始超孔隙水压力 $p$ 的比值，称为 $A$ 点 $t$ 时刻的固结度。

（2）土层的平均固结度。$t$ 时刻土层各点土骨架承担的有效应力图面积与起始超孔隙水压力（或附加应力）图面积之比，称为 $t$ 时刻土层的平均固结度，用 $U_t$ 表示，即：

$$U_t = \frac{\text{有效应力图面积}}{\text{起始超孔隙水压力图面积}} = 1 - \frac{t \text{时刻超孔隙水压力图面积}}{\text{起始超孔隙水压力图面积}} \tag{4-46}$$

根据有效应力原理，土的变形只取决于有效应力，因此，对于一维竖向渗流固结，根据式（4-46），土层的平均固结度又可定义为：

$$U_t = 1 - \frac{\int_0^H u(z,t)\,\mathrm{d}z}{\int_0^H p(z)\,\mathrm{d}z} = \frac{\int_0^H \sigma'(z,t)\,\mathrm{d}z}{\int_0^H p(z)\,\mathrm{d}z} = \frac{\int_0^H \frac{a}{1+e_1}\sigma'(z,t)\,\mathrm{d}z}{\int_0^H \frac{a}{1+e_1}p(z)\,\mathrm{d}z} = \frac{S_{ct}}{S_c} \tag{4-47}$$

式中：$\dfrac{a}{1+e_1}$——根据基本假设，在整个渗流固结过程中为常数；

$S_{ct}$——地基某时刻 $t$ 的固结沉降；

$S_c$——地基最终的固结沉降。

**2）起始超孔隙水压力沿深度线性分布情况下的固结度计算**

起始超孔隙水压力沿深度线性分布的几种情况如图4-28所示。

（1）将式（4-43）代入式（4-47），得到单面排水情况下土层任一时刻 $t$ 的固结度 $U_t$ 的近似值：

$$U_t = 1 - \frac{\left( \frac{\pi}{2}\alpha - \alpha + 1 \right)}{1+\alpha} \cdot \frac{32}{\pi^3} \cdot e^{-\frac{\pi^2}{4} T_v} \tag{4-48}$$

$\alpha$ 取1，即"0"型，起始超孔隙水压力分布图为矩形，代入式（4-48）有：

$$U_0 = 1 - \frac{8}{\pi^2} e^{-\frac{\pi^2}{4}T_v} \tag{4-49}$$

$\alpha$ 取 0，即 "1" 型，起始超孔隙水压力分布图为三角形，代入式（4-48）有：

$$U_1 = 1 - \frac{32}{\pi^3} e^{-\frac{\pi^2}{4}T_v} \tag{4-50}$$

不同 $\alpha$ 值时的固结度可按式（4-48）来求，也可利用式（4-49）及式（4-50）求得的 $U_0$ 及 $U_1$，按下式来计算：

$$U_\alpha = \frac{2\alpha U_0 + (1-\alpha)U_1}{1+\alpha} \tag{4-51}$$

式（4-51）的推导如图 4-27 所示。

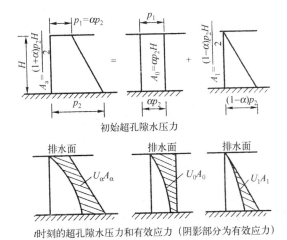

初始超孔隙水压力

$t$ 时刻的超孔隙水压力和有效应力（阴影部分为有效应力）

图 4-27  利用 $U_0(t)$ 及 $U_1(t)$ 求 $U_\alpha(t)$

为方便查用，表 4-11 给出了不同的 $\alpha = \dfrac{p_1}{p_2}$ 下 $U_t - T_v$ 关系。

表 4-11  单面排水不同 $\alpha = \dfrac{p_1}{p_2}$ 下 $U_t - T_v$ 关系

| $\alpha$ | 固结度 $U_t$ | | | | | | | | | | | 类型 |
| --- | --- | --- | --- | --- | --- | --- | --- | --- | --- | --- | --- | --- |
| | 0.0 | 0.1 | 0.2 | 0.3 | 0.4 | 0.5 | 0.6 | 0.7 | 0.8 | 0.9 | 1.0 | |
| 0.0 | 0.0 | 0.049 | 0.100 | 0.154 | 0.217 | 0.29 | 0.38 | 0.50 | 0.66 | 0.95 | $\infty$ | "1" |
| 0.2 | 0.0 | 0.027 | 0.073 | 0.126 | 0.186 | 0.26 | 0.35 | 0.46 | 0.63 | 0.92 | $\infty$ | |
| 0.4 | 0.0 | 0.016 | 0.056 | 0.106 | 0.164 | 0.24 | 0.33 | 0.44 | 0.60 | 0.90 | $\infty$ | "0 – 1" |
| 0.6 | 0.0 | 0.012 | 0.042 | 0.092 | 0.148 | 0.22 | 0.31 | 0.42 | 0.58 | 0.88 | $\infty$ | |
| 0.8 | 0.0 | 0.010 | 0.036 | 0.079 | 0.134 | 0.20 | 0.29 | 0.41 | 0.57 | 0.86 | $\infty$ | |
| 1.0 | 0.0 | 0.008 | 0.031 | 0.071 | 0.126 | 0.20 | 0.29 | 0.40 | 0.57 | 0.85 | $\infty$ | "0" |
| 1.5 | 0.0 | 0.008 | 0.024 | 0.058 | 0.107 | 0.17 | 0.26 | 0.38 | 0.54 | 0.83 | $\infty$ | |
| 2.0 | 0.0 | 0.006 | 0.019 | 0.050 | 0.095 | 0.16 | 0.24 | 0.36 | 0.52 | 0.81 | $\infty$ | |
| 3.0 | 0.0 | 0.005 | 0.016 | 0.041 | 0.082 | 0.14 | 0.22 | 0.34 | 0.50 | 0.79 | $\infty$ | |

续表

| $\alpha$ | 固结度 $U_t$ | | | | | | | | | | | 类型 |
| --- | --- | --- | --- | --- | --- | --- | --- | --- | --- | --- | --- | --- |
| | 0.0 | 0.1 | 0.2 | 0.3 | 0.4 | 0.5 | 0.6 | 0.7 | 0.8 | 0.9 | 1.0 | |
| 4.0 | 0.0 | 0.004 | 0.014 | 0.040 | 0.080 | 0.13 | 0.21 | 0.33 | 0.49 | 0.78 | $\infty$ | "0－2" |
| 5.0 | 0.0 | 0.004 | 0.013 | 0.034 | 0.069 | 0.12 | 0.20 | 0.32 | 0.48 | 0.77 | $\infty$ | |
| 7.0 | 0.0 | 0.003 | 0.012 | 0.030 | 0.065 | 0.12 | 0.19 | 0.31 | 0.47 | 0.76 | $\infty$ | |
| 10.0 | 0.0 | 0.003 | 0.011 | 0.028 | 0.060 | 0.11 | 0.18 | 0.30 | 0.46 | 0.75 | $\infty$ | |
| 20.0 | 0.0 | 0.003 | 0.010 | 0.026 | 0.060 | 0.11 | 0.17 | 0.29 | 0.45 | 0.74 | $\infty$ | |
| $\infty$ | 0.0 | 0.002 | 0.009 | 0.024 | 0.048 | 0.09 | 0.16 | 0.23 | 0.44 | 0.73 | $\infty$ | "2" |

（2）将式（4-45）代入式（4-47），得到双面排水起始超孔隙水压力沿深度线性分布情况下土层任一时刻 $t$ 的固结度 $U_t$ 的近似值：

$$U_t = 1 - \frac{8}{\pi^2} \cdot e^{-\frac{\pi^2}{4}T_v} \tag{4-52}$$

从式（4-52）可看出，固结度 $U_t$ 与 $\alpha$ 值无关，且形式上与土层单面排水时的 $U_0$ 相同，注意式（4-52）中 $T_v = \dfrac{c_v t}{H^2}$ 中的 $H$ 为固结土层厚度的一半，而式（4-49）中 $T_v = \dfrac{c_v t}{H^2}$ 中的 $H$ 为固结土层厚度。因此，双面排水起始超孔隙水压力沿深度线性分布情况下 $t$ 时刻的固结度，可以用式（4-49）来求，只是要注意取前者土层厚度的一半作为 $H$ 代入计算。

图4-28（a）为起始超孔隙水压力为沿深度为线性分布的几种情况，联系到工程实际问题时，应考虑如何将实际的超孔隙水压力分布简化成图4-28（a）中的计算图式，以便进行简化计算分析。图4-28（b）列出了5种实际情况下的起始超孔隙水压力分布图。

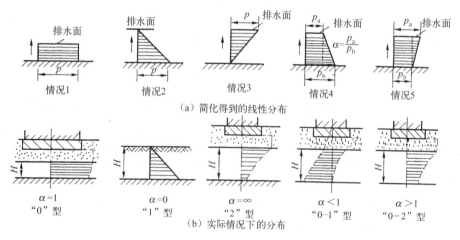

图4-28　起始超孔隙水压力的几种情况

情况1：薄压缩层地基。

情况2：土层在自重应力作用下的固结。

情况3：基础底面积较小，传至压缩层底面的附加应力接近零。

情况 4：在自重应力作用下尚未固结的土层上作用有基础传来的荷载。

情况 5：基础底面积较小，传至压缩层底面的附加应力不接近零。

3）固结度计算的讨论

从固结度计算公式可以看出，固结度是时间因数的函数，时间因数 $T_v$ 越大，固结度 $U_t$ 越大，土层的沉降越接近于最终沉降量。从时间因数 $T_v = \dfrac{c_v t}{H^2} = \dfrac{k(1+e_1)}{a\gamma_w} \cdot \dfrac{t}{H^2}$ 的各个因子可清楚地分析出固结度与这些因数的关系：

（1）渗透系数 $k$ 越大，越易固结，因为孔隙水易排出。

（2）$\dfrac{1+e_1}{a} = E_s$ 越大，即土的压缩性越小，越易固结，因为土骨架发生较小的压缩变形即能分担较大的外荷载，因此孔隙体积无需变化太大（不需排较多的水）。

（3）时间 $t$ 越长，显然越固结充分。

（4）渗流路径 $H$ 越大，显然孔隙水越难排出土层，越难固结。

4）固结度计算的精度探讨

在上述推导及求解过程中，存在以下一些问题：

（1）假设了水在孔隙中流动符合达西定律，但没有考虑当水头梯度小于起始梯度 $i_0$ 时水不会发生渗流的情况。此外假设在整个固结过程中渗透系数不变，这一点也将产生误差，因为随着土层的固结压缩，孔隙逐渐减小将降低渗透系数。

（2）假设在整个固结过程中压缩系数 $a$ 不变，即土的侧限应力应变关系是线性的，这一点显然和室内侧限压缩试验不符。

（3）实际土层的边界条件十分复杂，不可能如理论假设那样简单。

（4）各种计算指标的来源，不可能十分满意地反映土层的实际情况。

【例 4-4】如图 4-29 所示，厚 10 m 的饱和黏土层表面瞬时大面积均匀堆载 $p_0 = 150\,\text{kPa}$，若干年后，用测压管分别测得土层中 $A$、$B$、$C$、$D$、$E$ 五点的孔隙水压力为 51.6 kPa、94.2 kPa、133.8 kPa、170.4 kPa、198.0 kPa，已知土层的压缩模量 $E_s$ 为 5.5 MPa，渗透系数 $k$ 为 $5.14 \times 10^{-8}$ cm/s。试求：

（1）估算此时黏土层的固结度，并计算此黏土层已固结了多少年？

（2）再经过 5 年，则该黏土层的固结度将达到多少？黏土层 5 年间产生了多大的压缩量？

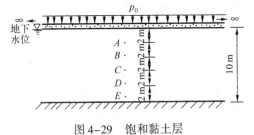

图 4-29 饱和黏土层

**解**：（1）用测压管测得的孔隙水压力值包括静止孔隙水压力和超孔隙水压力，扣除静止孔隙水压力后，$A$、$B$、$C$、$D$、$E$ 五点的超孔隙水压力分别为 32.0 kPa、55.0 kPa、75.0 kPa、92.0 kPa、100.0 kPa，计算此超孔隙水压力图的面积近似为 608 kPa·m，起始超孔隙水压力（或最终有效附加应力）图的面积为 $150 \times 10$ kPa·m = 1 500 kPa·m，则此时固结度 $U_t = 1 - \dfrac{608}{1\,500} = 59.5\%$，$\alpha = 1$，查表 4-11 得 $T_v = 0.29$。

黏土层的竖向固结系数为：

$$c_v = \frac{k(1+e)}{a\gamma_w} = \frac{kE_s}{\gamma_w} = \frac{5.14 \times 10^{-8} \times 5\,500 \times 10^2}{9.8} = 2.88 \times 10^{-3} \text{ cm}^2/\text{s} = 9.08 \times 10^4 \text{ cm}^2/\text{年}$$

由于是单面排水，则竖向固结时间因数 $T_v = \frac{c_v t}{H^2} = \frac{0.9 \times 10^5 \times t}{1\,000} = 0.29$，得 $t = 3.22$ 年，即此黏土层已固结了 3.22 年。

（2）再经过 5 年，则竖向固结时间因数 $T_v = \frac{c_v t}{H^2} = \frac{0.9 \times 10^5 \times (3.22+5)}{1\,000^2} = 0.74$，查表 4-11，得 $U_t = 0.861$，即该黏土层的固结度达到 86.1%，在整个固结过程中，黏土层的最终压缩量为 $\frac{p_0 H}{E_s} = \frac{150 \times 1\,000}{5\,500} = 27.3$ cm，因此这 5 年间黏土层产生 $(86.1 - 59.5)\% \times 27.3 = 7.26$ cm 的压缩量。

## 4.4.3 利用沉降观测资料推算后期沉降与时间关系

上面从理论上推导了固结度随时间的变化，因此也就可以得到地基固结沉降与时间的关系。但是理论计算结果往往与实测资料不完全符合，因此从建筑物施工后掌握的沉降观测资料出发，根据其发展趋势来推测未来的沉降规律具有重要的实际意义。下面介绍两种实际常用的推算后期固结沉降与时间关系（即 $s_t - t$）的经验方法。

1. 对数曲线法

对数曲线法是参照太沙基一维固结理论得到的式（4-53）所反映出的固结度与时间的指数关系而选用式（4-54）形式的。

$$U_0 = 1 - \frac{8}{\pi^2} e^{-\frac{\pi^2}{4} T_v} \tag{4-53}$$

$$\frac{s_t}{s_\infty} = (1 - Ae^{-Bt}) \tag{4-54}$$

式中：$s_\infty$——最终固结沉降量。式（4-54）用 $A$、$B$ 两个待定参数替代了式（4-53）中的常数。

要确定出 $s_t - t$ 关系，需定出式（4-53）中三个量 $A$、$B$ 及 $s_\infty$，为此利用已有的沉降—时间实测关系曲线（图 4-30）的末段，在实测曲线上选择三点 $(t_1, s_{t1})$、$(t_2, s_{t2})$、$(t_3, s_{t3})$ 值，$t = 0$ 时刻选在施工期的一半处开始，代入式（4-53）即可确定出式（4-54）中三个待定值 $A$、$B$、$s_\infty$，从而得到用对数曲线法推算的后期 $s_t - t$ 关系。

2. 双曲线法

双曲线法的推算公式为：

$$\frac{s_t}{s_\infty} = \frac{t}{\alpha + t} \tag{4-55}$$

确定式中两个待定参数 $s_\infty$ 和 $\alpha$ 可按以下步骤进行：

可将式（4-55）变为：

$$\frac{t}{s_t} = \frac{1}{s_\infty}t + \frac{\alpha}{s_\infty} = at + b \tag{4-56}$$

如图 4-31 所示以 $t$ 为横坐标，以 $t/s_t$ 为纵坐标，将已掌握的 $s_t - t$ 实测数据值按此坐标点在坐标系中，然后根据这些点作出一回归直线，根据直线的斜率 $a = 1/s_\infty$、截距 $b = \alpha/s_\infty$ 即可求得 $s_\infty$ 和 $\alpha$，从而得到了用双曲线法推算的后期 $s_t - t$ 关系。

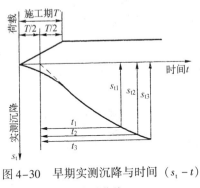

图 4-30　早期实测沉降与时间（$s_t - t$）
关系曲线

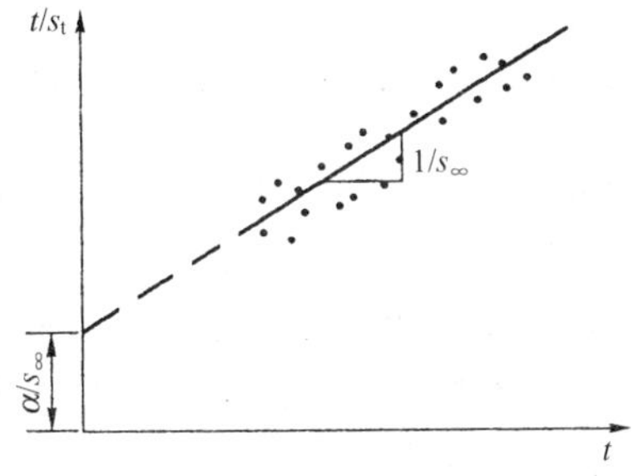

图 4-31　根据 $\dfrac{t}{s_t} - t$ 关系推算后期沉降

用实测资料推算建筑物沉降与时间关系的关键问题是必须有足够长时间的观测资料，才能得到比较可靠的 $s_t - t$ 关系，同时它也提供了一种估算建筑物最终沉降的方法。

## 4.4.4　饱和黏性土地基沉降的三个阶段

在本章我们介绍了 3 种实用最终沉降计算方法：分层总和法、应力面积法及根据原位压缩曲线计算沉降，它们均是利用室内压缩试验得到的压缩指标进行地基沉降计算的，在工程实践中被广泛使用。饱和黏性土地基最终的沉降量从机理上来分析，是由 3 个部分组成的（图 4-32），即：

$$s = s_d + s_c + s_s \tag{4-57}$$

式中：$s_d$——瞬时沉降（初始沉降、不排水沉降）；

$s_c$——固结沉降（主固结沉降）；

$s_s$——次固结沉降（次压缩沉降、徐变沉降）。

下面分别介绍这 3 种沉降产生的主要机理及常用的计算方法。

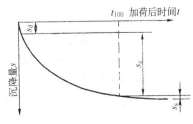

图 4-32　黏性土地基沉降
的三个组成部分

1. 瞬时沉降

瞬时沉降是在施加荷载后瞬时发生的，在很短的时间内，孔隙中的水来不及排出，因此对于饱和的黏性土来说，沉降是在没有体积变形的条件下产生的，这种变形实质上是通过剪应变引起的侧向挤出，是形状变形。因此这一沉降计算是考虑了侧向变形的地基沉降计算，而像分层总和法等实用的沉降计算方法则没有考虑这一过程。在单向压缩（如薄压缩层地基上大面积均匀堆载）时由于没有剪应力，也就没有侧向变形，可以不考虑瞬时沉降这一分量。

大比例尺的室内试验及现场实测表明，可以用弹性理论公式来分析计算瞬时沉降，对于饱和的黏性土在适当的应力增量情况下，弹性模量可近似地假定为常数，即：

$$s_d = \frac{p_0 b (1 - \mu^2)}{E} \omega \qquad (4-58)$$

式中：$E$、$\mu$——弹性模量及泊松比，$E$ 的室内试验测定参见本章的介绍，由于这一变形阶段体积变形为零，可取 $\mu = 0.5$。

2. 固结沉降

固结沉降是在荷载作用下，孔隙水被逐渐挤出，孔隙体积逐渐减小，从而土体压密产生体积变形而引起的沉降，是黏性土地基沉降最主要的组成部分。

在实践中可采用分层总和法等计算固结沉降，只是这些方法基于侧限假定，即按一维问题来考虑，与实际的二、三维应力状态不符，但由于确定压缩性指标等复杂困难，所以难以严格按二、三维应力状态考虑。

3. 次固结沉降

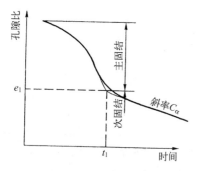

图 4-33　孔隙比与时间
半对数的关系曲线

次固结沉降是指超静孔隙水压力消散为零，在有效应力基本上不变的情况下，随时间继续发生的沉降量。一般认为这是在恒定应力状态下，土中的结合水以黏滞流动的形态缓慢移动，造成水膜厚度相应地发生变化，使土骨架产生徐变的结果。

许多室内试验和现场量测的结果均表明，在主固结完成之后发生的次固结的大小与时间的关系在半对数坐标图上接近于一条直线，如图 4-33 所示。这样次固结引起的孔隙比变化可表示为：

$$\Delta e = C_\alpha \lg \frac{t}{t_1} \qquad (4-59)$$

式中：$C_\alpha$——半对数坐标系下直线的斜率，称为次固结系数；

　　　$t_1$——相当于主固结达到 100% 的时间，根据次固结与主固结曲线切线交点求得；

　　　$t$——需要计算次固结的时间。

这样，地基次固结沉降的计算公式即为：

$$s_s = \sum_{i=1}^{n} \frac{H_i}{1 + e_{0i}} C_{\alpha i} \lg \frac{t}{t_1} \qquad (4-60)$$

事实上这 3 种沉降并不能截然分开，而是交错发生的，只是某个阶段以一种沉降变形为主而已。不同的土，3 个组成部分的相对大小及时间是不同的。例如，干净的粗砂地基沉降可认为是在荷载施加后瞬间发生的（包括瞬时沉降和固结沉降，此时已很难分开），次固结沉降不明显。对于饱和软黏土，实测的瞬时沉降可占最终沉降量的 30% ~ 40%，次固结沉降量同固结沉降量相比往往是不重要的。但对于含有有机质的软黏土，就不能不考虑次固结沉降。

# 4.5　地基允许变形值及防止地基有害变形的措施

## 4.5.1　地基变形特征

建筑物地基变形的特征，可分为沉降量、沉降差、倾斜和局部倾斜 4 种。

### 1. 沉降量

沉降量是指基础中心的沉降量，以 mm 为单位。

基础沉降量过大，势必影响建筑物的正常使用。例如，会导致室内外的给、排水管、照明与通信电缆，以及煤气管道的连接折断，污水倒灌，雨水积聚等。因此，京、沪等地区用沉降量作为建筑物地基变形的控制指标之一。

### 2. 沉降差

沉降差是指同一建筑物中，相邻两个基础沉降量的差值，以 mm 为单位。

若建筑物中相邻两个基础的沉降差过大，会使相应的上部结构产生额外应力，超过限度时，建筑物将产生裂缝、倾斜甚至破坏。由于地基软硬不均匀、荷载大小有差异、建筑物体型复杂等因素，引起地基变形不同。对于框架结构和单层排架结构，设计时应由相邻柱基沉降差控制。

### 3. 倾斜

倾斜是指独立基础在倾斜方向两端点的沉降差与其距离的比值，以 "‰" 表示。

建筑物倾斜过大，将影响正常使用，遇台风或强烈地震及危及建筑物整体稳定，甚至倾覆。对于多层或高层建筑和烟囱、水塔、高炉等高耸结构，应以倾斜值作为控制指标。

### 4. 局部倾斜

局部倾斜是指砖石砌体承重结构，沿纵向 6 ～ 10 m 内基础两点的沉降差与其距离的比值，以 "‰" 表示。

建筑物的局部倾斜过大，往往使砖石砌体承受弯矩而拉裂。因此，对于砌体承重结构设计，应由局部倾斜控制。

## 4.5.2　建筑物的地基变形允许值

沉降计算的目的是为了预测建筑物建成后基础的沉降量（包括沉降差、倾斜和局部倾斜等），验算其是否超过建筑物安全和正常使用所允许的数值。

为保证建筑物正常使用，防止建筑物因地基变形过大而发生裂缝、倾斜甚至破坏等事故。根据各类建筑物的特点和地基土的不同类别，总结大量实践经验，我国《地基基础规范》规定了建筑物的地基变形允许值，见表 4-12。

表 4-12　建筑物的地基变形允许值

| 变 形 特 征 | | 地基土类别 | |
|---|---|---|---|
| | | 中、低压缩性土 | 高压缩性土 |
| 砌体承重结构基础的局部倾斜 | | 0.002 | 0.003 |
| 工业与民用建筑相邻柱基的沉降差 | | | |
| （1）框架结构 | | 0.002$l$ | 0.003$l$ |
| （2）砖石墙填充的边排柱 | | 0.0007$l$ | 0.001$l$ |
| （3）当基础不均匀沉降时，不产生附加应力的结构 | | 0.005$l$ | 0.005$l$ |
| 单层排架结构（柱距为 6 m）柱基的沉降量/mm | | （120） | 200 |
| 桥式吊车轨面的倾斜（按不调整轨道考虑） | | | |
| 纵向 | | 0.004 | |
| 横向 | | 0.003 | |
| 多层和高层建筑基础的倾斜 | $H_g \leqslant 24$ | 0.004 | |
| | $24 < H_g \leqslant 60$ | 0.003 | |
| | $60 < H_g \leqslant 100$ | 0.002 | |
| | $H_g > 100$ | 0.0015 | |
| 高耸结构基础的倾斜 | $H_g \leqslant 20$ | 0.008 | |
| | $20 < H_g \leqslant 50$ | 0.006 | |
| | $50 < H_g \leqslant 100$ | 0.005 | |
| | $100 < H_g \leqslant 150$ | 0.004 | |
| | $150 < H_g \leqslant 200$ | 0.003 | |
| | $200 < H_g \leqslant 250$ | 0.002 | |
| 高耸结构基础的沉降量/mm | $H_g \leqslant 100$ | （200） | 400 |
| | $100 < H_g \leqslant 200$ | | 300 |
| | $200 < H_g \leqslant 250$ | | 200 |

　　注：① 有括号者仅适用于中压缩性土；

　　　　② $l$ 为相邻柱基中心距离/mm；$H_g$ 为自室外地面起算的建筑物高度/m。

## 4.5.3　防止地基有害变形的措施

　　实践表明，绝对沉降量越大，差异沉降往往亦越大。因此，为减小地基沉降对建筑物可能造成的危害，除采取相应措施尽量减小沉降差外，还应尽量减少沉降量。

　　减小地基沉降量可从内因和外因两个方面分析。

　　1. 内因方面

　　地基土由三相组成，固体颗粒之间存在孔隙，在外荷载作用下孔隙发生压缩产生沉降。因此，为减小地基的沉降量，在修建建筑物之前，可预先对地基进行加固处理。根据地基土的性质、厚度，结合上部结构特点和场地周围环境，可分别采用机械加密、强力夯实、换土垫层、加载预压、砂桩挤密、振冲及化学加固等措施，必要时可以采用柱基础或深基础。

2. 外因方面

地基沉降由附加应力产生，因此减小基础底面的附加应力 $p_0$，可相应地减小地基沉降量。通常可采用使用轻型结构、轻型材料，尽量减轻上部结构自重，减少填土，增设地下室等措施，减小基础底面附加压力。

减小沉降差的措施通常有以下几种：

（1）尽量避免复杂的平面布置，并避免同一建筑物各组成部分的高度以及作用荷载相差过多。

（2）在可能产生较大差异沉降的位置或分期施工的单元连接处设置沉降缝。

（3）设计中尽量使上部荷载中心受压，均匀分布。

（4）加强基础的刚度和强度，如采用十字交叉基础、箱形基础。

（5）增加上部结构对地基不均匀沉降的调整作用，如在砖石承重结构墙体内设置封闭圈梁与构造柱，加强上部结构的刚度；将超静定结构改为静定结构，以加大对不均匀沉降的适应性。

（6）预留吊车轨道高程调整余地。

（7）妥善安排施工顺序，对高差较大、质量差异较多的建筑物相邻部位采用不同的施工进度，先施工质量大的部分，后施工质量轻的部分。

（8）防止施工开挖、降水不当恶化地基土的工程性质。

（9）控制大面积地面堆载的高度、分布和堆载速率。

（10）人工补救措施。当建筑物已发生严重不均匀沉降时，可采取人工补救措施。

# 复习思考题

4-1　试从基本概念、计算公式及适用条件等方面比较压缩模量、变形模量及弹性模量。

4-2　在计算地基最终沉降时，为什么自重应力要用有效重度进行计算？

4-3　计算完全柔性基础和绝对刚性基础某点的沉降是否都可以用角点法，为什么？

4-4　同一场地埋置深度相同的两个矩形底面基础，底面积不同，已知作用于基底的附加压力相等，基础的长宽比相等，试分别用弹性理论法和分层总和法来分析哪个基础最终沉降量大？

4-5　地下水位升降对建筑物沉降有何影响？

4-6　一维渗流固结中，渗流路径 $H$、压缩模量 $E_s$ 及渗透系数 $k$ 分别对固结时间有何影响，为什么？

4-7　不同的无限均布荷载骤然作用于某一黏土层，要达到同一固结度，所需的时间有无区别？

4-8　在一维固结中，土层达到同一固结度所需的时间与土层厚度的平方成正比。该结论的前提条件是什么？

4-9 一饱和黏土试样在固结仪中进行压缩试验，该试样原始高度为 20 mm，面积为 30 cm²，土样与环刀总质量为 175.6 g，环刀质量 58.6 g。当荷载由 $p_1 = 100$ kPa 增加至 $p_2 = 200$ kPa 时，在 24 h 内土样的高度由 19.31 mm 减少至 18.76 mm。该试样的土粒比重为 2.74，试验结束后烘干土样，称得干土质量为 91.0 g。试求：

（1）$p_1$ 及 $p_2$ 对应的孔隙比 $e_1$ 及 $e_2$；

（2）$a_{1-2}$ 及 $E_{s(1-2)}$，并判断该土的压缩性。

4-10 用弹性理论公式分别计算如图 4-34 所示的矩形基础在下列两种情形下中点 $A$、角点 $B$ 及边缘点 $C$ 的沉降量和基底平均沉降量。已知地基土的变形模量 $E_0 = 5.6$ MPa，泊松比 $\mu = 0.4$，重度 $\gamma = 19.8$ kN/m³。

（1）基础是完全柔性的；

（2）基础是绝对刚性的。

4-11 如图 4-35 所示的矩形基础的底面尺寸为 4 m × 2.5 m，基础埋深 1 m，地下水位位于基底高程，地基土的物理指标如图 4-35 所示，室内压缩试验结果见表 4-13，试用分层总和法计算基础中点沉降。

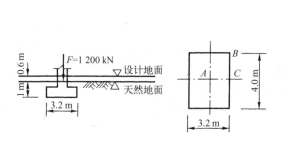

图 4-34　矩形基础沉降量计算

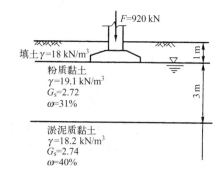

图 4-35　矩形基础中点沉降计算

表 4-13　室内压缩试验 $e-p$ 关系

| 土层 \ $e$ | $p$/kPa | | | | |
|---|---|---|---|---|---|
| | 0 | 50 | 100 | 200 | 300 |
| 粉质黏土 | 0.942 | 0.889 | 0.855 | 0.807 | 0.773 |
| 淤泥质粉质黏土 | 1.045 | 0.925 | 0.891 | 0.848 | 0.823 |

4-12 用应力面积法计算题 4-11 中基础中点下粉质黏土层的压缩量（土层分层同复习思考题 4-11，$p_0 < 0.75 f_k$）。

4-13 某黏土试样压缩试验数据如表 4-14 所示。

表 4-14　室内压缩试验 $e-p$ 关系

| $p$/kPa | 0 | 12.5 | 25 | 50 | 100 |
|---|---|---|---|---|---|
| $e$ | 1.060 | 1.024 | 0.989 | 1.079 | 0.952 |
| $p$/kPa | 200 | 400 | 800 | 1600 | 3200 |
| $e$ | 0.913 | 0.835 | 0.725 | 0.617 | 0.501 |

（1）确定前期固结压力 $p_c$；

（2）求压缩指数 $C_c$；

（3）若该土样是从如图 4-36 所示的土层在地表下 11 m 深处取得，则当地表瞬时施加 100 kPa 无穷分布的荷载时，试计算黏土层的最终压缩量。

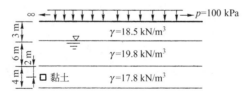

图 4-36　黏土层最终压缩量计算

4-14　如图 4-37 厚度为 8 m 的黏土层，上下层面均为排水砂层，已知黏土层孔隙比 $e_0 = 0.8$，压缩系数 $a = 0.25\ \mathrm{MPa}^{-1}$，渗透系数 $k = 6.3 \times 10^{-8}\ \mathrm{cm/s}$，地表瞬时施加一无限分布均布荷载 $p = 180\ \mathrm{kPa}$。试计算：

（1）加荷半年后地基的沉降；

（2）黏土层达到 50% 固结度所需的时间。

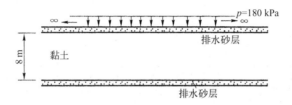

图 4-37　黏土层沉降及时间计算

4-15　厚度为 6 m 的饱和黏土层，其下为不可压缩的不透水层。已知黏土层的竖向固结系数 $c_v = 4.5 \times 10^{-3}\ \mathrm{cm^2/s}$，$\gamma = 16.8\ \mathrm{kN/m^3}$。黏土层上为薄透水砂层，地表瞬时施加无穷均布荷载 $p = 120\ \mathrm{kPa}$，分别计算下列两种情形：

（1）若黏土层已经在自重作用下完成固结，然后施加荷载 $p$，求达到 50% 固结度所需的时间；

（2）若黏土层尚未在自重作用下固结，则施加荷载 $p$ 后，求达到 50% 固结度所需的时间。

# 第5章 土的抗剪强度

**[本章提要与学习要求]**

抗剪强度是土的重要力学性质之一，是土的工程性质中最主要的组成部分，也是研究土体稳定问题的基础。本章主要讨论两大部分内容：一是关于土的抗剪强度的基本概念及破坏准则；二是关于土的抗剪强度的测定及其特性。

通过本章学习，要求掌握土的抗剪强度的基本概念和工程意义；掌握土的抗剪强度的库仑定律及抗剪强度指标的确定方法；掌握土中一点的极限平衡条件，并能应用土的破坏准则和极限平衡条件；掌握抗剪强度测定方法，理解直剪、三轴剪切试验的原理和方法；了解饱和黏土的抗剪强度及其影响因素；了解应力路径的概念和意义；了解应力历史对试验成果的影响；了解剪缩、剪胀及临界孔隙比的概念。

## 5.1 概述

研究土的强度，首先需要了解其破坏形式。大量的工程实践和室内试验都表明：土的破坏大多数是剪切破坏。这是由于土颗粒本身的强度远大于粒间的联结强度，因此，剪切破坏是土的强度破坏的重要形式。土的抗剪强度就是指土体抵抗剪切破坏的极限抵抗能力。它是土的重要力学性质之一。

在外荷载作用下，建筑物地基或土工构筑物内部将产生剪应力和剪切变形，同时，也将使土体抵抗剪应力的潜在能力剪阻力发生变化。当剪阻力被完全发挥时，剪应力也就达到了极限值，此时，土就处于剪切破坏的极限状态。因此，剪阻力被完全发挥时的这个剪应力极限值，就是土的抗剪强度。如果土体内某一局部范围的剪应力达到了土的抗剪强度，则该局部范围的土体将出现剪切破坏，但此时整个建筑物地基或土工构筑物并不会因此而丧失稳定性；随着荷载的增加，土体的剪切变形将不断地增大，致使剪切破坏的范围逐渐扩大，并由局部范围的剪切发展到连续剪切，最终在土体中形成连续的滑动面，从而导致整个建筑物地基或土工构筑物因发生整体剪切破坏而丧失稳定性。

在工程实践中与土的抗剪强度有关的工程问题，主要有三类，如图5-1所示。第一类是土作为材料构成的土工构筑物的稳定性问题，如土坝、路堤等填方边坡以及天然土坡等的稳定性问题，如图5-1（a）所示；第二类是土作为工程构筑物的环境问题，即土压力问题，如挡土墙、地下结构等所受的土压力，它受土强度的影响如图5-1（b）所示；第三类是建筑物地基的承载力问题，如果基础下的地基产生整体滑动或因局部剪切破坏而导致过大的地基变形，都会造成上部结构的破坏或影响其正常使用的事故，如图5-1（c）所

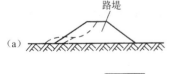

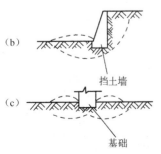

图5-1 工程中土的强度问题

示。研究土的抗剪强度的规律，对于工程设计、施工和管理都具有非常重要的理论和实际意义。

　　本章主要介绍土的抗剪强度理论及其指标的测定方法，并简要介绍软土在荷载作用下的强度增长规律以及影响土的抗剪强度的若干因素，为进行土压力、地基承载力和土坡稳定分析奠定了基础。

## 5.2　土的抗剪强度理论

### 5.2.1　抗剪强度的库仑定律

　　土体发生剪切破坏时，将沿着其内部某一曲面（滑动面）产生相对滑动，而该滑动面上的剪应力就等于土的抗剪强度。早在 1776 年，法国物理学家库仑（Coulomb）根据砂土的试验结果，将土的抗剪强度表示为滑动面上法向应力的函数，即

$$\tau_f = \sigma \tan \varphi \tag{5-1}$$

　　以后又根据黏性土的试验结果提出了更为普遍的抗剪强度表达式：

$$\tau_f = c + \sigma \tan \varphi \tag{5-2}$$

式中：$\tau_f$——土的抗剪强度/kPa；

　　　　$\sigma$——剪切滑动面上的法向总应力/kPa；

　　　　$c$——土的黏聚力/kPa；

　　　　$\varphi$——土的内摩擦角/(°)。

　　式（5-1）和式（5-2）是土体强度规律的数学表达式，统称为库仑公式或库仑定律。在 $\sigma - \tau_f$ 坐标系中，库仑公式可用一直线来表示，如图 5-2 所示，其中 $c$ 为直线在纵坐标轴上的截距，$\varphi$ 为直线与水平线的夹角，$c$、$\varphi$ 习惯上称为土的抗剪强度指标或抗剪强度参数。多年来，尽管土的强度问题研究已经得到很大的发展，但这基本的关系式仍广泛应用于土的理论研究和工程实践，而且也能满足一般工程的精度要求。所以迄今为止，仍是研究土的抗剪强度的最基本定律。

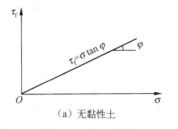
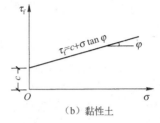

图 5-2　抗剪强度与法向压应力之间的关系

　　无黏性土的抗剪强度，主要来源于土粒之间的滑动与滚动摩擦以及土粒凹凸面间相互嵌入、联锁作用所产生的咬合摩阻力（指土体产生相对滑动时，将嵌入其他土粒间的颗粒拔出所需的力）。某些无黏性土（如砂土等）处于稍湿状态时，会由于存在有毛细水而产生暂时

性的"假黏聚力",但其值甚小,一般计算中不予考虑。无黏性土的抗剪强度除与作用在剪切面上的法向应力密切相关外,还受到土的密实度,土粒大小及形状、颗粒级配等因素的影响。

黏性土的抗剪强度,除来源于无黏性土一样的摩阻力外,还包括来源于土粒间吸附水膜与相邻土粒间的电分子引力所形成的原始黏聚力、土中胶结物质对土粒的胶结作用所产生的固化黏聚力以及土中毛细水压力所引起的毛细黏聚力。毛细黏聚力一般较小,可忽略不计。当土的天然结构被破坏时,其黏聚力将丧失,但原始黏聚力会随着时间部分或全部恢复,而固化黏聚力却不能恢复,这是因为固化黏聚力是在漫长的地质年代中由化学胶结作用逐渐形成的,它不可能在短期内再形成。黏性土的抗剪强度一般与土的种类、密实度、含水率以及土的结构等因素有关。

原始黏聚力的大小与土粒间的间距有关,因此,当作用于土的法向应力增加时,土被压密,土粒间的间距减小,原始黏聚力将随之增大。所以,实际上法向应力对土的黏聚力也有影响。此外,长期的试验研究表明,土的 $c$、$\varphi$ 值不仅与土的性质有关,还会随着试验时的排水条件、剪切速率、所用的仪器类型和操作方法等不同而有所变化。因此,抗剪强度的库仑公式,虽然大致上反映了土的摩阻力和黏聚力这两个组成部分,但其中的 $c$、$\varphi$ 值并未完全体现土的真摩阻力和真黏聚力的物理含义,因而把 $c$、$\varphi$ 理解为表达一定条件下 $\tau_f - \sigma$ 关系的两个数学参数,似乎更为合适。

## 5.2.2　极限平衡理论

理论分析和实验研究表明,在各种破坏理论中,对土最适用的是莫尔—库仑理论。在1910年莫尔(Mohr)提出:

① 材料的破坏是剪切破坏。

② 任何面上的抗剪强度 $\tau_f$ 是作用于该面上的法向应力 $\sigma$ 的函数,即

$$\tau_f = f(\sigma) \tag{5-3}$$

③ 当材料中任何一个面上的剪应力 $\tau$ 等于材料的抗剪强度 $\tau_f$ 时,该点便被破坏。

在 $\sigma - \tau_f$ 坐标中,式(5-3)正常表示为一条向上略凸的曲线,称为莫尔包线(或称为抗剪强度包线),如图5-3实线所示。但一般情况下土的莫尔包线可近似取为直线,即用库仑公式的线性函数式来表示,如图5-3虚线所示。由库仑公式表示莫尔包线的强度理论称为莫尔—库仑强度理论。

材料中一点的应力状态可用3个主应力 $\sigma_1$、$\sigma_2$、$\sigma_3$ 来表示,根据 $\sigma_1$、$\sigma_2$、$\sigma_3$ 绘出莫尔应力圆,则代表该点任何面上的应力状态($\sigma$,$\tau$)的点都将落在3个应力圆所限定的阴影范围内(图5-4)。在这些点中,只有位于最大应力圆上的点才有可能与抗剪强度包线相接触。因此,按照莫尔—库仑理论,材料内某一点破坏主要取决于大、小主应力 $\sigma_1$ 和 $\sigma_3$,而与中主应力 $\sigma_2$ 无关,这样就可按平面问题来研究土的剪切破坏条件——极限平衡条件了。

设某一土体单元上作用有大、小主应力 $\sigma_1$ 和 $\sigma_3$ [图5-5(a)],则作用在该单元内与大主应力 $\sigma_1$ 作用面成任意角 $\alpha$ 的平面 $mn$ 上的法向应力 $\sigma$ 和剪应力 $\tau$,可从隔离体 $abc$ [图5-5(b)]按静力平衡条件求得:

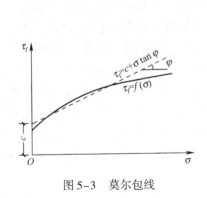

图 5-3　莫尔包线

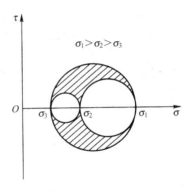

图 5-4　莫尔应力圆

$$\sigma_3 \mathrm{d}s \sin\alpha - \sigma \mathrm{d}s \sin\alpha + \tau \mathrm{d}s \cos\alpha = 0$$
$$\sigma_1 \mathrm{d}s \cos\alpha - \sigma \mathrm{d}s \cos\alpha - \tau \mathrm{d}s \sin\alpha = 0$$

联立求解以上方程得平面 $mn$ 上的应力为：

$$\left.\begin{aligned}\sigma &= \frac{1}{2}(\sigma_1 + \sigma_3) + \frac{1}{2}(\sigma_1 - \sigma_3)\cos2\alpha \\ \tau &= \frac{1}{2}(\sigma_1 - \sigma_3)\sin2\alpha\end{aligned}\right\} \tag{5-4}$$

由式（5-4）可知，当平面 $mn$ 与大主应力 $\sigma_1$ 作用面的夹角 $\alpha$ 变化时，平面 $mn$ 上的 $\sigma$ 和 $\tau$ 也相应变化。为了表达某一土体单元所有各方向平面上的应力状态，可以引用材料力学中有关表达一点的应力状态的莫尔应力圆方法［图 5-5(c)］，即在 $\sigma-\tau$ 坐标系中，按一定的比例尺，在横坐标上截取代表 $\sigma_3$ 和 $\sigma_1$ 的线段 $OB$ 和 $OC$，再以 $BC$ 为直径作圆，取圆心为 $D$，自 $DC$ 逆时针旋转 $2\alpha$ 角，使 $DA$ 与圆周交于 $A$ 点。不难证明，$A$ 点的横坐标即为平面 $mn$ 上的法向应力 $\sigma$，纵坐标即为剪应力 $\tau$。由此可见，莫尔应力圆圆周上的任一点都相应代表着与大主应力 $\sigma_1$ 作用面成一定角度的平面上的应力状态，因此，莫尔应力圆可以完整地表示一点的应力状态。

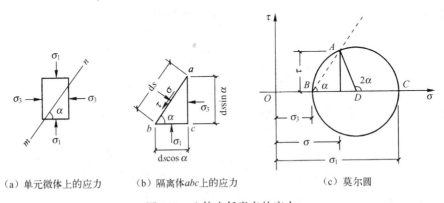

（a）单元微体上的应力　　　（b）隔离体 $abc$ 上的应力　　　（c）莫尔圆

图 5-5　土体中任意点的应力

在按莫尔—库仑理论判断土中某点是否破坏时，可将莫尔圆与抗剪强度包线绘在同一个 $\sigma-\tau$ 坐标图上，根据表达该点应力状态的莫尔圆与抗剪强度包线的相互位置关系，有以下 3 种情况（图 5-6）：①整个莫尔图位于抗剪强度包线的下方（圆 I），表明通过该点任意平

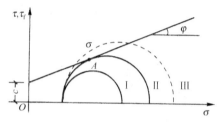

图 5-6 莫尔圆与抗剪强度之间的关系

面上的剪应力都小于相应面上的抗剪强度（$\tau < \tau_f$），故该点没有发生剪切破坏，而处于弹性状态；②莫尔圆与抗剪强度包线相割（圆Ⅲ），说明该点某些平面上的剪应力已超过了相应面上的抗剪强度（$\tau > \tau_f$），故该点早已破坏，实际上该应力圆所代表的应力状态是不存在的；③莫尔圆与抗剪强度包线相切（圆Ⅱ），切点为 $A$，说明在 $A$ 点所代表的平面上，剪应力正好等于相应面上的抗剪强度（$\tau = \tau_f$），因此，该点处于濒临剪切破坏的极限应力状态。与抗剪强度包线相切的圆Ⅱ称为极限应力圆。

在分析和计算方面，一般常用大、小主应力 $\sigma_1$ 和 $\sigma_3$ 来表示土体中一点的剪切破坏条件，即土的极限平衡条件。为此，设土体某一单元微体 ［图 5-7(a)］ 中，在与大主应力 $\sigma_1$ 作用平面成 $\alpha_f$ 角的平面 $mn$ 上，其应力条件处于极限平衡状态 ［图 5-6(b)］。

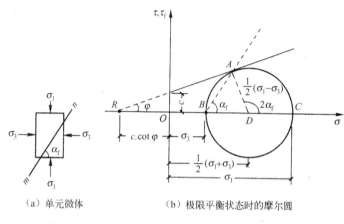

（a）单元微体      （b）极限平衡状态时的摩尔圆

图 5-7　土体中一点达到极限平衡状态时的莫尔圆

将抗剪强度包线延长与 $\sigma$ 轴相交于 $R$ 点，由图可知：

$$\overline{AD} = \frac{1}{2}(\sigma_1 - \sigma_3)$$

$$\overline{RD} = c\cos\varphi + \frac{1}{2}(\sigma_1 + \sigma_3)$$

根据直角三角形 $RAD$ 的几何关系得：

$$\sin\varphi = \frac{\overline{AD}}{\overline{RD}} = \frac{\frac{1}{2}(\sigma_1 - \sigma_3)}{c\cos\varphi + \frac{1}{2}(\sigma_1 + \sigma_3)} = \frac{\sigma_1 - \sigma_3}{2c\cos\varphi + \sigma_1 + \sigma_3} \tag{5-5}$$

化简后得：

$$\sigma_1 = \sigma_3 \frac{1 + \sin\varphi}{1 - \sin\varphi} + 2c \frac{\cos\varphi}{1 - \sin\varphi} \tag{5-6}$$

或

$$\sigma_3 = \sigma_1 \frac{1 - \sin\varphi}{1 + \sin\varphi} - 2c \frac{\cos\varphi}{1 + \sin\varphi} \tag{5-7}$$

由三角函数可以证明：

$$\frac{1+\sin\varphi}{1-\sin\varphi}=\frac{\sin90°+\sin\varphi}{\sin90°-\sin\varphi}=\frac{2\sin\left(45°+\frac{\varphi}{2}\right)\cos\left(45°-\frac{\varphi}{2}\right)}{2\sin\left(45°-\frac{\varphi}{2}\right)\cos\left(45°+\frac{\varphi}{2}\right)}$$

$$=\frac{\sin^2\left(45°+\frac{\varphi}{2}\right)}{\cos^2\left(45°+\frac{\varphi}{2}\right)}=\tan^2\left(45°+\frac{\varphi}{2}\right)$$

$$\frac{\cos\varphi}{1-\sin\varphi}=\sqrt{\frac{1-\sin^2\varphi}{(1-\sin\varphi)^2}}=\sqrt{\frac{1+\sin\varphi}{1-\sin\varphi}}=\tan\left(45°+\frac{\varphi}{2}\right)$$

$$\frac{1-\sin\varphi}{1+\sin\varphi}=\frac{1}{\tan^2\left(45°+\frac{\varphi}{2}\right)}=\tan^2\left(45°-\frac{\varphi}{2}\right)$$

$$\frac{\cos\varphi}{1+\sin\varphi}=\sqrt{\frac{1-\sin^2\varphi}{(1+\sin\varphi)^2}}=\sqrt{\frac{1-\sin\varphi}{1+\sin\varphi}}=\tan\left(45°-\frac{\varphi}{2}\right)$$

代入式（5-6）和式（5-7），可得黏性土的极限平衡条件为：

$$\sigma_1=\sigma_3\tan^2\left(45°+\frac{\varphi}{2}\right)+2c\tan\left(45°+\frac{\varphi}{2}\right) \tag{5-8}$$

$$\sigma_3=\sigma_1\tan^2\left(45°-\frac{\varphi}{2}\right)-2c\tan\left(45°-\frac{\varphi}{2}\right) \tag{5-9}$$

对于无黏性土，由于黏聚力 $c=0$，由式（5-5）、式（5-8）和式（5-9）可得无黏性土的极限平衡条件为：

$$\sin\varphi=\frac{\sigma_1-\sigma_3}{\sigma_1+\sigma_3} \tag{5-10}$$

或

$$\sigma_1=\sigma_3\tan^2\left(45°+\frac{\varphi}{2}\right) \tag{5-11}$$

或

$$\sigma_3=\sigma_1\tan^2\left(45°-\frac{\varphi}{2}\right) \tag{5-12}$$

从图 5-7（b）中三角形 $RAD$ 的外角与内角的关系可得：

$$2\alpha_f=90°+\varphi$$

因此，土中出现的破裂面与大主应力 $\sigma_1$ 作用面的夹角 $\alpha_f$ 为：

$$\alpha_f=45°+\frac{\varphi}{2} \tag{5-13}$$

极限平衡的表达式（5-5）、式（5-8）、式（5-9）以及式（5-10）～式（5-12），并不是在任何应力状态下都能满足的恒等式，而是代表土体处于极限平衡状态时主应力间的相互关系。因此，以上公式可用来判断土体是否达到剪切破坏。例如，已知土中某一点的大、小主应力 $\sigma_1$ 和 $\sigma_3$ 以及抗剪强度指标 $c$ 和 $\varphi$，可得 $\sigma_1$、$c$ 和 $\varphi$ 值或 $\sigma_3$、$c$ 和 $\varphi$ 值，代入这些公式的右侧，求出主应力的计算值 $\sigma_{1j}$ 或 $\sigma_{3j}$，它们表示该点处于极限平衡状态时所能承受的主应力极值。将此主应力计算值与已知的主应力值比较，即可判断出该点是否会发生剪切破坏。如果 $\sigma_{1j}<\sigma_1$ ［图 5-8(a)］或 $\sigma_{3j}>\sigma_3$ ［图 5-8(b)］，表明该点已被剪坏；反之，则没有发生剪切破坏；若 $\sigma_{1j} = \sigma_1$ 或 $\sigma_{3j} > \sigma_3$，表明该点处于极限平衡状态。

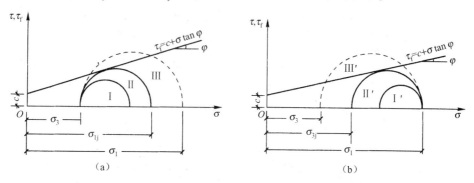

图 5-8 用极限平衡条件判断土体中一点所处的状态

## 5.2.3 总应力法和有效应力法

库仑公式是以剪切破坏面上的法向总应力 $\sigma$ 来表达土的抗剪强度的，即：

$$\tau_f = \sigma \tan \varphi$$

以后又通过试验提出了适合黏性土的表达式，即：

$$\tau_f = c + \sigma \tan \varphi$$

式中，$\sigma$ 是总应力值。这种表达强度的方法称为总应力法，相应的 $c$、$\varphi$ 称为总应力强度指标或总应力强度参数。

长期的试验研究表明，对同一种土来说，影响土的抗剪强度的诸因素中，最重要的是试验时的排水条件。这是因为：根据太沙基（Terzaghi）的有效应力原理，外荷载引起的总应力 $\sigma$ 是由孔隙水和土粒骨架共同承担的，即 $\sigma = u + \sigma'$，而试验时的排水条件决定了土中孔隙水压力 $u$ 能否向有效应力 $\sigma'$ 转化。由于孔隙水不能承担剪应力。因此，土体内的剪应力实际上就只能由土粒骨架承担，而土粒骨架承担剪应力的能力是与土颗粒之间的粒间法向应力（即有效应力 $\sigma'$）密切关系。所以，土的抗剪强度用剪切破坏面上的法向有效应力 $\sigma'$ 来表达更为合理，即库仑公式应修改为：

$$\tau_f = \sigma' \tan \varphi' = (\sigma - u) \tan \varphi' \tag{5-14a}$$

$$\tau_f = c' + \sigma' \tan \varphi' = c' + (\sigma - u) \tan \varphi' \tag{5-14b}$$

式中：$c'$——有效黏聚力/kPa；

$\varphi'$——有效内摩擦角/(°)。

这种表达强度的方法称为有效应力法，$c'$、$\varphi'$ 称为有效应力强度指标或有效应力强度参数。

由于有效应力法反映了土的强度本质，因而概念明确，比较符合实际。但一般已知的是总应力 $\sigma$，只有知道孔隙水压力 $u$ 才能计算有效应力 $\sigma'$，这就要求在进行室内抗剪强度试验时要量测 $u$，才能用有效应力法整理试验成果，得出有效应力强度指标 $c'$、$\varphi'$。在采用有效应力强度指标用 $c'$、$\varphi'$ 以有效应力法分析研究实际工程中的土体稳定时，也需对土体中产生的 $u$ 进行估算或实测，这就给有效应力法的应用带来一定的困难。

相比之下，总应力分析法不必考虑 $u$，计算比较简单。因此，在实际工程中，只是在必要条件（如渗流或长期作用效应等问题）下，才采用有效应力分析法；凡涉及短期作用效应的黏性土土工问题，均可按不排水条件考虑，采用总应力强度指标以总应力法进行分析，分析时所需的总应力强度指标，应根据实际工程的具体情况，选择与现场土体受剪时的固结和排水条件最接近的试验方法进行测定。

　　【例 5-1】 设砂土地基中某点的大主应力 $\sigma_1 = 400\,\mathrm{kPa}$，小主应力 $\sigma_3 = 200\,\mathrm{kPa}$，砂土的内摩擦角 $\varphi = 25°$，黏聚力 $c = 0$，试判断该点是否破坏。

　　**解：** 为加深对本节内容的理解，以下用多种方法解题。

　　解法一：按某一平面上的 $\tau$ 与 $\tau_f$ 对比来判断：根据式（5-13）知，破坏时土中出现的破裂面与大主应力作用面的夹角 $\alpha_f = 45° + \dfrac{\varphi}{2}$。因此，作用在与大主应力作用面成 $45° + \dfrac{\varphi}{2}$ 角平面上的法向应力 $\sigma$、剪应力 $\tau$ 和抗剪强度 $\tau_f$，可按式（5-4）式（5-1）计算：

$$
\begin{aligned}
\sigma &= \frac{1}{2}(\sigma_1 + \sigma_3) + \frac{1}{2}(\sigma_1 - \sigma_3)\cos 2\left(45° + \frac{\varphi}{2}\right) \\
&= \frac{1}{2}(400 + 200) + \frac{1}{2}(400 - 200)\cos 2\left(45° + \frac{25°}{2}\right) = 257.7\,\mathrm{kPa}
\end{aligned}
$$

$$
\begin{aligned}
\tau &= \frac{1}{2}(\sigma_1 - \sigma_3)\sin 2\left(45° + \frac{\varphi}{2}\right) \\
&= \frac{1}{2}(400 - 200)\sin 2\left(45° + \frac{25°}{2}\right) = 90.6\,\mathrm{kPa}
\end{aligned}
$$

$$\tau_f = \sigma\tan\varphi = 257.7\tan 25° = 120.0\,\mathrm{kPa} > \tau$$

　　由于破裂面上的抗剪强度 $\tau_f$ 大于剪应力 $\tau$，故可判断该点未发生剪切破坏。

　　解法二：用图解法按莫尔圆与抗剪强度包线的相对位置关系来判断：按一定比例尺作出莫尔圆，并在同一坐标图中绘出抗剪强度包线（图5-9）。由图可知，莫尔圆与抗剪强度包线不相交，故可判断该点未发生剪切破坏。

　　解法三：按式（5-10）判断：

$$\varphi_j = \arcsin\frac{\sigma_1 - \sigma_3}{\sigma_1 + \sigma_3} = \arcsin\frac{400 - 200}{400 + 200} = 19°28'$$

　　此计算值 $\varphi_j$ 为该点处于极限平衡状态时所需的内摩擦角，由于 $\varphi_j < \varphi$，故可判断该点未发生剪切破坏，如图5-10所示。

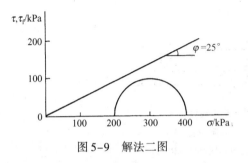

图 5-9　解法二图

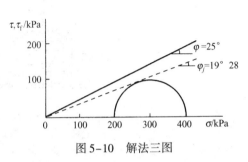

图 5-10　解法三图

　　解法四：按式（5-11）判断：

$$\sigma_{1j} = \sigma_3\sin^2\left(45° + \frac{\varphi}{2}\right) = 200\tan^2\left(45° + \frac{25°}{2}\right)$$

$$= 492.8 \text{ kPa} > \sigma_1 = 400 \text{ kPa}$$

故该点未发生剪切破坏。

解法五：按式（5-12）判断：

$$\sigma_{3j} = \sigma_1 \tan^2\left(45° - \frac{\varphi}{2}\right) = 400\tan^2\left(45° - \frac{25°}{2}\right)$$

$$= 162.3 \text{ kPa} < \sigma_3 = 200 \text{ kPa}$$

故该点未发生剪切破坏。

## 5.3　土的抗剪强度指标测定方法

　　土的抗剪强度是土的一个重要力学性能指标，在计算承载力、评价地基的稳定性及计算挡土墙的土压力时，都要用到土的抗剪强度指标，因此，正确地测定土的抗剪强度在工程上具有重要意义。

　　目前土的抗剪强度的测定方法有多种，包括室内试验和原位测试。室内试验常用直接剪切试验、三轴压缩试验、无侧限抗压强度试验；原位测试则有十字板剪切试验等。除十字板剪切试验在原位进行测试外，其他三种试验均需从现场取回土样，再在室内进行测试。本节着重介绍几种常用的试验方法。

### 5.3.1　直接剪切试验

　　直接剪切试验是土的抗剪强度最基本的测定方法。试验使用的仪器为直接剪切仪，可分为应变控制式和应力控制式两种。前者是控制试样产生一定位移，测定其相应的水平剪应力；后者则是对试样施加一定的水平剪切力，测定其相应的位移。由于应变控制式直接剪切仪可以得到较为准确的应力—应变关系，并能较准确地测出峰值和终值强度，因此，目前国内普遍采用的是应变控制式直接剪切仪，如图 5-11 所示。该仪器的主要部件为固定的上盒和活动的下盒所组成的剪切容器，试样放在盒内上下两块透水石之间。试样一般为高 20 mm、截面积 30 cm² 的扁圆柱形，试验中如果不允许排水，则用不透水板代替透水石。

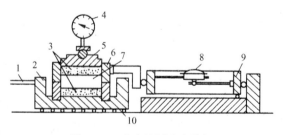

图 5-11　应变控制式直剪仪
1—轮轴；2—底座；3—透水石；4—测微表；5—活塞；
6—上盒；7—土样；8—测微表；9—量力环；10—下盒

　　试验时，首先由垂直加压框架通过加压板对试样施加某一垂直压力 $\sigma$（若土质松软宜分次施加，以防土样挤出），然后以规定的速率等速转动手轮来对下盒施加水平推力，使试样在上、下盒限定的水平接触面上产生剪切变形，同时每隔一定时间测记量力环表读数，直至剪坏。根据试验记录，由量力环的变形值计算出剪切过程中剪应力的大小，并绘制出剪应力 $\tau$ 和剪切位移 $\Delta l$ 的关系曲线，如图 5-12（a）所示，通常取该曲线上的峰值点或稳定值（如图中箭头所示）作为该级垂直压力下的抗剪强度。

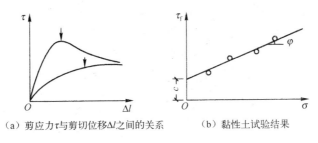

（a）剪应力$\tau$与剪切位移$\Delta l$之间的关系　　（b）黏性土试验结果

图 5-12　直接剪切试验结果

为确定土的抗剪强度指标 $c$、$\varphi$ 值，对同一种土通常采用 4 个土样，分别在不同垂直压力下剪破坏。垂直压力的大小应根据预期的现场土体受力来决定，也可取为 100、200、300、400 kPa。将试验结果绘在以抗剪强度 $\tau_f$ 为纵坐标、垂直压力 $\sigma$ 为横坐标的平面图上，通过图上各试验点绘一直线，此即抗剪强度包线，如图 5-12（b）所示。该直线在纵坐标轴的截距为黏聚力 $c$，与横坐标轴的夹角为内摩擦角 $\varphi$。

试验和工程实践都表明，土的抗剪强度与土受力后的排水固结状况有关。对同一种土，即使施加同一法向应力，但若剪切前试样的固结过程和剪切时试样的排水条件不同，其强度指标也不尽相同。因此，用于工程设计中的强度指标，其室内试验条件应与土体在现场的受剪条件相符合。为了近似模拟土体的实际状况，按剪切前的固结程度、剪切时的排水条件及加荷速率，把直接剪切试验分为快剪、固结快剪和慢剪三种试验方法。

（1）快剪试验。施加垂直压力后，不待试样固结，立即快速施加水平剪应力，使试样在 3～5 min 内剪切破坏。由于剪切速率快，可认为试样在短暂的剪切过程中来不及排水固结。得到的强度指标用 $c_q$、$\varphi_q$ 表示。

（2）固结快剪试验。施加垂直压力后，允许试样充分排水固结，待固结稳定后，再快速施加水平剪应力，使试样在 3～5 min 内剪切破坏。得到的强度指标用 $c_{cq}$、$\varphi_{cq}$ 表示。

（3）慢剪。施加垂直压力后，允许试样充分排水，待固结稳定后，再以缓慢的剪切速率施加水平剪应力，使试样在剪切过程中有充分时间排水，直至剪切破坏。得到的强度指标用 $c_s$、$\varphi_s$ 表示。

直接剪切仪具有构造简单、操作方便等优点。但它也存在如下缺点：①剪切面限定在上、下盒之间的平面上，而不是沿试样最薄弱的面剪切破坏；②剪切过程中试样内的剪应变分布不均匀，应力条件复杂；③剪切过程中试样面积逐渐减小，且垂直荷载会发生偏心，而在计算抗剪强度时仍按试样的原截面计算；④试验时不能严格控制排水条件，无法量测孔隙水压力，因而对饱和黏性土进行不排水剪切时的试验结果不够理想。所以，以往测定土的抗剪强度广泛采用的直接剪切试验，在目前已逐渐被三轴压缩试验所取代。

## 5.3.2　三轴压缩试验

三轴压缩试验是目前测定土的抗剪强度较为完善的方法。采用的仪器为三轴压缩仪，由压力室、轴向加荷设备、施加周围压力系统、孔隙水压力量测系统等组成，如图 5-13 所示。压力室是三轴压缩仪的主要组成部分，为一圆形密闭容器，由金属上盖、底座和透明有机玻璃圆筒组成。试样为圆柱形，高度和直径之比一般采用 2～2.5。

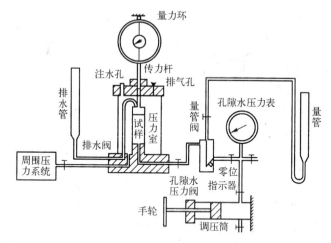

图 5-13　三轴压缩仪

常规三轴试验方法的主要步骤如下：将土切成圆柱体套在橡胶膜内，放在密封的压力室中，通过周围压力系统向压力室充水后施加所需的压力，使试样在各向受到周围压力 $\sigma_3$。此时试样处于各向等压状态，即 $\sigma_1 = \sigma_2 = \sigma_3$，因此试样中不产生剪应力 [图 5-14（a）]。然后由轴向加荷系统通过传力杆对试样施加竖向压力 $\Delta\sigma_1$，这样竖向主应力 $\sigma_1 = \sigma_3 + \sigma_1$ 就大于水平向主应力 $\sigma_3$。当 $\sigma_3$ 保持不变，而 $\sigma_1$ 逐渐增大时，以 $\sigma_3$ 为小主应力、$\sigma_1$ 为大主应力所画的应力圆也不断增大。当应力圆达到一定大小时，试样终于受剪而破坏，相应的应力圆即为极限应力圆 [图 5-14（b）]。

通常对同一种土用 3～4 个试样，分别在不同的恒定周围压力（即小主应力 $\sigma_3$）下按以上所述方法进行试验，得出剪切破坏时的大主应力 $\sigma_1$，将这些结果绘成一组极限应力圆，并做这些应力圆的公共切线，该线即为土的抗剪强度包线 [图 5-14（c）]。通常取此包线为一条直线，该直线在纵轴上的截距为黏聚力 $c$，与横轴的夹角为内摩擦角 $\varphi$。

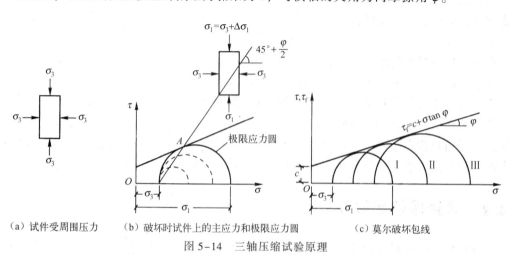

（a）试件受周围压力　　（b）破坏时试件上的主应力和极限应力圆　　（c）莫尔破坏包线

图 5-14　三轴压缩试验原理

三轴压缩仪的量测系统由排水管、零位指标器、调压筒和孔隙水压力表等组成，可分别量测试验过程中的排水量以及土中孔隙水压力的变化。如要量测试验过程中的排水量，可打开排水阀，让试样中的水排入排水管，根据排水管中水位的变化可算出试样的排水量；若测定了排水量随时间的变化，还可了解试样的固结过程。如果量测试验过程中的孔隙水压力，可打开孔隙水压力阀，当试样受力产生孔隙水压力时，零位指示上的水银面便出现高差，旋转调压筒手轮调整零位指示器的水银面始终保持原来的位置，则从孔隙水压力表中便可读出孔隙水压力的大小。三轴压缩仪还可通过体变管或排水管来测定试样在试验过程中产生的体积变形。

对应于直接剪切试验的快剪、固结快剪和慢剪试验，三轴压缩试验按剪切前的固结程度和剪切时的排水条件，分为以下 3 种试验方法。

（1）不固结不排水剪（UU 试验）。试样在施加周围压力和随后施加竖向压力直至剪切破坏的整个过程中，自始至终关闭排水阀，不允许土中水排出，即在施加周围压力和剪切力时均不允许试样发生排水固结，因此从开始加压直至试样剪坏的全过程中，土中含水率保持不变，试样的体积也不变。测得的强度指标为 $c_u$、$\varphi_u$。

这种试验方法可用来模拟饱和软黏土在快速加荷时的应力状况。

（2）固结不排水剪（CU 试验）。试样在施加周围压力后打开排水阀，允许土中水排出，待固结稳定后关闭排水阀，然后施加竖向压力，使试样在不排水条件下受剪直至破坏。由于不排水剪切，试样在剪切过程中没有产生体积变形。

在试验中若未量测孔隙水压力，试验结果可用总应力法整理，得出的强度指标为 $c_{cu}$、$\varphi_{cu}$；若量测了孔隙水压力，试验结果可用有效应力法整理，得出的强度指标为 $c'$、$\varphi'$。这种试验方法可用来模拟地基土在工程竣工后本身已基本固结但在使用期间受到突然增加的荷载时的应力状况。

（3）固结排水剪（CD 试验）。试样在施加周围压力时允许排水固结，待固结稳定后，再在排水条件下缓慢施加竖向压力至试样剪切破坏。在整个试验过程中，试样始终处于充分排水状态，实质上就是使土中孔隙压力完全消散为零，测得的指标为有效应力强度指标 $c_d$、$\varphi_d$。

三轴压缩的突出优点是可根据工程实际需要，严格控制试样排水条件和准确测定试样中孔隙水压力的变化。此外，试样沿最薄弱的面产生剪切破坏，试样的受力状态明确。一般说来，三轴压缩试验的结果比较可靠，因此，三轴压缩仪是土工试验不可缺少的仪器设备。当采用室内剪切试验测定土的抗剪强度时，一般应采用三轴压缩试验。然而，三轴压缩试验也存在一些缺点：仪器设备和试验操作较复杂；主应力方向固定不变；试验是在轴对称情况下（即 $\sigma_2 = \sigma_3$）进行的，这些与平面变形或三向应力状态的实际情况有所不符。目前已经制成的真三轴仪，可使试件在不同的三个主应力（$\sigma_1 \neq \sigma_2 \neq \sigma_3$）作用下进行试验，并能独立改变三个主应力的大小，更好地模拟真实的平面变形或三向应力条件。

从以上不同试验方法的讨论可以看到，同一种土施加的总应力 $\sigma$ 虽然相同，但若试验方法不同，或者说控制的排水条件不同，则所得的强度指标也不相同，故土的抗剪强度与总应力之间没有唯一的对应关系。有效应力原理指出，土中某点的总应力 $\sigma$ 等于有效应力 $\sigma'$ 与孔隙水压力 $u$ 之和，即 $\sigma = \sigma' + u$，因此，若在试验时量测试样的孔隙水压力，据此可以算出土中的有效应力，从而就可以采用有效应力与抗剪强度的关系表达试验成果。

土的抗剪强度试验成果一般可有两种表示方法。一是在 $\tau_f - \sigma$ 关系图中的横坐标用总应力 $\sigma$ 表示，称为总应力法，其表达式为：

$$\tau_f = c + \sigma \tan \varphi$$

式中：$c$、$\varphi$——以总应力法表示的黏聚力和内摩擦角，统称为总应力抗剪强度指标。

另一种是在 $\tau_f - \sigma$ 关系图中的横坐标用有效应力 $\sigma'$ 表示，称为有效应力法，其表达式为：

$$\tau_f = c' + \sigma' \tan \varphi' \qquad\qquad (5\text{-}15\text{a})$$

或

$$\tau_f = c' + (\sigma - u) \tan \varphi' \qquad\qquad (5\text{-}15\text{b})$$

式中：$c'$、$\varphi'$——分别为以有效应力法表示的黏聚力和内摩擦角，统称为有效应力抗剪强度指标。

抗剪强度的有效应力法由于考虑了孔隙水压力的影响，因此，对于同一种土，不论采取哪一种试验方法，只要能够准确量测出试样破坏时的孔隙水压力，则均可用式（5-15）来表示土的强度关系，而且所得的有效应力抗剪强度指标应该是相同的。换言之，在理论上抗剪强度与有效应力应有对应关系，这一点已被许多试验所证实。

下面通过一个实例来说明如何用总应力法和有效应力法整理与表达三轴试验的成果。

**【例5-2】** 设有一组饱和黏土试样进行三轴固结不排水剪试验，3个试件所施加的周围压力 $\sigma_3$ 以及剪切破坏时的偏应力 $(\sigma_1 - \sigma_3)_f$，与孔隙水压力 $u_f$ 等有关试验数据见表5-1。

表5-1　三轴固结不排水剪试验结果（单位：kPa）

| 试样编号 | 1 | 2 | 3 | 试样编号 | 1 | 2 | 3 |
|---|---|---|---|---|---|---|---|
| $\sigma_3$ | 50 | 100 | 150 | $u_f$ | 23 | 40 | 67 |
| $(\sigma_1 - \sigma_3)_f$ | 92 | 120 | 164 | $\sigma_3' = \sigma_3 - u_f$ | 27 | 60 | 83 |
| $\sigma_1$ | 142 | 220 | 314 | $\sigma_1' = \sigma_1 - u_f$ | 119 | 180 | 247 |
| $\frac{1}{2}(\sigma_1 + \sigma_3)_f$ | 96 | 160 | 232 | $\frac{1}{2}(\sigma_1' + \sigma_3')_f$ | 73 | 120 | 165 |
| $\frac{1}{2}(\sigma_1 - \sigma_3)_f$ | 46 | 60 | 82 | $\frac{1}{2}(\sigma_1' - \sigma_3')_f$ | 46 | 60 | 82 |

**解：** 根据表5-1中的数据，在 $\tau_f - \sigma$ 坐标图中分别做出一组总应力莫尔圆和一组有效应力莫尔圆（分别为图5-15中的实线圆和虚线圆），然后再做出总应力强度包线和有效应力强度包线（分别为图5-15中的实直线和虚直线），从图上可得到总应力抗剪强度指标为 $c = 10\,\text{kPa}$、$\varphi = 18°$，有效应力抗剪强度指标为 $c' = 6\,\text{kPa}$、$\varphi' = 27°$。从理论上说，试验所得极限应力圆上的破坏点都应落在公切线即强度包线上，但由于试样的不均匀性以及试验误差等原因，作此公切线并不一定容易，往往需要结合经验来加以判断。此外，这里所做的强度包线是直线，由于土的强度特性往往会受某些因素（如应力历史、应力水平等）的影响，从而使得土的强度包线不一定是直线，这给通过作图确定 $c$、$\varphi$ 值带来一定困难，但非线性的强度包线目前仍未成熟到实用的程度，所以强度包线一般还是简化为直线。

从上例还可以知道，对于试验成果若用有效应力法整理与表达时，可将试验所得的总应力莫尔圆利用 $\sigma' = \sigma - u_f$ 的关系，改绘成有效应力莫尔圆，即把图5-15实线圆中的对应点向左移动一个横坐标值 $u_f$，便可得虚线圆。例如对于试样3，总应力圆③的圆心坐标为

$\frac{1}{2}(\sigma_1 + \sigma_3)_f = 323\,\text{kPa}$，破坏时的孔隙水压力 $u_f = 67\,\text{kPa}$，则有效应力圆③的圆心坐标为：

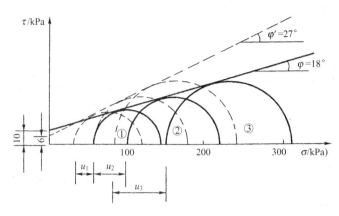

图 5-15　三轴试验的莫尔圆及强度包线

$$\frac{1}{2}(\sigma_1' + \sigma_3')_f = \frac{1}{2}(\sigma_1 - u + \sigma_3 - u)_f = \frac{1}{2}(\sigma_1 + \sigma_3)_f - u_f = 232 - 67 = 165\,\text{kPa}$$

由于 $\frac{1}{2}(\sigma_1' - \sigma_3')_f = \frac{1}{2}(\sigma_1 - u - \sigma_3 + u)_f = \frac{1}{2}(\sigma_1 + \sigma_3)_f$，所以有效应力莫尔圆的半径与总应力莫尔圆的半径是相同的。

## 5.3.3　无侧限抗压强度试验

无侧限抗压强度试验如同在三轴仪中进行 $\sigma_3 = 0$ 的不排水剪切试验一样。试验采用应变控制式无侧限抗压试验仪进行，如图 5-16（a）所示，主要适用于测定能切成圆柱状且在自重作用下不发生变形的饱和软黏土的强度。试验时，将圆柱形试样放在无侧限抗压试验仪中，在不加任何侧向压力的情况下施加垂直压力，直至试样剪切破坏为止，剪切破坏时试样所能承受的最大轴向压力 $q_u$ 称为无侧限抗压强度。显然由这种试验只能作一个通过坐标原点的极限应力圆，得不到抗剪强度包线。

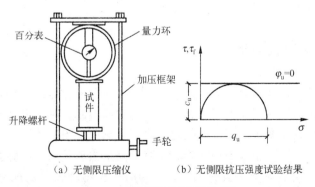

（a）无侧限压缩仪　　　（b）无侧限抗压强度试验结果

图 5-16　无侧限抗压强度试验

根据试验破坏时的状态 $\sigma_1 = q_u$，$\sigma_3 = 0$，由式（5-8）可知：

$$\sigma_1 = q_u = 2c\tan\left(45° + \frac{\varphi}{2}\right)$$

则土的黏聚力为：

$$c = \frac{q_u}{2\tan\left(45° + \frac{\varphi}{2}\right)} \tag{5-16}$$

按照现行国家标准《土工试验方法标准》，无侧限抗压强度试验宜在 8 ～ 10 min 内完成。由于试验时间较短，可认为在加轴向压力使试样受剪的过程中，土中水分没有明显的排出，这就相当于三轴不固结不排水试验条件。根据三轴不固结不排水试验结果，饱和黏性土的抗剪强度包线近似于一条水平线，即 $\varphi_u = 0$，因此，对无侧限抗压强度试验得到的极限应力圆所做的水平切线就是抗剪强度包线［图 5-16（b）］。由于 $\varphi_u = 0$，则 $\tan\left(45° + \frac{\varphi}{2}\right) = 1$，因此，饱和软黏土的不排水抗剪强度为：

$$\tau_f = c_u = \frac{1}{2}q_u \tag{5-17}$$

式中：$\tau_f$——土的不排水抗剪强度/kPa；

　　　　$c_u$——土的不排水黏聚力/kPa；

　　　　$q_u$——无侧限抗压强度/kPa。

无侧限抗压强度试验还可用于测定土的灵敏度 $S_t$，其方法是对原状土试样和同一土经重塑（指在含水率不变条件下使土的结构彻底破坏）后的试样分别进行无侧限抗压强度试验，原状土与重塑后土的抗压强度的比值定义为灵敏度。即：

$$S_t = \frac{q_u}{q_0} \tag{5-18}$$

式中：$q_u$——原状土的无侧限抗压强度/kPa；

　　　　$q_0$——重塑土的无侧限抗压强度/kPa。

根据灵敏度的大小，可将饱和黏性土分为：低灵敏土（$1 < S_t \leqslant 2$）、中灵敏土（$2 < S_t \leqslant 4$）和高灵敏土（$S_t > 4$）三类。土的灵敏度越高，其结构性越强，受扰动后土的强度降低就越多。黏性土受扰动而强度降低的性质，一般来说对工程建设是不利的，如在基坑开挖过程中，因施工可能造成土的扰动而使地基强度降低。

## 5.3.4　十字板剪切试验

室内的抗剪强度测试要求取得原状土样，但试样在取土、运送、储存和制备等过程中受到的扰动程度，对室内试验结果的精度有较大的影响。因此，对于很难取样的土，如在自重作用下不能保持原形的软黏土，其抗剪强度应采用现场原位测试的方法进行测定。

在原位测试方法中，十字板剪切试验是适用于测定饱和软黏土抗剪强度的一种较为有效的方法。试验采用的仪器为十字板剪力仪。试验时，先将套管打到预定深度，清除管内的土，将十字板安装在钻杆的下端，并通过套管压入土中，压入深度约 750 mm。然后由地面的扭力设备以一定的转速对钻杆施加扭矩，带动十字板旋转，使板内的土体与其周围的土体发生剪切，直至破坏。此时在土层中产生的剪切破坏面接近于一个圆柱面，如图 5-17 所示，其直径和高度分别等于十字板的宽度和高度。

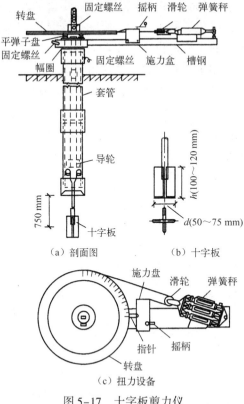

（a）剖面图　　　　　　　（b）十字板

（c）扭力设备

图 5-17　十字板剪力仪

假设圆柱体四周和上、下两个端面上各点的抗剪强度相等，且同时达到峰值，根据剪切破坏时所施加的扭矩等于剪切破坏圆柱面上土的抗剪强度所产生的抵抗力矩，可推算出土的抗剪强度为：

$$M = \pi dh\tau_v \cdot \frac{d}{2} + 2 \cdot \frac{\pi d^2}{4} \cdot \tau_H \cdot \frac{d}{3} = \frac{1}{2}\pi d^2 h\tau_v + \frac{1}{6}\pi d^3 h\tau_H$$

$$\tau_+ = \frac{2M}{\pi d^2 \left(h + \dfrac{d}{3}\right)} \tag{5-19}$$

式中：$\tau_+$——实用上为了简化计算，往往假定土体为各向同性体，即 $\tau_v = \tau_H$，并记作 $\tau_+$；

　　$\tau_v$、$\tau_H$——剪切破坏时圆柱体侧面和上、下面土的抗剪强度/kPa；

　　$M$——剪切破坏时的扭力矩/（kN·m）；

　　$d$——十字板的宽度/m；

　　$h$——十字板的高度/m。

十字板剪切试验主要用于测定饱和软黏土的原位不排水抗剪强度，即所测得的抗剪强度相当于内摩擦 $\varphi_u = 0$ 时的黏聚力。

应该指出的是，由于土的固结程度不同和受各向异性的影响，土在水平面和竖直面上的抗剪强度并不一致，因此，推导式（5-19）时假定圆柱体四周和上、下两个端面上土的抗剪强度相等是不够严格的。此外，软黏土在破坏时的变形一般较大，剪切破坏的现象十分显著，因而沿滑动面上的抗剪强度并不是同时达到峰值强度的，而是在局部先破坏后随变形的发展向周围扩展，因此，十字板试验测得的强度偏高。尽管如此，由于十字板剪切试验是在土的天然应力状态下进行的，避免了取土扰动的影响，同时具有仪器构造简单、操作方便的优点，多年来在我国软土地区的工程建设中应用较为广泛。

十字板剪切试验也可用来测定饱和软黏土的灵敏度 $S_t$。

【例 5-3】 一饱和黏性土试样在三轴仪中进行固结不排水试验，施加周围压力 $\sigma_3 = 200\,\text{kPa}$，试样破坏时的主应力差 $\sigma_1 - \sigma_3 = 300\,\text{kPa}$，测得孔隙水压力 $u_f = 180\,\text{kPa}$，整理试验结果得有效内摩擦角 $\varphi' = 30°$，有效黏聚力 $c' = 75.1\,\text{kPa}$。如果破坏面与水平面的夹角为 60°，试问：（1）破坏面上的法向应力和剪应力及试样中的最大剪应力是多少？（2）说明为什么破坏面发生在 $a = 60°$ 的平面而不发生在最大剪应力的作用面？

**解**：（1）由试验得

$$\sigma_1 = 300 + 200 = 500\,\text{kPa}$$

$$\sigma_3 = 200\,\text{kPa}$$

由式（5-4）计算破坏面上的法向应力 $\sigma$ 和剪应力 $\tau$：

$$\begin{aligned}
\sigma &= \frac{1}{2}(\sigma_1 + \sigma_3) + \frac{1}{2}(\sigma_1 - \sigma_3)\cos 2\alpha \\
&= \frac{1}{2}(500 + 200) + \frac{1}{2}(500 - 200)\cos 120° \\
&= 275\,\text{kPa}
\end{aligned}$$

$$\tau = \frac{1}{2}(\sigma_1 - \sigma_3)\sin 2\alpha = \frac{1}{2}(500 - 200)\sin 120°$$

$$= 129.9\,\text{kPa}$$

最大剪应力发生在 $\alpha = 45°$ 平面上，由式（5-4）得：

$$\tau_{\max} = \frac{1}{2}(\sigma_1 - \sigma_3) = \frac{1}{2}(500 - 200) = 150\,\text{kPa}$$

（2）在破坏面上的有效法向应力

$$\sigma' = \sigma - u = 275 - 180 = 95\,\text{kPa}$$

抗剪强度为：

$$\tau_f = c' + \sigma'\tan\varphi' = 75.1 + 95\tan 30° = 129.9\,\text{kPa}$$

可见，在 $\alpha = 60°$ 的平面上的剪应力等于该面上土的抗剪强度，即 $\tau = \tau_f = 129.9\,\text{kPa}$，因此在该面上发生剪切破坏。

而在最大剪应力的作用面（$\alpha = 45°$）上：

$$\sigma = \frac{1}{2}(500 + 200) + \frac{1}{2}(500 - 200)\cos 90° = 350\,\text{kPa}$$

$$\sigma' = \sigma - u = 350 - 180 = 170\,\text{kPa}$$

$$\tau_f = c' + \sigma\tan\varphi' = 75.1 + 170\tan 30° = 173.2\,\text{kPa}$$

在 $\alpha = 45°$ 的平面上最大剪应力 $\tau_{\max} = 150\,\text{kPa}$，可见，在该面上虽然剪应力比较大，但抗剪强度（$\tau_f = 173.2\,\text{kPa}$）大于剪应力（$\tau_{\max} = 150\,\text{kPa}$），故在最大剪应力的作用平面上不发生剪切破坏。

## 5.3.5　孔隙压力系数 $A$ 和 $B$

有效应力原理在早期被广泛应用于单向法向应力状态，到 20 世纪 50 年代，英国斯肯普顿（Skempton）等人认为，土中的孔隙压力不仅是由于法向应力所产生，而且剪应力的作用也会产生新的孔隙压力增量，并在三轴试验研究的基础上，提出了用孔隙压力系数 $A$ 和 $B$ 来表示土中孔隙压力大小的方法。

假设土体为各向同性弹性体，在地基表面局部荷载作用下，土中某点的应力状态为如图 5-18 中所示的微分六面体上的应力状态。其中 $\Delta u$ 为施加荷载以后产生的孔隙压力增量。为简化起见，取荷载面积对称轴上的一点进行分析。由于对称，单元体各个面（水平面和竖直面）均为主应力平面，各方向应力增量分别为 $\Delta \sigma_z = \Delta \sigma_1$，$\Delta \sigma_y = \Delta \sigma_2$，$\Delta \sigma_x = \Delta \sigma_3$。因为假定土体是弹性体，因而对于这种木等向应力条件，可以分解为等向应力和不等向偏应力分别作用并予以叠加，孔隙压力的增量分别为 $\Delta u_1$ 和 $\Delta u_2$，如图 5-19 所示。

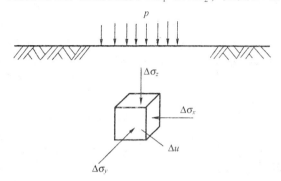

图 5-18　局部荷载下地基中一点上的应力

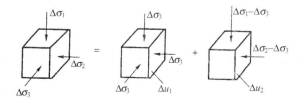

图 5-19　土中一点应力的分解图

1. 等向应力 $\Delta \sigma_3$ 作用下的孔隙压力 $\Delta u_1$

在 $\Delta \sigma_3$ 等向作用下，有效应力（各向相同）为：

$$\Delta \sigma_3' = \Delta \sigma_3 - \Delta u_1$$

根据广义虎克定律，并且考虑 $\Delta \sigma_1' = \Delta \sigma_2' = \Delta \sigma_3'$，则 3 个主应力方向上的应变为：

$$\varepsilon_1 = \varepsilon_2 = \varepsilon_3 = \frac{1-2\mu}{E}\Delta \sigma_3' = \frac{1-2\mu}{E}(\Delta \sigma_3 - \Delta u_1) \tag{5-20}$$

而单元体的体积应变 $\varepsilon_v$ 为：

$$\varepsilon_v = \varepsilon_1 + \varepsilon_2 + \varepsilon_3 = \frac{3(1-2\mu)}{E}(\Delta \sigma_3 - \Delta u_1) \tag{5-21}$$

因为
$$\varepsilon_{\mathrm{v}} = \frac{\Delta V}{V}$$

所以单元体体积变化量为：
$$\Delta V = \frac{3(1-2\mu)}{E} V(\Delta\sigma_3 - \Delta u_1)$$
$$= C_{\mathrm{s}} V(\Delta\sigma_3 - \Delta u_1) \tag{5-22}$$

式中：$C_{\mathrm{s}}$——土的体积压缩系数。
$$C_{\mathrm{s}} = \frac{3(1-2\mu)}{E} \tag{5-23}$$

单元土体的孔隙内的流体（空气和水）在压力增量 $\Delta u_1$ 作用下，发生的体积压缩量为：
$$\frac{\Delta V_{\mathrm{v}}}{V} = C_{\mathrm{v}} \frac{e}{1+e} \Delta u_1 = C_{\mathrm{v}} n \Delta u_1 \tag{5-24}$$
$$\Delta V_{\mathrm{v}} = C_{\mathrm{v}} V n \Delta u_1$$

式中：$C_{\mathrm{v}}$——孔隙的体积压缩系数；

$n$——孔隙率。

土颗粒在一般压力下的体积压缩量极小，可以忽略不计，故可认为单元土体的体积压缩量就等于孔隙体积的压缩量，即 $\Delta V = \Delta V_{\mathrm{v}}$，则从式（5-22）和式（5-24）得到：
$$C_{\mathrm{s}} V(\Delta\sigma_3 - \Delta u_1) = C_{\mathrm{v}} V n \Delta u_1$$
$$\Delta u_1 = \frac{1}{1 + n\dfrac{C_{\mathrm{v}}}{C_{\mathrm{s}}}} \cdot \Delta\sigma_3 = B\Delta\sigma_3 \tag{5-25}$$

式中：$B$——孔隙压力系数。其值为：
$$B = \frac{1}{1 + n\dfrac{C_{\mathrm{v}}}{C_{\mathrm{s}}}} = \frac{\Delta u_1}{\Delta\sigma_3} \tag{5-26}$$

孔隙压力系数 $B$ 是在各向等应力条件下求出的孔隙应力系数。对于完全饱和土，孔隙为水所充满，在一般压力下，可认为 $C_{\mathrm{v}} = 0$，所以 $B = 1$，此时有：
$$\Delta u_1 = \Delta\sigma_3 \tag{5-27}$$

对于干土，孔隙的压缩性接近于无穷大，所以 $B = 0$，非完全饱和土 $B$ 则在 $0 \sim 1$ 之间，饱和度越大，$B$ 越接近于 1。

2. 求偏应力作用下的孔隙压力 $\Delta u_2$（图 5-19）

在这种应力条件下，单元土体各方向的有效应力分别为：
$$\Delta\sigma_1' = \Delta\sigma_1 - \Delta\sigma_3 - \Delta u_2$$
$$\Delta\sigma_2' = \Delta\sigma_2 - \Delta\sigma_3 - \Delta u_2$$
$$\Delta\sigma_3' = -\Delta u_2$$

根据广义虎克定律以及同前述步骤可求得：
$$\Delta V = \frac{3(1-2\mu)}{E} V \cdot \frac{1}{3}\left[(\Delta\sigma_1 - \Delta\sigma_3) + (\Delta\sigma_2 - \Delta\sigma_3) - 3\Delta u_2\right] \tag{5-28}$$

而孔隙中流体在压力增量 $\Delta u_2$ 作用下发生的体积变化为：

$$\Delta V_v = C_v V n \Delta u_2 \tag{5-29}$$

同前，使 $\Delta V = \Delta V_v$，可得：

$$\Delta u_2 = \frac{1}{1+n\dfrac{C_v}{C_s}} \cdot \frac{1}{3}\left[(\Delta \sigma_1 - \Delta \sigma_3) + (\Delta \sigma_2 - \Delta \sigma_3)\right] \tag{5-30}$$

$$= B \cdot \frac{1}{3}\left[(\Delta \sigma_1 - \Delta \sigma_3) + (\Delta \sigma_2 - \Delta \sigma_3)\right]$$

式（5-30）即为偏应力作用下的孔隙压力表达式。由式（5-25）和式（5-30）可得图 5-20 中所示的应力条件下产生的孔隙压力的公式：

$$\Delta u = \Delta u_1 + \Delta u_2 = B\left\{\Delta \sigma_3 + \frac{1}{3}\left[(\Delta \sigma_1 - \Delta \sigma_3) + (\Delta \sigma_2 - \Delta \sigma_3)\right]\right\} \tag{5-31}$$

式（5-31）是在假定土体为弹性体的条件下得出的，而真实的土体不是完全弹性体，因此需要通过试验来验证，目前通常应用室内三轴压缩仪来实施在复杂应力条件下试样的孔隙压力测定。在轴对称三轴中，$\Delta \sigma_2 = \Delta \sigma_3$，并令系数 $A$ 代替式（5-31）中的 1/3，则有：

$$\Delta u = B\left[\Delta \sigma_3 + A(\Delta \sigma_1 - \Delta \sigma_3)\right] \tag{5-32}$$

或者写成一般的全量表达式：

$$u = B\left[\sigma_3 + A(\Delta \sigma_1 - \Delta \sigma_3)\right] \tag{5-33}$$

式中：$A$——孔隙压力系数，它是在偏应力条件下所得到的孔隙压力系数，由试验测定。对于弹性材料，$A = 1/3$。

孔隙压力系数 $A$、$B$ 均可在室内三轴试验中通过量测试样中的孔隙压力确定。

在实际工程问题中更为关心的常是土体在剪损时的孔隙压力系数 $A_f$，故常在试验中监测试样剪坏时的孔隙压力 $u_f$，相应的强度值为 $(\sigma_1 - \sigma_3)_f$，对于饱和土，$B = 1$，则可得：

$$A_f = \frac{u_f}{(\Delta \sigma_1 - \Delta \sigma_3)_f} \tag{5-34}$$

在通过试验求孔隙压力系数 $A$、$B$ 时，应分清试验方法对孔隙压力增量带来的影响。当为 UU 试验时，$\Delta u_2$ 中包含了 $\Delta u_1$ 的累积；而在 CU 试验中则不包含 $\Delta u_1$ 的累积。

孔隙压力系数 $A$ 的数值取决于偏应力所引起的体积变化。高压缩性黏土的 $A$ 值较大，超固结黏土在剪应力作用下会发生体积膨胀，从而产生负的孔隙压力，$A$ 则为负值。孔隙压力系数 $A$ 还与土的应力历史、应变大小及加荷方式等因素有关。表 5-2 是不同土类孔隙压力系数 $A$ 值的大致范围，可供参考。

**表 5-2　孔隙压力系数 $A$ 参考值**

| 土　类 | $A$ 值 | 土　类 | $A$ 值 |
|---|---|---|---|
| 很松的细砂 | 2.0～3.0 | 微超固结黏土 | 0.2～0.5 |
| 高灵敏度软黏土 | 0.75～1.50 | 一般超固结黏土 | 0～0.2 |
| 正常固结黏土 | 0.5～1.0 | 强超固结黏土 | -0.5～0 |
| 压实砂质黏土 | 0.25～0.75 | | |

【例 5-4】一组淤泥质黏土试样共 3 个，进行三轴固结不排水剪试验，所施加的周围压

力 $\sigma_3$ 以及试样剪切破坏时的偏应力 $(\sigma_1 - \sigma_3)_f$ 分别列于表 5-3 中。在施加 $\sigma_3$ 以及到达 $(\sigma_1 - \sigma_3)_f$ 时测得的孔隙压力分别为 $u_1$ 和 $u_2$，其数值大小也列于表 5-3。求土的孔隙压力系数 $A$、$B$。

表 5-3　三轴固结不排水剪试验数据及孔隙压力系数 $A$、$B$ 计算结果（单位：kPa）

| 试样编号 | $\sigma_3$ | $(\sigma_1 - \sigma_3)_f$ | $u_1$ | $u_2$ | $A$ | $B$ |
|---|---|---|---|---|---|---|
| 1 | 100 | 92 | 95 | 65 | 0.71 | 0.95 |
| 2 | 200 | 148 | 192 | 135 | 0.91 | 0.96 |
| 3 | 300 | 250 | 282 | 210 | 0.84 | 0.94 |

**解**：由式 (5-26) 和式 (5-34) 可分别求得各试样的孔隙压力系数 $A$、$B$，列于表 5-3。例如，对于试样 3 有：

$$B = \frac{u_1}{\sigma_3} = \frac{282}{300} = 0.94$$

$$A = \frac{u_2}{(\sigma_1 - \sigma_3)_f} = \frac{210}{250} = 0.84$$

## 5.3.6　应力路径概念

应力路径是指在外力作用下土中某一点的应力变化过程在应力坐标图中的轨迹。它是描述土体在外力作用下应力变化情况或过程的一种方法。对于同一种土，当采用不同的试验手段和不同的加荷方法使之剪切破坏，其应力变化过程是不相同的，这种不同的应力变化过程对土的力学性质（包括强度）也将发生影响。

最常用的应力路径表达方式有以下两种：

（1）$\sigma - \tau$ 直角坐标系统。常用于表示已定剪切面上法向应力和剪应力变化的应力路径，如图 5-20（a）所示。

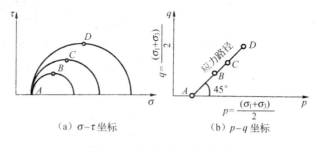

（a）$\sigma - \tau$ 坐标　　　　　　（b）$p - q$ 坐标

图 5-20　应力路径表达方式

（2）$p - q$ 直角坐标系统。其中 $p = \frac{1}{2}(\sigma_1 + \sigma_3)$，$q = \frac{1}{2}(\sigma_1 - \sigma_3)$，这是表示大小主应力和之半与大小主应力差之半的变化关系的应力路径，如图 5-20（b）所示，常用以表示最大剪应力（$\tau_{max}$）面上的应力变化情况。这里 $\frac{1}{2}(\sigma_1 - \sigma_3)$ 又是莫尔圆的半径，$\frac{1}{2}(\sigma_1 + \sigma_3)$ 则是莫

尔圆的圆心横坐标。

由于土中应力可用总应力和有效应力表示，因此应力路径也可分为总应力路径（total stress path，简写 TSP）和有效应力路径（effective stress path，简写 ESP）。总应力路径是指受荷后土中某点的总应力变化轨迹，它与加荷条件有关，而与土质和土的排水条件无关；而有效应力路径则是指在已知的总应力条件下，土中某点有效应力的变化轨迹，它不仅与加荷条件有关，而且也与土体排水条件以及土的初始状态、初始固结条件、土类等土质条件有关。

每一个试样剪切的全过程都可以按应力—应变关系的记录整理出一条总应力路径，若在试验中同时记录了土中孔隙水压力的数据，则还可绘出土中任一点的有效应力路径。

图 5-21 所示的是表示在 $p = \dfrac{1}{2}(\sigma_1 + \sigma_3)$ 或 $p' = \dfrac{1}{2}(\sigma_1' + \sigma_3')$ 与 $q = \dfrac{1}{2}(\sigma_1 - \sigma_3)$ 坐标系中，三轴固结不排水剪试验中最大剪应力面上的应力路径。图 5-21（a）为正常固结土的应力路径，图中 $AB$ 是总应力路径，$AB'$ 是有效应力路径。由于在试验中是等向固结，所以两条应力路径线同时出发于 $A$ 点（$p = \sigma_3$，$q = 0$），受剪时，总应力路径是向右上方延伸的直线（与横轴夹角为 45°）；而有效应力路径是向左上方弯曲的曲线。它们分别终止于总应力强度包线和有效应力强度包线。总应力路径线与有效应力路径线之间各点横坐标的差值即为施加偏应力（$\sigma_1 - \sigma_3$）过程中所产生的孔隙水压力 $u$，而 $B$、$B'$ 两点间的横坐标差值即为试样剪损时的孔隙水压力 $u_f$，由于有效应力圆与总应力圆的半径是相等的，所以 $B$、$B'$ 两点的纵坐标（即强度值）是相同的。图中 $K_f$ 线和 $K_f'$ 线分别为以总应力和有效应力表示的极限应力圆顶点的连线。图 5-21（b）为超固结土的应力路径，图中 $AB$ 和 $AB'$ 分别为弱超固结土的总应力路径和有效应力路径，由于弱超固结土在受剪过程中产生正的孔隙水压力，因此，有效应力路径仍然在总应力路径的左边；图中 $CD$ 和 $CD'$ 分别为强超固结土的总应力路径和有效应力路径，由于强超固结土具有剪胀性，在受剪过程中开始时是出现正的孔隙水压力，以后逐渐转为负值，因此，有效应力路径开始时是在总应力路径的左边，以后逐渐转移到总应力路径的右边，直至 $D'$ 剪切破坏。

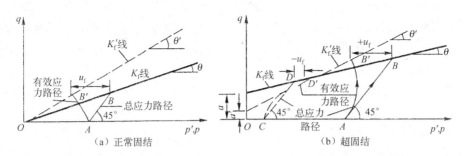

图 5-21　三轴固结不排水剪试验中的应力路径

试验表明，试样在剪切破坏时，应力路径将发生转折或趋向于水平，因此可将应力路径转折点处的应力作为判断试样破坏的标准。将有效应力路径确定的 $K_f'$ 线与破坏包线绘在同一张图上，可以求得有效应力强度参数 $c'$ 和 $\varphi'$。如图 5-22 所示，设 $K_f'$ 线与纵坐标的截距为 $a'$，倾角为 $\theta'$，由几何关系可以证明，$a'$、$\theta'$ 与 $c'$、$\varphi'$ 之间有如下的关系：

$$\sin \varphi' = \tan \theta' \tag{5-35}$$

$$c' = \frac{a'}{\cos \varphi'} \tag{5-36}$$

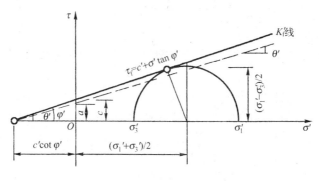

图 5-22　$a'$、$\theta'$ 与 $c'$、$\varphi'$ 之间的关系

　　因此，可以根据 $a'$、$\theta'$ 反算 $c'$、$\varphi'$，这种方法称为应力路径法。该法比较容易从同一批土样而较为分散的试验结果中得出 $c'$、$\varphi'$ 值。

　　由于土体的变形和强度不仅与受力的大小有关，还与土的应力历史有关，而土的应力路径可以模拟土体实际的应力历史，全面地研究应力变化过程对土的力学性质的影响，因此，土的应力路径对进一步探讨土的应力—应变关系和强度都具有十分重要的意义。

### 5.3.7　试验方法与指标的选用

　　从以上几个问题的介绍中可以看出，土的抗剪强度及其指标的确定将因试验时的排水条件以及所采用的分析方法（总应力法或有效应力法）的不同而不同。目前常用的试验手段主要是三轴压缩试验与直接剪切试验两种，前者能够控制排水条件以及可以量测试样中孔隙水压力的变化，后者则不能。三轴试验和直剪试验各自的三种试验方法，理论上是一一对应的。直剪试验方法中的“快”与“慢”，只是“不排水”与“排水”的等义词，并不是为了解决剪切速率对强度的影响问题，而仅是通过快和慢的剪切速率来解决试样的排水条件问题。在实际工程中，在选用不同试验方法及相应的强度指标时，宜注意到以下几点：

　　（1）采用的强度指标应与所采用的分析方法相吻合。当采用有效应力法分析时，应采用土的有效应力强度指标；当采用总应力法分析时，则应采用土的总应力强度指标。采用有效应力法及相应指标进行计算，概念明确，指标稳定，是一种比较合理的分析方法。只要能比较准确地确定孔隙水压力，则应该推荐采用有效应力法，有效应力强度指标可采用直剪慢剪、三轴固结排水剪和三轴固结不排水剪等方法测定。

　　（2）试验中的排水条件控制应与实际工程情况相符合。不固结不排水剪在试验中所施加的外力全部为孔隙水压力所承担，试样完全保持初始的有效应力状况；固结不排水剪的固结应力则全部转化为有效应力，而在施加偏应力时又产生了孔隙水压力，所以仅当实际工程中的有效应力状况与上述两种情况相对应时，采用上述试验方法及相应指标才是合理的。因此，对于可能发生快速加荷的正常固结黏性土上的路堤进行稳定分析时，可采用不固结不排水试验方法；对于土层较厚、渗透性较小、施工速度较快工程的施工期分析也可采用不固结不排水剪试验方法；而当土层较薄、渗透性较大、施工速度较慢工程的竣工期分析可采用固结不排水剪试验方法。

（3）在实际应用中，一些工程情况不一定都是很明确的，如加荷速度的快慢、土层的厚薄、荷载大小以及加荷过程等，都没有定量的界限值与之对应。此外，常用的三轴试验与直剪试验的试验条件也是理想化的室内条件，在实际工程中与之完全相符合的情况并不多，大多只是近似的情况。因此在强度指标的具体使用中，还需结合工程经验予以调整和判断。

（4）直剪试验不能控制排水条件，因此，若用同一剪切速率和同一固结时间进行直剪试验，这对渗透性不同的土样来说，不但有效应力不同而且固结状态也不明确，若不考虑这一点，则使用直剪试验结果就会有很大的随意性。但直剪试验的设备构造简单，操作方便，国内各土工试验室都具备条件，因此在大多场合下仍然采用直剪试验方法，但必须注意直剪试验的适用性。

## 5.4　饱和黏性土的抗剪强度

如前所述，常规三轴试验的试验过程可分为两个阶段：第一阶段是固结阶段，即在压力室作用一定的水压，使试样在周围压力 $\sigma_3$ 条件下处于各向等压状态；第二阶段是剪切阶段，即通过传力杆对试样施加竖向压力 $\Delta\sigma_1$（$\Delta\sigma_1 = \sigma_1 - \sigma_3$）直至试样受剪破坏。这两个阶段均可通过控制排水阀门的开或关，使试样处于排水或不排水状态。根据试验过程中排水情况的不同，常规三轴试验方法及其试验过程中试样含水率 $w$ 和孔隙水压力 $u$ 的变化见表 5-4 所列。

表 5-4　常规三轴试验过程中试样 $w$ 和 $u$ 的变化

| 加荷情况 | | 不固结不排水剪（UU 试验） | 固结不排水剪（CU 试验） | 固结排水剪（CD 试验） |
|---|---|---|---|---|
| 固结阶段 | 施加周围压力 $\sigma_3$ | 排水阀：关<br>$w_1 = w_0$（含水率不变）<br>$\Delta u_1 = \sigma_3$（不固结） | 排水阀：开<br>$w_1 < w_0$（含水率减小）<br>$\Delta u_1 = 0$（固结） | 排水阀：开<br>$w_1 < w_0$（含水率减小）<br>$\Delta u_1 = 0$（固结） |
| 剪切阶段 | 施加竖向压力 $\Delta\sigma_1$ | 排水阀：关<br>$w_2 = w_0$（含水率不变）<br>$\Delta u_2 = A(\sigma_1 - \sigma_3)$（不排水） | 排水阀：关<br>$w_2 = w_1$（含水率不变）<br>$\Delta u_2 = A(\sigma_1 - \sigma_3)$（不排水） | 排水阀：开<br>$w_2 < w_1$（正常固结土排水）<br>$w_2 > w_1$（正常固结土排水）<br>$\Delta u_2 = 0$ |
| 孔隙水压力的总增量 | | $u = \Delta u_1 + \Delta u_2$<br>$\quad = \sigma_3 + A(\sigma_1 - \sigma_3)$ | $u = \Delta u_2 = A(\sigma_1 - \sigma_3)$ | $u = 0$ |

注：1. $w_0$ 为试样的初始含水率；
　　2. $A$ 为孔隙压力系数，对饱和土，另一孔隙压力系数 $B = 1$。

由于不同的试验方法在试验过程中控制的排水条件不同，因此，同一土样在不同试验方法中的抗剪强度性状是不同的，所测得的总应力强度指标也是各异的。

## 5.4.1 不固结不排水抗剪强度

不固结不排水试验是在施加周围压力和随后施加竖向压力直至试样剪切破坏的整个过程中，自始至终关闭排水阀，不允许试样中的水排出。如果有一组饱和黏性土试样都先在某一周围压力下固结至稳定，试样中的初始孔隙水压力为零。然后在不排水条件下分别施加不同的周围压力 $\sigma_3$ 和竖向压力 $\Delta\sigma_1$ 至剪切破坏，试验结果如图 5-23 所示。

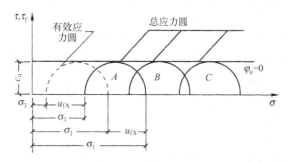

图 5-23 饱和黏性土不固结不排水试验结果

图 5-23 中 3 个实线半圆 $A$、$B$、$C$ 分别表示 3 个试样在不同的 $\sigma_3$ 作用下破坏时的总应力圆，虚线是有效应力圆。由于试样在周围压力 $\sigma_3$ 作用下不允许排水固结，因此试样的含水率不变，体积不变。尽管 3 个试样施加的 $\sigma_3$ 不同，但改变周围压力 $\sigma_3$ 只能引起孔隙水压力的等量变化（即 $\Delta u_1 = \sigma_3$，见表 5-4），并不会改变试样中的有效应力，各试样在剪切前的有效应力相等；而在随后施加竖向压力 $\Delta\sigma_1$（$\Delta\sigma_1 = \sigma_1 - \sigma_3$，称为主应力差或偏应力）使试样受剪至破坏的过程中，同样不允许试样排水，因此试样的含水率、体积及有效应力仍未改变，所以试样的抗剪强度不变，亦即各试样破坏时的主应力差相等，在 $\tau_f - \sigma$ 图上表现为3 个极限总应力圆 $A$、$B$、$C$ 的直径相等。因而总应力强度包线是一条水平线，由图可得：

$$\varphi_u = 0$$
$$\tau_f = c_u = \frac{1}{2}(\sigma_1 - \sigma_3) \tag{5-37}$$

式中：$\varphi_u$——不排水内摩擦角/(°)。

$c_u$——不排水抗剪强度/kPa。

在试验中，如果分别量测试样破坏时的孔隙水压力 $u_f$，试验结果可以用有效应力法整理。由于在进行不排水剪切前各试件的有效应力相等，因此，3 个试件只能得到同一个有效应力圆，如图 5-23 中虚线所示，并且有效应力圆的直径与 3 个总应力圆的直径相等，即

$$\sigma_1' - \sigma_3' = (\sigma_1 - \sigma_3)_A = (\sigma_1 - \sigma_3)_B = (\sigma_1 - \sigma_3)_C$$

由于一组试样的不固结不排水试验结果只能得到一个有效应力圆，因而用这种试验就不能得到有效应力破坏包线和 $c'$、$\varphi'$ 值。

应该强调的是，不固结不排水试验的"不固结"，是指试样在施加周围压力 $\sigma_3$ 后不再固结，而保持试样原来的有效应力不变。如果饱和黏性土从未在一定压力下固结过，则将呈泥浆状，其有效应力为零，抗剪强度也必然等于零。天然土层中一定深度处的土，取出前在某一压力（如上覆土层自重应力等）下已经固结，因而它具有一定的强度，不排水抗剪强

度 $c_u$ 正是反映了土的这种在原有有效固结压力下所产生的天然强度。由于天然土层的有效固结压力是随深度变化的，因此不排水抗剪强度也随深度变化。在天然土层中取出的试样，如果其有效固结压力较大（即进行不固结不排水试验时的剪前固结压力较高），就会得出较大的不排水抗剪强度 $c_u$。对于正常固结黏性土，不排水抗剪强度大致随有效固结压力线性增加。饱和的超固结黏性土，其不固结不排水强度包线也是一条水平线，即 $\varphi_u = 0$，由于超固结土的前期固结压力的影响，其 $c_u$ 值比正常固结土大。

工程实践中，土的不排水抗剪强度 $c_u$ 通常用于确定饱和黏性土的短期承载力或短期稳定性问题。

## 5.4.2　固结不排水抗剪强度

饱和黏性土的固结不排水抗剪强度，在一定程度上受到应力历史的影响。因此，在研究黏性土的固结不排水强度时，要区别试样是正常固结还是超固结。我们将前面提到的正常固结土层和超固结土层的概念应用到三轴固结不排水试验中，如果试样所受到的周围固结压力 $\sigma_3$ 大于它曾受到的最大固结压力 $p_c$，则试样处于正常固结状态；反之，$\sigma_3 < p_c$ 时试样处于超固结状态。这两种不同固结状态的试样，在不排水剪切过程中的性状是完全不同的。

固结不排水试验是在施加周围压力后打开排水阀，允许土中水排出，待固结稳定后关闭排水阀，然后在不排水条件下施加竖向压力至试样剪切破坏。由于试样在周围压力作用下充分排水固结，其产生的孔隙水压力完全消散为零（$\Delta u_1 = 0$，见表 5-4），随着竖向压力 $\Delta \sigma_1$ 的增加（轴向应变 $\varepsilon_a$ 增加），试样开始受剪。在剪切过程中，正常固结试样的体积有减少的趋势（剪缩），而超固结试样的体积有增加的趋势（剪胀），但由于在剪切过程中不允许排水，试样的体积不变。因此，在不排水条件下剪切时试样中的孔隙水压力将随剪应力的增加而不断变化，即 $\Delta u_2 = A(\sigma_1 - \sigma_3)$，且正常固结试样产生的是正的孔隙水压力，而超固结试样开始时产生正的孔隙水压力，以后转为负值。如图 5-24 所示。

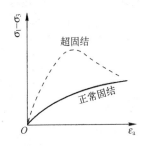 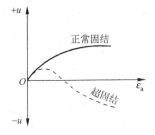

（a）主应力差 $(\sigma_1 - \sigma_3)$ 与轴向应变 $\varepsilon_a$ 关系　　　（b）孔隙水压力 $u$ 与轴向应变 $\varepsilon_a$ 关系

图 5-24　固结不排水试验的孔隙水压力

图 5-25 表示正常固结饱和黏性土的固结不排水试验结果。由于试样是在周围压力 $\sigma_3$ 作用下固结稳定后，才在不排水条件下施加竖向压力 $\Delta \sigma_1$ 至剪切破坏，因此，试样的剪前固结压力将随 $\sigma_3$ 的增加而增大，从而试样的抗剪强度相应增加。在 $\tau_f - \sigma$ 图上表现为应力圆 $B$ 的直径比应力圆 $A$ 的直径大，图 5-25 中实线表示的为总应力圆和总应力破坏包线。在试验中如果量测试样破坏时的孔隙水压力 $u_f$，试验结果可以用有效应力法整理。根据有效应

力原理，$\sigma_1' = \sigma_1 - u_f$，$\sigma_3' = \sigma_3 - u_f$，因此 $\sigma_1' - \sigma_3' = \sigma_1 - \sigma_3$，即有效应力圆的直径与总应力圆的直径相等，但位置不同。由于正常固结试样在剪切破坏时产生正的孔隙水压力，故有效应力圆在总应力圆的左方，两者之间的距离为 $u_f$，图中以虚线表示的为有效应力圆和有效应力破坏包线。前已指出，未受过任何固结压力的饱和黏性土是泥浆状土，其抗剪强度为零，因此正常固结饱和黏性土固结不排水的总应力破坏包线和有效应力破坏包线都通过原点，即 $c_{cu} = c' = 0$。总应力破坏包线与水平线的夹角以 $\varphi_{cu}$ 表示，一般为 $10° \sim 20°$，有效应力破坏包线与水平线的夹角 $\varphi'$ 称为有效内摩擦角，通常 $\varphi'$ 比 $\varphi_{cu}$ 大一倍左右。

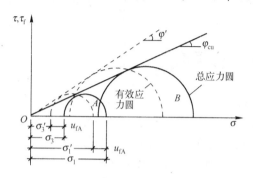

图 5-25  正常固结饱和黏性土固结不排水试验结果

应注意的是，从正常固结土层中取到试验室的试样，由于取样过程中引起的应力释放，即使十分小心地保持试样的天然初始孔隙比不变，试样中的有效固结压力都会有所降低（即试样将是超固结的）。因此，测定正常固结土的固结不排水强度时，试验中施加的周围固结压力 $\sigma_3$ 原则上应大于该试样的自重应力。

超固结土的固结不排水总应力破坏包线如图 5-26（a）所示。由于前期固结压力的作用，在剪切前的固结压力小于前期固结压力时，强度将比正常固结土的强度大，总应力强度包线将如图中 ab 段所示，与正常固结破坏包线 bc 相交，bc 线的延长线仍通过原点。实用上将 abc 折线取为一条直线，如图 5-26（b）所示，从而可求得总应力强度指标 $c_{cu}$ 和 $\varphi_{cu}$，超固结土固结不排水的 $c_{cu} > 0$ 且前期固结压力越大，$c_{cu}$ 就越大，而 $\varphi_{cu}$ 则比正常固结土的小。固结不排水剪的总应力破坏包线可表达为：

$$\tau_f = c_{cu} + \sigma \tan \varphi_{cu} \tag{5-38}$$

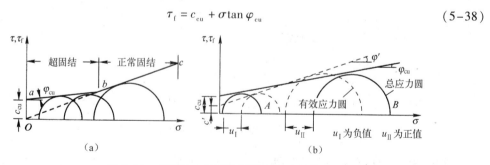

图 5-26  超固结土的固结不排水试验结果

如果在试验中量测试样破坏时的孔隙水压力 $u_f$，试验结果可用有效应力法整理。由于超固结试样在剪切破坏时产生负的孔隙水压力，有效应力圆在总应力圆的右方（图 5-26 中圆 A）；正常固结试样在剪切破坏时产生正的孔隙水压力，故有效应力圆在总应力圆的左方

（图 5-26 中圆 $B$）。有效应力圆和有效应力破坏包线如图 5-26 中虚线所示，从而可求得固结不排水剪的有效应力强度指标 $c'$ 和 $\varphi'$。于是，有效应力强度包线可表达为：

$$\tau_f = c' + \sigma' \tan \varphi' \tag{5-39}$$

由图 5-26 中可见，超固结土 $c' < c_{cu}$，$\varphi' > \varphi_{cu}$。

## 5.4.3　固结排水抗剪强度

固结排水试验在施加周围压力 $\sigma_3$ 和竖向压力 $\Delta \sigma_1$ 时均允许试样充分排水固结，因此，在整个试验过程中，试样中的孔隙水压力始终为零（$u = 0$，见表 5-4），总应力最终全部转化为有效应力，即 $\sigma' = \sigma - u = \sigma$，故总应力圆就是有效应力圆，总应力破坏包线就是有效应力破坏包线。

在排水剪切过程中，随着竖向压力 $\Delta \sigma_1$ 的增加，试样的体积不断变化，如图 5-27 所示，正常固结试样将产生剪缩，而超固结试样则是先压缩，继而主要呈现剪胀的特性。

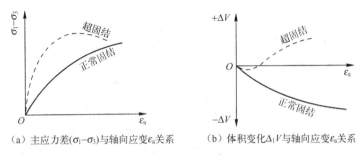

（a）主应力差$(\sigma_1-\sigma_3)$与轴向应变$\varepsilon_a$关系　　（b）体积变化$\Delta_1 V$与轴向应变$\varepsilon_a$关系

图 5-27　固结排水试验的体积变化

饱和黏性土在固结排水剪切试验中的强度规律与固结不排水剪切试验相似。图 5-28 为饱和黏性土的固结排水试验结果。正常固结土的破坏包线通过原点，如图 5-28（a）所示，黏聚力 $c_d = 0$，内摩擦角 $\varphi_d = 20° \sim 40°$，塑性指数越大，$\varphi_d$ 就越小；而超固结土的破坏包线略弯曲，实用上近似取为一条直线，如图 5-28（b）所示，黏聚力 $c_d$ 为 $5 \sim 25$ kPa，且前期固结压力越大，$c_d$ 也越大，但 $\varphi_d$ 比正常固结土的 $\varphi_d$ 要小。

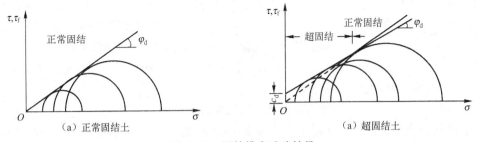

（a）正常固结土　　　　　　　　　　（a）超固结土

图 5-28　固结排水试验结果

为了保持固结排水试验中试样的孔隙水压力始终为零，剪切时的剪切速率极为缓慢，试验历时往往长达数天，甚至数星期。而试验结果证明，固结排水试验的强度指标 $c_d$、$\varphi_d$ 与固结不排水试验的有效应力强度指标 $c'$、$\varphi'$ 很接近，因此，除非有必要，一般情况下可不做固结排水试验，而做量测孔隙水压力的固结不排水试验，即用 $c'$、$\varphi'$ 代替 $c_d$ 和 $\varphi_d$。但两者的试验条件是有差别的，固结不排水试验在剪切过程中试样的体积保持不变，而固结排水试验在剪切过程中试样的体积会发生变化，通常 $c_d$、$\varphi_d$ 略大于 $c'$、$\varphi'$，实用上可忽略不计。

图 5-29 表示同一种黏性土分别在 3 种不同排水条件下的试验结果。由图可见，如果以总应力法表示，则总应力强度指标 $c_u$、$\varphi_u$，$c_{cu}$、$\varphi_{cu}$ 和 $c_d$、$\varphi_d$，这几个强度指标是在试样中存在有不同孔隙水压力的情况下得出的。按式（5-13），破坏面与最大主应力 $\sigma_1$ 作用面的夹角 $\alpha_f = 45° + \varphi/2$，因此，同一种黏性土在 3 种试验方法中将沿不同平面剪切破坏，这与莫尔—库仑强度理论指出的土是沿最薄弱的面剪切破坏的观点不符。而以有效应力法表示试验结果时，则不论采用哪种试验方法，都得到近乎同一条有效应力破坏包线（图 5-29 中虚线所示），因此有效应力强度指标只有 $c'$、$\varphi'$，这意味着同一种黏性土在 3 种试验方法中都将沿同一平面剪切破坏，真实的破裂角应为有效应力强度指标 $\varphi'$ 计算的 $\alpha_f$，即 $\alpha_f = 45° + \varphi/2$。由此可见，土的抗剪强度与总应力没有一一对应的关系，而与有效应力有唯一的对应关系。

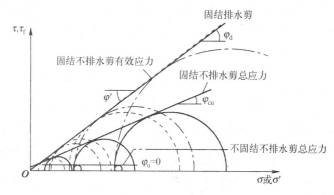

图 5-29　3 种试验方法结果比较

【例 5-5】 对某正常固结饱和黏性土试样进行三轴固结不排水试验，得 $c' = 0$，$\varphi' = 30°$，问：（1）若试样先在周围压力 $\sigma_3 = 100\,\text{kPa}$ 下固结，然后关闭排水阀，将 $\sigma_3$ 增大至 $200\,\text{kPa}$ 进行不固结不排水试验，测得破坏时的孔隙压力系数 $A = 0.5$，求土的不排水抗剪强度指标；（2）若试样在周围压力 $\sigma_3 = 200\,\text{kPa}$ 下进行固结不排水试验，试样破坏时的主应力差 $\sigma_1 - \sigma_3 = 165\,\text{kPa}$，求固结不排水总应力强度指标、破坏时试样中的孔隙水压力及相应的孔隙压力系数、剪切破坏面上的法向应力和剪应力；（3）若试样在周围压力 $\sigma_3 = 200\,\text{kPa}$ 下进行固结排水试验，试样破坏时的主应力差 $\sigma_1 - \sigma_3 = 400\,\text{kPa}$，求固结排水强度指标、剪切破坏面上的法向应力和剪应力；（4）试比较上述三种试验方法的强度指标与剪切破坏面。

**解**：（1）试样先在周围压力 $\sigma_3 = 100\,\text{kPa}$ 下固结（即 $u_0 = 0$），然后在不排水条件下增大至 $200\,\text{kPa}$，则周围压力增量 $\Delta\sigma_3$ 为：

$$\Delta\sigma_3 = 200 - 100 = 100\,\text{kPa}$$

由于试样是完全饱和的，孔隙压力系数 $B = 1$，因此，周围压力增量 $\Delta\sigma_3$ 引起的孔隙水压力增量 $\Delta u_1 = \Delta\sigma_3 = 100\,\text{kPa}$。

若试样在不排水条件下剪切破坏时的主应力差 $\Delta\sigma_1 = \sigma_1 - \sigma_3$，则 $\sigma_1 = \sigma_3 + \Delta\sigma_1 = 200 + \Delta\sigma_1$，因 $\Delta\sigma_1$ 的施加而引起的孔隙水压力增量 $\Delta u_2 = A \cdot \Delta\sigma_1 = 0.5\Delta\sigma_1$。

试样破坏时的总孔隙水压力 $u_f$ 为：

$$u_f = u_0 + \Delta u_1 + \Delta u_2 = 100 + 0.5\Delta\sigma_1$$

试样破坏时的有效应力为:

$$\sigma_3' = \sigma_3 - u_f = 200 - (100 + 0.5\Delta\sigma_1) = 100 - 0.5\Delta\sigma_1$$

$$\sigma_1' = \sigma_1 - u_f = 200 + \Delta\sigma_1 - (100 + 0.5\Delta\sigma_1) = 100 + 0.5\Delta\sigma_1$$

因 $c' = 0$,由式 (5-8) 得

$$\sigma_1' = \sigma_3' \cdot \tan^2\left(45° + \frac{\varphi'}{2}\right)$$

即

$$100 + 0.5\Delta\sigma_1 = (100 - 0.5\Delta\sigma_1) \cdot \tan^2\left(45° + \frac{30°}{2}\right)$$

$$100 + 0.5\Delta\sigma_1 = 300 - 1.5\Delta\sigma_1$$

$$\Delta\sigma_1 = 100 \text{ kPa}$$

于是,试样破坏时的应力状态为:

总应力

$$\sigma_3 = 200 \text{ kPa}$$

$$\sigma_1 = 200 + \Delta\sigma_1 = 200 + 100 = 300 \text{ kPa}$$

孔隙水压力 $\quad u_f = 100 + 0.5\Delta\sigma_1 = 100 + 0.5 \times 100 = 150 \text{ kPa}$

有效应力

$$\sigma_3' = 100 - 0.5\Delta\sigma_1 = 100 - 0.5 \times 100 = 50 \text{ kPa}$$

$$\sigma_1' = 100 + 0.5\Delta\sigma_1 = 100 + 0.5 \times 100 = 150 \text{ kPa}$$

土的不排水抗剪强度指标:

$$\varphi_u = 0$$

$$c_u = \frac{1}{2}(\sigma_1 - \sigma_3) = \frac{1}{2} \times (300 - 200) = 50 \text{ kPa}$$

(2) 试样破坏时的总应力为:

$$\sigma_3 = 200 \text{ kPa}$$

$$\sigma_1 = 200 + 165 = 365 \text{ kPa}$$

由于正常固结饱和黏性土的固结不排水总应力破坏包线必通过原点,因此 $c_{cu} = 0$。由式 (5-5)得:

$$\sin\varphi_{cu} = \frac{\sigma_1 - \sigma_3}{\sigma_1 + \sigma_3} = \frac{365 - 200}{365 + 200} = 0.292$$

$$\varphi_{cu} = \arcsin(0.292) = 16.98° \approx 17°$$

由于试样是完全饱和的,因此,孔隙压力系数 $B = 1$。当试样在周围压力 $\sigma_3$ 下固结 (即 $\Delta u_1 = 0$),然后在不排水条件下施加偏应力 $\sigma_1 - \sigma_3$ 破坏时,试样中的孔隙水压力 $u_f$ 为:

$$u_f = \Delta u_2 = A(\sigma_1 - \sigma_3) = 165A$$

试样破坏时的有效应力为:

$$\sigma_3' = \sigma_3 - u_f = 200 - 165A$$

$$\sigma_1' = \sigma_1 - u_f = 365 - 165A$$

因 $c' = 0$,由式 (5-8) 解得

$$365 - 165A = (200 - 165A) \cdot \tan^2\left(45° + \frac{30°}{2}\right)$$

$$365 - 165A = 600 - 495A$$

$$A = 0.712$$

于是
$$u_f = 165A = 165 \times 0.712 = 117.5 \text{ kPa}$$

$$\sigma_3' = \sigma_3 - u_f = 200 - 117.5 = 82.5 \text{ kPa}$$

$$\sigma_1' = \sigma_1 - u_f = 365 - 117.5 = 247.5 \text{ kPa}$$

按式（5-13），剪切破坏面与大主应力 $\sigma_1$ 作用面的夹角 $\alpha_f = 45° + \dfrac{\varphi}{2}$。在固结不排水试验中，对应于总应力强度指标 $\varphi_{cu}$，则有：

$$\alpha_f = 45° + \frac{\varphi_{cu}}{2} = 45° + \frac{17°}{2} = 53.5°$$

作用在该面上的法向应力和剪应力可按式（5-4）计算：

$$\sigma = \frac{1}{2}(\sigma_1 + \sigma_3) + \frac{1}{2}(\sigma_1 - \sigma_3)\cos 2\alpha_f$$

$$= \frac{1}{2} \times (365 + 200) + \frac{1}{2} \times (365 - 200)\cos(2 \times 53.5°)$$

$$= 258.4 \text{ kPa}$$

$$\tau = \frac{1}{2}(\sigma_1 - \sigma_3)\sin 2\alpha_f$$

$$= \frac{1}{2} \times (365 - 200)\sin(2 \times 53.5°)$$

$$= 78.9 \text{ kPa}$$

但由于土的抗剪强度取决于有效应力，而不是总应力，因此，由总应力强度指标 $\varphi_{cu}$ 计算的 $\alpha_f = 45° + \varphi_{cu}/2$ 并不是试样破坏时的真实破裂角，而仅是一个假想的破裂角，与之对应的平面是一个假想的剪切破坏面，该面上的法向应力 $\sigma$ 和剪应力 $\tau$ 是总应力抗剪强度线与总应力破坏圆的切点 $A$ 的坐标，如图 5-30 所示。试样破坏时的真实破裂角，是用有效应力强度指标 $\varphi'$ 计算的 $\alpha_f$，即 $\alpha_f = 45° + \varphi'/2 = 45° + 30°/2 = 60°$。

作用在该面上的法向应力和剪应力为：

$$\sigma' = \frac{1}{2}(\sigma_1' + \sigma_3') = \frac{1}{2}(\sigma_1' - \sigma_3')\cos 2\alpha_f$$

$$= \frac{1}{2} \times (247.5 + 82.5) = \frac{1}{2} \times (247.5 - 82.5)\cos(2 \times 60°)$$

$$= 123.5 \text{ kPa}$$

$$\tau = \frac{1}{2}(\sigma_1' + \sigma_3') \quad = \sin 2\alpha_f$$

$$= 71.4 \text{ kPa}$$

与真实破裂角 $\alpha_f$ 所对应的真实剪切破坏面，是有效应力抗剪强度线与有效应力破坏圆的切点 $A'$ 所代表的平面。

（3）在固结排水剪的整个试验过程中，试样的孔隙水压力始终为零，总应力最终全部

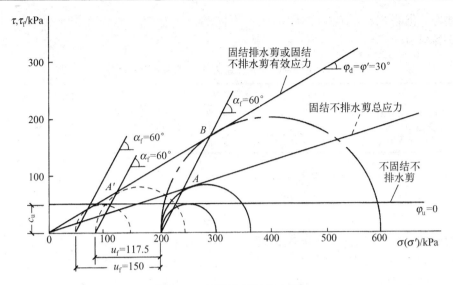

图 5-30　试样破坏时应力图

转化为有效应力，因此，固结排水剪的强度指标 $c_d$、$\varphi_d$ 就是有效应力强度指标。

试样破坏时的应力为：

$$\sigma_3 = \sigma_3' = 200\,\text{kPa}$$

$$\sigma_1 = \sigma_1' = 200 + 400 = 600\,\text{kPa}$$

由于正常固结饱和黏性土的固结排水破坏包线也通过原点，因此 $c_d = 0$。由式（5-5）得：

$$\sin\varphi_d = \frac{\sigma_1' - \sigma_3'}{\sigma_1' + \sigma_3'} = \frac{600 - 200}{600 + 200} = \frac{1}{2}$$

$$\varphi_d = \arcsin\left(\frac{1}{2}\right) = 30°$$

固结排水剪的剪切破坏面，是固结排水剪抗剪强度线与破坏应力圆的切点 $B$ 所代表的平面，该面与最大主应力 $\sigma_1$ 作用面的夹角 $\alpha_f$ 为：

$$\alpha_f = 45° + \frac{\varphi_d}{2} = 45° + \frac{30°}{2} = 60°$$

作用在该面上的法向应力和剪应力为：

$$\sigma' = \frac{1}{2}(\sigma_1' - \sigma_3') + \frac{1}{2}(\sigma_1' - \sigma_3')\cos 2\alpha_f$$

$$= \frac{1}{2} \times (600 + 200) + \frac{1}{2} \times (600 - 200)\cos(2 \times 60°)$$

$$= 300\,\text{kPa}$$

$$\tau = \frac{1}{2}(\sigma_1' - \sigma_3')\sin 2\alpha_f$$

$$= \frac{1}{2} \times (600 - 200)\sin(2 \times 60°)$$

$$= 173.2\,\text{kPa}$$

（4）从上述计算可知，同一种黏性土，尽管在相同周围压力下进行 3 种不同排水条件的三轴试验，但得出的总应力强度指标是不同的，而有效应力强度指标则基本相同，见表 5-5 及图 5-30 所示。

**表 5-5　3 种试验方法的试验结果**

| 试 验 方 法 | 总应力强度指标 | 有效应力强度指标 |
|---|---|---|
| 不固结不排水剪<br>固结不排水剪<br>固结排水剪 | $c_u = 50$　$\varphi_u = 0$<br>$c_{cu} = 0$　$\varphi_{cu} = 17°$<br>$c_d = 0$　$\varphi_d = 30°$ | $c' = 0$　$\varphi' = 30°$<br>$c_d = 0$　$\varphi_d = 30°$ |

在 3 种试验方法中，试样真实剪切破坏面的位置是唯一的，它们与最大主应力 $\sigma_1'$ 作用面的夹角均为 $\alpha_f = 45° + \dfrac{\varphi'}{2} = 45° + \dfrac{30°}{2} = 60°$，如图 5-30 所示。

**【例 5-6】** 若饱和黏性土层中某点的竖向应力 $\sigma_1 = 160\,\text{kPa}$，水平力 $\sigma_3 = 110\,\text{kPa}$，孔隙水压力 $u_0 = 40\,\text{kPa}$，假定孔隙压力系数 $A$、$B$ 在应力变化过程中保持不变。试问：（1）从该点取出土样并保持含水率不变，加工成试样后放入三轴仪压力室，测得试样的孔隙水压力为 $-80\,\text{kPa}$，求 $A$、$B$ 及试样的有效应力；（2）如果该试样在周围压力 $\sigma_3 = 100\,\text{kPa}$ 下进行不固结不排水试验，试样破坏时的主应力差 $\sigma_1 - \sigma_3 = 130\,\text{kPa}$，求土的不排水抗剪强度 $c_u$ 及试样破坏时的有效应力。

**解：**（1）土样在黏性土层中时的原位应力为：
$$\sigma_1 = 160\,\text{kPa} \quad \sigma_3 = 110\,\text{kPa} \quad u_0 = 40\,\text{kPa}$$

当土样从黏性土层中取出后，土样的原位应力被解除，作用于土样上的应力为 $\sigma_1 = 0$，$\sigma_3 = 0$，相应的应力变化为：
$$\Delta\sigma_3 = 0 - 100 = -110\,\text{kPa}$$
$$\Delta\sigma_1 = 0 - 160 = -160\,\text{kPa}$$

由于保持土样的含水率不变，即土样的体积不变，因此，应力的变化势必引起土样中的孔隙水压力变化，孔隙水压力增量 $\Delta u = B[\Delta\sigma_3 + A(\Delta\sigma_1 - \Delta\sigma_3)]$。这样，土样的总孔隙水压力为原孔隙水压力 $u_0$ 与孔隙水压力增量 $\Delta u$ 之和，由于土样是饱和的，因而 $B = 1$。于是有：
$$u = u_0 + \Delta u = u_0 + \Delta\sigma_3 + A(\Delta\sigma_1 - \Delta\sigma_3)$$
即
$$-80 = 40 + (-110) + A[-160 - (-110)]$$
故
$$A = \frac{-80 - 40 + 110}{-50} = 0.2$$

试样有效应力为：
$$u = -80\,\text{kPa}$$
$$\sigma_3' = \sigma_3 - u = 0 - (-80) = 80\,\text{kPa}$$
$$\sigma_1' = \sigma_1 - u = 0 - (-80) = 80\,\text{kPa}$$

（2）进行不固结不排水试验时，试样的应力变化为：
$$\Delta\sigma_3 = 100\,\text{kPa}$$
$$\Delta\sigma_1 = 130 + \Delta\sigma_3 = 130 + 100 = 230\,\text{kPa}$$

试样总应力为：

$$\sigma_3 = 0 + \Delta\sigma_3 = 0 + 100 = 100\,\text{kPa}$$
$$\sigma_1 = 0 + \Delta\sigma_1 = 0 + 230 = 230\,\text{kPa}$$

由式（5-37）得土的不排水抗剪强度 $c_u$ 为：

$$c_u = \frac{1}{2}(\sigma_1 - \sigma_3) = \frac{1}{2} \times (230 - 100) = 65\,\text{kPa}$$

试样破坏时孔隙水压力 $u_f$ 为：

$$\begin{aligned}
u_f &= u + \Delta\sigma_3 + A(\Delta\sigma_1 - \Delta\sigma_3) \\
&= -80 + 100 + 0.2 \times (230 - 100) \\
&= 46\,\text{kPa}
\end{aligned}$$

试样破坏时有效应力为：

$$\sigma_3' = \sigma_3 - u_f = 100 - 46 = 54\,\text{kPa}$$
$$\sigma_1' = \sigma_1 - u_f = 230 - 46 = 184\,\text{kPa}$$

## 5.4.4　抗剪强度指标的选择

黏性土的抗剪强度与土体的固结排水条件、应力历史、土的各向异性和受荷情况等诸多因素有关，且同一种土的抗剪强度指标还因所用试样的原始状态和试验控制条件（如试验时的排水条件、剪切速率等）不同而有所差异，因此，土的强度问题是相当复杂的。另一方面，抗剪强度指标的取值恰当与否，对建筑物的工程造价乃至安全使用都有很大的影响，因此，在实际工程中，正确测定并合理取用土的抗剪强度指标是非常重要的。

目前，室内测定土的抗剪强度指标的常用手段一般是三轴压缩试验与直接剪切试验，在试验方法上按照排水条件又各自分为不固结不排水剪、固结不排水剪、固结排水剪与快剪、固结快剪、慢剪 3 种方法。但直剪试验方法中的"快"和"慢"，并不是考虑剪切速率对土的抗剪强度的影响，而是因为直剪仪不能严格控制排水条件，只好通过控制剪切速率的快、慢来近似模拟土样的排水条件。由于试验时的排水条件是影响黏性土抗剪强度的最主要因素，而三轴仪能严格控制排水条件，并能通过量测试样孔隙水压力来求得土的有效应力强度指标，因此，如有可能，宜尽量采用三轴试验方法来测定黏性土的抗剪强度指标。

对于具体的工程问题，如何合理确定土的抗剪强度指标取决于工程问题的性质。一般认为，地基的长期稳定性或长期承载力问题，宜采用三轴固结不排水试验确定的有效应力强度指标 $c'$、$\varphi'$，以有效应力法进行分析；而饱和软黏土地基的短期稳定性或短期承载力问题，宜采用三轴不固结不排水试验的强度指标 $c_u$（$\varphi_u = 0$），以总应力法进行分析。对于一般工程问题，如果对实际工程土体中的孔隙水压力的估计把握不大或缺乏这方面的数据，则可采用总应力强度指标，以总应力法进行分析，分析时所需的总应力强度指标，应根据实际工程的具体情况，选择与现场土体受剪时的固结和排水条件最接近的试验方法进行测定。例如，若建筑物施工速度较快，而地基土土层较厚、透水性低且排水条件不良时，可采用三轴不固结不排水试验（或直剪仪快剪试验）的结果；如果施工速度较慢，地基土土层较薄、透水性较大且排水条件良好时，可采用三轴固结排水试验（或直剪仪慢剪试验）的结果；如果介于以上两种情况之间，则可采用三轴固结不排水试验（或直剪仪固结快剪）的结果。

由于三轴试验和直剪试验各自的 3 种试验方法，都只能考虑 3 种特定的固结情况，但实际工程的地基所处的环境比较复杂，而且在建筑物的施工和使用过程中都要经历不同的固结状态，要想在室内完全真实地模拟实际工程条件是困难的。此外，黏性土抗剪强度的影响因素甚多，其指标 $c$、$\varphi$ 值的变化范围很大，一般说来，内摩擦角 $\varphi$ 的数值为 $0° \sim 30°$，黏聚力 $c$ 的数值为 $10 \sim 100\ kPa$，有的坚硬黏土甚至更高。所以，在根据实验资料确定抗剪强度指标的取值时，还应结合工程经验考虑。

## 5.5 无黏性土的抗剪强度

影响无黏性土抗剪强度的主要因素是初始密实度，而初始密实度状态可用初始孔隙比的大小来反映。一般来说，初始孔隙比越小，表明颗粒接触越紧密，颗粒间的滑动与滚动摩擦和咬合摩阻力就越大，因而抗剪强度就越大。

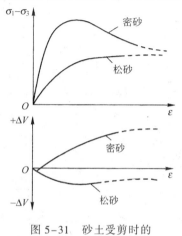

图 5-31 砂土受剪时的
应力—应变—体变孔隙比

图 5-31 表示不同初始孔隙比的同一种砂土在相同周围压力下受剪时的应力—应变关系和体积变化。由图可知，密砂的初始孔隙比较小，其应力—应变关系曲线有明显的峰值，超过峰值后，随应变的增加应力逐步降低，这种特性称为应变软化，曲线上相应于峰值（最大值）的强度为峰值强度，而最终稳定时的强度为残余强度。密砂受剪时其体积变化是开始稍有减小，继而明显增加，超过了它的初始体积，这一特性称为剪胀性。对比之下，松砂的剪切性状则完全不同，其强度随轴向应变的增大而增大，一般不出现峰值应力，这种特性称为应变硬化。松砂受剪时其体积减小，这一特性称为剪缩性（负剪胀）。值得注意的是，同一种土，虽然由于其他因素的影响（如砂土的密实度）可能会产生两种类型的应力—应变曲线，但其最终强度将会趋于同一值。

砂土的剪胀性可用其结构的变化示意说明。图 5-32（a）表示密砂的剪胀示意图。由于密砂颗粒排列紧密，剪切时砂粒要克服颗粒间的咬合、联锁作用，必须向上位移才能达到图中虚线所示的位置，这就是密砂剪胀的原因示意。松砂与密砂不同，它受剪时砂粒将向下位移以达到更稳定的位置，如图 5-32（b）中虚线所示，因而产生剪缩。上述表明，砂土的剪胀性是土颗粒之间的位置重新排列或调整的结果。然而，应该注意到，随着周围压力的增加，土颗粒的挤碎，密砂的剪胀趋势将逐渐消失。因此，在高周围压力下，不论砂土的松密如何，受剪时都将产生剪缩。

在低周围压力下，不同初始孔隙比的砂土剪切时其体积可能增加，也可能减小。因此，必然存在某一初始孔隙比，剪切时砂土的体积既不产生膨胀，也不产生收缩，这一初始孔隙比称为临界孔隙比 $e_{cr}$。研究表明，临界孔隙比与周围压力大小有关，图 5-33 为不同周围压力下砂土的初始孔隙比与体积变化之间的关系。由图可见，砂土的临界孔隙比随周围压力的增加而减小。

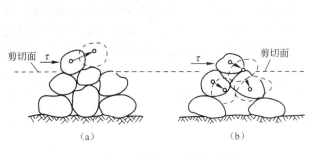

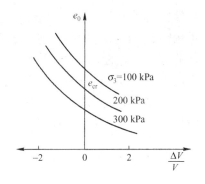

图 5-32　无黏性土的剪胀示意图　　　　　图 5-33　砂土的临界孔隙比

　　对初始孔隙比大于临界孔隙比的饱和砂土，在低周围压力下进行不排水剪切试验时（即剪切过程中不允许体积变化），为抵消受剪时体积缩小的趋势，将产生正的孔隙水压力，从而使有效应力降低，致使砂土的抗剪强度降低。因此，当饱和松砂在瞬时动荷载（如地震等）作用下，其体积来不及变化导致孔隙水压力不断增加，当有效应力降低到零时，砂土就会像流体那样失去抗剪强度，这种现象称为砂土液化。

　　除密实度外，无黏性土的抗剪强度还受土粒大小及形状、颗粒级配等因素的影响。一般说来，砂土的内摩擦角 $\varphi$，对于粉砂、细砂为 $28° \sim 36°$（对于饱和的粉砂、细砂，因易于失去稳定，其 $\varphi$ 角的取值宜慎重）；对于中砂、粗砂和砾砂为 $32° \sim 40°$。土粒越粗，$\varphi$ 值越大。同一种砂土，依密实与松散状态的不同，$\varphi$ 值可差 $5° \sim 6°$。当密实度相同时，干燥状态比饱和湿度状态的砂，$\varphi$ 值可大 $1° \sim 2°$。在其他条件相同的情况下，级配良好的砂比土粒大小均匀的砂，$\varphi$ 值可大 $2° \sim 3°$，角状的砂比圆粒的砂，$\varphi$ 值可大 $3° \sim 5°$。

　　需要注意，由于砂土的透水性强，它在现场的受剪过程大多相同于固结排水剪情况，因此，砂土的剪切试验，无论剪切速率如何，实际上都是排水剪切试验，所测得的内摩擦角接近于有效内摩擦角。此外，在用室内剪切试验测定砂土的内摩擦角时，应使试样的颗粒组成和孔隙比与天然状态（原状土）相同。如无法保证，宜在现场进行较大型的剪切试验，或根据其他经验关系确定。

　　试验研究表明，松砂的内摩擦角大致与干砂的天然休止角（天然休止角是指干燥砂土堆积起来所形成的自然坡角）相等，因此，松砂的内摩擦角可通过简单的天然坡角试验大致确定。此外，由于标准贯入试验锤击数 $N$ 的大小能反映出标准贯入器的贯入阻力，而贯入阻力的大小与砂土的密实度和内摩擦角等有关，因此，工程上常根据标准贯入试验锤击数 $N$ 按大崎（Kishida）经验公式进行计算：

$$\varphi = \sqrt{20N} + 15° \tag{5-40}$$

　　估算砂土的内摩擦角，也可按 R. 佩克（Peek）试验公式进行估算：

$$\varphi = 0.3N + 27° \tag{5-41}$$

## 5.6　应力路径

　　前面章节已经指出，土体内某点的应力状态可以用莫尔圆完整地表示，因此，在加荷过程中，土体内某点的应力状态变化过程就可用一组莫尔圆来表示。以三轴压缩试验为例，试

样保持周围压力 $\sigma_3$ 不变，逐渐增加竖向压力 $\Delta\sigma_1$（$\Delta\sigma_1 = \sigma_1 - \sigma_3$）至破坏的应力变化过程，可用图 5-34（a）中的一组莫尔圆表示。但这种表示方法，很多应力圆都画在一张图上，在加荷方式复杂的情况下极易混淆，所以并不实用。根据式（5-4），土体内某点在某个特定平面上的应力与该点的应力状态有关，而该平面上的应力状态又与莫尔圆上的某个应力点有一一对应关系，因此，土体内某点的应力状态变化，可用莫尔圆上的一个适当的特征应力点的移动轨迹来反映。一般常用的特征应力点是莫尔圆上最高的顶点，如图 5-34（a）所示，其坐标用 $(p,q)$ 表示，$p = \frac{1}{2}(\sigma_1 + \sigma_3)$，$q = \frac{1}{2}(\sigma_1 - \sigma_3)$，实际上 $p$、$q$ 值就是土体内某点在最大剪应力平面上的法向应力和（最大）剪应力。按应力变化过程把应力点连接起来，并标上箭头指明应力状态的发展方向，就得到某个具体的应力路径，如图 5-34（b）所示。由此可见，应力路径是指土体内某点在加荷过程中的应力点的移动轨迹，它是反映土中某一点的应力状态变化过程的一种方法。

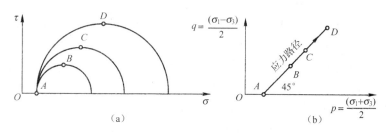

图 5-34　应力路径

土的加荷方式不同，其应力变化过程也就不同，相应地，应力路径也不同。例如，在三轴压缩试验中，如果保持 $\sigma_3$ 不变，逐步增加 $\sigma_1$，试样破坏时的极限应力圆与抗剪强度包线相切于 $B'$ 点，如图 5-35（a）所示，而相应于最大剪应力面上的应力路径为图 5-35（b）所示的 $AB$ 线；如保持 $\sigma_1$ 不变，逐步减小 $\sigma_3$，则极限应力圆与抗剪强度包线相切于 $C'$ 点，应力路径为 $AC$ 线。从图 5-35 还可看出，土的应力变化过程对土的力学性质有影响。由于应力路径不同，虽然土的强度指标不受影响，但其抗剪强度却随应力路径而有很大改变：当沿 $AB$ 线加荷时，试样破坏面上的抗剪强度为 $\tau_{f1}$，而沿 $AC$ 线加荷时，试样破坏面上的抗剪强度仅为 $\tau_{f2}$，比 $\tau_{f1}$ 要小很多。

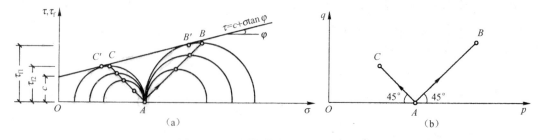

图 5-35　不同加荷方法的应力路径

由于土中应力有总应力和有效应力之分，因此，在同一坐标图中，表示总应力变化的应力点轨迹是总应力路径，它与加荷条件有关，与排水条件及土质条件（如土的类别、土的初始状态等）无关；而表示有效应力变化的应力点轨迹是有效应力路径，它不仅与加荷条件有关，也与排水条件及土质条件有关。在应力坐标图中，如果总应力路径上任一点的坐标为 $p = \frac{1}{2}(\sigma_1 + \sigma_3)$，$q = \frac{1}{2}(\sigma_1 - \sigma_3)$，那么，根据有效应力原理（$\sigma' = \sigma - u$），相应于有效应力路径上该点的坐标为 $p' = \frac{1}{2}(\sigma_1' + \sigma_3') = \frac{1}{2}(\sigma_1 + \sigma_3) - u = p - u$，$q = \frac{1}{2}(\sigma_1' - \sigma_3') = \frac{1}{2}(\sigma_1 - \sigma_3)$，由此可见，总应力路径与有效应力路径之间的水平距离即为孔隙水压力 $u$。

图 5-36（a）所示为正常固结饱和黏性土在三轴固结不排水试验中的应力路径，图中 $AB$ 线为总应力路径，$AB'$ 线为有效应力路径。由于试样先在周围压力 $\sigma_3$ 下等向固结，即 $\sigma_1 = \sigma_3$，$u = 0$，因此，$p = p' = \sigma_3$，$q = 0$，即总应力路径和有效应力路径均起始于横坐标上的 $A$ 点，然后试样在不排水条件下施加竖向压力 $\Delta\sigma_1$（$\Delta\sigma_1 = \sigma_1 - \sigma_3$）受剪，随着 $\Delta\sigma$ 的增加，总应力路径将从 $A$ 点开始，沿与横坐标成 45°的直线向右上方延伸至 $B$ 点剪坏。由于正常固结土在不排水剪切过程中将产生正的孔隙水压力 $u$，因此，$p' = p - u < p$，即有放应力路径在总应力路径的左边，从 $A$ 点开始，沿曲线至 $B'$ 点剪破，直线 $AB$ 与曲线 $AB'$ 之间的水平距离为施加剪应力（$\sigma_1 - \sigma_3$）过程中引起的孔隙水压力 $u$，而 $B$、$B'$ 两点间的水平距离为试样剪坏时的孔隙水压力 $u_f$。图中的 $K_f$ 线和 $K_f'$ 线（代表破坏条件）分别为极限总应力圆和极限有效应力圆顶点的连线，由于正常固结饱和黏性土在从未受过任何固结压力时是泥浆状土，不能承受剪应力，所以，正常固结饱和黏性土的 $K_f$ 线和 $K_f'$ 线都通过原点，它们与横坐标的夹角分别用 $\theta$ 和 $\theta'$ 表示。而图 5-36（b）则为超固结土的固结不排水试验应力路径，图中 $AB$ 线和 $AB'$ 线分别为弱超固结土的总应力路径和有效应力路径，由于弱超固结土在不排水剪切过程中产生正的孔隙水压力 $u$，则 $p' = p - u < p$，故其有效应力路径始终在总应力路径的左边；图中 $CD$ 线和 $CD'$ 线则分别为强超固结土的总应力路径和有效应力路径，由于强超固结土在不排水剪切过程中开始时产生正的孔隙水压力 $u$（$p' = p - u < p$），以后逐渐转为负的孔隙水压力 $-u$ $[p' = p - (-u) = p + u > p]$，故其有效应力路径开始时在总应力路径的左边，以后逐渐转移到总应力路径的右边，至 $D'$ 点剪切破坏。超固结土由于前期固结压为的作用，其 $K_f$ 线和 $K_f'$ 线均不通过原点，它们与纵坐标的截距分别用 $a$ 和 $a'$ 表示，与横坐标的夹角分别用 $\theta$ 和 $\theta'$ 表示。

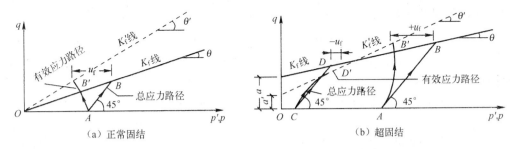

图 5-36　三轴压缩固结下排水剪试验中的应力路径

大量试验表明，当试样产生剪切破坏时，其应力路径将发生转折或趋向于水平。所以，一般认为应力路径的转折点可作为判断试样破坏的标准。如果将三轴固结不排水试验的有效应力路径所确定的 $K_f'$ 线与土的有效应力破坏包线绘在同一张图上，则可求得土的有效应力强度参数 $c'$ 和 $\varphi'$。由于强度包线与横坐标轴的交点代表一个点圆，而 $K_f'$ 线为应力圆顶点的连线，故 $K_f'$ 线与土的有效应力破坏包线在横坐标轴上必交于一点，如图 5-37 所示。由图示的几何关系可以证明，$a'$、$\theta'$ 与 $c'$、$\varphi'$ 之间有如下关系：

$$\sin \varphi' = \tan \theta' \tag{5-42}$$

$$c' = \frac{a'}{\cos \varphi'} \tag{5-43}$$

这样，只要通过试验的有效应力路径确定 $K'_f$ 线后，就可根据 $a'$、$\theta'$ 反算 $c'$、$\varphi'$，这种方法称为应力途径法，该法比较容易得出同一批土样在试验结果较为分散情况下的 $c'$、$\varphi'$ 值。

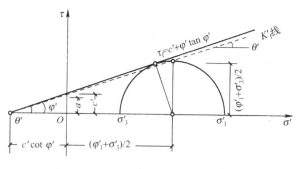

图 5-37　$a'$、$\theta'$ 和 $c'$、$\varphi'$ 之间的关系

土体的变形和强度问题，不仅与受荷的大小有关，更重要的是与土的应力历史有关。由于土的应力路径可以模拟土体实际的应力历史和工程实际的加荷过程，所以，土的应力路径及以此为基础的应力途径法，对于进一步深入探讨土的应力—应变关系及相应的强度问题，促进土工测试技术水平的提高，以及取得实际工程问题所需的可靠的指标值，都具有十分重要的意义。

## 5.7　抗剪强度的影响因素

土的抗剪强度的影响因素很多，主要有以下几种。

1）土粒的矿物成分、形状和级配

无黏性土是粗粒土，其抗剪强度与土粒的大小、形状和级配有关，一般说来，土粒越大，形状越不规则，表面越粗糙，级配越好，则抗剪强度越高。而无黏性土土粒的矿物成分，无论是云母还是石英、长石，对其内摩擦角的影响都很小。

黏性土是细粒土，其土粒的矿物成分主要为鳞片状或片状的黏土矿物，通常为结合水所包围。黏土矿物的类型不同，其颗粒大小及相应的比表面数值不同，因而颗粒表面与水相互作用的能力（亲水性）不同，即颗粒外围的结合水膜厚度不同。由于结合水膜阻碍了土粒的真正接触，其厚度对黏粒晶体之间的电化学力（土的黏聚力）的传递和影响很大，所以，黏性土土粒的矿物成分对其抗剪强度（主要是黏聚力）有显著的影响。

2）土的初始密度

土的抗剪强度一般随初始密度的增大而提高。这是因为：无黏性土的初始密度越大，则土粒间相互嵌入的联锁作用越强，受剪时须克服的咬合摩阻力就越大；而黏性土的初始密度越大，则意味着土粒间的间距小，结合水膜越薄，因而原始黏聚力就越大。

3）土的含水率

尽管水分可在无黏性土的粗颗粒表面产生润滑作用，使摩阻力略有降低，但试验研究表明，饱和状态时砂土的内摩擦角仅比干燥状态时小 $1° \sim 2°$。因此，可认为含水率对无黏性土的抗剪强度影响很小。

对黏性土来说，水分除在黏性土的较大土粒表面形成润滑剂而使摩阻力降低外，更为重要的是，土的含水率增加时，吸附于黏性土中细小土粒表面的结合水膜变厚，使土的黏聚力降低。所以，土的含水率对黏性土的抗剪强度有重要影响，一般随着含水率的增加，黏性土的抗剪强度降低。

4）土的结构

当土的结构被破坏时，土粒间的联结强度（结构强度）将丧失或部分丧失，致使土的抗剪强度降低。由于无黏性土具有单粒结构，其颗粒较大，土粒间的分子吸引力相对很小，即颗粒间几乎没有联结强度，因此，土的结构对无黏性土的抗剪强度影响甚微；而黏性土具有蜂窝结构和絮状结构，其土粒间往往由于长期的压密和胶结等作用而得到联结强度，所以，土的结构对黏性土的抗剪强度有很大影响，但由于黏性土具有触变性，因扰动而削弱的强度经过静置又可得到一定程度的恢复。一般原状土的抗剪强度比相同密度和含水率的重塑土要高。

5）土的应力历史

土的受压过程所造成的土体的应力历史不同，对土的抗剪强度也有影响，如图 5-38 所示。图 5-38（a）表示孔隙比与有效应力的关系曲线，图 5-38（b）则表示抗剪强度与有效应力的关系曲线。天然土层根据前期固结压力 $p_c$ 可分为正常固结土、超固结土和欠固结土 3 类，现假设有正常固结和超固结两个土层，在现有地面以下同一深度 $z$ 处的现有固结压力相同，均为 $\sigma'_c = \gamma'z$，但由于它们经历的应力历史不同，在压缩曲线上将处于不同的位置，如图 5-38 中 1 点和 2 点。由图可见，正常固结土和超固结土在相同的有效应力下剪切破坏，得到的抗剪强度是不同的，超固结土的强度（2 点）大于正常固结土的强度（1 点）。这是因为超固结土在历史上受过比现有压力 $\sigma'_c$ 大的有效压力 $p_c$ 的压密，其孔隙比 $e$ 较相同压力 $\sigma'_c$ 的正常固结土小，这意味着超固结土的颗粒密度比相同压力 $\sigma'_c$ 的正常固结土大，因而土中摩阻力和黏聚力较大。

6）土的各向异性

土的各向异性表现在土结构本身的各向异性和由应力体系引起的各向异性两个方面。前者是因土颗粒在沉积过程中形成了一定方向的排列，以及土层在宏观上存在不均匀性所致，即决定于土的生成条件；后者则取决于土的原位应力条件。土结构本身的各向异性将使土体在不排水剪切时，由于大主应力方向的改变而导致土的强度等力学性质发生变化。同时，应力的各向异性也致使土在破坏时所需的剪应力增量不同，所以，土的各向异性对抗剪强度的影响是土结构本身的各向异性和应力体系的各向异性这两方面综合作用的结果。

各向异性对土的强度影响，通过多个不同方向切取的试样进行试验来考虑。试验结果表明，剪切面与层面平行时的强度和剪切面与层面垂直时的强度可能相差较大，且强度随剪切面与层面的夹角 $\theta$ 的改变而变化，如图 5-39 所示。土的这种各向异性强度，在具有各向异性的土体的稳定性分析中应引起注意，如图 5-40 所示。由于沿破坏面各点的剪切面与层面的夹角不同, 同时各点的应力条件也不同, 因此破坏面上各点的各向异性强度有较大差异, 这对安全系数的数值有明显的影响。

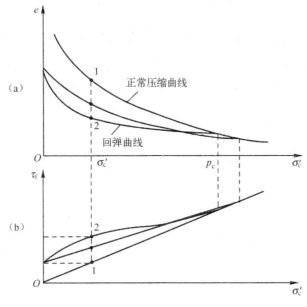

图 5-38 应力历史对土体强度的影响

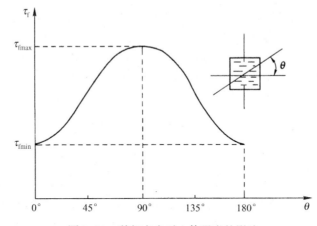

图 5-39 剪切方向对土体强度的影响

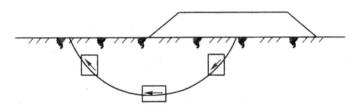

图 5-40 沿滑动面的剪切作用方向

## 复习思考题

5-1　试比较直剪试验和三轴试验的土样的应力状态有什么不同?

5-2　试比较直剪试验的 3 种方法及其相互间的主要异同点。

5-3　如何用库仑定律和莫尔应力圆原理说明下列现象:当 $\sigma_1$ 不变而 $\sigma_3$ 变小时,土可能破坏;反之,当 $\sigma_3$ 不变而 $\sigma_1$ 变大时,土也可能破坏。

5-4　试从应力状态角度说明通常进行三轴固结法不排水试验时,先施加等向固结压力 $\sigma_3$ 是否合理,为什么?

5-5　根据有效应力原理在强度问题中的应用的基本概念,分析三轴的 3 种不同试验方法中土样孔隙压力和含水率变化的情况。

5-6　已知地基中某点受到大主应力 $\sigma_1 = 560\,kPa$,小主应力 $\sigma_3 = 120\,kPa$,试求:

(1) 绘制莫尔圆;

(2) 计算最大剪应力值及最大剪应力作用面与大主应力面的夹角;

(3) 计算作用在与小主应力面成 30° 的面上的正应力和剪应力。

5-7　已知作用在通过土体中某点的平面 A 上的法向应力为 250 kPa,剪应力为 40.8 kPa,作用在与它相垂直的平面 B 上的法向应力为 50 kPa。该点处于极限平衡状态,破坏面与小主应力面成 30° 角。试用图解法求:

(1) 作用在该点的大主应力和小主应力;

(2) 大主应力面与平面 B 的夹角 (从大主应力面顺时针方向至平面 B);

(3) 个主应力面与平面 A 的夹角 (从小主应力面顺时针方向至平面 A);

(4) 土的黏聚力 c 和内摩擦角 $\varphi$。

5-8　某土样进行直剪试验,在法向压力分别为 100、200、300、400 kPa 时,测得抗剪强度 $\tau_f$ 分别为 51.88、124、161 kPa。试求:

(1) 用作图方法确定该土样的抗剪强度指标 c 和 $\varphi$;

(2) 如果在土中的某一平面上作用的法向应力为 240 kPa,剪应力为 95 kPa,该平面是否会剪切破坏? 为什么?

5-9　某条形基础下地基土体中一点的应力为:$\sigma_z = 250\,kPa$,$\sigma_x = 100\,kPa$,$\tau_{xz} = 40\,kPa$,已知土的 $\varphi = 30°$,$c = 0$,问该点是否剪切破坏? 如 $\sigma_z$ 和 $\sigma_x$ 不变,$\tau_{xz}$ 增至 60 kPa,则该点又如何?

5-10　某饱和黏性土无侧限抗压强度试验得不排水抗剪强度 $c_u = 40\,kPa$,如果对同一土样进行三轴不固结不排水试验,施加周围压力 $\sigma_3 = 200\,kPa$,问试件将在多大的轴向压力作用下发生破坏?

5-11　某黏土试样在三轴仪中进行固结不排水试验,破坏时的孔隙水压力 $u_f$,两个试件的试验结果如下:

试件 I :$\sigma_3 = 200\,kPa$,$\sigma_1 = 350\,kPa$,$u_f = 140\,kPa$

试件 II :$\sigma_3 = 400\,kPa$,$\sigma_1 = 700\,kPa$,$u_f = 280\,kPa$

试求:

(1) 用作图法确定该黏土试样的 $c_{cu}$、$\varphi_{cu}$ 和 $c'$、$\varphi'$;

（2）试件Ⅱ破坏面上的法向有效应力和剪应力。

5-12 某正常固结饱和黏性土试样进行不固结不排水试验得 $\varphi_u = 0$，$c_u = 25\ \text{kPa}$，对同样的土进行固结不排水试验，得有效应力强度指标 $c' = 0$，$\varphi' = 28°$。试求：

（1）如果试样在不排水条件下破坏，试求剪切破坏时的有效大主应力和小主应力。

（2）如果某一面上的法向应力 $\sigma$ 突然增加到 $250\ \text{kPa}$，法向应力刚增加时沿这个面的抗剪强度是多少？经很长时间后这个面的抗剪强度又是多少？

5-13 某黏土进行三轴固结不排水试验得有效应力强度指标 $c' = 0$，$\varphi' = 30°$。如果对同一土样进行三轴不固结不排水试验，施加的周围压力均为 $\sigma_3 = 300\ \text{kPa}$，试求：

（1）若不固结不排水试验中试样破坏时的孔隙水压力 $u_f = 150\ \text{kPa}$，则试样破坏时的竖向压力 $\Delta\sigma_1$ 为多少？

（2）在固结不排水试验中，试样在竖向压力 $\Delta\sigma_1 = 420\ \text{kPa}$ 下发生破坏，则破坏时的孔隙水压力 $u_f$ 是多少？

# 第6章 土压力计算

**[本章提要和学习要求]**

土压力是与土的抗剪强度有关的问题，也是土力学中的重要问题之一。本章主要讨论作用在挡土结构物上的土压力性质及土压力计算，包括土压力的大小、方向和作用点。

通过本章学习，要求掌握土压力的类型及其产生的条件和适用范围；掌握主动土压力和被动土压力的计算方法。

## 6.1 概述

在道路与桥梁、房屋建筑等土建工程中，挡土结构物是一种常用的结构物。如图6-1（a）所示的桥台，就是衔接路堤与桥梁的结构物，它除了承受桥梁荷载外，还要抵挡桥台背后的填土压力；图6-1（b）所示的桥梁引道两侧的挡土墙，其作用是可以大幅度地减小引道路堤的土方量和占地面积，在城市道路中，其作用更为显著；图6-1（c）所示的挡土墙，主要用于山区公路，其作用是防止边坡坍塌，减少边坡挖（填）方量。此外，在水运、港口、隧道等工程中也常用各种形式的挡土结构物，比如码头、水闸、隧道、地下室等，如图6-1（d）～（g）所示。

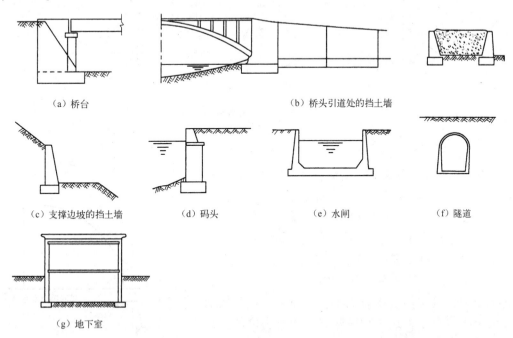

（a）桥台　　　　　　　　　　　　　　（b）桥头引道处的挡土墙

（c）支撑边坡的挡土墙　　　（d）码头　　　　（e）水闸　　　　（f）隧道

（g）地下室

图6-1　各种形式的挡土结构物

由上可知，任何形式的挡土结构物都承受其后填土的土压力作用。因此，在挡土结构物设计时，必须计算土压力的大小，分析其分布规律，确保结构物稳定与安全。

形成挡土结构物土压力的主要荷载有：挡土结构物背后的土体自重，地表积水，影响区范围内的构筑物荷载，必要时应考虑的地震荷载等。

## 6.1.1 土压力类型

在挡土结构物设计中，必须计算土压力的大小及其分布规律。土压力的大小及其分布规律同挡土结构物的水平位移方向与大小、土的性质、挡土结构物的刚度及高度等因素有关。根据挡土结构物的水平位移方向和大小，可将土压力分为以下 3 种类型。

1. 静止土压力

若刚性的挡土墙保持原来位置静止不动，则作用在墙上的土压力称为静止土压力。作用在每延米挡土墙上静止土压力的合力用 $E_0$（kN/m）表示，静止土压力强度用 $p_0$（kPa）表示。如图 6-2（a）所示。

2. 主动土压力

若挡土墙在墙后填土压力作用下，背离着填土方向移动，这时作用在墙上的土压力将由静止土压力逐渐减小。当墙后土体达到极限平衡，并出现连续滑动面使土体下滑，此时的土压力减至最小值，称为主动土压力，用 $E_A$（kN/m）和 $p_a$（kPa）表示。如图 6-2（b）所示。

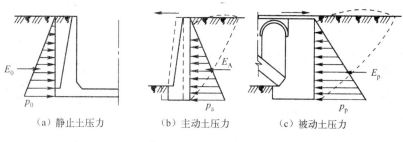

| （a）静止土压力 | （b）主动土压力 | （c）被动土压力 |

图 6-2　土压力类型

3. 被动土压力

若挡土墙在外力作用下，向填土方向移动，这时作用在墙上的土压力将由静止土压力逐渐增大，一直到土体达到极限平衡，并出现连续滑动面，墙后土体向上挤出隆起，此时土压力增至最大值，称为被动土压力，用 $E_p$（kN/m）和 $p_p$（kPa）表示。如图 6-2（c）所示。

综上所述，上述 3 种土压力中，被动土压力大于静止土压力，且主动土压力最小。实际上，大多数情况下的土压力介于上述 3 种极限状态土压力之间。在影响土压力大小及其分布的诸因素中，关键因素是挡土结构物的位移。图 6-3 显示了土压力与挡土墙位移间的关系，从图中可以得知：挡土墙后达到被动土压力时所需要的位移远大于导致主动土压

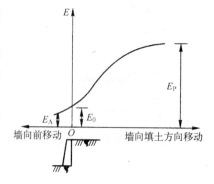

图 6-3　土压力与挡土墙位移关系图

力所需的位移。表 6-1 给出了各种土达到主动及被动土压力时，挡土墙墙顶的水平位移 $\Delta x$ 值（墙绕墙趾转动）。

表 6-1　产生主动和被动土压力时墙顶的水平位移

| 土类 | 应力状态　位移 | 主动土压力时 | 被动土压力时 |
| --- | --- | --- | --- |
| 密　砂 | | $(0.0005 \sim 0.001)\,H$ | $0.005\,H$ |
| 松　砂 | | $(0.001 \sim 0.002)\,H$ | $0.01\,H$ |
| 硬黏土 | | $0.01\,H$ | $0.02\,H$ |
| 软黏土 | | $0.02\,H$ | $0.04\,H$ |

注：表中 $H$ 为挡土墙的高度。

## 6.1.2　影响土压力的因素

影响土压力大小的因素主要有以下几个方面。

**1. 挡土墙的位移**

挡土墙的位移（或转动）方向和位移量的大小，是影响土压力性质与大小的最主要因素。

**2. 挡土墙形状**

挡土墙墙面形状，墙背为竖直或倾斜、墙背为光滑或粗糙，都关系到采用何种土压力计算理论公式和计算结果。

**3. 填土的性质**

挡土墙后填土的性质包括：填土松密程度（即重度），干湿程度（即含水率），土的强度指标（即内摩擦角和黏聚力）的大小。

**4. 挡土墙的材料**

如挡土墙的材料采用素混凝土和钢筋混凝土，可认为墙的表面光滑，不计摩擦力；若为砌石挡土墙，就必须计算摩擦力，因而土压力的大小和方向都不相同。

## 6.1.3　挡土墙对土压力分布的影响

挡土墙按其刚度分为刚性挡土墙、柔性挡土墙和临时支撑 3 类。

**1. 刚性挡土墙**

一般是指用砖、石或混凝土所筑成的断面较大的挡土墙。由于刚度大，墙体在侧向土压力作用下，仅能发生整体平移或转动，墙身的挠曲变形则可忽略。对于这种类型的挡土墙，墙背受到的土压力呈三角形分布，最大压力强度发生在底部，类似于静水压力分布。如图 6-4 所示。

（a）墙向前移动　　　（b）墙围绕墙趾转动　　　（c）作用在墙背上的土压力分布

图6-4　刚性挡土墙墙背上的土压力分布

## 2. 柔性挡土墙

当挡土结构物在土压力作用下发生挠曲变形时，结构变形将影响土压力的大小和分布，则称这种类型的挡土结构物为柔性挡土墙。如在深基坑开挖中，为支护坑壁而打入土中的板桩墙，作用在墙身上的土压力为曲线分布，如图6-5所示。

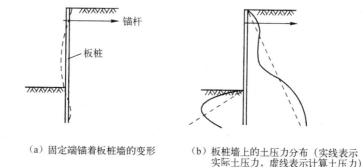

（a）固定端锚着板桩墙的变形　　（b）板桩墙上的土压力分布（实线表示
　　　　　　　　　　　　　　　　　　　实际土压力，虚线表示计算土压力）

图6-5　柔性挡土墙上的土压力分布

## 3. 临时支撑

基坑的坑壁围护有时可采用由横板、立柱和横撑组成的临时支撑，如图6-6（a）所示。受施工过程和变位条件的影响，作用在支撑身的土压力分布与前述两种类型的挡土墙有所不同。由于支撑系统的铺设都是在基坑开挖过程中自上而下，边挖、边铺、边撑，分层进行。因此，当在基坑顶部放置了第一根横撑后，再向下开挖，至第二根横撑安置以前，在侧向土压力作用下，立柱的变位受到顶部横撑的限制，只能发生绕顶部向基坑内的转动。这种变位条件使得支撑上部的土压力要增加，而下部土压力要降低。作用在支撑上的土压力分布呈抛物线形，最大土压力不是发生在基底，而是发生在中间某一高度处，如图6-6（b）所示。

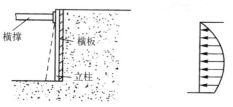

（a）支撑系统及其位移（虚线）（b）作用于支撑上的土压力分布

图6-6　基坑支撑上的土压力

## 6.2　静止土压力计算

计算静止土压力时，挡土墙后的填土是处于弹性平衡状态。由于墙静止不动，土体无侧向位移，可假设墙后填土的应力状态为半无限弹性体的应力状态。此时，土体表面下任意深度 $z$ 处的静止土压力强度，可按半无限体在无侧向位移条件下侧向应力的计算公式进行计算，即：

$$p_0 = K_0 \sigma_{cz} = K_0 \gamma z \qquad (6-1)$$

式中：$K_0$——静止土压力系数，理论上为 $K_0 = \dfrac{\mu}{1-\mu}$；

　　　$u$——土体泊松比；

　　　$\gamma$——土的重度/$(kN/m^3)$。

静止土压力系数 $K_0$ 实际上由试验确定，可由常规三轴仪或应力路径三轴仪测得，或在原位可用自钻式旁压仪测得。在缺乏试验资料时，可按下列经验公式估算：

$$K_0 = 1 - \sin \varphi' \qquad (6-2)$$

$$K_0 = \sqrt{OCR}(1 - \sin \varphi') \qquad (6-3)$$

式中：$\varphi'$——土的有效内摩擦角；

　　　OCR——土的超固结比。

《公路桥涵地基与基础设计规范》（JTG D63—2007）中列出了静止土压力系数的参考值，见表6-2。

**表 6-2　静止土压力系数 $K_0$ 值**

| 土　名 | $K_0$ | 土　名 | $K_0$ |
|---|---|---|---|
| 砾石、卵石 | 0.20 | 亚黏土 | 0.45 |
| 砂　土 | 0.25 | 黏　土 | 0.55 |
| 亚砂土 | 0.35 | | |

由式（6-1）可得，静止土压力强度 $p_0$ 沿深度呈直线分布，如图6-7（a）所示。作用在每延米长挡土墙上的静止土压力合力 $E_0$/$(kN/m)$ 为：

$$E_0 = \frac{1}{2} K_0 \gamma H^2 \qquad (6-4)$$

式中：$H$——挡土墙高度。

对于成层土和有超载时，静止土压力强度的计算可按下式进行：

$$p_0 = K_0 \left( \sum r_i h_i + q \right) \qquad (6-5)$$

式中：$\gamma_i$——计算点以上第 $i$ 层土的重度；

　　　$h_i$——计算点以上第 $i$ 层土的厚度；

　　　$q$——填土面上的均布荷载。

墙后填土有地下水时，地下水位以下对于透水性的土应采用土的有效重度 $\gamma'$ 进行计算，同时考虑作用于挡土墙上的静水压力，如图6-7（b）所示。

墙背倾斜时，作用在单位长度上的静止土压力为 $E_0$ 和土楔体 $ABB'$ 自重的合力，如图6-8所示。

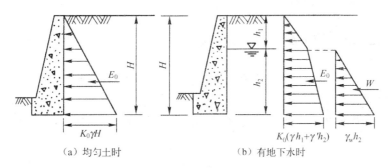

（a）均匀土时　　　　　　　　　（b）有地下水时

图 6-7　静止土压力的分布

**【例 6-1】** 计算作用在图 6-9 所示挡土墙上的静止土压力分布值及其合力 $E_0$。

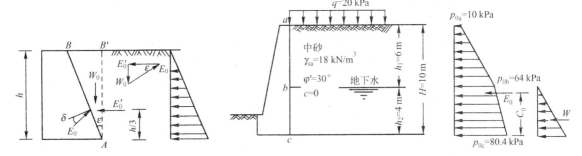

图 6-8　墙背倾斜时的静止土压力　　　图 6-9　挡土墙静止土压力计算

**解：** 计算静止土压力系数 $K_0$ 值

$$K_0 = 1 - \sin \varphi' = 1 - \sin 30° = 0.5$$

按式（6-1）计算土中各点的静止土压力强度 $p_0$。

$a$ 点：$p_{0a} = K_0 q = 0.5 \times 20 = 10 \text{ kPa}$

$b$ 点：$p_{0b} = K_0 (\gamma h_1 + q) = 0.5 \times (18 \times 6 + 20) = 64 \text{ kPa}$

$c$ 点：$p_{0c} = K_0 (\gamma h_1 + \gamma h_2 + q) = 0.5 \times [18 \times 6 + (18 - 9.81) \times 4 + 20] = 80.4 \text{ kPa}$

静止土压力的合力 $E_0$ 为：

$$E_0 = \frac{1}{2}(p_{0a} + p_{0b})h_1 + \frac{1}{2}(p_{0b} + p_{0c})h_2$$

$$= \frac{1}{2} \times (10 + 64) \times 6 + \frac{1}{2} \times (64 + 80.4) \times 4$$

$$= 510.8 \text{ kN/m}$$

$E_0$ 作用点的位置 $C_0$ 为：

$$C_0 = \frac{1}{E_0} \left[ p_{0a} h_1 \left( \frac{h_1}{2} + h_2 \right) + \frac{1}{2}(p_{0b} - p_{0a}) \left( h_2 + \frac{h_1}{3} \right) + p_{0b} \times \frac{h_2^2}{2} + \frac{1}{2}(p_{0c} - p_{0b}) \frac{h_2^2}{3} \right]$$

$$= \frac{1}{510.8} \times \left[ 6 \times 10 \times 7 + \frac{1}{2} \times 54 \times 6 \times \left( 4 + \frac{6}{3} \right) + 64 \times \frac{4^2}{2} + \frac{1}{2} \times (80.84 - 64) \times \frac{4^2}{3} \right]$$

$$= 3.81 \text{ m}$$

作用在墙上的静水压力合力 $W$ 为：

$$W = \frac{1}{2}\gamma_w h_2^2 = \frac{1}{2} \times 9.8 \times 4^2 = 78.5 \text{ kN/m}$$

静止土压力强度 $p_0$ 及水压力的分布，如图 6-9 所示。

# 6.3　朗金土压力理论

## 6.3.1　基本原理

朗金（W. J. M. Rankine）在 1857 年研究了半无限土体处于极限平衡状态时的应力情况。若在半无限土体中取一竖直切面 $AB$，如图 6-10（a）所示，在 $AB$ 面上深度 $z$ 处取一单元土体，作用的法线应力为 $\sigma_z$、$\sigma_x$，因为 $AB$ 面上无剪应力，故 $\sigma_z$ 和 $\sigma_x$ 均为主应力。当土体处于弹性平衡状态对，$\sigma_z = \gamma z$、$\sigma_x = K_0 \lambda z$，其应力圆如图 6-10（b）中的圆 $O_1$，与土的强度包线不相交。若在 $\sigma_z$ 不变的条件下，使 $\sigma_x$ 逐渐减小，直到土体达到极限平衡时，则其应力圆将与强度包线相切，如图 6-10（b）中的应力圆 $O_2$。$\sigma_z$ 及 $\sigma_x$ 分别为最大及最小应力，此即称为朗金主动状态。土体中产生的两组滑动面与水平面成 $\left(45° + \dfrac{\varphi}{2}\right)$ 夹角，如图 6-10（c）所示。若在 $\sigma_z$ 不变的条件下，不断增大 $\sigma_x$ 值，直到土体达到极限平衡，这时其应力圆为图 6-10（b）中的圆 $O_3$，它也与土的强度包线相切，但 $\sigma_z$ 为最小主应力，$\sigma_x$ 为最大主应力，土体中产生的两组滑动面与水平面成 $\left(45° - \dfrac{\varphi}{2}\right)$ 角，如图 6-10（d）所示，这时称为朗金被动状态。

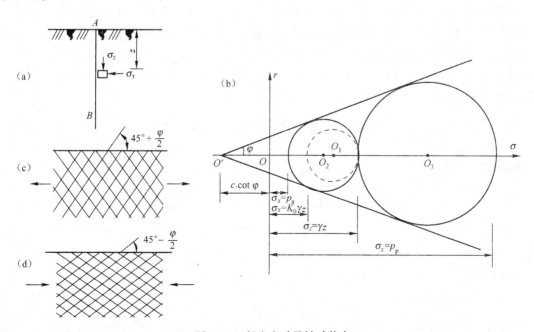

图 6-10　朗金主动及被动状态

朗金认为作用在挡土墙墙背 $AB$［图 6-11（a）］上的土压力，就是在半无限土体中和墙背方向、长度相对应的 $AB$ 切面上达到极限平衡状态时的应力情况，亦即可以用作挡土墙代替半无限土体的一部分，而不影响土体内的应力情况。这样，朗金土压力理论的极限平衡问题就只有一个边界条件，即半无限土体的表面情况，而不考虑墙背与土体接触面上的边界条件。

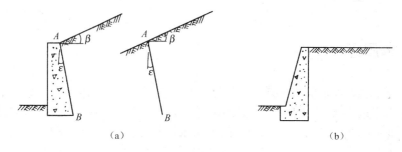

图 6-11　简单条件下的朗金土压力

本节只介绍最简单条件下的朗金土压力解，即图 6-11（b）所示的情况：墙背竖直，填土面水平。这样就可以应用土体极限平衡状态时的最大和最小主应力的关系式来计算作用于墙背上的土压力。

## 6.3.2　朗金主动土压力计算

### 1. 计算公式

计算如图 6-12（a）所示挡土墙上的主动土压力。已知墙背竖直、填土面水平，如果墙背 $AB$ 在填土压力作用下背离填土向外移动到 $A'B'$，这时墙后土体达到极限平衡状态，即朗金主动状态。在墙背深度 $z$ 处取单元土体，其竖向应力 $\sigma_z = \gamma z$ 是最大主应力 $\sigma_1$，水平应力 $\sigma_x$ 是最小主应力 $\sigma_3$，亦即要计算的主动土压力 $p_0$。由土体极限平衡理论公式可知，其主应力应满足的关系式为：

黏性土：
$$\sigma_3 = \sigma_1 \tan^2\left(45° - \frac{\varphi}{2}\right) - 2c \cdot \tan\left(45° - \frac{\varphi}{2}\right)$$

砂性土：
$$\sigma^3 = \sigma_1 \tan^2\left(45° - \frac{\varphi}{2}\right)$$

将 $\sigma_3 = pa$、$\sigma_1 = \gamma z$，代入上述公式，得朗金主动土压力强度计算公式为：

砂性土：
$$p_a = \gamma z \tan^2\left(45° - \frac{\varphi}{2}\right) = \gamma z K_a \tag{6-6}$$

黏性土：
$$p_a = \gamma z \tan^2\left(45° - \frac{\varphi}{2}\right) - 2c \cdot \tan\left(45° - \frac{\varphi}{2}\right)$$
$$= \gamma z K_a - 2c\sqrt{K_a} \tag{6-7}$$

式中：$K_a = \tan^2\left(45° - \frac{\varphi}{2}\right)$；

　　　　$\gamma$——土的重度/（kN/m$^3$）；

　　　　$c$、$\varphi$——土的黏聚力/kPa 及内摩擦角/（°）；

$z$——计算点距填土面的深度/m。

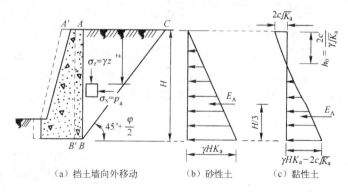

图 6-12　朗金主动土压力计算

由式（6-6）和式（6-7）可知，主动土压力 $p_a$ 沿深度 $z$ 呈直线分布，如图 6-12（b）和（c）所示。由图可得，作用在墙背上的主动土压力的合力 $E_A/(kN/m)$ 即为 $p_a$ 分布图形的面积，其作用点位置在分布图形的形心处，即

砂性土：
$$E_A = \frac{1}{2}\gamma K_a H^2 \tag{6-8}$$

$E_A$ 作用于距挡土墙底面 $\frac{1}{3}H$ 处。

黏性土：当 $z = 0$ 时，由式（6-7）知 $p_a = -2\sqrt{K_a}$，即出现拉力区。令式（6-7）中的 $p_a = 0$，可解得拉力区的高度为：
$$h_0 = \frac{2c}{\gamma\sqrt{K_a}} \tag{6-9}$$

由于填土与墙背之间不能承受拉应力，因此在拉力区范围内将出现裂缝，在计算墙背上的主动土压力的合力时，将不考虑拉力区的作用。即
$$E_A = \frac{1}{2}\gamma(H - h_0)(\gamma H K_a - 2c\sqrt{K_a}) \tag{6-10}$$

$E_A$ 作用于距挡土墙底面 $\frac{1}{3}(H - h_0)$ 处。

墙后填土中出现的滑动面 $BC$ 与水平面的夹角为 $\left(45° + \dfrac{\varphi}{2}\right)$。

**2. 成层土和填土面上有超载时的主动土压力计算**

如图 6-13 所示挡土墙后填土为成层土，仍可按式（6-6）、式（6-7）计算主动土压力。由于两层土的抗剪强度指标不同，使得土层分界面上土压力的分布有突变，其计算方法如下。

$a$ 点：　　　　　　　　　$p_{a1} = -2c_1\sqrt{K_{a1}}$

$b$ 点上（在第一层土中）：　$p'_{a2} = \gamma_1 h_1 K_{a1} - 2c_1\sqrt{K_{a1}}$

$b$ 点下（在第二层土中）：　$p''_{a2} = \gamma_1 h_1 K_{a2} - 2c_2\sqrt{K_{a2}}$ 　　　　　(6-11)

$c$ 点：　　　　　　　　　$p_{a3} = (\gamma_1 h_1 + \gamma_2 h_2)K_{a2} - 2c_2\sqrt{K_{a2}}$

式中：$K_{a1} = \tan^2\left(45° - \dfrac{\varphi_1}{2}\right)$；$K_{a2} = \tan^2\left(45° - \dfrac{\varphi_2}{2}\right)$。

其余符号意义如图 6-13 所示。

如图 6-14 所示，若挡土墙后填土表面有连续均布荷载作用，计算主动土压力时相当于在深度为 $z$ 处的竖直应力 $\sigma_z$ 增加了一个 $q$ 值，因此，只要将式 (6-6)、式 (6-7) 中的 $\gamma z$ 用 $(q + \gamma z)$ 代替，就可以得到填土面上有超载时的主动土压力计算公式：

$$p_a = (q + \gamma z)K_a - 2c\sqrt{K_a} \tag{6-12}$$

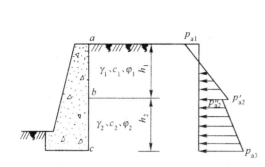

图 6-13　成层土的主动土压力计算　　　　　　　图 6-14　填土上有超载时的主动土压力

**【例 6-2】** 用朗金土压力公式计算图 6-15 所示挡土墙上的主动土压力分布及其合力。已知填土为砂土，填土面作用均布荷载 $q = 20\ \text{kPa}$。

**解：** 已知 $c_1 = 0$，$\varphi_1 = 30°$，$c_2 = 0$，$\varphi_2 = 35°$，则 $K_{a1} = 0.333$，$K_{a2} = 0.271$。

按式 (6-11)、式 (6-12) 计算墙上各点的主动土压力为：

$a$ 点：$p_a = qK_{a1} = 20 \times 0.333 = 6.67\ \text{kPa}$

$b$ 点（在第一层土中）：

$$p'_{a2} = (\gamma_1 h_1 + q)K_{a1} = (18 \times 6 + 20) \times 0.333 = 42.6\ \text{kPa}$$

$b$ 点（在第二层土中）：

$$p''_{a2} = (\gamma_1 h_1 + q)K_{a2} = (18 \times 6 + 20) \times 0.271 = 34.7\ \text{kPa}$$

$c$ 点：

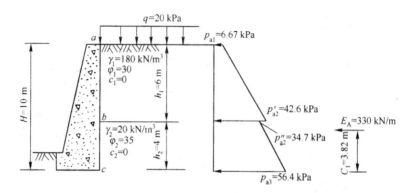

图 6-15　挡土墙主动土压力计算

$$p''_{a3} = (\gamma_1 h_1 + \gamma_2 h_2 + q) K_{a2} = (18 \times 6 + 20 \times 4 + 20) \times 0.271 = 56.4 \text{ kPa}$$

采用计算结果绘得的主动土压力分布如图 6-15 所示。由分布图可求得主动土压力合力 $E_A$ 为：

$$E_A = \left(6.67 \times 6 + \frac{1}{2} \times 35.93 \times 6\right) + \left(34.7 \times 4 + \frac{1}{2} \times 21.7 \times 4\right)$$

$$= (40.0 + 107.8) + (138.8 + 43.4) = 330 \text{ kN/m}$$

合力 $E_A$ 作用点距墙脚 $C_1$ 为：

$$C_1 = \frac{1}{330} \times \left(40 \times 7 + 107.8 \times 6 + 138.8 \times 2 + 43.4 \times \frac{4}{3}\right) = 3.82 \text{ m}$$

【例 6-3】 计算图 6-16 所示挡土墙上的主动土压力及水压力的分布图及其合力。已知填土为砂土，土的物理力学性质指标如图 6-16 所示。

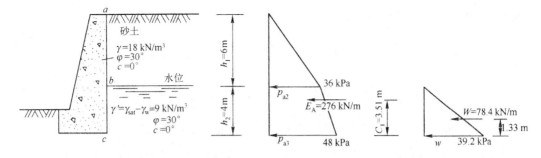

图 6-16　挡土墙主动土压力及水压力计算

**解：**
$$K_a = \tan^2\left(45° - \frac{\varphi}{2}\right) = \tan^2\left(45° - \frac{30°}{2}\right) = 0.333$$

按式 (6-11) 计算墙上各点的主动土压力为：

$a$ 点：$p_{a1} = \gamma_1 z K_a = 0$

$b$ 点：$p_{a2} = \gamma_1 h_1 K_a = 18 \times 6 \times 0.333 = 36.0 \text{ kPa}$

由于水下土的抗剪强度指标与水上土相同，故在 $b$ 点的主动土压力无突变现象。

$c$ 点：$p_{a3} = (\gamma_1 h_1 + \gamma' h_2) K_a = (18 \times 6 + 9 \times 4) \times 0.333 = 48.0 \text{ kPa}$

主动土压力分布如图 6-16 所示，并可求得其合力 $E_A$ 为：

$$E_A = \frac{1}{2} \times 36 \times 6 + 36 \times 4 + \frac{1}{2} \times (48 - 36) \times 4 = 108 + 144 + 24 = 276 \text{ kN/m}$$

合力 $E_A$ 作用点距墙脚为 $C_1$，即

$$C_1 = \frac{1}{276} \times \left(108 \times 6 + 144 \times 2 + 24 \times \frac{4}{3}\right) = 3.51 \text{ m}$$

$c$ 点水压力：$w = \gamma_w h_2 = 9.81 \times 4 = 39.2 \text{ kPa}$

作用在墙上的水压力合力（图 6-16）为：

$$W = \frac{1}{2} \times 39.2 \times 4 = 78.4 \text{ kN/m}$$

$W$ 作用在距墙脚 $\dfrac{h_2}{3} = \dfrac{4}{3} = 1.33 \text{ m}$ 处。

【例 6-4】 计算如图 6-17 所示挡土墙上的主动土压力的分布图及其合力。墙后填土为

黏性土，填土表面作用均布荷载 $q = 20 \, \text{kPa}$。

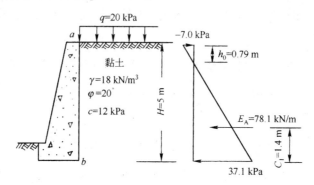

图 6-17　挡土墙主动土压力分布及合力计算

**解：** 已知 $\varphi = 20°$，则有：

$$\sqrt{K_a} = \tan\left(45° - \frac{\varphi}{2}\right) = \tan\left(45° - \frac{20°}{2}\right) = 0.70$$

$$K_a = \tan^2\left(45° - \frac{\varphi}{2}\right) = \tan^2\left(45° - \frac{20°}{2}\right) = 0.49$$

$a$ 点：$p_{a1} = qK_a - 2c\sqrt{K_a} = 20 \times 0.49 - 2 \times 12 \times 0.70 = -7.0 \, \text{kPa}$

$b$ 点：$p_{a2} = (q + \gamma H)K_a - 2c\sqrt{K_a} = (20 + 18 \times 5) \times 0.49 - 2 \times 12 \times 0.70 = 37.1 \, \text{kPa}$

墙背上部拉力区高度 $h_0$ 可由下式令 $p_a = 0$ 解得：

$$h_0 = \frac{2c}{\gamma} \frac{1}{\sqrt{K_a}} - \frac{20}{18} = \frac{2 \times 2}{18 \times 0.70} - \frac{20}{18} = 0.79 \, \text{m}$$

应用上述计算结果绘出主动土压力分布图（图 6-17），并求得其合力 $E_A$ 为：

$$E_A = \frac{1}{2} \times 37.1 \times (5 - 0.79) = 78.1 \, \text{kN/m}$$

$E_A$ 的作用点距墙脚 $C_1$ 为：

$$C_1 = \frac{H - h_0}{3} = \frac{5 - 0.79}{3} = 1.40 \, \text{m}$$

## 6.3.3　朗金被动土压力计算

如图 6-18 所示挡土墙，已知墙背竖直、填土面水平。若挡土墙在外力作用下推向填土，当墙后土体达到极限平衡状态时（即朗金被动状态），这时在墙背深度 $z$ 处取单元土体，其竖向应力 $\sigma_z = \gamma z$ 是最小主应力 $\sigma_3$，而水平应力 $\sigma_x$ 为最大主应力 $\sigma_1$，也是被动土压力 $p_p$。将 $\sigma_1 = p_p$、$\sigma_z = \gamma z$ 代入，即可得到朗金被动土压力计算公式。

砂性土：

$$p_p = \gamma \cdot z \tan^2\left(45° + \frac{\varphi}{2}\right) = \gamma \cdot z K_p \tag{6-13}$$

黏性土：

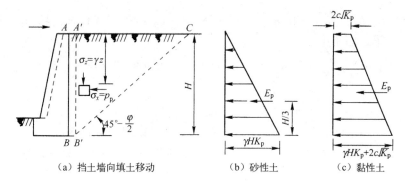

图 6-18 朗金被动土压力计算

$$p_p = \gamma \cdot z\tan^2\left(45° + \frac{\varphi}{2}\right) + 2c \cdot \tan\left(45° + \frac{\varphi}{2}\right) = \gamma \cdot zK_p + 2c\sqrt{K_p} \qquad (6-14)$$

式中：$K_p = \tan^2\left(45° + \frac{\varphi}{2}\right)$。

由上式可知，被动土压力 $p_p$ 沿深度 $z$ 呈直线分布，如图 6-18（b）、（c）所示。作用在墙背上的被动土压力合力 $E_p$，可由 $p_p$ 的分布图形面积求得。

墙后填土中出现的滑动面 $BC$ 与水平面的夹角为 $\left(45° + \frac{\varphi}{2}\right)$。

若填土为成层土，填土中有地下水或填土表面有超载时，被动土压力的计算方法与主动土压力计算方法相同，可参见例 6-5。

【例 6-5】计算作用在图 6-19 所示挡土墙上的被动土压力分布图及其合力。

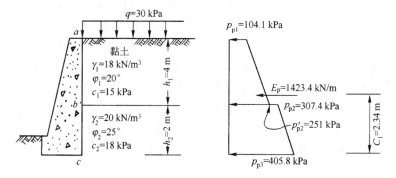

图 6-19 挡土墙被动土压力计算

**解：** 已知 $c_1 = 15$ kPa，$\varphi_1 = 20°$，$c_2 = 18$ kPa，$\varphi_2 = 25°$，则有：

$$K_{p1} = 1.428 \qquad \sqrt{K_{p1}} = 2.040$$
$$K_{p2} = 1.570 \qquad \sqrt{K_{p2}} = 2.466$$

计算挡土墙上各点被动土压力 $p_p$ 为：

$a$ 点：

$$p_{p1} = (q + \gamma_1 z)\sqrt{K_{p1}} + 2c_1 K_{p1} = (30 + 0) \times 2.040 + 2 \times 15 \times 1.428 = 104.1 \text{ kPa}$$

$b$ 点（位于第一层土中）：

$$p'_{p2} = (q + \gamma_1 h_1) \sqrt{K_{p1}} + 2c_1 K_{p1} = (30 + 18 \times 4) \times 2.040 + 2 \times 15 \times 1.428 = 251 \text{ kPa}$$

$b$ 点（位于第二层土中）：

$$p_{p2} = (q + \gamma_1 h_1) \sqrt{K_{p2}} + 2c_1 K_{p2} = (30 + 18 \times 4) \times 2.466 + 2 \times 18 \times 1.570 = 307.4 \text{ kPa}$$

$c$ 点：

$$p_{p3} = (q + \gamma_1 h_1 + \gamma_2 h_2) \sqrt{K_{p2}} + 2c_1 K_{p2}$$
$$= (30 + 18 \times 4 + 20 \times 2) \times 2.466 + 2 \times 18 \times 1.570 = 405.8 \text{ kPa}$$

将上述计算结果绘出被动土压力 $p_p$ 的分布图，如图 6-18 所示。被动土压力的合力 $E_p$ 及其作用点位置 $C_1$ 为：

$$E_p = 104.1 \times 4 + \frac{1}{2}(251 - 104.1) \times 4 + 307.4 \times 2 + \frac{1}{2}(450.8 - 307.4) \times 2$$
$$= 416.4 + 293.8 + 614.8 + 98.4 = 1423.4 \text{ kN/m}$$

$$C_1 = \frac{1}{1423.4} \times (416.4 \times 4 + 293.8 \times 3.33 + 614.8 \times 1 + 98.4 \times 0.67) = 2.34 \text{ m}$$

# 6.4　库仑土压力理论

## 6.4.1　基本原理

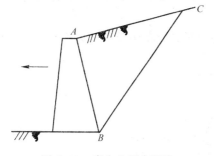

图 6-20　库仑土压力理论

库仑（C. A. Coulomb）在 1776 年提出了土压力理论，由于其计算原理比较比较简明，适应性较广，因此至今仍得到广泛应用。

库仑土压力理论假定挡土墙墙后的填土为均匀的砂性土，当墙背离土体或推向土体时，墙后土体即达到极限平衡状态，其滑动面是通过墙脚 $B$ 的两组平面，如图 6-20 所示。一个是沿墙背的 $AB$ 面，另一个是产生在土体中的 $BC$ 面。假定滑动土楔 $ABC$ 的静力平衡条件，按平面问题解得作用在挡土墙上的土压力。因此，也有把库仑土压力理论称为滑楔土压力理论。

## 6.4.2　主动土压力计算

如图 6-21 所示的挡土墙，已知墙背 $AB$ 倾斜，与竖直线的夹角为 $\varepsilon$；填土表面 $AC$ 是一平面，与水平面的夹角为 $\beta$。若挡土墙在填土压力作用下离开填土向外移动，当墙后土体达到极限平衡状态时（主动状态），土体中产生两个通过墙脚 $B$ 的滑动面 $AB$ 及 $BC$。若滑动面 $BC$ 与水平面间夹角为 $\alpha$，取单位长度挡土墙，把滑动土楔 $ABC$ 作为脱离体，考虑其静力平衡条件，作用在滑动土楔 $ABC$ 上的作用力有：

（1）土楔 $ABC$ 的重力 $G$。若已知 $\alpha$ 值，则 $G$ 的大小、方向及作用点位置均已知。

（2）土体作用在滑动面 $BC$ 上的反力 $R$。$R$ 是 $BC$ 面上摩擦力 $T_1$ 与法向反力 $N_1$ 的合力，它与 $BC$ 面的法线间的夹角等于土的内摩擦角 $\varphi$。由于滑动土楔 $ABC$ 相对于滑动面 $BC$ 右边的土体是向下移动，故摩擦力的方向向上，$R$ 的作用方向已知，大小未知。

（3）挡土墙对土楔的作用力 $Q$。它与墙背法线间的夹角等于墙背与填土间的摩擦角 $\delta$。同样，由于滑动土楔 $ABC$ 相对于墙背是向下滑动，故墙背在 $AB$ 面产生的摩擦力 $T_2$ 的方向向上。$Q$ 的作用方向已知，大小未知。

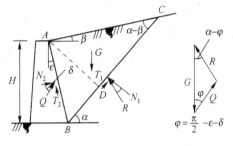

图 6-21　库仑主动土压力计算

考虑滑动土楔 $ABC$ 的静力平衡条件，绘出 $G$、$R$ 与 $Q$ 的力三角形，如图 6-21 所示。由正弦定律得：

$$\frac{G}{\sin\left[\pi-(\psi+\alpha-\varphi)\right]}=\frac{Q}{\sin(\alpha-\varphi)} \tag{6-15}$$

式中：$\psi=\dfrac{\pi}{2}-\varepsilon-\delta$；其他符号意义如图 6-21 所示。

由图 6-21 可知：

$$G=\frac{1}{2}\cdot\overline{AD}\cdot\overline{BC}\cdot\gamma$$

$$\overline{BC}=\overline{AB}\frac{\sin\left(\dfrac{\pi}{2}+\beta-\varepsilon\right)}{\sin(\alpha-\beta)}=H\frac{\cos(\beta-\varepsilon)}{\cos\varepsilon\cdot\sin(\alpha-\beta)} \tag{6-16}$$

$$\overline{AD}=\overline{AB}\cdot\sin\left(\frac{\pi}{2}+\varepsilon-\alpha\right)=H\frac{\cos(\varepsilon-\alpha)}{\cos\varepsilon}$$

因此得

$$G=\frac{1}{2}\gamma H^2\frac{\cos(\varepsilon-\alpha)\cos(\beta-\varepsilon)}{\cos^2\varepsilon\cdot\sin(\alpha+\beta)}$$

将 $G$ 代入式（6-15）得：

$$Q=\frac{1}{2}\gamma H^2\left[\frac{\cos(\varepsilon-\alpha)\cos(\beta-\varepsilon)\sin(\alpha-\varphi)}{\cos^2\varepsilon\cdot\sin(\alpha-\beta)\cos(\alpha-\varphi-\varepsilon-\delta)}\right] \tag{6-17}$$

式中：$\gamma$、$H$、$\varepsilon$、$\beta$、$\delta$、$\varphi$ 均为常数，$Q$ 随滑动面 $BC$ 的倾角 $\alpha$ 而变化。当 $\alpha=\dfrac{\pi}{2}+\varepsilon$ 时，$G=0$，则 $Q=0$；当 $\alpha=\varphi$ 时，$R$ 与 $Q$ 重合，则 $Q=0$；因此当 $\alpha$ 在 $\left(\dfrac{\pi}{2}+\varepsilon\right)$ 和 $\alpha$ 之间变化时，$Q$ 将有一个极大值。这个极大值 $Q_{\max}$ 即所求的主动土压力 $E_a$。

要计算 $Q_{\max}$ 值时，可令：

$$\frac{\mathrm{d}Q}{\mathrm{d}\alpha}=0 \tag{6-18}$$

因此，可将式（6-17）对 $\alpha$ 求导，解得 $\alpha$ 值代入式（6-17），得到库仑主动土压力计算公式为：

$$E_a=Q_{\max}=\frac{1}{2}\gamma H^2 K_a \tag{6-19}$$

$$K_a=\frac{\cos^2(\varphi-\varepsilon)}{\cos^2\varepsilon\cdot\cos(\delta+\varepsilon)\left[1+\sqrt{\dfrac{\sin(\delta+\varphi)\sin(\varphi-\beta)}{\cos(\delta+\varepsilon)\cos(\varepsilon-\beta)}}\right]^2} \tag{6-20}$$

式中：$\gamma$、$\varphi$——墙后填土的重度及内摩擦角；

    $H$——挡土墙的高度；

    $\varepsilon$——墙背与竖直线间夹角，墙背俯斜时为正（图6-21），反之，为负值；

    $\delta$——墙背与填土间的摩擦角；

    $\beta$——填土面与水平面间的倾角；

    $K_a$——主动土压力系数，它是 $\varphi$、$\delta$、$\varepsilon$、$\beta$ 的函数。当 $\beta=0$ 时，$K_a$ 值可由表6-3查得。

表6-3 主动土压力系数 $K_a$（$\beta=0$ 时）

| 墙背倾斜情况 | | | 填土与墙背摩擦角 $\delta/(°)$ | 主动土压力系数 $K_a$ | | | | | |
|---|---|---|---|---|---|---|---|---|---|
| | | | | 土的内摩擦角 $\varphi/(°)$ | | | | | |
| 形式 | 图 示 | $\varphi/(°)$ | | 20 | 25 | 30 | 35 | 40 | 45 |
| 仰斜 | | −15 | $\frac{1}{2}\varphi$ | 0.357 | 0.274 | 0.208 | 0.156 | 0.114 | 0.081 |
| | | | $\frac{2}{3}\varphi$ | 0.346 | 0.266 | 0.202 | 0.153 | 0.112 | 0.079 |
| | | −10 | $\frac{1}{2}\varphi$ | 0.385 | 0.303 | 0.237 | 0.184 | 0.139 | 0.104 |
| | | | $\frac{2}{3}\varphi$ | 0.375 | 0.295 | 0.232 | 0.180 | 0.139 | 0.104 |
| | | −5 | $\frac{1}{2}\varphi$ | 0.415 | 0.334 | 0.268 | 0.214 | 0.168 | 0.131 |
| | | | $\frac{2}{3}\varphi$ | 0.406 | 0.327 | 0.263 | 0.211 | 0.138 | 0.131 |
| 竖直 | | 0 | $\frac{1}{2}\varphi$ | 0.447 | 0.367 | 0.301 | 0.246 | 0.199 | 0.160 |
| | | | $\frac{2}{3}\varphi$ | 0.438 | 0.361 | 0.297 | 0.244 | 0.200 | 0.162 |
| 俯斜 | | +5 | $\frac{1}{2}\varphi$ | 0.482 | 0.404 | 0.338 | 0.282 | 0.234 | 0.193 |
| | | | $\frac{2}{3}\varphi$ | 0.450 | 0.398 | 0.335 | 0.282 | 0.236 | 0.197 |
| | | +10 | $\frac{1}{2}\varphi$ | 0.520 | 0.444 | 0.378 | 0.322 | 0.273 | 0.230 |
| | | | $\frac{2}{3}\varphi$ | 0.514 | 0.439 | 0.377 | 0.323 | 0.277 | 0.237 |
| | | +15 | $\frac{1}{2}\varphi$ | 0.564 | 0.489 | 0.424 | 0.368 | 0.318 | 0.274 |
| | | | $\frac{2}{3}\varphi$ | 0.559 | 0.486 | 0.425 | 0.371 | 0.325 | 0.284 |
| | | +20 | $\frac{1}{2}\varphi$ | 0.615 | 0.541 | 0.476 | 0.463 | 0.370 | 0.325 |
| | | | $\frac{2}{3}\varphi$ | 0.611 | 0.540 | 0.479 | 0.474 | 0.381 | 0.340 |

若填土面水平、墙背竖直以及墙背光滑时，也即 $\beta=0$、$\varepsilon=0$ 及 $\delta=0$ 时，由式（6-20）可得：

$$K_a = \frac{\cos^2\varphi}{(1+\sin\varphi)^2} = \frac{1-\sin^2\varphi}{(1+\sin\varphi)^2} = \frac{1-\sin\varphi}{1+\sin\varphi} = \tan^2\left(45° - \frac{\varphi}{2}\right)$$

所以得

$$E_a = \frac{1}{2}\gamma H^2 K_a$$

此式与填土为砂性土时的朗金主动土压力公式相同。由此可见，在特定条件下，两种土压力理论得到的结果是相符的。

为了计算滑动土楔（也称破坏棱体）的长度（即 $AC$ 长），应求得最危险滑动面 $BC$ 的倾角 $\alpha$ 值。若填土表面 $AC$ 是水平的，即 $\beta = 0$ 时，根据式（6-18）的条件，可解得 $\alpha$ 的计算公式如下：

墙背俯斜时$(\varepsilon > 0)$：

$$\cot\alpha = -\tan(\varphi+\delta+\varepsilon) + \sqrt{\left[\cot\varphi + \tan(\varphi+\delta+\varepsilon)\right]\left[\tan(\varphi+\delta+\varepsilon) - \tan\varepsilon\right]} \quad (6-21)$$

墙背仰斜时$(\varepsilon < 0)$：

$$\cot\alpha = -\tan(\varphi+\delta-\varepsilon) + \sqrt{\left[\cot\varphi + \tan(\varphi+\delta-\varepsilon)\right]\left[\tan(\varphi+\delta-\varepsilon) - \tan\varepsilon\right]} \quad (6-22)$$

墙背竖直时$(\varepsilon = 0)$：

$$\cot\alpha = -\tan(\varphi+\delta) + \sqrt{\tan(\varphi+\delta)\left[\tan(\varphi+\delta) + \cot\varphi\right]} \quad (6-23)$$

由式（6-19）可得，主动土压力 $E_a$ 是墙高 $H$ 的二次函数，所以主动土压力强度 $p_a$ 是沿墙高按直线规律分布的，如图 6-22 所示。合力 $E_a$ 的作用方向与墙背法线成 $\delta$ 角，与水平面成 $\theta$ 角，其作用点在墙高的 $\frac{1}{3}$ 处。

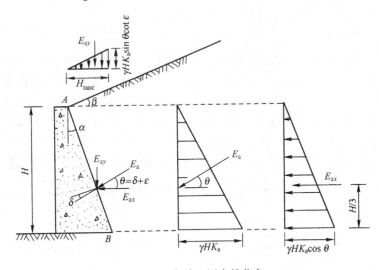

图 6-22　主动土压力的分布

作用在墙背上的主动土压力 $E_a$ 可以分解为水平力 $E_{ax}$ 和竖向分力 $E_{ay}$：

$$E_{ax} = E_a\cos\theta = \frac{1}{2}\gamma H^2 K_a\cos\theta \quad (6-24)$$

$$E_{ay} = E_a\sin\theta = \frac{1}{2}\gamma H^2 K_a\sin\theta \quad (6-25)$$

式中：$\theta$——$E_a$ 与水平面的夹角，$\theta = \delta + \varepsilon$；

$E_{ax}$、$E_{ay}$ 都为线性分布，如图 6-22 所示。

**【例6-6】** 某挡土墙如图6-23 所示。已知墙高 $H = 5\,\text{m}$，墙背倾角 $\varepsilon = 10°$，填土为细砂，填土面水平 $(\beta = 0)$，$\gamma = 19\,\text{kN/m}^3$，$\varphi = 30°$，$\delta = \dfrac{\varphi}{2} = 15°$。按库仑理论求作用在墙上的主动土压力 $E_a$。

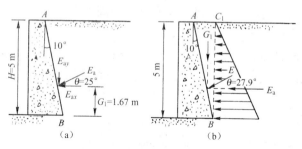

图6-23 挡土墙主动土压力计算

**解：**（1）按库仑主动土压力公式计算

当 $\beta = 0$、$\varepsilon = 10°$、$\delta = 15°$、$\varphi = 30°$ 时，由表6-3 查得主动土压力系数 $K_a = 0.378$。由式（6-19）、式（6-24）、式（6-25），求得作用在每延米长挡土墙上的主动土压力为：

$$E_a = \frac{1}{2}\gamma H^2 K_a = \frac{1}{2} \times 19 \times 5^2 \times 0.378 = 89.78\,\text{kN/m}$$

$$E_{ax} = E_a \cos\theta = 89.78 \times \cos(15° + 10°) = 81.36\,\text{kN/m}$$

$$E_{ay} = E_a \sin\theta = 89.78 \times \sin(15° + 10°) = 37.94\,\text{kN/m}$$

$E_a$ 的作用点位置距墙脚 $C_1 = \dfrac{H}{3} = \dfrac{5}{3} = 1.67\,\text{m}$。

（2）按朗金土压力理论计算

前述朗金主动土压力公式是适用于填土为砂土、墙背竖直 $(\varepsilon = 0)$、墙背光滑 $(\beta = 0)$ 和填土面水平 $(\delta = 0)$。在本题中挡土墙 $\varepsilon = 10°$、$\delta = 15°$，不符合上述情况。现从墙脚 $B$ 点作竖直面 $BC_1$，用朗金主动土压力公式计算作用在 $BC_1$ 面上的主动土压力 $E_a$，近似地假定作用在墙背 $AB$ 面上的主动土压力 $E_a$ 是与土体 $ABC_1$ 重力 $G_1$ 的合力，如图6-23（b）所示。

当 $\delta = 30°$ 时，求得 $K_a = 0.333$。按式（6-8）求得作用在 $BC_1$ 面上的主动土压力 $E_a$ 为：

$$E_a = \frac{1}{2}\gamma H^2 K_a = \frac{1}{2} \times 19 \times 5^2 \times 0.333 = 79.09\,\text{kN/m}$$

土体 $ABC_1$ 的重力 $G_1$ 为：

$$G_1 = \frac{1}{2}\gamma H^2 \tan\varepsilon = \frac{1}{2} \times 19 \times 5^2 \times \tan10° = 41.88\,\text{kN/m}$$

作用在墙背 $AB$ 上的合力 $E$ 为：

$$E = \sqrt{E_a^2 + G_1^2} = \sqrt{79.09^2 + 41.88^2} = 89.49\,\text{kN/m}$$

合力 $E$ 与水平面的夹角为：

$$\theta = \arctan\frac{G_1}{E_a} = \arctan\frac{41.88}{79.09} = 27.9°$$

由此可见，用两种理论计算的土压力大小是相符的。

## 6.4.3　库尔曼图解法确定主动土压力

从库仑在1776年发表土压力理论后，不少学者对库仑土压力理论作了改进和发展，其中利用图解法计算土压力及确定最危险滑动面是较为有效的一种方法。式（6-19）的库仑主动土压力解析解，仅适用于填土表面为平面，若填土表面不规则或作用各种荷载时，就不能应用解析解计算土压力，这时就可以用图解法来计算了。

库尔曼（C.Culmann）在1875年提出的图解法是目前较常用的一种图解方法。库尔曼图解法求主动土压力的方法如图6-24（a）所示，作图步骤如下：

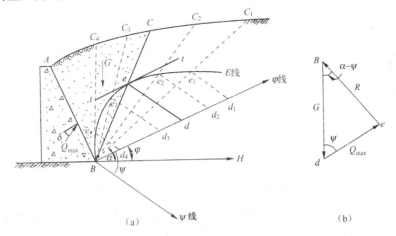

图6-24　库尔曼图解法求解主动土压力

（1）通过墙脚$B$作水平线$BH$。

（2）通过点$B$作$\varphi$线，与水平线成$\varphi$角。

（3）通过点$B$作$\psi$线，与$\varphi$线成$\psi$角，$\psi = \dfrac{\pi}{2} - \varepsilon - \delta$。

（4）任意假定一个试算的滑动面$BC_1$，与水平线成$\alpha$角，计算滑动土楔$ABC_1$的重力$G_1$，按适当比例尺在$\varphi$线上量取$Bd_1$代表$C_1$的大小，由$d_1$作$d_1e_1$线与$\psi$线平行交$BC_1$于$e_1$点，所形成的$\triangle Bd_1e_1$就是滑动土楔$ABC_1$的静力平衡力三角形，$d_1e_1$就表示相应于试算面$BC_1$时，墙背对土楔的作用力$Q$值。

（5）重复上述步骤，假定多个滑动面$BC_2$，$BC_3$，$BC_4$，…，得到相应的$d_2e_2$，$d_3e_3$，$d_4e_4$，…，得到一系列的$Q$值。

（6）将$e_1$，$e_2$，$e_3$，…，点连成曲线，称$E$线，也称库尔曼线。作$E$线的切线$tt$，它与$\varphi$线平行，得切点$e$。作$de$使之平行$\varphi$线，则$de$表示$Q$值中的最大值$Q_{max}$，且$Q_{max} = E_a$，连$Be$延长到$C$，$BC$就是最危险滑动面。

（7）按与$G$同样的比例量$de$线，即得主动土压力$E_a$值。

库尔曼图解法的证明，可以由图6-24（a）中的三角形$Bde$得出，已知$Bd$为滑动土楔的重力$G$，$\angle eBd = \alpha - \varphi$，$\angle deB = \varphi = \dfrac{\pi}{2} - \delta - \varepsilon$（由$ed /\!/ \psi$线得到），所以三角形$Bde$与图6-21或图6-24（b）中的滑动土楔静力平衡的力三角形相等，这就证明了$\triangle Bde$就是力

平衡三角形，$ed$ 就表示 $Q$ 值。

　　按上述库尔曼图解法可以求得主动土压力 $E_a$ 值，但不能确定 $E_a$ 的作用点位置。这时，可以采用一种近似的方法来求解。如图 6-25 所示，若根据库尔曼图解法已经求得最危险滑动面 $BC$ 和滑动土楔 $ABC$ 的重心 $O$ 点，通过 $O$ 点作平行于滑动面 $BC$ 的平行线交墙背于 $O_1$ 点，$O_1$ 点即为 $E_a$ 的作用点。

　　若在填土表面作用任意分布的荷载时，还可采用上述的库尔曼图解法求主动土压力。这时可将假定滑动土楔 $ABC_1$ 范围内的分布荷载的合力 $\sum q$ 和滑动土楔的重力 $G_1$ 叠加后，按上述作图法求解，如图 6-26 所示。

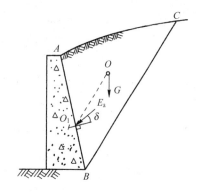

图 6-25　确定土压力作用点位置的近似法

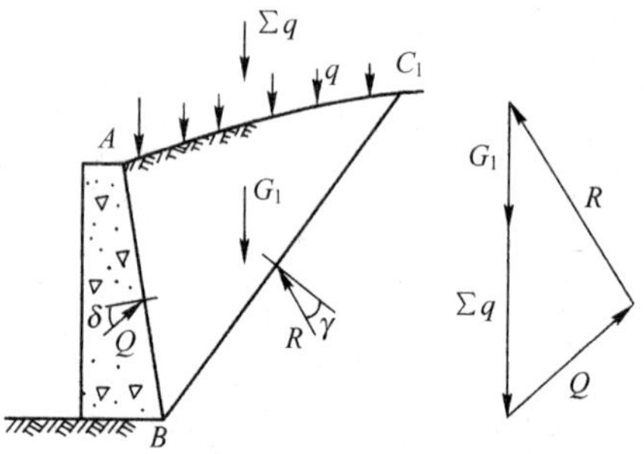

图 6-26　填土面作用荷载时求主动土压力的图解法

　　【例 6-7】 用库尔曼图解法求作用在图 6-27 所示挡土墙上的主动土压力 $E_a$。已知墙高 $H = 5\,\text{m}$，$\varepsilon = 15°$；填土为砂土：$\gamma = 18\,\text{kN/m}^3$，$\varphi = 35°$，$\delta = 10°$，$\psi = \dfrac{\pi}{2} - \varepsilon - \delta = 65°$。

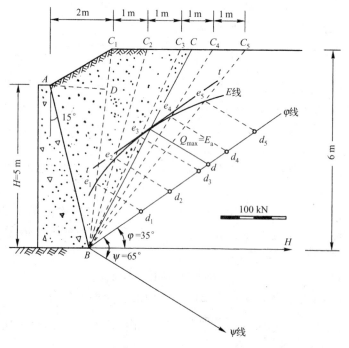

图 6-27　用库尔曼图解法求解作用在挡土墙上的主动土压力

**解:** 假设 5 个试算滑动面 $BC_1$, $BC_2$, …, $BC_5$, 如图 6-27 所示。计算各滑动土体的重力 $G$ 为:

$$G_1 = (\triangle ABC_1) \times \gamma = \frac{1}{2} \times \overline{AD} \times \overline{BC_1} \times \gamma = \frac{1}{2} \times 1.79 \times 6.08 \times 18 = 97.95 \text{ kN/m}$$

$$G_2 = (\triangle ABC_1 + \triangle C_1BC_2) \times \gamma = 97.95 + \frac{1}{2} \times 1 \times 6 \times 18 = 97.95 + 54 = 151.95 \text{ kN/m}$$

$$G_3 = G_2 + (\triangle C_2BC_3) \times \gamma = 151.95 + 54 = 205.95 \text{ kN/m}$$

$$G_4 = G_3 + (\triangle C_3BC_4) \times \gamma = 205.95 + 54 = 259.95 \text{ kN/m}$$

$$G_5 = G_4 + (\triangle C_4BC_5) \times \gamma = 259.95 + 54 = 313.95 \text{ kN/m}$$

绘 $\varphi$ 线和 $\psi$ 线。将 $G_1$, $G_2$, …, $G_5$ 按比例绘于 $\varphi$ 线上, 即令 $Bd_1 = G_1$、$Bd_2 = G_2$、$Bd_3 = G_3$、$Bd_4 = G_4$、$Bd_5 = G_5$。作 $d_ie_i // \varphi$ 线, 得 $e_1$, $e_2$, …, $e_5$, 连成光滑曲线即为 $E$ 线。作 $E$ 线的切线 $tt$, 使 $tt // \varphi$ 线, 得到切点 $e$, 量 $ed$ 线的长度并按 $G_1$ 的比例换算得:

$$ed = Q_{max} = E_a = 108 \text{ kN/m}$$

## 6.4.4　被动土压力计算

若挡土墙在外力作用下推向填土, 当墙后土体达到极限平衡状态时, 假定滑动面是通过墙脚的两个平面 $AB$ 和 $BC$, 如图 6-28 所示。由于滑动土体 $ABC$ 向上挤出隆起, 所以在滑动面 $AB$ 和 $BC$ 上的摩阻力 $T_2$ 及 $T_1$ 的方向与主动土压力相反, 是向下的。这样得到的滑动土体 $ABC$ 的静力平衡力三角形如图 6-28 所示, 由正弦定律可得:

$$Q = G \times \frac{\sin(\alpha + \varphi)}{\sin\left(\frac{\pi}{2} + \varepsilon - \delta - \alpha - \varphi\right)} \tag{6-26}$$

同样, $Q$ 值是随着滑动面 $BC$ 的倾角变化的, 但作用在墙背上的被动土压力值应该是各反力中的最小值。这时因为挡土墙推向填土时, 最危险的滑动面上的抵抗力 $Q$ 值一定是最小的。$Q_{min}$ 的计算与主动土压力的计算原理相似, 可令:

$$\frac{\mathrm{d}Q}{\mathrm{d}\alpha} = 0$$

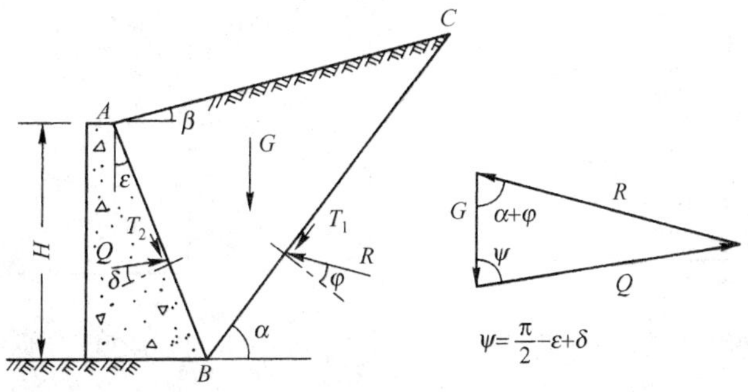

图 6-28　库仑被动土压力计算

由此可得到库仑被动土压力 $E_p$ 的计算公式为:

$$E_p = Q_{min} = \frac{1}{2}\gamma H^2 K_p \tag{6-27}$$

$$K_p = \frac{\cos^2(\varphi + \varepsilon)}{\cos^2\varepsilon \cdot \cos(\varepsilon - \delta)\left[1 - \sqrt{\dfrac{\sin(\varphi + \delta)\sin(\varphi + \beta)}{\cos(\varepsilon - \delta)\cos(\varepsilon - \beta)}}\right]^2} \tag{6-28}$$

式中：$K_p$——被动土压力系数。

其他符号意义同前，如图 6-28 所示。

$E_p$ 的作用方向与墙背法线成 $\delta$ 角。由式（6-27）可知被动土压力强度 $E_p$ 沿墙高为直线规律分布。

## 6.4.5　朗金与库仑土压力理论的讨论

朗金理论与库仑理论都是在各自不同的假定条件下，应用不同的分析方法得到计算土压力的公式。只有在填土面水平($\beta = 0$)、墙背光滑($\delta = 0$)的条件下，两种理论得到的结果才相同，但两种理论都有其各自的特点。

朗金理论是从土体处于极限平衡状态时的应力情况角度求解的。本章所介绍的朗金土压力公式仅是在简单条件下（即墙背竖直、光滑，填土面水平）得到的解。若墙背倾斜时，可从墙脚 $B$ 作垂直面 $A'B$（图 6-29），认为作用在墙背上的土压力，近似地等于作用在 $A'B$ 面上的土压力 $E$ 与 $ABA'$ 土体的重力 $G$ 的合力（其计算方法见例6-6）。若填土面倾斜时，也可得到其解，但计算公式比较复杂，在实践中应用不多。

库仑理论是根据滑动土楔的静力平衡条件求解土压力的，并假定两组滑动面是通过求解 $B$ 点的平面 $AB$ 及 $BC$，如图 6-30 所示。但若墙背倾斜角 $\varepsilon$ 较大时，即所谓坦墙时，则一组滑动面不会沿墙背 $AB$ 产生，而是发生在土中，一般称为第二滑动面。这时求得的土压力 $E$ 是作用在第二滑动面上，作用在墙背上的总土压力是土体 $ABA'$ 的重力 $G_1$ 与第二滑动面上的土压力 $E$ 的合力。

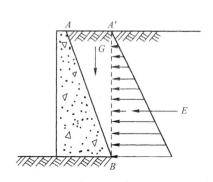

图 6-29　墙背倾斜时土压力的近似计算

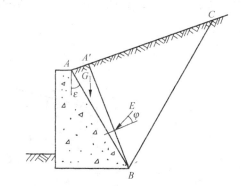

图 6-30　坦墙的第二滑动面

库仑理论的适用范围较广，可用于填土面为任意形状，倾斜墙背，考虑墙背地实际摩擦角，但假定填土是砂土($c = 0$)。若填土为黏土时，也可采用近似方法计算。比较简单的是采用等代内摩擦角法，即不考虑黏土的黏聚力 $c$ 值，而用等代内摩擦角代替黏土的两个强度指标 $c$、$\varphi$ 值。

库仑理论假定滑动面是平面 BC（或 BC₁），但实际滑动面因受墙背摩擦的影响而为曲面，如图 6-31 所示的 BC′（或 BC′₁）。这对主动土压力计算引起的误差一般不大，但对被动土压力则会产生较大的误差，同时，这一误差会随着土内摩擦角 φ 值的增大而增大，这是不安全的。因此，在工程实践中一般不用库仑理论计算被动土压力。

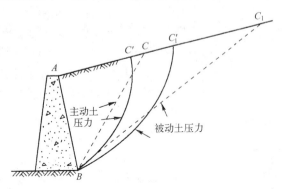

图 6-31  曲面滑动面对主动及被动土压力的影响

## 6.5  几种特殊情况下的库仑土压力计算

### 6.5.1  地面荷载作用下的库仑土压力

挡土墙后的土体表面常有不同形式的荷载作用，这些荷载会使作用在墙背上的土压力增大。

如图 6-32 所示，土体表面有全断面分布的均布荷载时，可将均布荷载换算为土体的当量厚度 $h_0 = \dfrac{q}{\gamma}$（$\gamma$ 为土体重度），再从图中定出假想的墙顶 A′，最后用无荷载作用时的情况求出土压力强度和总压力。其步骤如下：

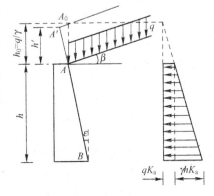

图 6-32  均布荷载作用下的
库仑主动土压力

在 △AA′A₀ 中，由几何关系可得：

$$AA' = h_0 \times \frac{\cos\beta}{\cos(\varepsilon - \beta)} \qquad (6-29)$$

AA′ 在竖向的投影为：

$$h' = AA'\cos\varepsilon = h_0 \times \frac{\cos\varepsilon \cdot \cos\beta}{\cos(\varepsilon - \beta)} \qquad (6-30)$$

墙顶 A 点的主动土压力强度为：

$$p_{aA} = \gamma h' K_a \qquad (6-31)$$

墙底 B 点的主动土压力强度为：

$$p_{aB} = \gamma(h + h')K_a \qquad (6-32)$$

实际墙背 AB 上的总土压力为：

$$E_a = \gamma h \left( \frac{1}{2}h + h' \right) K_a \tag{6-33}$$

## 6.5.2　成层土体中的库仑主动土压力

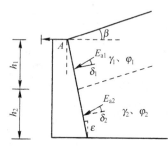

图 6-33　成层土体中的
库仑主动土压力

当墙后土体成层分布且具有不同的物理力学性质时，常用近似方法计算土压力。如图 6-33 所示，假设各层土的分层面与土体表面平行，再自上而下按层计算土压力，求下层土的土压力时，可将上面各层土的质量当作均布荷载考虑。图 6-33 说明如下：

第一层层面处：$p_a = 0$

第一层底：$p_a = \gamma_1 h_1 K_{a1}$

在第二层顶面，将 $\gamma_1 h_1$ 的土重换算为第二层土的当量土厚度：

$$h_1' = \frac{\gamma_1 h_1}{\gamma_2} \times \frac{\cos\varepsilon \cdot \cos\beta}{\cos(\varepsilon - \beta)} \tag{6-34}$$

所以第二层的顶面处土压力强度为：

$$p_a = \gamma_2 h_1' K_{a2} \tag{6-35}$$

第二层层底的土压力强度为：

$$p_a = \gamma_2 (h_1' + h_2) K_{a2} \tag{6-36}$$

式中：$K_{a1}$、$K_{a2}$——第一、二层土中的库仑主动土压力系数；

　　　$\gamma_1$、$\gamma_2$——第一、二层土中的重度/$(kN/m^3)$。

每层土的总压力 $E_{a1}$、$E_{a2}$ 的大小等于土压力分布图的面积，作用方向与 $AB$ 法线方向成 $\delta_1$、$\delta_2$ 角（$\delta_1$、$\delta_2$ 分别为第一、二层土与墙背间的摩擦角），作用点位于各层土压力图的形心高度处。

另一种更简便的计算方法是将各层土的重度、内摩擦角值按土层的厚度进行加权平均，即：

$$\gamma_m = \frac{\sum \gamma_i h_i}{\sum h_i} \qquad \varphi_m = \frac{\sum \varphi_i h_i}{\sum h_i} \tag{6-37}$$

式中：$\gamma_i$——各层土的重度/$(kN/m^3)$；

　　　$\varphi_i$——各层土的内摩擦角/$(°)$。

　　　$h_i$——各层土的厚度/m。

再近似地将它们当作均质土的抗剪强度指标求出土压力系数后计算土压力。应该注意的是，该计算结果与分层计算结果是否接近要视具体情况而定。

## 6.5.3　黏性土中的库仑土压力

土建工程中，无论是一般的挡土结构，还是基坑工程中的支护结构，其后面的土体大多为黏土、粉质黏土或黏土夹石，都具有一定的黏聚力。黏性土中的库仑土压力可用等代摩擦角法计算。

　　等代内摩擦角就是将黏性土地黏聚力折算成内摩擦角，经折算后的内摩擦角称为等效内摩擦角或等值内摩擦角，用 $\varphi_D$ 表示。工程中常用以下两种方法来计算 $\varphi_D$。

　　（1）根据抗剪强度相等的原理，等效内摩擦角 $\varphi_D$ 可从土的抗剪强度曲线上通过作用在基坑底面高程上的土中垂直应力求出 $\sigma_t$，如图 6-34 所示。

$$\varphi_D = \arctan\left(\tan\varphi + \frac{c}{\sigma_t}\right) \qquad (6-38)$$

式中 $\sigma_t$、$c$、$\varphi$ 含义如图 6-34 所示。

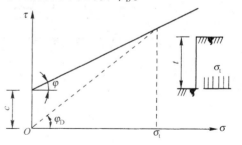

图 6-34　等代内摩擦角 $\varphi_D$ 的计算

　　（2）根据土压力相等来计算等效内摩擦角 $\varphi_D$ 值。为简便起见，假定墙背竖直、光滑，墙后填土表面水平，且与墙面齐高。有黏聚力的土压力为：

$$E_{a1} = \frac{1}{2}\gamma H^2 \tan^2\left(45° - \frac{\varphi}{2}\right) - 2cH\tan\left(45° - \frac{\varphi}{2}\right) + \frac{2c^2}{\gamma}$$

按等效内摩擦角土压力为：

$$E_{a2} = \frac{1}{2}\gamma H^2 \tan^2\left(45° - \frac{\varphi_D}{2}\right)$$

令 $E_{a1} = E_{a2}$，可求得：

$$\tan\left(45° - \frac{\varphi_D}{2}\right) = \tan\left(45° - \frac{\varphi}{2}\right) = \frac{2c}{\gamma H}$$

$$\varphi_D = 2\left\{45° - \arctan\left[\tan\left(45° - \frac{\varphi}{2}\right) - \frac{2c}{\gamma H}\right]\right\} \qquad (6-39)$$

## 6.5.4　车辆荷载作用下的土压力计算

　　在桥台或挡土墙设计时，应考虑车辆荷载引起的土压力。《公路桥涵设计通用规范》（JTG D60—2004）中，对车辆荷载（包括汽车、履带车和挂车）引起的土压力计算方法做出了具体规定，其计算原理是按照库仑土压力理论，将填土破坏棱体（即滑动土楔）范围内的车辆荷载用一个均布荷载（或换算成等代均布土层）来代替，再用库仑土压力公式计算，如图 6-35 所示。

　　计算时先确定破坏棱体的长度 $l_0$，忽略车辆荷载对滑动位置的影响，按无车辆荷载时的计算公式计算滑动面的倾角 $\cot\alpha$ 值；再按下式计算 $l_0$ 值：

墙背俯斜时　　　　　　　　$l_0 = H(\tan\varepsilon + \cot\alpha)$ 　　　　　　　　(6-40)

式中：$H$——挡土墙高度；

　　$\alpha$、$\varepsilon$——滑动面的倾角和墙背倾角。

　　作用在破坏棱体上的汽车荷载引起的土压力采用车辆荷载加载，并可按下列规定计算：

　　（1）车辆荷载在桥台或挡土墙后填土的破坏棱体上引起的土侧压力，可按下式换算成等代均布土层厚度 $h_e$（m）计算：

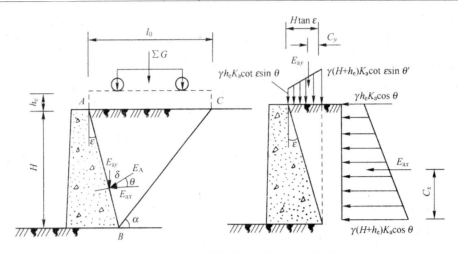

图 6-35 车辆荷载作用时的土压力计算

$$h_e = \frac{\sum G}{B l_0 \gamma} \tag{6-41}$$

式中：$\gamma$——土的重度/（kN/m³）;

   $\sum G$——布置在 $B \times l_0$ 面积内的车轮的总重力/kN。计算挡土墙的土压力时，车辆荷载应按图 6-36 规定作横向布置，车辆外侧车轮中线距路面边缘 0.5 m，计算中当涉及多车道加载时，车轮总重力应按规范的有关规定进行折减;

   $l_0$——桥台或挡土墙后填土的破坏棱体长度/m。对于墙顶以上有填土的路堤式挡土墙，$l_0$ 为破坏棱体范围内的路基宽度部分;

   $B$——桥台横向全宽或挡土墙的计算长度/m。

挡土墙的计算长度可按下列公式计算，但不应超过挡土墙分段长度：

$$B = 13 + H\tan 30° \tag{6-42}$$

式中：$H$——挡土墙高度/m。对墙顶以上有填土的挡土墙，为两倍墙顶填土厚度加墙高。当挡土墙分段长度小于 13 m 时，$B$ 取分段长度，并在该长度内按不利情况布置轮重。

（2）计算涵洞顶上车辆荷载引起的竖向土压力时，车轮按其着地面积的边缘向下作 30°角分布。当几个车轮的压力扩散线相重叠时，扩散面积以最外边的扩散线为准。

当求得等代厚度后，可按下式计算作用在墙上的主动土压力 $E_a$ 值：

$$\begin{aligned}
E_a &= \frac{1}{2}\gamma H(H + 2h_0)K_a \\
E_{ax} &= E_a \cos \theta \\
E_{ay} &= E_a \sin \theta
\end{aligned} \tag{6-43}$$

式中：$\theta$——$E_a$ 与水平线间的夹角/（°），$\theta = \delta + \varepsilon$;

   $K_a$——主动土压力系数，由表 6-3 查得。

$E_{ax}$ 和 $E_{ax}$ 的分布图形如图 6-35 所示，其作用点分别位于各分布图形的形心处，可按下式计算。

$E_{ax}$ 的作用点距墙脚 $B$ 点的竖直距离 $C_x$ 为：

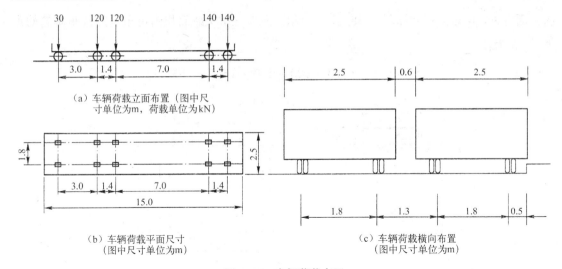

(a) 车辆荷载立面布置（图中尺
寸单位为m，荷载单位为kN）

(b) 车辆荷载平面尺寸
（图中尺寸单位为m）

(c) 车辆荷载横向布置
（图中尺寸单位为m）

图 6-36　车辆荷载布置

$$C_x = \frac{H}{3} \times \frac{H + 3h_e}{H + 2h_e}$$ (6-44)

$E_{ay}$ 的作用点距墙脚 $B$ 点的竖直距离 $C_y$ 为：

$$C_y = \frac{d}{3} \times \frac{d + 3d_1}{d + 2d_1}$$ (6-45)

其中：$d = H\tan\varepsilon$，$d_1 = h_e\tan\varepsilon$。

**【例 6-8】** 某公路路肩挡土墙如图 6-37 所示，试计算作用在每延米长挡土墙上由于汽车荷载引起的主动土压力 $E_a$ 值。

计算资料：已知路面宽 7 m；荷载为公路 - Ⅱ 级；填土重度 $\gamma = 18 \text{ kN/m}^3$，内摩擦角 $\varphi = 35°$，黏聚力 $c = 0$；挡土墙高 $H = 8$ m，墙背摩擦角 $\delta = \frac{2}{3}\varphi$，伸缩缝间距为 10 m。

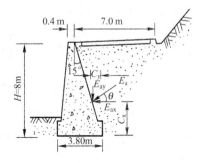

图 6-37　路肩挡土墙主动土压力计算

**解：**（1）求破坏棱体长度 $l_0$

挡土墙墙背俯斜，$\varepsilon = 15°$，由式（6-40）计算：

$$l_0 = H(\tan\varepsilon + \cot\alpha)$$

其中：

$$\cot\alpha = -\tan(\varphi + \delta + \varepsilon) + \sqrt{\left[\cot\varphi + \tan(\varphi + \delta + \varepsilon)\right]\left[\tan(\varphi + \delta + \varepsilon) - \tan\varepsilon\right]}$$

$$= -\tan 73.3° \sqrt{\left[\cot 35° + \tan 73.3°\right]\left[\tan 73.3° - \tan 15°\right]} = 0.487$$

$$l_0 = 8 \times (\tan 15° + 0.487) = 6.04 \text{ m}$$

（2）求挡土墙的计算长度 $B$

已知挡土墙的分段长度（即伸缩缝间距）为 10 m，小于 13 m，故取 $B = 10$ m。

（3）求汽车荷载的等代均布土层厚度 $h_e$

从图 6-38（a）可知：$l_0 = 6.04$ m 时，在 $l_0$ 长度范围内可布置两列汽车，而在墙长度方向，因取 $B = 10\,\text{m}$，布置如图 6-38（b）所示。所以在 $B \times l_0$ 面积内可布量的汽车车轮的重力 $\sum G$ 为：

$$\sum G = 2 \times (120 + 120 + 140 + 140) = 1040\,\text{kN}$$

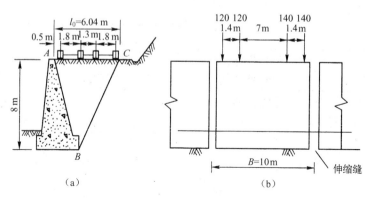

图 6-38　$B \times l_0$ 面积内汽车荷载的布置

由式（6-41）可得：

$$h_{e} = \frac{\sum G}{Bl_0\gamma} = \frac{1040}{10 \times 6.04 \times 18} = 0.96\,\text{m}$$

（4）求主动土压力 $E_a$

由式（6-43）可知：

$$E_a = \frac{1}{2}\gamma H(H + 2h_e)K_a$$

已知 $\varphi = 35°$，$\varepsilon = 15°$，$\delta = \frac{2}{3}\varphi$，$\beta = 0$，由表 6-3 查得主动土压力系数 $K_a = 0.372$。

$$E_a = \frac{1}{2} \times 18 \times 8 \times (8 + 2 \times 0.96) \times 0.372 = 265.5\,\text{kN/m}$$

已知 $\theta = \delta + \varepsilon = 23.3° + 15° = 38.3°$，则有：

$$E_{ax} = E_a\cos\theta = 265.5 \times \cos 38.3° = 208.3\,\text{kN/m}$$

$$E_{ay} = E_a\sin\theta = 265.5 \times \sin 38.3° = 164.7\,\text{kN/m}$$

$E_{ax}$ 和 $E_{ay}$ 的作用点的位置，可由式（6-44）和式（6-45）计算：

$$C_x = \frac{H}{3} \times \frac{H + 3h_e}{H + 2h_e} = \frac{8 \times (8 + 3 \times 0.96)}{3 \times (8 + 2 \times 0.96)} = 2.92\,\text{m}$$

$$d = H\tan\varepsilon = 8 \times \tan 15° = 2.14\,\text{m}$$

$$d_1 = h_e\tan\varepsilon = 0.92 \times \tan 15° = 0.26\,\text{m}$$

$$C_y = \frac{d}{3} \times \frac{d + 3d_1}{d + 2d_1} = \frac{2.14 \times (2.14 + 3 \times 0.26)}{3 \times (2.14 + 2 \times 0.26)} = 0.78\,\text{m}$$

## 6.5.5　支撑结构物上的土压力计算

在基坑开挖时，坑壁常用板桩、抗滑桩或衬板予以支撑，板桩也可用作水中桥梁墩台施工时的围堰结构，如图 6-39（a）、（b）所示。这些支撑结构物都是施工中的临时性结构，有时板桩墙也用于永久性结构物，如图 6-39（c）、(d)、(e) 中的码头、船坞、水闸等。

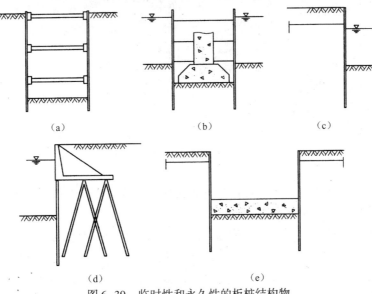

（a）　　　　　　　（b）　　　　　　　（c）

（d）　　　　　　　　　（e）

图 6-39　临时性和永久性的板桩结构物

　　板桩支撑上的土压力计算与前述挡土墙不同。板桩墙是柔性结构，它的施工方法与支撑的构造有关，如多支撑板桩往往是随挖土随支撑，墙身的位移受到支撑的约束与限制，它的破坏是从一个或几个支撑点开始，然后发展到整个支撑系统。因此，作用在板桩支撑上的土压力计算，不能直接采用前面的朗金或库仑土压力公式，而是按其支撑的不同构造形式，采用经验性的土压力分布图形。

### 1. 悬臂式板桩墙的土压力计算

　　如图 6-40 所示悬壁式板桩墙，由于板桩不设支撑，因此墙身位移较大，通常用于挡土高度不大的临时性支撑结构。

　　悬臂式板桩墙的破坏一般是板桩绕柱底端 $b$ 点以上的某点 $O$ 点转动。这样在转动点 $O$ 以上的墙身前侧以及 $O$ 点以下的墙身后侧，将产生被动抵抗力，在相应的另一侧产生主动土压力。

　　由于精确地确定土压力的分布规律比较困难，一般近似地假定土压力的分布如图 6-40 所示。墙身前侧是被动土压力，其合力为 $E_{p1}$，并考虑一定的安全系数 $K$，一般取 $K = 2$；在墙身后方为主动土压力，合力为 $E_a$。另外在桩下端还作用有被动土压力 $E_{p2}$，由于 $E_{p2}$ 的作用位置不易确定，计算时可

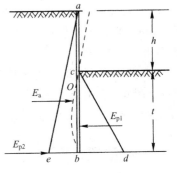

图 6-40　悬臂式板桩墙
土压力计算图

假定作用在桩端 $b$ 点。考虑到 $E_{p2}$ 的实际作用位置应在桩端以上一段距离，因此在最后求得板桩的入土深度 $t$ 后，再适当增加 10%～20%。按图 6-40 所示土压力分布图形计算板桩墙的稳定性和板桩的强度。

　　板桩入土深度 $t$ 的确定可根据计算墙上作用力对桩端 $b$ 点的力矩平衡条件 $\sum M_b = 0$ 求得，即

$$\frac{1}{6}\gamma t^3 \cdot K_p^2 \cdot \frac{1}{K} = \frac{1}{6}\gamma(h+t)^3 K_a^2$$

化简得：

$$\frac{K_p^2}{K_a^2} \cdot \frac{1}{K} = \left(\frac{h+t}{t}\right)^3 \tag{6-46}$$

式中：$h$——板桩的悬挑高度/m；

　　　　$t$——板桩入土深度/m；

　　　　$K$——安全系数。

## 2. 锚碇式板桩墙的土压力计算

当基坑开挖高度较大时，不能采用悬臂式板桩墙，这时可以在板桩顶部附近设置锚碇拉杆，成为锚碇式板桩墙，如图 6-41 所示。

锚碇式板桩墙的计算，可以把它作为有两个支承点的竖直梁。两个支点是板桩上端的锚碇拉杆；另一个是板桩下端埋入基坑底下的土。下端的支承情况又与板桩埋入土中的深度大小有关，一般分为两种支承情况：第一种是自由端支承，如图 6-41（a）所示。这类板桩埋入土中较浅，板桩下端允许产生自由转动；第二种是固定端支承，如图 6-41（b）所示。当板桩下端埋入土中较深时，可以认为板桩下端在土中嵌固。

（1）板桩下端自由支承时的土压力分布如图 6-41（a）所示。板桩墙受力后挠曲变形，上下两个支承点均允许自由转动，墙后侧产生主动土压力 $E_a$。由于板桩下端允许自由转动，故墙后下端不产生被动土压力。墙前侧由于板桩向前挤压产生被动土压力 $E_p$。由于板桩下端入土较浅，板桩墙的稳定安全度，可以用墙前被动土压力 $E_p$ 除以安全系数 $K$ 保证。

（2）板桩下端入土较深时，板桩下端在土中嵌固，板桩墙后侧除主动土压力 $E_a$ 外，在板桩下端嵌固点下还产生被动土压力 $E_{p2}$。假定 $E_{p2}$ 作用在桩底 $b$ 点处。与悬臂式板桩墙计算相同，板桩的入土深度可按计算值适当增加 $10\% \sim 20\%$。板桩墙的前侧作用被动土压力 $E_{p1}$。由于板桩入土较深，板桩墙的稳定性安全度由桩的入土深度保证，故被动土压力 $E_{p1}$ 不再考虑安全系数。

由于板桩下端的嵌固点位置不知道，因此，不能用静力平衡条件直接求解板桩的入土深度 $t$。图 6-42 给出了板桩受力后的挠曲形状，在板桩下部有一挠曲反弯点 $c$，在 $c$ 点以上板桩产生最大正弯矩，$c$ 点以下产生最大负弯矩，挠曲反弯点 $c$ 相当于弯矩零点。太沙基给

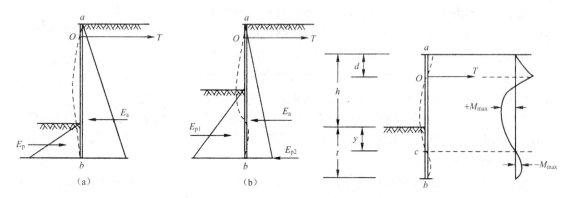

图 6-41　锚碇式板桩墙计算　　　　　图 6-42　下端为固定支承时的锚锭板桩计算

出了在均匀砂土中，当土表面没有超载、墙后没有很高的地下水位时，反弯点 $c$ 的深度 $y$ 值与土的内摩擦角之间的近似关系，见表6-4。

**表6-4　反弯点深度 $y$ 与内摩擦角 $\varphi$ 之间的近似关系**

| $\varphi$ | 20° | 30° | 40° |
|---|---|---|---|
| $y$ | 0.25h | 0.08h | −0.007h |

反弯点 $c$ 的位置确定后，令 $c$ 点的弯矩等于零，则将板桩分成 $ac$ 和 $cb$ 两段，根据平衡条件可求得板桩的入土深度 $t$。

3. 多支撑板桩墙的土压力计算

当基坑开挖较深时，板桩墙需设置多层支撑，以减少板桩的受力。这时板桩上的土压力分布形式与板桩位移情况有关，由于多支撑板桩墙的施工程序往往是先打好板桩，然后随挖土随支撑，因而板桩下端在土压力作用下容易向内倾斜，如图6-43中虚线所示。这种位移与挡土墙绕墙顶转动的情况相似，这时墙后土体达不到主动极限平衡状态，土压力不能按朗肯或库仑理论计算。根据试验结果证明，这时土压力呈中间大、上下小的抛物线形状分布，其变化在静止土压力与主动土压力之间，如图6-43所示。

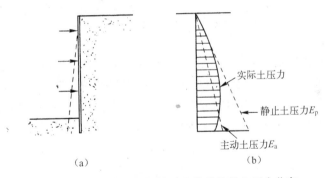

图6-43　多支撑板桩墙上的位移及土压力分布

太沙基和派克（Peck）根据实测及模型试验结果，提出作用在板桩墙上的土压力分布经验图形，如图6-44所示。对于砂土，其土压力分布图形如图6-44（b）、（c）所示，最大土压力强度 $E_a = 0.8\gamma H K_a \cdot \cos\delta$，其中，$K_a$ 为库仑主动土压力系数，$\delta$ 为墙与土体间的摩擦角。黏性土的土压力分布如图6-44（d）、（e）所示，当坑底处土的自重压力 $\gamma H > 6c_u$ 时（$c_u$ 为黏土的不排水抗剪强度），可认为土的强度已达到塑性破坏条件，此时，墙上的土压力分布如图6-44（d），其最大土压力强度为 $(\gamma H - 4m_1 c_u)$，其中，$m_1$ 为系数，通常情况下 $m_1 = 1$，若坑底有软弱土存在时，则取 $m_1 = 0.4$。当坑底处土的自重应力 $\gamma H < 4c_u$ 时，认为土未达到塑性破坏，这时土压力分布如图6-44（e）所示，其最大土压力强度为 $(0.2 \sim 0.4)\gamma H$。当墙位移很小，而且施工期很短时，采用低值；当 $\gamma H$ 在 $(4 \sim 6)c_u$ 之间时，土压力分布可在两者之间采用。

多支撑板桩墙计算时，可假定板桩在支撑之间为简支支承，由此计算板桩弯矩及支撑作用力。

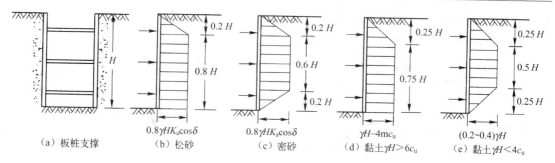

(a) 板桩支撑　　(b) 松砂　　(c) 密砂　　(d) 黏土 $\gamma H > 6c_u$　　(e) 黏土 $\gamma H < 4c_u$

$0.8\gamma HK_a\cos\delta$　　$0.8\gamma HK_a\cos\delta$　　$\gamma H-4mc_u$　　$(0.2\sim0.4)\gamma H$

图 6-44　多支撑板桩墙上土压力的分布图

## 6.5.6　地震时土压力计算方法简介

地震时作用在挡土墙上的土压力称为动土压力。由于受地震时的动力作用，墙背上的动土压力无论其大小或分布形式，都不同于无振动情况下的静土压力。动土压力的确定，不仅与地震强度有关，还受地基土、挡土墙及墙后填土等振动特性的影响，是一个比较复杂的问题，目前国内外工程实践中多用拟静力法进行地震土压力计算，即从静力条件下的库仑土压力理论为基础，考虑竖向和水平方向地震加速度的影响，对原库仑土压力公式加以修正，其中物部—冈部（Mononobe - Okabe）提出的分析方法使用较为普遍，称为物部—冈部法，下面对该法作简要介绍。

图 6-45 （a）所示为具有倾斜墙背 $\varepsilon$、倾斜土面 $\beta$ 的挡土墙，$ABC$ 为无地震情况下的滑动楔体，楔体重力为 $W$。地震时，墙后土体受地震加速度作用，产生惯性力。地震加速度可分为水平和竖直方向两个分量，方向可正可负，取其不利方向。水平地震惯性为 $K_H W$ 取朝向挡土墙，竖向地震惯性力 $K_V W$ 取竖直向上，如图 6-44 所示。其中 $K_H$ 称为水平向地震系数，$K_V$ 称为竖向地震系数，其值为：

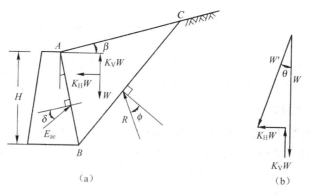

(a)　　　　(b)

图 6-45　地震时滑动楔体受力分析

$$K_H = \frac{地震加速度的水平分量}{重力加速度}$$

$$K_V = \frac{地震加速度的竖向分量}{重力加速度}$$

将这两个惯性力当成静载与土楔体重力 $W$ 组成合力 $W'$，则 $W'$ 与铅垂线的夹角为 $\theta$，称

$\theta$ 为地震偏角。显然

$$\theta = \arctan\left(\frac{K_{H}}{1 - K_{V}}\right) \tag{6-47}$$

$$W' = (1 - K_{V}) W \sec\theta \tag{6-48}$$

这样，若假定在地震条件下，土的内摩擦角 $\varphi$ 与墙背摩擦角 $\delta$ 均不改变，则墙后滑动楔体的平衡力系如图 6-46 所示。可以看出，该平衡力系图与库仑理论的力系图的差别仅在于 $W'$ 的方向相对与垂直方向倾斜了 $\theta$ 角。

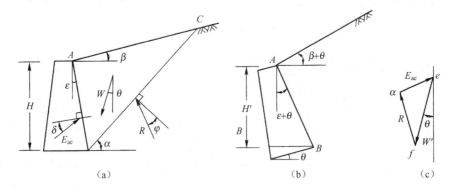

图 6-46 物部—冈部法求地震土压力

为了直接应用库仑土压力公式计算 $W'$ 作用下的土压力 $E_{ae}$，物部—冈部提出将墙背及填土均逆时针旋转 $\theta$ 角的方法，如图 6-46（b）所示，使 $W'$ 的方向仍处于竖向方向。由于这种转动并未改变平衡力系中的三力之间的关系，即没有改变图 6-46（c）中的力三角形 $edf$，故这种改变不会影响对 $E_{ae}$ 的计算，但需将原挡土墙及填土的边界参数加以改变，即

$$\left.\begin{array}{l} \beta' = \beta + \theta \\ \varepsilon' = \varepsilon + \theta \\ H' = A \cdot B \cdot \cos(\varepsilon + \theta) = H \cdot \dfrac{\cos(\varepsilon + \theta)}{\cos\varepsilon} \end{array}\right\} \tag{6-49}$$

另外，由式（6-48）可知，土楔体的重度 $\gamma' = \gamma(1 - K_{V})\sec\theta$。用这些变换后的新参数 $\beta'$、$\varepsilon'$、$H'$、$\gamma'$ 代替库仑主动土压力公式中的 $\beta$、$\varepsilon$、$\alpha$ 和 $H$，整理后得出地震条件下的动主动土压力 $E_{ae}$ 为：

$$E_{ae} = (1 - K_{V}) \frac{\gamma H^2}{2} K_{ae} \tag{6-50}$$

其中：

$$K_{ae} = \frac{\cos^2(\varphi - \varepsilon - \theta)}{\cos\theta \cdot \cos^2\varepsilon \cdot \cos(\varepsilon + \theta + \delta)\left[1 + \sqrt{\dfrac{\sin(\varphi + \delta)\sin(\varphi - \beta - \theta)}{\cos(\varepsilon - \beta)\cos(\varepsilon + \theta + \delta)}}\right]^2}$$

$K_{ae}$ 为考虑了地震影响的主动土压力系数。通常称式（6-50）为物部—冈部主动土压力公式。

从式（6-50）中可以看出，若 $(\varphi - \beta - \theta) < 0$，则 $K_{ae}$ 没有实数解，即意味着不满足平衡条件。因此，根据平衡要求，回填土的极限坡角应为 $\beta \leqslant \varphi - \theta$。

按照物部—冈部的公式，墙后动土压力分布仍为三角形，作用点在距墙底 $\frac{1}{3}H$ 处，但有些理论分析和实测资料表明，作用点的位置高于 $\frac{1}{3}H$，约在 $\left(\frac{1}{3}\sim\frac{1}{2}\right)H$ 之间，其随水平地震作用的加强而提高。

除上述方法外，还有不少其他求动土压力的简化方法，例如将土的内摩擦角 $\varphi$ 适当减少后，仍按静土压力公式计算的方法，或将静土压力增加一个百分数，作为地震作用下的动土压力。我国《水工建筑抗震设计规范》建议的计算公式，就属于后者，具体为：

$$E_{ae} = (1 + K_H c_z c_e \cdot \tan\varphi) \cdot E_a \tag{6-51}$$

式中：$E_{ae}$——动总主动土压力/（kN/m）；

　　　$K_H$——水平向地震系数；

　　　$c_z$——综合影响系数，一般取 $\frac{1}{4}$；

　　　$c_e$——地震动土压力系数，与填土坡度 $\beta$ 及内摩擦角 $\varphi$ 有关，其值可按表6-5选用。

表6-5　地震动土压力系数 $c_e$ 值

| $\beta$ \ $c_e$ \ $\varphi$ | 21°～25° | 26°～20° | 31°～35° | 36°～40° | 41°～45° |
|---|---|---|---|---|---|
| 0 | 4.0 | 3.5 | 3.0 | 2.5 | 2.0 |
| 10° | 5.0 | 4.5 | 3.5 | 3.0 | 2.5 |
| 20° | — | 5.0 | 4.0 | 3.5 | 3.0 |
| 30° | — | — | — | 4.0 | 3.5 |

# 6.6　埋管土压力

地下管线工程应用很广，如城市给（排）水工程和供热、供气管道，输油、输气管道，通信管线，送变电工程等，对城市的功能和安全至关重要，日本人称之为生命线工程。从土建方面讲，要考虑的是埋管上的土压力。

埋管上土压力的大小与许多因素有关，如管道埋设方式、埋置深度、开槽宽度、管道刚度、管道支座形式、填土土质及压缩变形特性。通常把埋管分为沟埋式和上埋式两类。如图6-47所示。沟埋式如图6-47（a）所示，此时开槽宽度相对较小，埋管置于槽底，管顶上的回填土在自重及荷载作用下产生沉降变形时，必然受到槽壁向上的摩阻力。回填土的一部分自重与槽壁向上的摩阻力相抵消，所以，此时管顶所受的垂直压力小于填土自重 $p_z < \gamma H$。

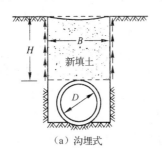
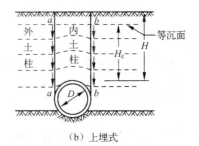

（a）沟埋式　　　　　　（b）上埋式

图6-47　涵管的埋置方式

　　上埋式如图 6-47（b）所示，此时开槽宽度相对较大，管道两侧的填土厚度大于管道顶部，因而管道两侧的回填土在自重及负载作用下沉降变形也大，因而对管道两侧产生向下的摩擦力（下拉力），因而，此时管道顶部所受的垂直压力 $p_z \geqslant \gamma H$。

　　显然，如果令沟埋式和上埋式管顶的 $p_z$ 相等，便可解出一个临界开槽宽度或解出一个界限深度 $H_e$，$H_e$ 以上，土体沉降均一，所以 $H_e$ 高度处的平面称为等沉面。

## 6.6.1　沟埋式管顶的垂直土压力计算

　　沟埋式管顶的垂直土压力计算公式为：

$$p_z = -\frac{B\left(\gamma - \dfrac{2c}{B}\right)}{2K_a \tan\varphi}(1 - e^{-2K_a\frac{z}{B}\tan\varphi}) + qe^{-2K_a\frac{z}{B}\tan\varphi} \tag{6-52}$$

　　式中各种符号如图 6-47（a）所示，$c$、$\varphi$ 为填土的抗剪强度指标，$\gamma$ 是填土重度，$z$ 是地面下的深度，$K_a$ 为两侧的主动土压力因数，$q$ 为地面荷载。显然，$B$ 值的影响较大，随着 $B$ 的增加，沟埋式会变成上埋式。

## 6.6.2　上埋式管的垂直土压力计算

　　上埋式管的垂直土压力计算公式为：

$$\sigma_z = \frac{D\left(\gamma + \dfrac{2c}{D}\right)}{2K_a \tan\varphi}(e^{2K_a\frac{H}{D}\tan\varphi} - 1) + qe^{2K_a\frac{H}{D}\tan\varphi} \tag{6-53}$$

　　式中各符号意义同式（6-51）。

　　图 6-47（b）中 $H_e < H$，此时管顶的垂直压力为：

$$\sigma_z = \frac{D\left(1 + \dfrac{2c}{D}\right)}{2K_a \tan\varphi}(e^{2K_a\frac{H_e}{D}\tan\varphi} - 1) + [q + \gamma(H - H_e)]e^{2K_a\frac{H_e}{D}\tan\varphi} \tag{6-54}$$

　　式中由方程

$$e^{2K_a\frac{H_e}{D}\tan\varphi} - 2K_a \tan\varphi \frac{H_e}{D} = 2K_a \tan\varphi \gamma_{sd} m + 1 \tag{6-55}$$

确定 $H_e$ 的值。式（6-55）中 $\gamma_{sd}$ 称为沉降比，一般土约为 0.75，压缩大的土约为 0.5；$m$ 称为突出比，即当管道直接放在原地面上时，原地面以上的高度与埋管外径之比。当上埋管置于浅沟槽中时，取 $m = 0$。

　　应当指出，上埋式管道是在假定管顶两侧发生竖直沉降滑动情况下推导公式的，与实际情况并不完全符合，一般要比实际值偏大。

## 6.6.3　埋管侧向土压力计算

　　埋管两侧土压力计算有以下两种办法：

　　（1）有了垂直压力，乘上主动或静止土压力系数 $K_a$ 或 $K_0$，即得侧向压力，垂直压力公式中的 $z$ 自管径顶到管径底。

（2）按朗金土压力计算

按朗金土压力计算即按下述公式计算：

$$\sigma_a = \gamma H_1 \tan^2\left(45° - \frac{\varphi}{2}\right) - 2c\tan\left(45° - \frac{\varphi}{2}\right)$$

$$\sigma_a = \gamma H_2 \tan^2\left(45° - \frac{\varphi}{2}\right) - 2c\tan\left(45° - \frac{\varphi}{2}\right)$$

$$(6-56)$$

式中：$H_1$、$H_2$ 为自填土表面分别至管径顶和管径底的高度（深度）；$\gamma$ 为填土的重度；$c$、$\varphi$ 为填土的黏聚力和内摩擦角。

按式（6-56）计算，侧压力呈梯形分布。为简化也可以自填土表面算至管径中部的高度（深度），此时取 $H_1 = H_2 = H$，将 $H$ 代入式（6-56）计算，这样得出的侧压力便呈矩形分布。

有了垂直压力和侧压力，就可计算管道内力和变形，进一步确定材料断面和配筋。

# 复习思考题

6-1　何谓静止土压力、主动土压力及被动土压力？

6-2　静止土压力属于哪一种平衡状态？它与主动土压力及被动土压力状态有何不同？

6-3　朗金土压力理论与库仑土压力理论的基本原理有何异同之处？有人说"朗金土压力理论是库仑土压力理论的一种特殊情况"，你认为这种说法是否正确？

6-4　分别指出下列变化对主动土压力及被动土压力各有什么样的影响？

（1）$\delta$ 变小；（2）$\varphi$ 增大；（3）$\beta$ 增大；（4）$\varepsilon$ 减小

6-5　挡土结构物的位移及变形对土压力有什么样的影响？

6-6　按朗金土压力理论计算图 6-48 所示的挡土墙上的主动土压力 $E_a$ 并确定其分布图。

6-7　用朗金土压力理论计算图 6-49 所示拱桥桥台墙背上的静止土压力及被动土压力，并绘出其分布图。

已知桥台背宽 $B = 5$ m，桥台高 $H = 6$ m。填土性质为：$\gamma = 18$ kN/m³，$\gamma = 20°$，$c = 13$ kPa；地基土为黏土：$\gamma = 17.5$ kN/m³，$\varphi = 15°$；$c = 15$ kPa；土的侧压力系数 $K_0 = 0.5$。

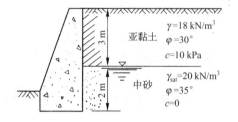

图 6-48　挡土墙主动土压力计算

图 6-49　拱桥桥台静止土压力及被动土压力计算

6-8　用库仑土压力理论计算图 6-50 所示挡土墙上的主动土压力值并确定滑动面方向。

已知：墙高 $H = 6$ m，墙背倾角 $\varepsilon = 10°$，墙背摩擦角 $\delta = \frac{\varphi}{2}$；填土面水平 $\beta = 0$，$\gamma = 19.7$ kN/m³，$\varphi = 35°$，$c = 0$。

6-9　按《公路桥涵设计通用规范》（JTG D60—2004）方法计算图 6-51 所示 U 形桥台

上的主动土压力值。考虑台后填土上有汽车荷载作用。已知：

（1）桥面净宽为 7 m，两侧各设 0.75 m 人行道，台背宽度 $B = 9$ m。

（2）荷载等级为公路 – Ⅱ级。

（3）台后填土性质：$\gamma = 18$ kN/m³，$\varphi = 30°$，$c = 0$。

（4）桥台构造如图 6-51 所示，台背摩擦角 $\delta = 15°$。

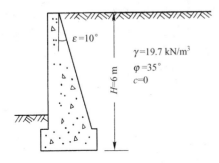

图 6-50　主动土压力计算

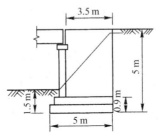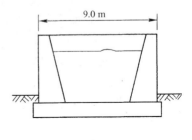

图 6-51　U 形桥台主动土压力计算

6-10　用库仑土压力理论计算图 6-52 所示挡土墙上的主动土压力。已知填土 $\gamma = 20$ kN/m³，$\varphi = 30°$，$c = 0$；挡土墙高度 $H = 5$ m，墙背倾角 $\varepsilon = 10°$，墙背摩擦角 $\delta = \dfrac{\varphi}{2}$。

6-11　计算图 6-53 所示的锚碇式板桩墙的入土深度 $t$、锚碇拉杆 $T$，以及板桩的最大弯矩值。

已知板桩下端为固定支承条件；基坑开挖深度 $h = 6$ m，锚杆位置 $d = 1$ m，锚杆设置间距 $a = 2$ m；土的性质 $\gamma = 17.5$ kN/m³，$\varphi = 25°$，$c = 0$。

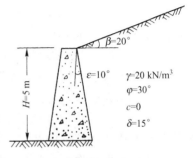

图 6-52　用库仑土压力理论
计算主动土压力

6-12　计算图 6-54 所示多支撑板桩墙上的支撑反力及板桩上的最大弯矩值。已知墙后土为松砂，$\gamma = 17$ kN/m³，$\varphi = 20°$，$c = 0$，土与板桩间的摩擦角 $\delta = 10°$，支撑的水平向间距 $a = 2$ m。

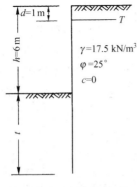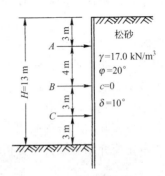

图 6-53　板桩墙计算　　　　　　　　　　图 6-54　多支撑板桩墙计算

# 第7章　土坡稳定分析

[本章提要和学习要求]

　　土坡就是具有倾斜坡面的土体。土坡有天然土坡，也有人工土坡。天然土坡是由于地质作用自然形成的土坡，如山坡、江河的岸坡等；人工土坡是经过人工挖、填的土工建筑物，如基坑、渠道、土坝、路堤等土坡。本章主要介绍土坡的稳定性分析，其中包括无黏性土的土坡稳定性分析方法、黏性土土坡的条分法等稳定性分析方法。

　　通过本章学习，要求掌握目前常用的土坡稳定性分析方法。

## 7.1　概述

　　在道路与桥梁、铁路等土建工程中，常常会遇到路堑、路堤或基坑开挖时的边坡稳定性问题。如图7-1所示土坡，在土体重力作用下，可能发生土坡失稳破坏，亦即土体 $ABCDEA$ 沿着土中某一滑动面 $AED$ 向下滑动而破坏。由此可见，当土坡内某一滑动面上作用的滑动力达到土的抗剪强度时，土坡即发生滑动破坏。

　　土坡滑动失稳的原因有以下两种情形：

　　（1）外界力的作用破坏了土体内原有的应力平衡状态。如路堑或基坑的开挖，是因为土自身的重力发生变化，从而改变了土体原有的应力平衡状态。此外，路堤的填筑或土坡面作用汽车等外荷载时，以及土体内水的渗流力、地震力的作用，都会破坏土体内原来的应力平衡状态，导致土坡坍塌。

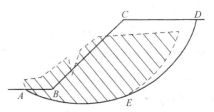

图7-1　土坡滑动破坏

　　（2）土的抗剪强度由于受到外界各种因素的影响而降低，促使土坡失稳破坏。如由于外界气候等自然条件的变化，使土时干时湿、收缩膨胀、冻结、融化等，从而使土变松，进而强度降低；土坡内因雨水的浸入使土湿化，强度降低；土坡附近因施工引起的振动（如打桩、爆破）及地震力等的作用，引起土的液化或触变，使土地强度降低。

　　在工程实践中，分析土坡稳定的目的是检验所设计的土坡断面是否安全及合理，土坡过陡可能发生坍塌，过缓则使土方量增加。土坡的稳定安全度是用稳定安全系数 $K$（指土的抗剪强度 $\tau_f$ 与土坡中可能滑动面上产生的剪应力 $\tau$ 的比值，即 $K = \tau_f / \tau$）来表示的。

　　由于尚有一些不确定因素有待研究，故而土坡稳定分析是一个比较复杂的问题。如滑动面形式的确定、按实际情况合理取用土的抗剪强度参数、土的非均匀性及土坡内有水渗流时的影响等。本章主要介绍土坡稳定分析的基本原理与方法。

## 7.2　无黏性土土坡稳定分析

### 7.2.1　一般情况下的无黏性土土坡

在分析无黏性土的土坡稳定时，根据实际观测，同时为了计算简便，一般均假定滑动面为平面。

如图 7-2 所示的均质无黏性简单土坡，已知土坡高为 $H$，坡角为 $\beta$，土的重度为 $\gamma$，土的抗剪强度 $\tau_f = \sigma \cdot \tan\varphi$。若假定滑动面是通过坡脚 $A$ 的平面 $AC$，$AC$ 的倾角为 $\alpha$，则可计算滑动土体 $ABC$ 沿 $AC$ 面上滑动的稳定系数 $K$ 值。

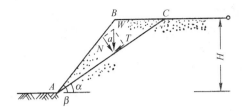

图 7-2　均质无黏性土的土坡稳定分析

沿土坡长度方向截取单位长度土坡，作为平面应变问题分析。已知滑动土体 $ABC$ 的重力 $W$ 为：

$$W = \gamma \cdot S_{\triangle ABC}$$

$W$ 在滑动面 $AC$ 上的法向分力 $N$ 及正应力 $\sigma$ 为：

$$N = W\cos\alpha, \quad \sigma = \frac{N}{\overline{AC}} = \frac{W\cos\alpha}{\overline{AC}}$$

$W$ 在滑动面 $AC$ 上的切向分力 $T$ 及剪应力 $\tau$ 为：

$$T = W\sin\alpha, \quad \tau = \frac{T}{\overline{AC}} = \frac{W\sin\alpha}{\overline{AC}}$$

土坡的滑动稳定安全系数为：

$$K = \frac{\tau_f}{\tau} = \frac{\sigma \cdot \tan\varphi}{\tau} = \frac{\dfrac{W\cos\alpha}{\overline{AC}}\tan\varphi}{\dfrac{W\sin\alpha}{\overline{AC}}} = \frac{\tan\varphi}{\tan\alpha} \tag{7-1}$$

由式（7-1）可知，当 $\alpha = \beta$ 时滑动稳定安全系数最小，也即土坡面上的一层土是最易滑动的。故无黏性土的土坡滑动稳定安全系数为：

$$K = \frac{\tan\varphi}{\tan\alpha} \tag{7-2}$$

一般要求 $K > 1.25$。

### 7.2.2　有水渗流时的无黏性土土坡

当河道水位缓慢上涨而急剧下降时，沿河路堤内的水将向外渗流，此时路堤内水的渗流

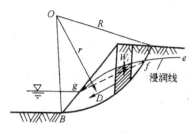

图 7-3 水渗流时的土坡稳定计算

所产生的动水压力 $D$，其方向指向路堤边坡（图 7-3），它对路堤的稳定是不利的。

如图 7-3 所示的土坡，由于水位骤降，路堤内水向外渗流。已知浸润线（渗流水位线）为 $efg$，滑动土体在浸润线以下部分（$fgBf$）的面积为 $A$，作用在这一部分土体上的动水压力为 $D$。用条分法分析土体稳定时，土条 $i$ 的重力 $W_i$ 计算，在浸润线以下部分应考虑水的浮力作用，采用浮重度，动水压力 $D$ 可按式（7-3）计算：

$$D = G_D A = \gamma_w I A \qquad (7-3)$$

式中：$G_D$——作用在单位体积土体上的动水力/（$kN/m^3$）；

$\gamma_w$——水的重度/（$kN/m^3$）；

$A$——滑动土体在浸润线以下部分（$fgBf$）的面积/$m^2$；

$I$——在面积（$fgBf$）范围内的水头梯度平均值，可近似地假设 $I$ 等于浸润线两端 $fg$ 的连线的坡度。

动水压力 $D$ 的作用点在面积（$fgBf$）的形心，其作用方向假定与 $fg$ 连线平行，动水压力 $D$ 对滑动面圆心 $O$ 的力臂为 $r$。

这样考虑动水压力后，用条分法分析土坡稳定安全系数的计算式可以写为：

$$K = \frac{M_r}{M_s} = \frac{R\left(\tan\varphi \sum_{i=1}^{n} W_i \cos\alpha_i + c\sum_{i=1}^{n} l_i\right)}{R\sum_{i=1}^{n} W_i \sin\alpha_i + rD} \qquad (7-4)$$

式中：$D$——作用在浸润线以下部分滑动土体（$fgBf$）上的动水压力；

$r$——动水压力 $D$ 对滑动面圆心 $O$ 的力臂。

其余符号意义同上。

需要指出的是，关于有水渗流时的土坡稳定分析，还有其他的计算和处理方法，对于如何考虑渗流影响，目前仍还存在着不同的观点和意见。

【例 7-1】 一均质无黏性土土坡，其饱和重度 $\gamma_{sat} = 19.5\ kN/m^3$，内摩擦角 $\varphi = 30°$，若要求这个土坡的稳定安全系数为 1.25，试问在干坡或完全浸水情况下其坡角应为多少度？

解：干坡或完全浸水时，由式（7-1）可知：

$$\tan\alpha = \frac{\tan\varphi}{K} = \frac{0.577}{1.25} = 0.462$$

所以

$$\alpha = 24.8°$$

## 7.3 黏性土的土坡稳定分析

土坡的失稳破坏与当地的工程地质条件有关。在非均匀土层中，若土坡下面有软弱结构层，则滑动面很大部分将通过软弱土层，形成曲折的复合滑动面，如图 7-4（a）所示。若土坡位于倾斜的岩层上，则滑动面往往沿岩层面产生，如图 7-4（b）所示。

均质黏性土的土坡失稳破坏时，其滑动面常为一曲面，通常近似地假定为圆弧滑动面。

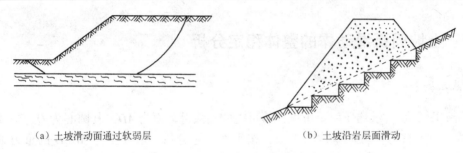

（a）土坡滑动面通过软弱层　　　　　　　（b）土坡沿岩层面滑动

图 7-4　非均质土中的滑动面

圆弧滑动面的形式一般有下列 3 种：

（1）圆弧滑动面通过坡脚 $B$ 点，称为坡脚圆，如图 7-5（a）所示。

（2）圆弧滑动面通过坡面上 $E$ 点，称为坡面圆，如图 7-5（b）所示。

（3）圆弧滑动面发生在坡脚以外的 $A$ 点，称为中点圆，如图 7-5（c）所示。

以上 3 种圆弧滑动面的产生，与土坡的坡角 $\beta$ 大小、土的强度指标及土中硬层的位置等因素有关。

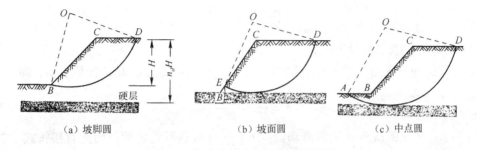

（a）坡脚圆　　　　　　　　（b）坡面圆　　　　　　　　（c）中点圆

图 7-5　均质黏性土土坡的圆弧滑动面

土坡稳定分析时采用圆弧滑动面首次由彼德森（K. E. Petterson，1916）提出，此后费伦纽斯（W. Fellenius，1927）和泰勒（D. W. Taylor，1948）作了进一步的研究和改进。他们提出的分析方法可分为如下两种：

（1）土坡圆弧滑动体按整体稳定分析法，主要适用于均质简单土坡（指土坡上、下两个土面水平，坡面 $BC$ 为一平面，如图 7-6 所示）。

（2）用条分法分析土坡稳定。适用于非均质土坡、土坡外形复杂及土坡部分在水下等情形。

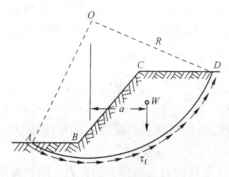

图 7-6　土坡的整体稳定分析

## 7.3.1 土坡圆弧滑动体的整体稳定分析

1. 基本概念

分析如图 7-6 所示均质简单土坡，若可能的圆弧滑动面为 $AD$，其圆心为 $O$，半径为 $R$。分析时在土坡长度方向截取单位长土坡，按平面问题分析。滑动土体 $ABCD$ 的重力 $W$ 为促使土坡滑动的力；沿着滑动面 $AD$ 上分布的土的抗剪强度 $\tau_f$ 是抵抗土坡滑动的力。将滑动力 $W$ 及抗滑力 $\tau_f$ 分别对滑动面圆心 $O$ 取矩，得滑动力矩 $M_s$ 及稳定力矩 $M_r$ 为：

$$M_s = W \cdot a \tag{7-5}$$

$$M_r = \tau_f \cdot \widehat{L} R \tag{7-6}$$

式中：$W$——滑动土体 $ABCDA$ 的重力/kN；

$\quad$ $a$——$W$ 对 $O$ 点的力臂/m；

$\quad$ $\tau_f$——土的抗剪强度/kPa，按库仑定律计算 $\tau_f = \sigma \cdot \tan \varphi + c$，式中 $c$、$\varphi$ 分别为土的黏聚力和内摩擦角；

$\quad$ $\widehat{L}$——滑动圆弧 $AD$ 的长度/m；

$\quad$ $R$——滑动圆弧面的半径/m。

土坡滑动的稳定安全系数 $K$ 也可以用稳定力矩 $M_s$ 与滑动力矩 $M_r$ 的比值表示，即

$$K = \frac{M_r}{M_s} = \frac{\tau_f \cdot \widehat{L} R}{W \cdot a} \tag{7-7}$$

式（7-7）中土的抗剪强度沿滑动面 $AD$ 上的分布是不均匀的，因此直接按式（7-7）计算土坡的稳定安全系数有一定的误差。

2. 摩擦圆法

摩擦圆法由泰勒提出，他认为如图 7-7 所示滑动面 $AD$ 上的抵抗力包括土的摩阻力及黏聚力两部分，它们的合力分别为 $F$ 与 $C$。假定滑动面上的摩阻力首先得到充分发挥，然后才由土的黏聚力补充。下面分别讨论作用在滑动土体 $ABCDA$ 土的 3 个力。

（1）滑动土体的重力 $W$，其等于滑动土体 $ABCD$ 的面积与土的重度 $\gamma$ 的乘积，作用点位置在滑动土体面积 $ABCD$ 的形心。因此，$W$ 的大小与作用线都是已知的。

（2）作用在滑动面 $AD$ 上黏聚力的合力 $C$。为了维持土坡稳定，沿滑动面 $AD$ 上分布的需要发挥的黏聚力为 $c_1$，可以求得黏聚力的合力 $C$ 及其对圆心的力臂 $x$ 分别为：

$$C = c_1 \cdot \overline{AD} \tag{7-8}$$

$$x = \frac{\widehat{AD}}{\overline{AD}} \cdot R$$

式中 $\widehat{AD}$ 和 $\overline{AD}$ 分别为 $AD$ 的弧长和弦长。所以 $C$ 的作用线是已知的，但其大小未知（由于 $c_1$ 为未知）。

（3）作用在滑动面 $AD$ 上的法向力及摩擦力的合力，用 $F$ 表示。泰勒假定 $F$ 的作用线与圆弧 $AD$ 的法线成 $\varphi$ 角，也即 $F$ 与圆心 $O$ 点处半径为 $R$ 的圆（称为摩擦圆）相切，同时 $F$

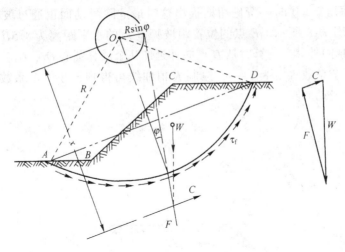

图 7-7　摩擦圆法

还一定通过 $W$ 与 $C$ 的交点。因此，$F$ 的作用线是已知的，其大小未知。

根据滑动土体 $ABCDA$ 上 3 个作用力 $W$、$F$、$C$ 的静力平衡条件，可从图 7-7 所示的力三角形中求得 $C$ 值，由式（7-8）可求得维持土坡平衡时滑动面上所需发挥的黏聚力 $c_1$ 值。这时土坡的稳定安全系数 $K$ 为：

$$K = \frac{c}{c_1} \tag{7-9}$$

式中，$c$ 为土的实际黏聚力。

上述计算中，滑动面 $AD$ 是任意假定的，故需要试算多个可能的滑动面，相应于最小稳定安全系数 $K_{\min}$ 的滑动面才是最危险的滑动面。$K_{\min}$ 值须满足规定数值。由此可知，土坡稳定分析的计算工作量是很大的。为此，费伦纽斯和泰勒对均质的简单土坡做了大量的计算分析工作，提出了确定最危险滑动面圆心的经验方法，以及计算土坡稳定安全系数的图表。

3. 费伦纽斯确定最危险滑动面圆心的方法

（1）土的内摩擦角 $\varphi = 0$ 时。费伦纽斯提出当土的内摩擦角 $\varphi = 0$ 时，土坡的最危险圆弧滑动面通过坡脚，其圆心为 $D$ 点，如图 7-8 所示。$D$ 点是由坡脚 $B$ 及坡顶 $C$ 分别作 $BD$ 与 $CD$ 线的交点，$BD$ 与 $CD$ 线分别与坡顶及水平面成 $\beta_1$ 和 $\beta_2$ 角。$\beta_1$ 和 $\beta_2$ 角与土坡坡角 $\beta$ 有关，可由表 7-1 查得。

表 7-1　$\beta_1$ 及 $\beta_2$ 数值

| 土坡坡度（竖直：水平） | 坡角 $\beta$ | $\beta_1$ | $\beta_2$ |
| --- | --- | --- | --- |
| 1:0.58 | 60° | 29° | 40° |
| 1:1 | 45° | 28° | 37° |
| 1:1.5 | 33°41′ | 26° | 35° |
| 1:2 | 26°34′ | 25° | 35° |
| 1:3 | 18°26′ | 25° | 35° |
| 1:4 | 14°02′ | 25° | 37° |
| 1:5 | 11°19′ | 25° | 37° |

　　（2）土的内摩擦角 $\varphi > 0$ 时。费伦纽斯提出这时最危险滑动面也通过坡脚，其圆心在 $ED$ 的延长线上，如图7-8所示。$E$ 点的位置距坡脚 $B$ 点的水平距离为 $4.5H$，竖直距离为 $H$。$\varphi$ 值越大，圆心越向外移。计算时从 $D$ 点向外延伸几个试算圆心 $O_1$，$O_2$，…，分别求得其相应的滑动稳定安全系数 $K_1$，$K_2$，…，绘制 $K$ 值曲线可得到最小安全系数值 $K_{min}$，其相应的圆心即为最危险滑动面圆心。

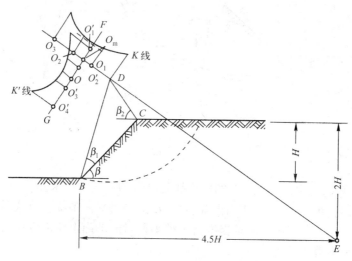

图7-8　确定最危险滑动面圆心的位置

　　实际上土坡的最危险滑动面圆心位置有时并不一定在 $ED$ 的延长线上，而可能在其左右附近，因此圆心 $O_m$ 可能并不是最危险滑动面的圆心，这时可以通过 $O_m$ 点作 $DE$ 线的垂线 $FG$，在 $FG$ 上取几个试算滑动面的圆心 $O_1'$，$O_2'$，…，求得其相应的滑动稳定安全系数 $K_1'$，$K_2'$，…，再绘制 $K'$ 曲线，相应于 $K_{min}'$ 值的圆心 $O$ 才是最危险的滑动面圆心。

　　综上所述，根据费伦纽斯提出的方法，虽然可以将最危险滑动面的圆心位置缩小到一定范围，但其试算工作量还是很大的。泰勒对此又做了进一步的研究，提出了确定均质简单土坡稳定安全系数的图表分析方法。

　　**4. 泰勒的分析方法**

　　泰勒认为圆弧滑动面的3种形式是与土的内摩擦角 $\varphi$ 值、坡角 $\beta$ 及硬层的埋置深度等因素有关。泰勒经过大量的计算分析后提出如下分析方法。

　　① 当 $\varphi > 3°$ 时，滑动面为坡脚圆，其最危险滑动面圆心位置，可根据 $\varphi$ 及 $\beta$ 角值，由图7-9中的曲线查得 $\theta$ 及 $\alpha$ 值作图求得。

　　② 当 $\varphi = 0°$，且 $\beta > 53°$ 时，滑动面仍为坡脚圆，其最危险滑动面圆心位置，同样可由图7-9中的 $\theta$ 及 $\alpha$ 值作图求得。

　　③ 当 $\varphi = 0°$，且 $\beta < 53°$ 时，滑动面可能为中点圆，也有可能为坡脚圆或坡面圆，取决于硬层的埋藏深度。当土坡高度为 $H$，硬层的埋藏深度为 $n_dH$［图7-10（a）所示］。若滑动面为中点圆，则圆心位置在坡面中点 $M$ 的铅直线上，且与硬层相切，如图7-10（a）所示，滑动面与土面的交点为 $A$，$A$ 点距坡脚 $B$ 的距离为 $n_xH$，$n_x$ 值可根据 $n_d$ 及 $\beta$ 值由图7-10（b）查得。若硬层埋藏较浅，则滑动面可能为坡脚圆或坡面圆，其圆心位置需试算后确定。

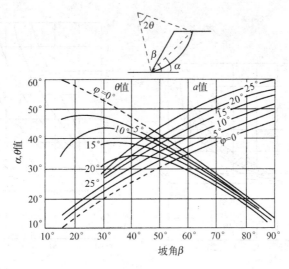

图 7-9　按泰勒方法确定最危险滑动面圆心位置（当 $\varphi > 3°$ 或 $\varphi = 0°$ 且 $\beta > 53°$ 时）

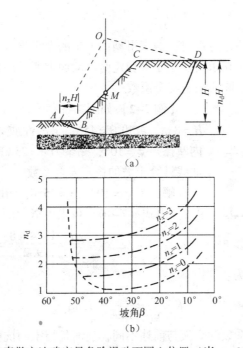

图 7-10　按泰勒方法确定最危险滑动面圆心位置（当 $\varphi = 0°$ 且 $\beta < 53°$ 时）

　　泰勒提出在土坡稳定分析中共有 5 个计算参数，即土的重度 $\gamma$、土坡高度 $H$、坡角 $\beta$ 以及土的抗剪强度指标 $c$、$\varphi$，若已知其中 4 个参数时就可以求出第 5 个参数值。为简化计算，泰勒将 3 个参数 $c$、$\gamma$、$H$ 组成一个新的参数 $N_s$，称为稳定因素，即

$$N_s = \frac{\gamma H}{c} \tag{7-10}$$

　　通过大量计算可得到 $N_s$、$\varphi$ 及 $\beta$ 间的关系曲线，如图 7-11 所示。在图 7-11（a）中绘出 $\varphi = 0°$ 时，稳定因素 $N_s$ 与 $\beta$ 的关系曲线。在图 7-11（b）中绘出 $\varphi = 0°$ 时，$N_s$ 与 $\beta$ 的关系曲线。从图中可以看出，当 $\beta < 53°$ 时滑动面形式与硬层埋藏深度 $n_d$ 值有关。

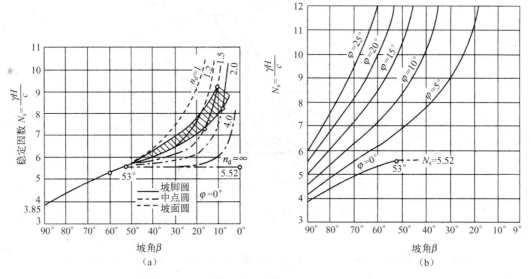

图 7-11　泰勒的稳定因素 $N_s$ 与坡角 $\beta$ 的关系

泰勒在分析简单土坡的稳定性时，假定滑动面上土的摩阻力首先得到充分发挥，然后才由土的黏聚力补充。因此，在求得满足土坡稳定时滑动面上所需的黏聚力 $c_1$ 与土的实际黏聚力 $c$ 进行比较，即可求得土坡的稳定安全系数。

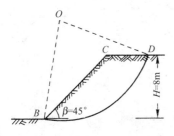

图 7-12　简单土坡计算示意图

**【例 7-2】** 如图 7-12 所示为简单土坡，已知土坡高度 $H = 8\,\text{m}$，坡角 $\beta = 45°$，土的性质为：重度 $\gamma = 19.4\,\text{kN/m}^3$，内摩擦角 $\varphi = 10°$，黏聚力 $c = 25\,\text{kPa}$。试用泰勒的稳定因素曲线计算土坡的稳定安全系数。

**解：** 当 $\varphi = 10°$、$\beta = 45°$ 时，由图 7-11（b）查得 $N_s = 9.2$。由式（7-10）可求得滑动面上所需的黏聚力 $c_1$ 为：

$$c_1 = \frac{\gamma H}{N_s} = \frac{19.4 \times 8}{9.2} = 16.9\,\text{kPa}$$

土坡稳定安全系数 $K$ 为：

$$K = \frac{c}{c_1} = \frac{25}{16.9} = 1.48$$

应该看到，上述安全系数的意义与前述不同，前面是指土的抗剪强度与剪应力之比。在本例中对土的内摩擦角 $\varphi$ 而言，其安全系数是 1.0，而黏聚力 $c$ 的安全系数为 1.48，两者不一致。若要求 $c$、$\varphi$ 值具有相同的安全系数，则应采用试算法确定。

## 7.3.2　条分法分析土坡稳定

由以上分析可知，由于圆弧滑动面上各点的法向应力不同，因此土的抗剪强度各点也不相同，这样就不能直接应用式（7-7）计算土坡的稳定安全系数。而泰勒的分析方法是在对滑动面上的抵抗力大小及方向作了一些假定的基础上，才得到分析均质简单土坡稳定的计算图表。它对于非均质的土坡或比较复杂的土坡（如土坡形状比较复杂，或土坡上有荷载作用，或土坡中有水渗流时等）均不适用。费伦纽斯提出的条分法是解决这一问题的基本方法，至今仍得到广泛应用，该方法也称为瑞典圆弧条分法。

1. 基本原理

如图 7-13 所示土坡，取单位长度土坡按平面问题计算。假设可能滑动面是一圆弧 $AD$，圆心为 $O$，半径为 $R$。将滑动土体 $ABCDA$ 分成若干竖向土条，土条宽度一般可取 $b = 0.1R$，任一土条 $i$ 上的作用力如下。

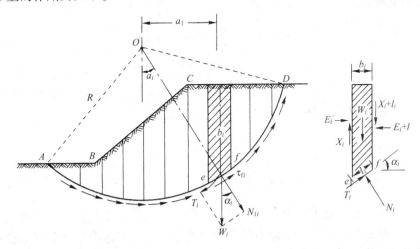

图 7-13　用条分法计算土坡稳定

① 土条的重力 $W_i$，其大小、作用点位置及方向均已知。

② 滑动面 $ef$ 上的法向反力 $N_i$ 及切向反力 $T_i$，假定 $N_i$、$T_i$ 作用在滑动面 $ef$ 的中点，它们的大小均未知。

③ 土条两侧的法向力 $E_i$、$E_{i+1}$ 及竖向剪切力 $X_i$、$X_{i+1}$，其中 $E_i$ 和 $X_i$ 可由前一个土条的平衡条件求得，而 $E_{i+1}$ 和 $X_{i+1}$ 的大小未知，作用点位置也未知。

由此看到，土条 $i$ 的作用力中有 5 个未知数，但只能建立 3 个平衡条件方程，故为静不定问题。为了求得 $N_i$、$T_i$ 值，必须对土条两侧作用力的大小和位置作适当假定。费伦纽斯的条分法不考虑土条两侧的作用力，也即假设 $E_i$ 和 $X_i$ 的合力等于 $E_{i+1}$ 和 $X_{i+1}$ 的合力，同时它们的作用线重合，因此土条两侧的作用力相互抵消。这时土条 $i$ 仅有作用力 $W_i$、$N_i$ 及 $T_i$，根据平衡条件可得：

$$N_i = W_i \cdot \cos\alpha_i$$
$$T_i = W_i \cdot \sin\alpha_i$$

滑动面 $ef$ 上土的抗剪强度为：

$$\tau_{fi} = \sigma_i \cdot \tan\varphi_i + c_i = \frac{1}{l_i}(N_i\tan\varphi_i + c_il_i) = \frac{1}{l_i}(W_i\cos\alpha_i\tan\varphi_i + c_il_i)$$

式中：$a_i$——土条 $i$ 滑动面的法线（也即半径）与竖直线的夹角；

$l_i$——土条 $i$ 滑动面 $ef$ 的弧长；

$c_i$、$\varphi_i$——滑动面上土的黏聚力及内摩擦角。

土条 $i$ 上的作用力对圆心 $O$ 产生的滑动力矩 $M_s$ 及稳定力矩 $M_r$ 分别为：

$$M_s = T_i R = W_i R \sin \alpha_i$$

$$M_r = \tau_{fi} l_i R = (W_i \cos \alpha_i \tan \varphi_i + c_i l_i) R$$

整个土坡相应于滑动面 $AD$ 时的稳定安全系数为:

$$K = \frac{M_r}{M_s} = \frac{R \sum\limits_{i=1}^{n} (W_i \cos \alpha_i \tan \varphi_i + c_i l_i)}{R \sum\limits_{i=1}^{n} W_i \sin \alpha_i} \tag{7-11}$$

对于均质土坡, $\varphi_i = \varphi$, $c_i = c$, 则有:

$$K = \frac{\tan \varphi \sum\limits_{i=1}^{n} W_i \cos \alpha + c \hat{L}}{\sum\limits_{i=1}^{n} W_i \sin \alpha_i} \tag{7-12}$$

式中: $\hat{L}$——滑动面 $AD$ 的弧长;

　　　　$n$——土条分条数。

其他符号意义同前。

2. 最危险滑动面圆心位置的确定

上面是对于某一个假定滑动面求得的稳定安全系数, 故需要试算许多个可能的滑动面, 相应于最小安全稳定系数的滑动面即为最危险滑动面。确定最危险滑动面圆心位置的方法, 同样可利用前述费伦纽斯或泰勒的经验方法。

【例 7-3】 某土坡如图 7-14 所示。已知土坡高度 $H = 6\,\text{m}$, 坡角 $\beta = 55°$, 土的重度 $\gamma = 18.6\,\text{kN/m}^3$, 内摩擦角 $\varphi = 12°$, 黏聚力 $c = 16.7\,\text{kPa}$。试用条分法验算土坡的稳定安全系数。

解: (1) 按比例绘制土坡的剖面图, 如图 7-14 所示。按泰勒的经验方法确定最危险滑动面圆心位置。当 $\varphi = 12°$、$\beta = 55°$ 时, 可知土坡的滑动面是坡脚圆, 其最危险滑动面圆心的位置, 可从图 7-9 中的曲线得到 $\alpha = 55°$、$\theta = 34°$, 由此作图求得圆心 $O$。

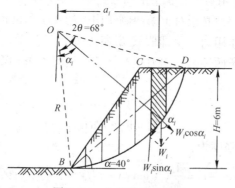

图 7-14　土坡计算示意图

(2) 将滑动土体 $BCDB$ 划分成竖直土条。滑动圆弧 $BD$ 的水平投影长度为: $H \cdot \cot \alpha = 6 \times \cot 40° = 7.15\,\text{m}$, 将滑动土体划分为 7 个土条, 从坡脚 $B$ 开始编号, $1 \sim 6$ 条的宽度 $b$ 均取为 $1\,\text{m}$, 第 7 个土条的宽度取 $1.15\,\text{m}$。

（3）计算各土条滑动面中点与圆心 $O$ 的连线同竖直线间的夹角 $\alpha_i$ 值。可按下式计算：

$$\sin \alpha_i = \frac{a_i}{R}$$

$$R = \frac{d}{2\sin \theta} = \frac{H}{2\sin \alpha \cdot \sin \theta} = \frac{6}{2 \times \sin 40° \cdot \sin 34°} = 8.35 \, \text{m}$$

式中：$a_i$——土条 $i$ 的滑动面中点与圆心 $O$ 的水平距离；

　　　　$R$——圆弧滑动面 $BD$ 的半径；

　　　$d$——$BD$ 弦的长度，$d = \frac{H}{\sin \alpha}$；

　　$\theta$、$\alpha$——求圆心 $O$ 位置的参数，意义如图 7-9 所示。

将求得的各土条值列于表 7-2 中。

表 7-2　土坡稳定计算结果

| 土条编号 | 土条宽度 $b_i / \text{m}$ | 土条中心高 $h_i / \text{m}$ | 土条重力 $W_i / \text{kN}$ | $\alpha_i /$ (°) | $W_i \sin \alpha_i /$ kN | $W_i \cos \alpha_i /$ kN | $L / \text{m}$ |
|---|---|---|---|---|---|---|---|
| 1 | 1 | 0.60 | 11.16 | 9.5 | 1.84 | 11.0 | |
| 2 | 1 | 1.80 | 33.48 | 16.5 | 9.51 | 32.1 | |
| 3 | 1 | 2.85 | 53.01 | 23.8 | 21.39 | 48.5 | |
| 4 | 1 | 3.75 | 69.75 | 31.6 | 36.55 | 59.41 | |
| 5 | 1 | 4.10 | 79.26 | 40.1 | 49.12 | 58.33 | |
| 6 | 1 | 3.05 | 56.73 | 49.8 | 43.33 | 36.62 | |
| 7 | 1.15 | 1.50 | 27.90 | 63.0 | 24.86 | 12.67 | |
| 合计 | | | | | 186.60 | 258.63 | 9.91 |

（4）从图 7-14 中量取各土条的中心高度 $h_i$，计算各土条的重力 $W_i = \gamma \cdot b_i h_i$ 及 $W_i \sin \alpha_i$、$W_i \cos \alpha_i$ 值，将计算结果列表表 7-2。

（5）计算滑动面圆弧长度 $\hat{L}$，即

$$\hat{L} = \frac{\pi}{180} 2\theta R = \frac{2 \times \pi \times 34 \times 8.35}{180} = 9.91 \, \text{m}$$

（6）按式（7-12）计算土坡的稳定安全系数 $K$，即

$$K = \frac{\tan \varphi \sum\limits_{i=1}^{7} W_i \cos \alpha_i + c \hat{L}}{\sum\limits_{i=1}^{7} W_i \sin \alpha_i} = \frac{258.63 \times \tan 12° + 16.7 \times 9.91}{186.6} = 1.18$$

## 7.3.3　常用条分法的简化假设

常用条分法的简化假设如下：

（1）瑞典条分法。假设滑动面为圆弧面。

（2）简化毕肖普条分法。假设滑动面为圆弧面。

（3）杨布条分法。假设滑动面为任意面。

（4）其他条分法。假设滑动面为任意面。如不平衡推力法、摩根斯坦—普赖斯法等。

## 7.4 瑞典条分法

### 7.4.1 基本假设和基本公式

瑞典条分法假设滑动面为圆弧面，如图 7-15 所示。不考虑条间力作用，任一土条上的作用力有：土条自重 $W_i = \gamma_i b_i h_i$，滑面上的抗剪力 $T_i$ 和法向力 $N_i$。

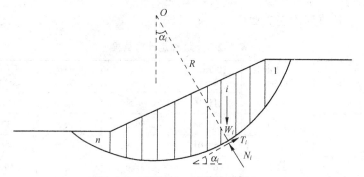

图 7-15 瑞典条分法受力分析

根据土条 $i$ 的静力平衡条件有：

$$N_i = W_i \cos \alpha_i \tag{7-13}$$

设安全系数为 $K$，据库仑强度理论有：

$$T_i = \frac{1}{K} \times T_{fi} = \frac{c_i l_i + N_i \tan \varphi_i}{K} \tag{7-14}$$

整个滑动土体对圆心 $O$ 取力矩平衡得：

$$\sum \left( W_i R \times \sin \alpha_i - T_i R_i \right) = 0 \tag{7-15}$$

将式（7-13）代入式（7-14）后，再将式（7-14）代入式（7-15）得如下瑞典条分法计算公式：

$$K = \frac{\sum \left( c_i l_i + W_i \cos \alpha_i \tan \varphi_i \right)}{\sum W_i \sin \alpha_i} \tag{7-16}$$

当已知土条 $i$ 在滑动面上的孔隙水应力 $u_i$ 时，如图 7-16 所示，瑞典条分法的公式（7-16）可改写成如下有效应力进行分析的公式：

$$K = \frac{\sum \left[ c_i' l_i + \left( W_i - u_i b_i \right) \cos \alpha_i \tan \varphi_i' \right]}{\sum W_i \sin \alpha_i} \tag{7-17}$$

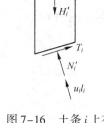

图 7-16 土条 $i$ 上有孔隙水应力时受力分析

瑞典条分法是条分法中最古老而又最简单的方法，我国规范中建议土坡稳定分析采用该法，多年的计算也积累了大量的经验。该法由于忽略了条间力的作用，不能满足所有静力平衡条件，计算安全系数一般比其他较严格的方法偏低 10%～

20%，在滑弧圆心角较大且孔隙水应力较大时，计算安全系数可能比其他较严格的方法小 50%。

## 7.4.2　成层土和坡顶有超载时安全系数计算

若土坡由不同土层组成，如图 7-17 所示，式（7-16）仍可适用，但应用时应注意：

（1）在计算土条重力时应分层计算，然后叠加，如 $i$ 土条包括 $m$ 层土，则有：

$$W_i = b_i(\gamma_{1i}h_{1i} + \gamma_{2i}h_{2i} + \cdots + \gamma_{mi}h_{mi})$$

（2）黏聚力 $c$ 和内摩擦角 $\varphi$ 应按土条 $i$ 的滑动面的在土层位置而采用相应的数值。因此，对于成层土坡，安全系数 $K$ 的计算公式可写成：

$$K = \frac{\sum \left[ c_i l_i + b_i(\gamma_{1i}h_{1i} + \gamma_{2i}h_{2i} + \cdots + \gamma_{mi}h_{mi})\cos\alpha_i\tan\varphi_i \right]}{\sum b_i(r_{1i}h_{1i} + r_{2i}h_{2i} + \cdots + \gamma_m h_{mi}\sin\alpha_i)} \tag{7-18}$$

如果在土坡的坡顶或坡面上作用着超载 $q$，如图 7-18 所示，则只要将超载分别加到有关土条的重力中去即可，此时土坡的安全系数为：

$$K = \frac{\sum \left[ c_i l_i + (W_i + qb_i)\cos\alpha_i\tan\varphi_i \right]}{\sum (W_i + qb_i)\sin\alpha_i} \tag{7-19}$$

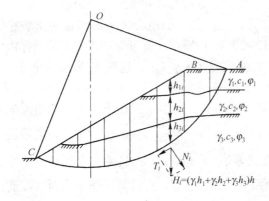

图 7-17　成层土计算图式

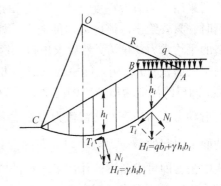

图 7-18　有超载时计算图示

## 7.4.3　有地下水和稳定渗流时安全系数计算

如果土坡部分浸水，如图 7-19 所示，按照式（7-17）的计算思路，此时水下土条的重力均应按饱和重度计算，同时还要考虑滑动面上的孔隙水应力（静水压力）和作用在土坡坡面上的水压力。现以静水面 $EF$ 以下滑动土体内的孔隙水作为脱离体，则其上作用力除滑动面上的静孔隙水应力（合力为 $P_1$）、土坡坡面上的水压力（合力为 $P_2$）以外，在重心位置还作用有孔隙水的重力和土粒浮力的反作用力（其合力大小等于 $EF$ 面以下滑动土体的同体积水重，以 $G_{w1}$ 表示）。因为是静水，这三个力组成一平衡力系。这就是说，滑动土体周界上的水压力 $P_1$ 和 $P_2$ 的合力与 $G_{w1}$ 大小相等，方向相反。因此，在静水条件下周界上的水压力对滑动土体的影响就可用静水面以下滑动土体所受的浮力来代替。在实际中就相当于水下土条重力均按浮重度计算。

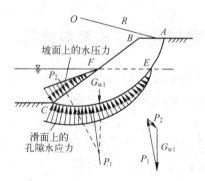

图 7-19　土坡部分浸水时计算图示

因此，部分浸水土坡的安全系数，其计算公式与成层土坡完全一样，只要将坡外水位以下土的重度用浮重度 $\gamma'$ 代替即可。将式（7-17）可写成如下形式：

$$K = \frac{\sum \left[ c_i l_i + b_i (\gamma_i h_i + \gamma'_i h_{2i}) \cos \theta_i \tan \varphi'_i \right]}{\sum b (\gamma_i h_{1i} + \gamma'_i h_{2i}) \sin \theta_i} \tag{7-20}$$

当水库蓄水或库水降落，或码头岩坡处于低潮位而地下水位又比较高，或基坑排水时，都要产生渗流而经受渗流力的作用，在进行土坡稳定分析时必须考虑它的影响。

若采用土的有效重度（水下用浮重度计算）与渗流力的组合来考虑渗流对土坡稳定的影响时，只要绘出渗流区域内的流网，如图 7-20（a）所示，就可分别确定滑动土体内每一网格的平均水力梯度 $i_i$，然后求出每一网格的渗流力 $J_i = \gamma_w i_i a_i$。这里 $\gamma_w$ 为水的重度，$a_i$ 为该网格的面积，$J_i$ 作用于网格的形心，方向平行于流线方向。若 $J_i$ 对滑动圆心的力臂为 $d_i$，则第 $i$ 网格的渗流力所产生的滑动力矩为 $J_i d_i = \gamma_w i_i a_i d_i$，而整个滑动土体范围内由渗流力产生的滑动力矩为所有网格渗流力力矩之和，即为 $\sum J_i d_i = \sum \gamma_w i_i a_i d_i$，并且假定渗流力在滑动面上引起的剪应力是均匀分布的，其值就等于 $\sum J_i d_i / R\hat{L}$，只要把它加到安全系数的公式中去，即可求出渗流作用下土坡的安全系数。但须注意，在计算土条重力时，浸润线以下土重均应按浮重度计算。

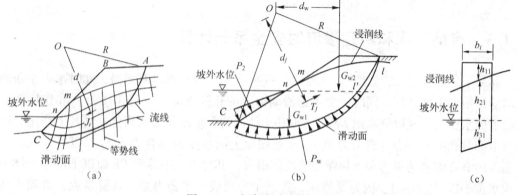

图 7-20　有渗流时计算图示

利用流网计算渗流力，只要流网画得足够正确，其精度是能够保证的，但计算起来却十分烦琐，在某些情况下，绘制流网也有一定困难。因此，用直接求解渗流力来计算土坡稳定性的方法并未得到工程界的普遍采用。目前常用的方法是"代替法"。"代替法"就是用浸润线以下坡外水位以上所包围的同体积水重对滑动圆心的力矩来代替渗流力对圆心的滑动力矩，如图 7-20（b）所示，若以滑动面以上、浸润线以下的孔隙水作为脱离体，其上的作用力有：

（1）滑动面上的孔隙水应力，其合力为 $P_w$，方向指向圆心。

（2）坡面 $nC$ 上的水压力，其合力为 $P_2$。

（3）$nCl'$ 范围内孔隙水重与土粒浮力的反作用力的合力 $G_{w1}$，竖直向下。

（4）$lmnl'$ 范围内孔隙水重与土粒浮力的反作用力的合力 $G_{w2}$，方向竖直向下，至圆心力臂为 $d_w$。

（5）土粒对渗流的阻力 $T_j$，至圆心的力臂为 $d_j$。

在稳定渗流条件下，这些力组成一个平衡力系。现将各力对圆心取矩，$P_w$ 通过圆心，其力矩为零，由前面边坡部分浸水时受力分析知 $P_2$ 与 $G_{w1}$ 对圆心取矩后相互抵消，由此可得：$T_j d_j = G_{w2} d_w$。因 $T_j$ 与渗流力的合力大小相等，方向相反，因此上式证明了渗流力对滑动圆心的矩可用浸润线以下坡外水位以上滑弧范围内同体积水重对滑动圆心的矩来代替。

假定不考虑渗流力的抗滑作用，$G_{w2}$ 对滑动圆心的滑动力矩可先分条进行计算后再叠加，即 $G_{w2} d_w$ 等于 $\sum \gamma_w h_{2i} b_i \sin \alpha_i R$。若将此值加到整个滑动土体的力矩平衡方程式中去，即可得到在稳定渗流作用下土坡安全系数的表达式：

$$K = \frac{\sum \left[ c_i' l_i + b_i (\gamma_i h_{1i} + \gamma_i' h_{2i} + \gamma_i h_{3i}) \cos \alpha_i \tan \varphi_i \right]}{\sum (\gamma_i h_{1i} + \gamma_i' h_{2i} + \gamma_i' h_{3i}) b_i \sin \alpha_i + \sum \gamma_w h_{2i} b_i \sin \alpha_i}$$

显然，上式分母中的第二项即为渗流所引起的剪切力。合并分母中的两项，$K$ 的最后表达式为：

$$K = \frac{\sum \left[ c_i' l_i + (\gamma_i h_{1i} \gamma_i' h_{2i} + \gamma_i' h_{3i}) b_i \cos \alpha_i \tan \varphi_i \right]}{\sum (\gamma_i h_{1i} + \gamma_{sati}' h_{2i} + \gamma_i' h_{3i}) b_i \sin \alpha_i} \tag{7-21}$$

式中，$\gamma_i$ 为土的天然重度（湿重度）；$\gamma_{sati}$ 为土的饱和重度；$\gamma_i'$ 为土的浮重度；$h_{1i}$、$h_{2i}$、$h_{3i}$ 分别表示 $i$ 土条在浸润线以上、浸润线与坡外水位间和坡外水位以下的高度，如图 7-20（c）所示。

## 7.4.4　考虑地震作用时安全系数计算

在地震区，由于地壳的震动而引起的动力作用，将影响到边坡的稳定性，在分析时必须加以考虑。地震区土坡稳定性的验算，可采用《水工建筑物抗震设计规范》推荐的惯性力法（拟静力法）。该法假定在地震时每一土条重心处作用着一个水平向的地震惯性力，对于设计烈度为 8、9 度的 Ⅰ、Ⅱ 级建筑物，则同时还要加上一个竖向的地震惯性力。由于这两个惯性力的影响，使土坡安全系数减小，计算公式如下：

$$K = \frac{\sum \left\{ c'_i l_i + \left[ (W_i \pm Q'_i) \cos \alpha_i - Q_i \sin \alpha_i \right] \tan \varphi \right\}}{\sum \left[ (W_i \pm Q'_i) \sin \alpha_i \pm \dfrac{M_{ci}}{R} \right]} \tag{7-22}$$

式中：$R$——滑动圆弧的半径；

　　　$M_{ci}$——水平向地震惯性力 $Q_i$ 对滑动圆心的力矩；

　　　$Q_i$——作用在土条重心处的水平向地震惯性力，可用下式计算：

$$Q_i = k_h c_z a_i W_i \tag{7-23}$$

　　　$Q'_i$——作用在土条重心处的竖向地震惯性力，其值为 $Q'_i = k_v c_z a_i W_i$。

在竖向地震惯性力单独作用时，竖向地震系数 $k_v$ 取 $2k_h/3$。如果同时考虑水平向和竖向地震惯性力，还要乘以 0.5 的耦合系数，即

$$Q'_i = \frac{1}{3} k_h c_z a_i W_i \tag{7-24}$$

式中：$k_h$——水平向地震系数，为地震地面水平最大加速度的统计平均值与重力加速度的
　　　　　比值；

　　　$c_z$——综合影响系数，一般可取 1/4；

　　　$a_i$——土条重心处的地震加速度分布系数，按表 7-3 内插求得；

　　　$W_i$——土条实际重力，水上用湿重度，水下全部用饱和重度计算。

必须注意：当 40 m < $H$ ≤ 150 m 时，地震加速度分布系数在竖向和水平向是不一样的，见表 7-3。$Q'_i$ 的方向可上（-）可下（+），以不利于稳定为准，需通过试算确定。

表 7-3　地震加速度分布系数 $a_i$

| 竖　　向 | 水　平　向 | | 说　　明 |
|---|---|---|---|
| $H \le 15$ m | $H \le 40$ m | 40 m < $H$ ≤ 150 m | |

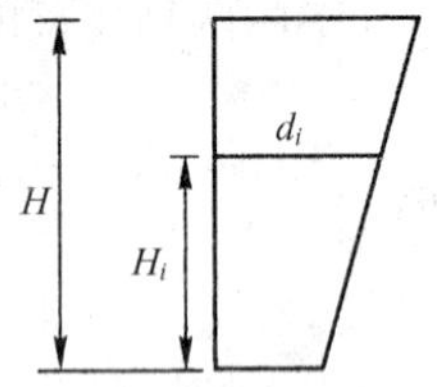

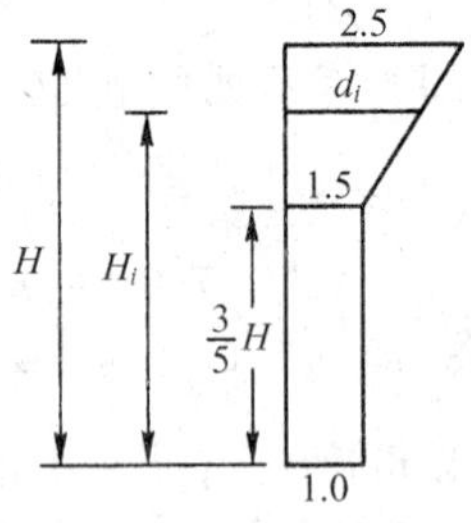

抗剪强度指标最好能通过动力试验测定。在没有试验条件时，对压实黏性土，可采用三轴饱和固结不排水剪试验，测出总应力强度包线与有效应力强度包线。若前者小于后者，则取由两者的平均强度包线确定的强度指标；反之，则取有效应力强度指标。如用直剪试验，则用饱和固结快剪指标。对于紧密的砂、砂砾，则采用固结快剪指标再乘以折减系数 0.7～0.8。

【例 7-4】某均质黏性土土坡，高 15 m，坡比为 1:2，填土黏聚力 $c = 40$ kPa，内摩擦角 $\varphi = 8°$，重度 $\gamma = 19.5$ kN/m³，如图 7-21 所示。试用瑞典法计算土坡的稳定安全系数。

解：(1) 按比例绘出土坡，选择滑弧圆心，作出相应的滑动圆弧。图 7-21 在可能滑动范围内选取圆心 $O_1$，取半径 $R = 27$ m 得到如图 7-21 所示的滑弧。

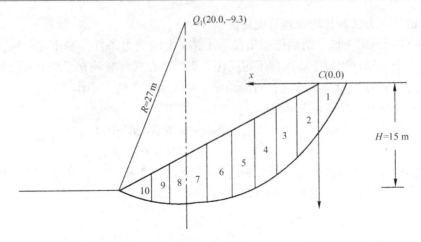

图 7-21　均质黏性土边坡计算图示

（2）将滑动土体分成若干土条（本例将滑弧分成 10 个土条），并分别对土条编号。

（3）量出各土条中心高度 $h_i$，宽度 $b_i$，并列表计算 $\sin\alpha_i$、$\cos\alpha_i$ 及 $W_i$ 等值，见表 7-4 所列。计算该圆心、半径的安全系数。

表 7-4　瑞典法计算（圆心编号：$O_1$，滑弧半径：27 m）

| 土条编号 | $h_i$/m | $b_i$/m | $l_i$/m | $\sin\alpha_i$ | $\cos\alpha_i$ | $W_i$/kN | $c_i$/kPa | 安全系数计算 |
|---|---|---|---|---|---|---|---|---|
| 1 | 4.5 | 4.2 | 7.31 | 0.8185 | 0.5745 | 368.55 | | |
| 2 | 4.8 | 3.4 | 4.62 | 0.6778 | 0.7352 | 563.55 | | |
| 3 | 14.8 | 3.1 | 3.73 | 0.5574 | 0.8302 | 894.66 | | |
| 4 | 15.2 | 3.5 | 3.89 | 0.4352 | 0.9003 | 1037.4 | | $\sum d_i = 1621.6$ |
| 5 | 15.0 | 3.6 | 3.78 | 0.3037 | 0.9528 | 1053.00 | 40 | $\sum W_i\cos\theta_i\tan\varphi = 720.48$ |
| 6 | 9.2 | 3.5 | 3.55 | 0.1722 | 0.9851 | 627.90 | | $\sum W_i\sin\theta_i = 1967.73$ |
| 7 | 8.0 | 3.0 | 3.00 | 0.0556 | 0.9985 | 648.00 | | $K = \dfrac{1621.6 + 720.48}{1967.73} = 1.19$ |
| 8 | 6.5 | 2.5 | 2.50 | −0.046 | 0.9989 | 316.88 | | |
| 9 | 4.8 | 2.9 | 2.93 | −0.146 | 0.9892 | 271.44 | | |
| 10 | 2.3 | 5.0 | 5.23 | −0.293 | 0.9562 | 224.25 | | |

（4）对圆心 $O_1$ 选取不同半径，得到 $O_1$ 对应的最小安全系数。

（5）在可能滑动范围内，选择其他圆心 $O_2$、$O_3$…，重复上述计算，从而求出最小的安全系数，即为该土坡的稳定安全系数。

## 7.5　毕肖普条分法

在用条分法分析土坡稳定问题时，任意土条的受力情况是一个静不定问题。为了解决这一问题，费伦纽斯的简单条分法假定不考虑土条间的作用力，一般来说这样得到的稳定安全系数是偏小的。在工程实践中，为了改进条分法的计算精度，许多人都认为应该考虑土条间的作用力，以求得比较合理的结果，目前已有许多解决的方法，其中毕肖普（A. W. Bishop，

1955）提出的简化方法是比较合理且实用的。

如图 7-13 所示的土坡，前面已指出任一土条 $i$ 上的受力条件是静不定问题，土条 $i$ 上的作用力有 5 个未知，故属于二次静不定问题。毕肖普在求解时补充了两个假设条件：忽略土条间的竖向剪切力 $X_i$ 及 $X_{i+1}$ 作用；对滑动面上的切向力 $T_i$ 的大小作了规定。

根据土条 $i$ 的竖向平衡条件可得：

$$W_i - X_i + X_{i+1} - T_i \sin \alpha_i - N_i \cos \alpha_i = 0$$

即

$$N_i \cos \alpha_i = W_i + (X_{i+1} - X_i) - T_i \sin \alpha_i \tag{7-25}$$

若土坡的稳定安全系数为 $K$，则土条 $i$ 滑动面上的抗剪强度 $\tau_{fi}$ 也只发挥了一部分，毕肖普假设与滑动面上的切向力 $T_i$ 相平衡，即

$$T_i = \tau_{fi} l_i = \frac{1}{K}(N_i \tan \varphi_i + c_i l_i) \tag{7-26}$$

将式（7-26）代入式（7-25）有：

$$N_i = \frac{W_i + \left( X_i + X_{i+1} - \dfrac{c_i l_i}{K} \sin \alpha_i \right)}{\cos \alpha_i + \dfrac{1}{K} \tan \varphi_i \sin \alpha_i} \tag{7-27}$$

由式（7-11）可知土坡的稳定安全系数 $K$ 为：

$$K = \frac{M_r}{M_s} = \frac{\sum (N_i \tan \varphi_i + c_i l_i)}{\sum W_i \sin \alpha_i} \tag{7-28}$$

将式（7-27）代入式（7-28）得：

$$K = \frac{\displaystyle\sum_{i=1}^{n} \frac{[W_i + (X_{i+1} - X_i)]\tan \varphi_i + c_i l_i}{\cos \alpha_i + \dfrac{1}{K} \tan \varphi_i \sin \alpha_i}}{\displaystyle\sum_{i=1}^{n} W_i \sin \alpha_i} \tag{7-29}$$

由于式（7-29）中 $X_i$ 和 $X_{i+1}$ 是未知的，故求解尚有困难。毕肖普假定土条间的竖向剪切力均略去不计，即 $(X_{i+1} - X_i) = 0$，则式（7-29）可简化为：

$$K = \frac{\displaystyle\sum_{i=1}^{n} \frac{1}{m_{\alpha i}}(W_i \tan \varphi_i + c_i l_i)}{\displaystyle\sum_{i=1}^{n} W_i \sin \alpha_i} \tag{7-30}$$

式中：

$$m_{\alpha i} = \cos \alpha_i + \frac{1}{K} \tan \varphi_i \sin \alpha_i \tag{7-31}$$

式（7-30）就是简化毕肖普计算土坡稳定安全系数的公式。由于式中 $m_{\alpha i}$ 也包含 $K$ 值，因此式（7-30）须用迭代法求解，即先假定一个 $K$ 值，按式（7-31）求得 $m_{\alpha i}$ 值，再代入式（7-30）求出 $K$ 值，若此 $K$ 值与假定不符，则用此 $K$ 值重新计算求得新的 $K$ 值，如此反复迭代，直至假定的 $K$ 值与求得的 $K$ 值相近为止。为了计算方便，可将式（7-31）的 $m_{\alpha i}$ 值绘制成曲线（图 7-22），可按 $\alpha_i$ 及 $\dfrac{\tan \varphi_i}{K}$ 值直接查得 $m_{\alpha i}$ 值。

最危险滑动面圆心位置的确定方法，仍可按前述经验方法确定。

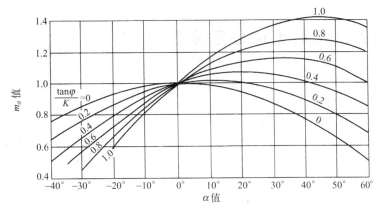

图 7-22　$m_\alpha$ 值曲线

**【例 7-5】** 试用简化毕肖普条分法计算例 7-3 土坡的稳定安全系数。

**解：** 土坡最危险滑动面圆心 $O$ 的位置以及土条划分情况均与例 7-3 相同。按式(7-30)计算各土条的有关各项列于表 7-5 中。

表 7-5　土坡稳定计算

| 土条编号 | $\alpha_i/$ (°) | $l_i/$ m | $W_i/$ kN | $W_i\sin\alpha_i/$ kN | $W_i\tan\varphi_i$ | $c_il_i\cos\alpha_i$ | $m_{\alpha i}$ | | $\frac{1}{m_{\alpha i}}(W_i\tan\varphi_i+c_il_i\cos\alpha_i)$ | |
|---|---|---|---|---|---|---|---|---|---|---|
| | | | | | | | $K=1.20$ | $K=1.19$ | $K=1.20$ | $K=1.19$ |
| 1 | 9.5 | 1.01 | 11.16 | 1.84 | 2.37 | 16.64 | 1.016 | 1.016 | 18.71 | 18.71 |
| 2 | 16.5 | 1.05 | 33.48 | 9.51 | 7.12 | 16.81 | 1.009 | 1.010 | 23.72 | 23.69 |
| 3 | 23.8 | 1.09 | 53.04 | 21.39 | 11.27 | 16.66 | 0.986 | 0.987 | 28.33 | 28.30 |
| 4 | 31.6 | 1.18 | 69.75 | 36.55 | 14.83 | 16.78 | 0.945 | 0.945 | 33.45 | 33.45 |
| 5 | 40.1 | 1.31 | 76.26 | 49.12 | 16.21 | 16.73 | 0.879 | 0.880 | 37.47 | 37.43 |
| 6 | 49.8 | 1.56 | 56.73 | 43.33 | 12.06 | 16.82 | 0.781 | 0.782 | 36.98 | 36.93 |
| 7 | 63.0 | 2.68 | 29.70 | 24.86 | 5.93 | 20.32 | 0.612 | 0.613 | 42.89 | 42.82 |
| 合计 | | | | 186.60 | | | | | 221.55 | 221.33 |

第一次试算假定稳定安全系数 $K=1.20$，计算结果列于表 7-5。可按式（7-30）求得稳定安全系数为：

$$K=\frac{\sum_{i=1}^{n}\dfrac{1}{m_{\alpha_i}}(W_i\tan\varphi_i+c_il_i)}{\sum_{i=1}^{n}W_i\sin\alpha_i}=\frac{221.55}{186.6}=1.187$$

第二次试算假定 $K=1.19$，计算结果列于表 7-5，可得：

$$K=\frac{221.33}{186.6}=1.186$$

计算结果与假定接近，故土坡的稳定安全系数 $K=1.19$。

## 7.6 非圆弧滑动面土坡稳定分析

### 7.6.1 杨布条分法

在实际工程中，常常会遇到非圆弧滑动面的土坡稳定分析问题。如土坡下面有软弱夹层存在，或者倾斜岩层面上的土坡，滑动面形状受到这些夹层或硬层的影响呈现非圆弧的形状。这时采用圆弧滑动面法分析就不适用了。下面介绍杨布（N. Janbu）提出的非圆弧普遍条分法。

如图 7-23（a）所示的土坡，已知其滑动面为 $ABCD$，将滑动土体分成许多竖向土条，其中任一土条 $i$ 上的作用力如图 7-23（b）所示。如前所述，其受力情况也是二次静不定问题，杨布在求解时也给出两个假定条件：

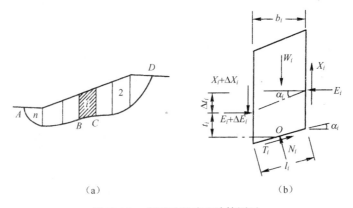

（a）                                （b）

图 7-23 非圆弧滑动面计算图示

第一个假定条件与毕肖普条分法相同，认为滑动面上的切向力 $T_i$ 等于滑动面上土所发挥的抗剪强度 $\tau_{fi}$，即 $T_i = \tau_{fi} l_i = \dfrac{1}{K}(N_i \tan \varphi_i + c_i l_i)$。

第二个假定条件是给出了土条两侧法向力 $E$ 的作用点位置。经分析表明，$E$ 的作用点位置对土坡稳定安全系数的影响较小，故通常假定其作用点在土条底面以上 1/3 高度处。

1. 求土坡稳定安全系数的表达式

根据图 7-23（b）所示土条 $i$ 在竖向及水平向的静力平衡条件，可求得土条的水平法向力增量 $\Delta E_i$ 的表达式，然后根据 $\sum \Delta E_i = 0$ 的条件推导出稳定安全系数 $K$ 的表达式。

按 $\sum F_y = 0$ 得：

$$W_i + (X_i + \Delta X_i) - X_i - N_i \cos \alpha_i - T_i \sin \alpha_i = 0$$

$$N = \frac{W_i + \Delta X_i}{\cos \alpha_i} - T_i \tan \alpha_i \tag{7-32}$$

$$\sum F_x = 0$$

$$E_i - (E_i + \Delta E_i) + N\sin\alpha_i - T_i\cos\alpha_i = 0$$

$$\Delta E_i = N_i\sin\alpha_i - T_i\cos\alpha_i \tag{7-33}$$

式中符号意义如图 7-23（b）所示。

将式（7-32）代入式（7-33）得：

$$\Delta E_i = (W_i + \Delta X_i)\tan\alpha_i - T_i\sec\alpha_i \tag{7-34}$$

根据杨布的第一个假定条件知：

$$T_i = \frac{1}{K}(N_i\tan\varphi_i + c_i l_i) \tag{7-35}$$

联解式（7-32）及式（7-35）得：

$$T_i = \frac{1}{K}\big[(W_i + \Delta X_i)\tan\varphi_i + c_i b_i\big]\frac{1}{m_{\alpha i}\cos\alpha_i} \tag{7-36}$$

式中，$b_i$ 为土条 $i$ 的宽度，$b_i = l_i\cos\alpha_i$。

其余符号同前。

将式（7-36）代入式（7-34）得：

$$\Delta E_i = (W_i + \Delta X_i)\tan\alpha_i - \frac{1}{K}\big[(W_i + \Delta X_i)\tan\varphi_i + c_i b_i\big]\frac{1}{m_{\alpha i}\cos\alpha_i} = B_i - \frac{A_i}{K} \tag{7-37}$$

式中

$$A_i = \big[(W_i + \Delta X_i)\tan\varphi_i + c_i b_i\big]\frac{1}{m_{\alpha i}\cos\alpha_i} \tag{7-38}$$

$$B_i = (W_i + \Delta X_i)\tan\alpha_i \tag{7-39}$$

对整个土坡而言，$\Delta E_i$ 均为内力，若滑动土体上无水平外力作用时，则 $\sum\Delta E_i$ 为：

$$\sum\Delta E_i = \sum B_i - \frac{1}{K}\sum A_i = 0 \tag{7-40}$$

由此得土坡稳定安全系数 $K$ 的表达式为：

$$K = \frac{\sum A_i}{\sum B_i} \tag{7-41}$$

2. 求 $\Delta X_i$ 值

土条上各作用力对滑动面中点 $O$ 取矩，按力矩平衡条件 $\sum M_O = 0$ 得：

$$X_i b_i + \frac{1}{2}\Delta X_i b_i + E_i\Delta t_i - \Delta E_x t_i = 0$$

若土条宽度 $b_i$ 很小，则高级微量 $\Delta X_i b_i$ 可略去，上式可写成：

$$X_i = \Delta E_i\frac{t_i}{b_i} - E_i\tan\alpha_t \tag{7-42}$$

式中，$\alpha_t$ 为 $E_i$ 与 $E_i + \Delta E_i$ 作用点连线（也称压力线）的倾角。

$E_i$ 值是土条 $i$ 一侧各土条的 $\Delta E_i$ 之和，即 $E_i = E_1 + \sum_{i=1}^{i-1}\Delta E_i$，其中 $E_1$ 是第一个土条边界上的水平法向力。如图 7-23 所示土坡，$E_1$ 值为土坡 $D$ 点处边界上的水平法向力，由图知 $E_1$ =0，故有：

$$\Delta X_i = X_{i+1} - X_i \tag{7-43}$$

因此，若已知 $\Delta E_i$ 及 $E_i$ 值，可按式（7-42）及式（7-43）求出 $\Delta X_i$ 值。

3. 计算步骤

用式（7-41）计算土坡稳定安全系数时，可以看到该式是安全系数 $K$ 的隐函数，因为 $m_{\alpha i}$ 是 $K$ 的函数，而且式（7-37）中的 $\Delta E_i$ 也是 $K$ 的函数。因此，在求解安全系数 $K$ 时需用迭代法计算。其计算步骤如下：

（1）第一次迭代时，先假定 $\Delta X_i = 0$（这也就是毕肖普的公式），按式（7-38）、式（7-39）计算 $A_i$、$B_i$ 值。但计算 $A_i$ 值时要先知道 $m_{\alpha i}$ 值，但它是 $K$ 的函数，故要先假定一个 $K$ 值进行试算。为了节省试算时间，杨布建议开始时可先假定 $\dfrac{1}{m_{\alpha i}\cos\alpha_i} = 1$，按式（7-41）求得试算的安全系数 $K_0$ 值。然后参考 $K_0$ 值假定一个新的 $K$ 值计算及 $A_i$ 值，并求得安全系数 $K_1$ 值。若 $K_1$ 值与假定的 $K$ 值相近，其误差小于 5% 时，即可停止试算。

（2）第二次迭代计算时应考虑 $\Delta X_i$ 的影响。这时先用 $K_1$ 值代入式（7-37）计算 $\Delta E_i$ 及 $E_i$ 值（这时 $A_i$、$B_i$ 值仍为第一次迭代时的结果），并由式（7-42）、式（7-43）求得 $\Delta X_i$ 值。然后假设一个试算安全系数 $K$ 计算 $m_{\alpha i}$，考虑 $\Delta X_i$ 影响求得 $A_i$、$B_i$ 值，代入式（7-41）求得安全系数 $K_2$ 值。同样，当 $K_2$ 与假定的 $K$ 值相近，其误差小于 5% 时，即可停止试算。

（3）第三次迭代计算同第二次迭代，用 $K_2$ 值计算 $\Delta E_i$、$E_i$ 及 $\Delta X_i$ 值，然后用试算方法计算 $m_{\alpha i}$、$A_i$、$B_i$ 及安全系数 $K_3$ 值。

当多次迭代求得的安全系数 $K_1$，$K_2$，$K_3$，…，趋向接近时，一般当其误差 $\leqslant 0.005$ 时，即可停止计算。

上述计算是在滑动面已经确定的情况下进行的，因此，整个土坡稳定分析过程，需假定几个可能的滑动面分别按上述步骤进行计算，相应于最小安全系数的滑动面才是最危险的滑动面。由此可见，土坡稳定分析的计算工作量是很大的，一般均需借助于计算机进行。可以看到，杨布条分法同样可用于圆弧滑动面情况。

【例7-6】 如图 7-24 所示土坡。已知土坡高度 $H = 8.5\,\text{m}$，土坡坡度为 1:2，土的重度 $\gamma = 19.6\,\text{kN/m}^3$，内摩擦角 $\varphi = 20°$，黏聚力 $c = 18\,\text{kPa}$。试用杨布法计算土坡的稳定安全系数。

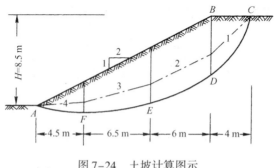

图 7-24　土坡计算图示

解：若可能的滑动面 $AFEDC$ 如图 7-24 所示，将滑动土条分为 4 条，各土条的基本计算数据列于表 7-6。

表 7-6　基本计算数据

| 土条编号 | 土条宽 $b_i$/m | 底坡角 $\alpha_i$/(°) | $\tan\alpha_i$ | $\cos\alpha_i$ | $\sin\alpha_i$ | 土条高 $h_i$/m | $\gamma_i h_i$/kPa | 土条重力/kN $W_i = \gamma_i h_i b_i$ | $\tan\varphi_i$ | $c_i$/kPa | $c_i b_i$/kN |
|---|---|---|---|---|---|---|---|---|---|---|---|
| 1 | 4 | 50.7 | 1.222 | 0.633 | 0.774 | 3.5 | 68.6 | 274.4 | 0.364 | 18 | 72 |
| 2 | 6 | 22.6 | 0.416 | 0.923 | 0.384 | 5.5 | 107.8 | 646.8 | 0.364 | 18 | 108 |
| 3 | 6.5 | 9.6 | 0.169 | 0.986 | 0.167 | 4.1 | 80.4 | 522.6 | 0.364 | 18 | 117 |
| 4 | 4.5 | −7.6 | −0.133 | 0.991 | −0.132 | 1.65 | 32.3 | 145.4 | 0.364 | 18 | 81 |

（1）第一次迭代计算。

第一次迭代计算时，假定 $\Delta X_i = 0$。为求得试算安全系数 $K$ 的参考数据，可先假定 $\dfrac{1}{m_{\alpha i}\cos\alpha_i} = 1$，则式（7-38）、式（7-39）分别为：

$$A_i = W_i\tan\varphi_i + c_i b_i$$
$$B_i = W_i\tan\alpha_i$$

将各土条按上式计算的 $A_i$、$B_i$ 列于表 7-7，并求得安全系数 $K_0$ 为：

$$K_0 = \frac{\sum A_i}{\sum B_i} = \frac{956.4}{673.4} = 1.420$$

然后参考 $K_0$ 值假设一个试算安全系数 $K = 1.700$ 并计算 $m_{\alpha i}$ 值，这时式（7-38）的 $A_i$ 值变为：

$$A_i = W_i\tan\varphi_i + c_i b_i\frac{1}{m_{\alpha i}\cos\alpha_i}$$

将各土条按上式计算的 $A_i$ 值列于表 7-7，由此可求得安全系数 $K_1$ 为：

$$K_1 = \frac{\sum A_i}{\sum B_i} = \frac{1155.5}{673.4} = 1.715$$

表 7-7　第一次迭代安全系数计算过程与结果

| 土条编号 | 第一次迭代 | | | | | | |
|---|---|---|---|---|---|---|---|
| | $B_i = W_i\tan\alpha_i$ | $A_i = W_i\tan\varphi_i + c_i b_i$ | $K_0 = \dfrac{\sum A_i}{\sum B_i}$ | $m_{\alpha i}$ | $\dfrac{1}{m_{\alpha i}\cos\alpha_i}$ | $A_i = (W_i\tan\varphi_i + c_i b_i)\dfrac{1}{m_{\alpha i}\cos\alpha_i}$ | $K_i$ |
| 1 | 335.3 | 171.9 | | 0.799 | 1.977 | 339.81 | |
| 2 | 269.1 | 343.4 | $\dfrac{956.4}{673.4} = 1.420$ | 1.005 | 1.078 | 370.22 | $\dfrac{1155.15}{673.4}$ |
| 3 | 88.3 | 307.2 | | 1.022 | 0.992 | 304.77 | $= 1.715$ |
| 4 | −19.3 | 133.9 | | 0.963 | 1.048 | 140.35 | |
| | $\sum$ 673.4 | $\sum$ 956.4 | | 假设 $K = 1.700$ | | $\sum$ 1155.15 | |

由于 $K_1$ 值与假设值 $K = 1.700$ 相近（不超过 5%），故可不必再进行试算。

（2）第二次迭代计算。

第二次迭代计算时应考虑 $\Delta X_i$ 作用，故要先计算 $\Delta E_i$ 及 $E_i$ 值，从式（7-37）可知：

$$\Delta E_i = B_i - \frac{A_i}{K}$$

$$E_i = E_1 + \sum_{i=1}^{i-1} \Delta E_i（由图 7-24 知 E_1 = 0）$$

按式（7-37）计算 $\Delta E_i$ 值时，安全系数采用第一次迭代结果 $K_1$ 代入，将求得的各土条 $\Delta E_i$ 及 $E_i$ 值列于表 7-8 [见表中第（2）、（3）列]。然后按式（7-42）计算各土条间的竖向剪切力 $X_i$ 值 [见表中第（7）列]：

$$X_i = \Delta E_i \frac{t_i}{b_i} - E_i \tan \alpha_i$$

式中 $\dfrac{\Delta E_i}{b_i}$ 应取相邻两土条的平均值，即

$$\frac{\Delta E_i}{b_i} = \frac{\Delta E_i + \Delta E_{i+1}}{b_i + b_{i+1}} [见表 7-8 中第（4）列]$$

按式（7-43）求得 $\Delta X_i$ 值列于表 7-8 [见表中第（8）列]。

表 7-8　第二次迭代安全系数计算过程与结果

| 土条编号 | 第二次迭代 | | | | | | | |
|---|---|---|---|---|---|---|---|---|
| | $\dfrac{A_i}{K_i}$ | $\Delta E_i$ | $E_i$ | $\dfrac{\Delta E_i}{b_i}$ | $t_i$ | $\tan \alpha_i$ | $X_i$ | $\Delta X_i$ |
| | （1） | （2） | （3） | （4） | （5） | （6） | （7） | （8） |
| 1 | 198.14 | 137.16 | 0 | — | — | — | 0 | -127.11 |
| 2 | 215.87 | 53.23 | 137.16 | $\dfrac{137.16+53.23}{4+6}=19.04$ | -0.07 | 0.917 | -127.11 | 40.83 |
| 3 | 177.71 | -89.41 | 190.39 | -2.89 | 0.67 | 0.443 | -89.28 | 47.57 |
| 4 | 81.84 | -101.14 | 100.98 | -17.32 | 0.62 | 0.277 | 38.71 | 38.71 |
| | | | 0 | — | — | — | 0 | |

| 土条编号 | 第二次迭代 | | | | |
|---|---|---|---|---|---|
| | $B_i = (W_i + \Delta X_i) \tan \alpha_i$ | $m_{\alpha i}$ | $\dfrac{1}{m_{\alpha i} \cos \alpha_i}$ | $A_i = [(W_i + \Delta X_i) + \tan \varphi_i + c_i b_i] \dfrac{1}{m_{\alpha i} \cos \alpha_i}$ | $K_2$ |
| | （9） | （10） | （11） | （12） | （13） |
| 1 | 179.99 | 0.767 | 2.059 | 258.63 | |
| 2 | 286.05 | 0.990 | 1.095 | 392.33 | $\dfrac{1129.41}{537.91}=2.100$ |
| 3 | 96.36 | 1.015 | 0.999 | 324.22 | |
| 4 | -24.49 | 0.968 | 1.042 | 254.23 | |
| | $\sum$ 537.91 | 假设 $K = 2.10$ | | $\sum$ 1129.41 | |

假设一个试算安全系数 $K = 2.10$，计算 $m_{\alpha i}$ 及 $\dfrac{1}{m_{\alpha i} \cos \alpha_i}$ 值 [见表中第（10）、（11）列]，然后按式（7-38）、式（7-39）计算 $A_i$ 及 $B_i$ 值 [见表中第（12）、（9）列]，并求得安全系数 $K_2$ 为：

$$K_2 = \frac{\sum A_i}{\sum B_i} = \frac{1129.41}{53.791} = 2.100$$

由于 $K_2$ 与假设 $K$ 值相同，故可结束试算。

（3）第三次迭代计算

与第二次迭代计算相同，用第二次迭代计算结果 $K_2$ 值，依次计算 $\Delta E_i$、$E_i$、$X_i$ 及 $\Delta X_i$ 值，列于表 7-9。然后假设一个试算安全系数 $K = 1.90$ 并计算 $m_{\alpha i}$ 及 $\dfrac{1}{m_{\alpha i}\cos\alpha_i}$ 值，再计算 $A_i$ 及 $B_i$ 值，最后求得：

$$K_3 = \frac{\sum A_i}{\sum B_i} = \frac{1147.13}{603.09} = 1.902$$

与假设的 $K$ 值相近。

**表 7-9　第三次迭代安全系数计算过程与结果**

| 土条编号 | $\dfrac{A_i}{K_i}$ | $\Delta E_i$ | $E_i$ | $\dfrac{\Delta E_i}{b_i}$ | $X_i$ | $\Delta X_i$ | $B_i = (W_i+\Delta X_i)\tan\alpha_i$ | $\dfrac{1}{m_{\alpha i}\cos\alpha_i}$ | $A_i=[(W_i+\Delta X_i)\times\tan\varphi_i+c_ib_i]\dfrac{1}{m_{\alpha i}\cos\alpha_i}$ | $K_3$ |
|---|---|---|---|---|---|---|---|---|---|---|
| | | | \<第三次迭代\> | | | | | | | |
| 1 | 123.16 | 56.83 | 0 | — | 0 | −53.21 | 270.29 | 2.022 | 308.38 | |
| | | | 56.83 | 15.61 | −53.21 | | | | | |
| 2 | 186.82 | 99.23 | | | | −13.71 | 263.37 | 1.087 | 367.89 | $\dfrac{1147.13}{603.09}$ |
| | | | 156.06 | 3.30 | −66.92 | | | | | $=1.902$ |
| 3 | 154.39 | −58.03 | | | | 30.97 | 93.55 | 0.996 | 317.23 | |
| | | | 98.03 | −14.18 | −35.95 | | | | | |
| 4 | 73.44 | −97.93 | 0 | — | 0 | 35.95 | −24.12 | 1.045 | 153.63 | |
| | | | | | | | $\sum$ 603.09 | 假设 $K=$ 1.9 | $\sum$ 1147.13 | |

（4）由于上述 3 次迭代计算结果 $K_1 = 1.715$、$K_2 = 2.100$、$K_3 = 1.902$ 差异较大，故尚需继续进行迭代计算，现将 10 次迭代计算结果列出：

$$K_1 = 1.715 \qquad K_2 = 2.100$$
$$K_3 = 1.902 \qquad K_4 = 2.023$$
$$K_5 = 1.949 \qquad K_6 = 1.991$$
$$K_7 = 1.966 \qquad K_8 = 1.980$$
$$K_9 = 1.972 \qquad K_{10} = 1.976$$

（5）因为 $K_9$ 与 $K_{10}$ 已很接近（误差 $<5\%$），故可结束迭代计算。最后求得土坡的稳定安全系数 $K = 1.976$。

## 7.6.2　不平衡推力传递法

### 1. 基本假设和受力分析

山区一些土坡往往覆盖在起伏变化的岩基面上，土坡失稳多数沿这些界面发生，形成折线滑动面。对于岩质边坡，破坏面沿断层或裂隙发生，一般为折线滑动面。对这类边坡的稳定分析可采用不平衡推力传递法。

按折线滑动面将滑动土体分成条块，而假定条间力的合力与上一条土条底面平行，如图 7-25 所示，这样就确定了条间力作用方向。然后根据各分条力的平衡条件，逐条向下推求，直至最后一条土条的推力为零。

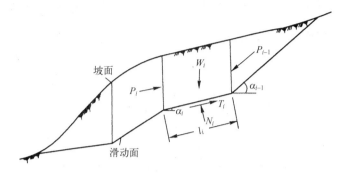

图 7-25  不平衡推力传递法图式

### 2. 计算公式

对于任一土条，取垂直于平行土条底面方向力的平衡，有：

$$\left.\begin{array}{l}\overline{N}_i - W_i\cos\alpha_i - P_{i-1}\sin(\alpha_{i-1}-\alpha_i) = 0 \\ \overline{T}_i + P_i - W_i\sin\alpha_i - P_{i-1}\cos(\alpha_{i-1}-\alpha_i) = 0\end{array}\right\} \tag{7-44}$$

同样根据安全系数定义和莫尔—库仑破坏准则，有：

$$\overline{T}_i = \frac{c_i l_i + \overline{N}_i\tan\varphi_i}{K} \tag{7-45}$$

联合解式（7-44）和式（7-45），消除 $\overline{T}_i$、$\overline{N}_i$，得如下计算公式：

$$P_i = W_i\sin\alpha_i - \left(\frac{c_i l_i + W_i\cos\alpha_i\tan\varphi_i}{K} + P_{i-1}\psi_i\right) \tag{7-46}$$

式中 $\psi_i$ 称为传递系数，以下式表示：

$$\psi_i = \cos(\alpha_{i-1}-\alpha_i) - \frac{\tan\varphi_i}{K}\sin(\alpha_{i-1}-\alpha_i) \tag{7-47}$$

### 3. 计算步骤

不平衡推力法计算时，先假设 $K=1$，然后从坡顶第一条开始逐条向下推求 $P_i$，直至求出最后一条的推力 $P_n$，$P_n$ 必须为零，否则要重新假定 $K$，进行试算。

国家标准《建筑地基基础设计规范》中将式（7-46）简化为：

$$P_i = KW_i\sin\alpha_i - (c_i l_i + W_i\cos\alpha_i\tan\varphi_i) + P_i\psi_{i1} \tag{7-48}$$

式中传递系数 $\psi_i$ 改用下式计算：

$$\psi_i = \cos(\alpha_{i-1}-\alpha_i) - \tan\varphi_i\sin(\alpha_{i-1}-\alpha_i) \tag{7-49}$$

式（7-48）和式（7-49）近似计算公式，它只能用于计算 $K\approx1$ 的边坡稳定安全系数，否则会造成大的误差。

采用不平衡推力法计算时，抗剪强度指标 $c$、$\varphi$ 值可根据土的性质及当地经验，采用试验和滑坡反算相结合的方法确定。另外，因为分条之间不能承受拉力，所以任何土条的推力 $P_i$ 如果为负值，此 $P_i$ 不再向下传递，而对下一土条取 $P_{i-1}$ 为零。此法也常用来按照设定的安全系数，反推各土条和最后一条土条承受的推力大小，以便确定是否需要和如何设置挡土建筑物。允许安全系数 $[K]$ 值根据滑坡状态及其对工程的影响可取 $1.05 \sim 1.25$。

【例 7-7】若图 7-26 的土坡坡高 10 m，软土层在坡底以下 2 m 深，$L = 16$ m，土体的重度为 $\gamma = 19$ kN/m³，黏聚力 $c = 10$ kPa，内摩擦角 $\varphi = 30°$，软土层的不排水强度 $c_u = 12.5$ kPa，$\varphi_u = 0$，试求该土坡沿复合滑动面的稳定安全系数。

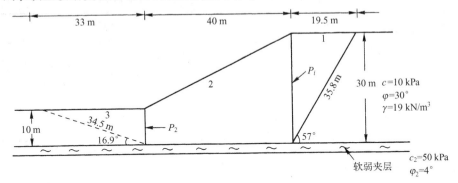

图 7-26　土坡计算图示

**解**：采用不平衡推力法的式（7-46）和式（7-47）计算。计算过程和结果详见表 7-10。

表 7-10　不平衡推力法计算过程与结果

| 土条编号 | $W_i$/kN | $P_i$/kN | | | | | 计算结果 $K = 1.84$ |
|---|---|---|---|---|---|---|---|
| | | $K = 1.5$ | $K = 1.8$ | $K = 2.0$ | $K = 1.83$ | $K = 1.85$ | |
| 1 | 5 850 | 344.2 | 3 685.4 | 3 807.5 | 3 705.4 | 3 718.4 | |
| 2 | 16 000 | -406.8 | 154.5 | 402.6 | 195.1 | 221.4 | |
| 3 | 3 300 | | -52.7 | 279.0 | -20.8 | 19.4 | |

# 7.7　关于土坡稳定性分析的几个问题

## 7.7.1　土的抗剪强度指标及安全系数的选用

黏性土边坡的稳定计算，不仅要求提出计算方法，更重要的是如何测定土的抗剪强度指标、如何规定安全系数的问题。这对于软黏土尤为重要，因为采用不同的试验仪器及试验方法得到的抗剪强度指标有很大的差异。

在实践中，应结合土坡的实际加载情况、填土性质及排水条件等，选用合适的抗剪强度指标。如验算土坡施工结束时的稳定情况，若土坡施工速度较快、填土的渗透性较差，则土中孔隙水压力不易很快消散，这时宜采用快剪或三轴不排水剪试验指标，用总应力法分析。如验算土坡长期稳定性时，应采用排水剪试验或固结不排水剪试验强度指标，用有效应力法分析。

按《公路路基设计规范》（JTG D30—2004）规定，土坡稳定的安全系数要求大于 1.25。

但应该看到允许安全系数是同选用的抗剪强度指标有关的。同一个边坡稳定分析，采用不同试验方法得到的强度指标，会得到不同的安全系数。我国《港口工程技术规范》中给出了抗滑稳定安全系数和土的强度指标配合应用的规定，见表7-11。这些都是从实践中总结出来的经验，可参照使用。

表 7-11　抗滑稳定安全系数 $K$ 及相应的强度指标

| 抗剪强度指标 | 允许安全系数 | 说　明 |
|---|---|---|
| 固结快剪 | 1.10～1.30 | 土坡上超载 $q$ 引起的抗滑力矩可全部采用或部分采用，视土体在 $q$ 作用下固结程序而定；$q$ 引起的滑动力矩应全部计入 |
| 有效剪 | 1.30～1.50 | 孔隙水压力采用与计算情况相应的数值 |
| 十字板剪 | 1.10～1.30 | 需考虑因土体固结引起的强度增长 |
| 快剪 | 1.00～1.20 | 需考虑因土体固结引起的强度增长；考虑土体的固结作用，可将计算得到的安全系数提高 10% |

## 7.7.2　坡顶开裂时的稳定计算

在黏性土路堤的坡顶附近，可能因土体的收缩及张力作用而发生裂缝，如图 7-27 所示。地表水渗入裂缝后，将产生静水压力 $P_w$，它是促使土坡滑动的作用力，故在土坡稳定分析中应该考虑进去。

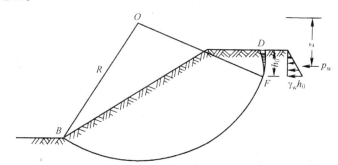

图 7-27　土坡坡顶开裂时稳定计算图示

坡顶裂缝的开展深度 $h_0$ 可近似地按挡土墙后为黏性土填土时在墙顶产生的拉力区高度公式计算，即

$$h_0 = \frac{2c}{\gamma \cdot \sqrt{k_a}}$$

裂缝内因积水产生的静水压力 $P_w = \frac{1}{2}\gamma_w h_0^2$，它对最危险滑动面圆心 $O$ 的力臂为 $z$。在按前述各种方法分析土坡稳定时，应考虑 $P_w$ 引起的很大力矩，同时土坡滑动面的弧长也将由 $BD$ 减短为 $BF$。坡顶出现裂缝对土坡的稳定是不利的，在工程中应当避免出现这种情况。

## 7.7.3　按有效应力法分析土坡稳定

前面说介绍的土坡稳定安全系数公式都是属于总应力法，采用的抗剪强度指标也是总应力指标。若土坡是用饱和黏土填筑，因填土或施加的荷载速度较快，土中孔隙水来不及排除，将产生孔隙水压力，使土的有效应力减小，增加了土坡滑动的危险。这时，土坡的稳定分析应该考虑孔隙水压力的影响，采用有效应力法计算。其稳定安全系数计算公式，可将前述的总应力法公式修正后即可。比如条分法的式（7-12）可改写为：

$$K = \frac{\tan\varphi' \sum_{i=1}^{n}(W_i\cos\alpha_i - u_il_i) + c'L}{\sum_{i=1}^{n}W_i\sin\alpha_i} \tag{7-50}$$

式中：$\varphi'$、$c'$——土的有效内摩擦角及有效黏聚力；

　　　$u_i$——作用在土条 $i$ 滑动面上的平均孔隙水压力。

其他符号意义同前。

毕肖普法的式（7-30）可改写为：

$$K = \frac{\sum_{i=1}^{n}\frac{1}{m_{\alpha i}}[(W_i - u_il_i\cos\alpha_i)\tan\varphi_i' + c_i'l_i\cos\alpha_i]}{\sum_{i=1}^{n}W_i\sin\alpha_i} \tag{7-51}$$

## 7.7.4　挖方和填方边坡的特点

从边坡有效应力分析的稳定安全系数公式（7-50）、（7-51）可以看出，孔隙水压力是影响边坡滑动面上土的抗剪强度的重要因素。在总应力保持不变的情况下，孔隙水压力增大，土的抗剪强度就会减小，边坡的稳定安全系数也会相应下降；反之，孔隙水压力变小，边坡的稳定安全系数就会相应地增大。

在饱和黏性土地基上修筑路堤或堆载形成的边坡，如图7-28 所示。以 $a$ 点为例，从图7-29 可见，超孔隙水压力随着填土荷载的不断增大而加大，如果近似地认为在施工过程中不发生排水，则填土荷载将全部由孔隙水来承担，施工过程中土的有效应力和土的抗剪强度也保持不变。竣工以后，土中的总应力保持不变，而超孔隙水压力则由于黏性土的固结而消散，直至趋于零 [图7-29（b）]；相应土的有效应力和抗剪强度将会不断地增加 [图7-29（c）]。因此，当填土结束时，边坡的稳定性应用总应力法和不排水强度来分析，而长期稳定性则应用有效应力和有效参数来分析。边坡的安全系数在施工刚结束时最小，并随着时间的增长而增大。

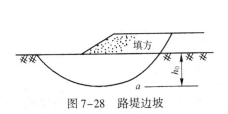

图7-28　路堤边坡

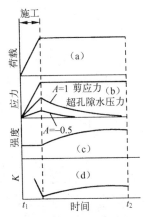

图7-29　填方边坡稳定性分析

黏性土中因挖方形成的边坡，如图7-30所示。也近似地以 $a$ 点为例，从图7-31中可知，随着总应力的减小，孔隙水压力不断地下降，直至出现负值。如果同样地在施工期间不实施排水，则土的有效应力和土的抗剪强度保持不变；竣工后，负超孔隙水压力随着时间逐渐消散［图7-31（b）］，伴随而来的是黏性土的膨胀和抗剪强度的下降［图7-31（c）］。因此，竣工时的稳定性和长期稳定性应分别采用卸载条件的不排水和排水抗剪强度来表示。与填方边坡不同，挖方边坡的最不利条件是其长期稳定性［图7-31（d）］。

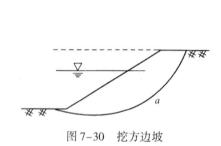

图7-30 挖方边坡

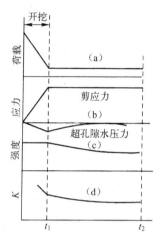

图7-31 挖方边坡稳定性分析

## 7.7.5 边坡稳定的计算机分析方法

从上面的分析方法中可以看出，无论是费伦纽斯方法还是毕肖普方法，其计算工作量都是很大的。计算机技术的发展为求解此类问题提供了很大方便。下面介绍一种可借助于数值计算的求解方法。

如图7-32所示的圆弧滑动面土坡，当用费伦纽斯方法确定其稳定安全系数时，其稳定安全系数为：

$$K = \frac{\sum\limits_{i=1}^{n} \left[ c_i l_i + (q_i b_i + W_i)\cos\alpha_i \tan\varphi_i \right]}{\sum\limits_{i=1}^{n} (q_i b_i + W_i)\sin\alpha_i} \tag{7-52}$$

式中：$W_i$——土条 $i$ 的天然重力；

$q_i$——作用在土条 $i$ 上荷载的平均集度；

$c_i$、$\varphi_i$——土条 $i$ 底端所在土层的黏聚力和内摩擦角，采用总应力指标。

对式（7-52）作变形，可得：

$$K = \frac{\sum\limits_{i=1}^{n} l_i \left[ c_i + \left( q_i + \dfrac{W_i}{b_i} \right)\cos^2\alpha_i \tan\varphi_i \right]}{\sum\limits_{i=1}^{n} \left( q_i + \dfrac{W_i}{b_i} \right) b_i \sin\alpha_i} \tag{7-53}$$

当土坡划分为无穷多的土条时，式（7-53）就从求和表达式转化为积分表达式，即

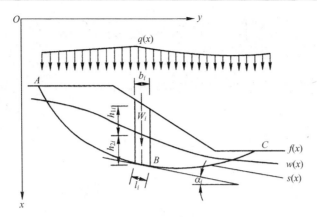

图 7-32　边坡分析简图

$$K = \frac{\displaystyle\int_{\overline{ABC}} (c + \sigma_c \cos^2 \alpha \cdot \tan \varphi)\, \mathrm{d}s}{\displaystyle\int_{x_A}^{x_C} \sigma_c \sin \alpha \cdot \mathrm{d}x_c}$$

$$= \frac{\displaystyle\int_{x_A}^{x_C} \left[ c + \frac{\sigma_c \cdot \tan \varphi}{1 + s^2(x)} \right] \sqrt{1 + s^2(x)}\, \mathrm{d}x}{\displaystyle\int_{x_A}^{x_C} \frac{\sigma_c s(x)\, \mathrm{d}x}{\sqrt{1 + s^2(x)}}} \tag{7-54}$$

式中：$\sigma_c$——在滑动面 $y = s(x)$ 上点 $[x, s(x)]$ 处的竖向应力，等于坡面上 $x$ 处的荷载集度 $q$ 与点 $[x, s(x)]$ 处自重应力之和；

　　$c$、$\varphi$——土层中点处 $[x, s(x)]$ 的黏聚力和内摩擦角。

　　若按有效应力法计算，则可取滑动面至坡面范围内土体骨架作为隔离体（土条单元）进行分析，可得：

$$K = \frac{\displaystyle\sum_{i=1}^{n} \left[ c_i' l_i + (q b_i + W_i') \cos \alpha_i \tan \varphi_i' \right]}{\displaystyle\sum (q b_i + W_i') \sin \alpha_i} \tag{7-55}$$

　　同样，当土坡划分为无穷多的土条时，式（7-55）的积分表达式为：

$$K = \frac{\displaystyle\int_{x_A}^{x_C} \left[ c' + \frac{\sigma_c' \cdot \tan \varphi}{1 + s^2(x)} \right] \sqrt{1 + s^2(x)}\, \mathrm{d}x}{\displaystyle\int_{x_A}^{x_C} \frac{\sigma_c' s(x)\, \mathrm{d}x}{\sqrt{1 + s^2(x)}}} \tag{7-56}$$

式中：$W_i'$——土条 $i$ 的有效重力；

　　$c'$、$\varphi'$——采用有效应力指标；

　　$\sigma_c'$——点 $[x, s(x)]$ 的有效自重应力。

　　当土坡内有渗流时，可取滑动面至坡面范围内土体骨架及水体作为隔离体进行分析，可得：

$$K = \frac{\displaystyle\sum_{i=1}^{n} \left\{ c_i' l_i + \left[ (q b_i + W_i) \cos \alpha_i - u_i l_i \right] \tan \varphi_i' \right\}}{\displaystyle\sum (q b_i + W_i) \sin \alpha_i}$$

$$= \frac{\sum_{i=1}^{n} \left[ c'_i l_i + b_i \left( q + \gamma \cdot h_{1i} + \gamma_m h_{2i} - \gamma_w \frac{h_{wi}}{\cos^2 \alpha} \right) \tan \varphi'_i \right]}{\sum (q + \gamma \cdot h_{1i} + \gamma_m h_{2i}) b_i \sin \alpha_i} \quad (7-57)$$

式中：$u_i$——土条 $i$ 底部的孔隙水压力，其值 $u_i = \gamma_m h_{wi}$；

$\gamma_w$——水的重度。

工程中常用替代重度法，即令 $h_{2i} = \dfrac{h_{wi}}{\cos^2 \alpha_i}$，则有：

$$K = \frac{\sum_{i=1}^{n} \left[ c'_i l_i + (q b_i + W'_i) \cos \alpha_i \tan \varphi'_i \right]}{\sum (q b_i + W_i) \sin \alpha_i}$$

$$= \frac{\int_{x_A}^{x_C} \left[ c' + \dfrac{\sigma'_c \cdot \tan \varphi'}{1 + s^2(x)} \right] \sqrt{1 + s^2(x)} \, dx}{\int_{x_A}^{x_C} \dfrac{\sigma'_c s(x) \, dx}{\sqrt{1 + s^2(x)}}} \quad (n \to \infty) \quad (7-58)$$

同样的思路，毕肖普条分法的边坡稳定安全系数的积分表达式分别如下：

总应力法的稳定安全系数为：

$$K = \frac{\int_{x_A}^{x_C} \left[ c + \dfrac{\sigma_c \cdot \tan \varphi}{1 + s^2(x)} \right] \sqrt{1 + s^2(x)} \, dx \bigg/ \left[ 1 + \dfrac{s(x) \tan \varphi}{F_s} \right]}{\int_{x_A}^{x_C} \dfrac{\sigma_c s(x) \, dx}{\sqrt{1 - s^2(x)}}} \quad (n \to \infty) \quad (7-59)$$

有效应力法的稳定安全系数为：

$$K = \frac{\int_{x_A}^{x_C} \left[ c + \dfrac{\sigma'_c \cdot \tan \varphi}{1 + s^2(x)} \right] \sqrt{1 + s^2(x)} \, dx \bigg/ \left[ 1 + \dfrac{s(x) \tan \varphi'}{F_s} \right]}{\int_{x_A}^{x_C} \dfrac{\sigma'_c s(x) \, dx}{\sqrt{1 - s^2(x)}}} \quad (n \to \infty) \quad (7-60)$$

考虑渗流力的有效应力法的稳定安全系数为：

$$K = \frac{\int_{x_A}^{x_C} \left[ c' + \dfrac{\sigma'_c \cdot \tan \varphi'}{1 + s^2(x)} \right] \sqrt{1 + s^2(x)} \, dx \bigg/ \left[ 1 + \dfrac{s(x) \tan \varphi'}{F_s} \right]}{\int_{x_A}^{x_C} \dfrac{\sigma'_c s(x) \, dx}{\sqrt{1 - s^2(x)}}} \quad (n \to \infty) \quad (7-61)$$

由于上述稳定安全系数公式均为积分表达式，故可以很方便地将其编制成计算软件。

## 复习思考题

7-1 土坡失稳破坏的原因主要有哪些？

7-2 土坡稳定安全系数的意义是什么？有哪几种表达式？

7-3 何谓坡脚圆、中点圆及坡面圆？其产生的条件与土质、土坡形状及土层构造有何关系？

7-4 无黏性土土坡的稳定性只要坡角不超过内摩擦角，坡高 $H$ 可不受限制，而黏性土土坡的稳定性同坡高有关，试分析其原因。

7-5　简述摩擦圆法的基本原理。如何用泰勒的稳定因数图表确定土坡的稳定安全系数。

7-6　简述条分法的基本原理及其计算步骤。

7-7　简化毕肖普条分法、瑞典法及杨布法的异同点有哪些？

7-8　简述毕肖普条分法及杨布法稳定安全系数的试算过程。

7-9　简述坡顶开裂及路堤内有水渗流时的土坡稳定分析方法。

7-10　有一土坡坡高 $H = 5\,\mathrm{m}$，已知土的重度 $\gamma = 18\,\mathrm{kN/m^3}$，土的强度指标 $\varphi = 10°$，$c = 12.5\,\mathrm{kPa}$，要求土坡的稳定安全系数 $K \geqslant 1.25$，试用泰勒图表法（图7-33）确定土坡的容许坡角 $\beta$ 值及最危险滑动面圆心位置。

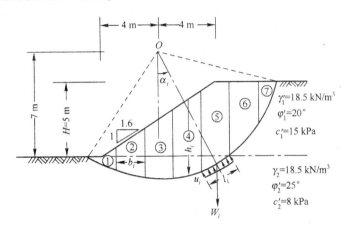

图 7-33　土坡计算图示

7-11　已知某土坡坡角 $\beta = 60°$，土的内摩擦角 $\varphi = 0°$。按费伦纽斯方法（表7-1）及泰勒方法（图7-9）确定其最危险滑动面与位置，并比较两者得到的结果是否相同？

7-12　设土坡高度 $H = 5\,\mathrm{m}$，坡角 $\beta = 30°$，土的重度 $\gamma = 19\,\mathrm{kN/m^3}$，土的抗剪强度指标 $\varphi = 0°$，$c = 18\,\mathrm{kPa}$。试用泰勒方法分别计算：在坡脚下 $2.5\,\mathrm{m}$、$0.75\,\mathrm{m}$、$0.255\,\mathrm{m}$ 处有硬层时，土坡的稳定安全系数及圆弧滑动面的形式。

7-13　用条分法计算图7-33所示土坡的稳定安全系数（按有效应力法计算）。

已知土坡高度 $H = 5\,\mathrm{m}$，边坡坡度为 $1:1.6$（即坡角 $\beta = 32°$），土的性质及试算滑动面圆心位置如图7-33所示。

计算时将土条分成7条，各土条宽度 $b_i$、平均高度 $h_i$、倾角 $\alpha_i$、滑动面弧长 $l_i$ 以及作用在土条底面的平均孔隙水压力 $u_i$。均列于表7-12。

表 7-12　土条计算数据

| 土条编号 | $b_i/\mathrm{m}$ | $h_i/\mathrm{m}$ | $\alpha_i$ | $l_i/\mathrm{m}$ | $u_i/(\mathrm{kN/m^2})$ |
|---|---|---|---|---|---|
| 1 | 2 | 0.7 | $-27.7°$ | 2.3 | 2.1 |
| 2 | 2 | 2.6 | $-13.4°$ | 2.1 | 7.1 |
| 3 | 2 | 4.0 | $0°$ | 2.0 | 11.1 |

| 土条编号 | $b_i/m$ | $h_i/m$ | $\alpha_i$ | $l_i/m$ | $u_i/(kN/m^2)$ |
|---|---|---|---|---|---|
| 4 | 2 | 5.1 | 13.4° | 2.1 | 13.8 |
| 5 | 2 | 5.4 | 27.7° | 2.3 | 14.8 |
| 6 | 2 | 4.0 | 44.2° | 2.8 | 11.2 |
| 7 | 1.3 | 1.8 | 68.5° | 3.2 | 5.7 |

7-14　某均质黏性土土坡，高 $H=20\,m$，坡比为 $1:3$，填土的黏聚力 $c=10\,kPa$，内摩擦角 $\varphi=20°$，重度 $\gamma=18\,kN/m^3$。假定滑弧通过坡脚，半径 $R=55\,m$，圆心位置可用图 7-15 的方法确定。试用瑞典法（总应力）计算土坡在该滑弧时的安全系数。

7-15　用毕肖普法（考虑孔隙水压力作用时）计算复习思考题 7-13 中土坡稳定安全系数（第一次计算时假定安全系数 $K=1.5$）。

7-16　某均质挖方土坡，高 $H=10\,m$，坡比为 $1:2$，填土的黏聚力 $c=5\,kPa$，内摩擦角 $\varphi=25°$，重度 $\gamma=18\,kN/m^3$，在坑底以下 $3\,m$ 处有一软土薄层，其黏聚力 $c=10\,kPa$，内摩擦角为 $5°$。试用不平衡推力法计算其稳定安全系数。

# 第8章　地基承载力

[本章提要和学习要求]

地基承载力是指地基土单位面积上所能承受的荷载，这是土力学的重要问题之一。由于地基土的复杂性，要准确地确定地基极限承载力也比较复杂。本章的主要内容就是从土的强度和地基稳定性角度，介绍确定地基承载力常见的方法。

通过本章学习，要求掌握临塑荷载、临界荷载、地基极限承载力的概念；掌握浅基础地基极限承载力的理论、公式和影响地基承载力大小的因素；掌握地基承载力的确定方法。

## 8.1　概述

建筑物或构筑物因地基问题引起破坏，一般有两种情形：一是建筑物荷载过大，超过了地基所能承受的荷载能力而使地基破坏失稳，即强度和稳定性问题；二是在建筑物荷载作用下，地基和基础产生了过大的沉降和沉降差，使建筑物产生结构性损坏或丧失使用功能，即变形问题。因此，在进行地基基础设计时，必须满足上部结构荷载通过基础传到地基土的压力不得大于地基承载力的要求，以确保地基土不丧失稳定性。

地基承载力是指地基土单位面积上所能承受荷载的能力，其单位符号一般为 kPa。通常把地基不致失稳时地基土单位面积上所能承受的最大荷载称为地基极限承载力 $p_u$。由于工程设计中必须确保地基有足够的稳定性，必须限制建筑物基础基底的压力 $p$，使其不得超过地基的承载力容许值 $p_a$，因此地基承载力容许值是指考虑一定安全储备后的地基承载力。同时，根据地基承载力进行基础设计时，应考虑不同建筑物对地基变形的控制要求，进行地基变形验算。

当地基土受到荷载作用后，地基中有可能出现一定的塑性变形区。当地基土中将要出现但尚未出现塑性区时，地基所承受的相应荷载称为临塑荷载；当地基土中的塑性区发展到某一深度时，其相应荷载称为临界荷载；当地基土中的塑性区充分发展并形成连续滑动面时，其相应荷载称为极限荷载。

有关变形计算在本书前面有关章节中已有介绍，关于变形控制问题则将会在基础工程设计中进一步阐述。本章主要从强度和稳定性角度出发，介绍由于承载力问题引起的地基破坏及地基承载力确定。

### 8.1.1　地基破坏的性状

由于外部荷载的施加，在地基土内部荷载影响的范围内，土中应力增加，若某点沿某方向剪应力达到土的抗剪强度，该点即处于极限平衡状态，若应力再增加，该点就会发生破坏。随着外部荷载的不断增加，土体内部存在多个破坏点，若这些点连成整体，就形成了破坏面。地基土内一旦形成了整体滑动面（或贯通于地表，或存在于地基内土内部），坐落在其上的建筑物就会发生急剧沉降、倾斜，导致建筑物失去使用功能，这种状态称为地基土失稳或丧失承载能力。地基土所能提供的最大支撑力称为地基极限承载力。因此，进行地基基础设计时，地基必须满足如下条件：

（1）建筑物基础的沉降或沉降差必须在该建筑物所允许的范围内（变形要求）。

（2）建筑物的基底压力应该在地基所允许的承载能力之内（稳定要求）。

此外，对某些特殊的建筑物而言，如堤坝、水闸、码头等，还应满足抗渗、防冲等特殊的要求。

静荷载试验研究和工程实例表明，地基承载力不足而使地基遭到破坏的实质是基础下面持力层土的剪切破坏。在岩土工程界，对于建（构）筑物地基，地下工程及隧洞，边坡工程等，常把强度（剪切强度）破坏称为失稳。地基的强度破坏也称失稳，其基本形式通常分为整体剪切破坏、局部剪切破坏和刺入剪切破坏，如图8-1所示。图8-1（a）表示整体剪切破坏即随着地基荷载的增加，$p-s$曲线先是呈线弹性关系，直线的拐点意味着地基中开始出现塑性区。由土中应力理论和土的抗剪强度理论可知，基础的端点处是解的奇异点，该点的应力是多值的，所以地基中塑性区的出现总是从这里开始。地基中随着塑性区的扩大与发展，$p-s$曲线表现明显曲线特征，最后当曲线趋向竖直段，此时地基处于临界破坏状态或称进入破坏状态，此时地基中出现明显的滑裂面。以条形基础为例，形成了左右对称（理论上）的连续完整地两组滑裂面。由基础正下方向两侧推挤滑出，并由此造成两侧地面隆起，基础下方地基出现较小沉降。这种情况下，埋深的影响较大。对于压缩性比较小的地基土，如比较密实的砂类土和坚硬程度在中等以上的黏性土中，一般会出现整体剪切破坏。$p-s$曲线如图8-1（d）中的Ⅰ曲线。

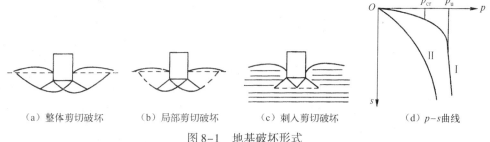

（a）整体剪切破坏　　（b）局部剪切破坏　　（c）刺入剪切破坏　　（d）$p-s$曲线

图8-1　地基破坏形式

图8-1中（b）表示局部剪切破坏。当地基处于临界破坏状态时，以条形基础为例，自基础两端点为起点，也有形成左右对称的两组滑裂面的趋势，但不连续、不完整，在由基础下方向两侧推挤滑出时，很难再向左右两侧扩展，滑动面不能完全形成，如图中虚线所示，因此称为局部剪切破坏。基础下方有沉降，基础两侧隆起不明显。对于压缩性较大的松砂、一般黏性土等，在一定的荷载条件下，可能出现局部剪切破坏。$p-s$曲线属图8-1（d）中的Ⅱ曲线。

图8-1（c）表示刺入剪切破坏，对于饱和软黏土、稀松的粉土、细砂、湿陷性黄土浸水和新填土等地基，由于基础埋置深度、荷载条件（如荷载大小、加荷速率等），常会出现冲切破坏，基础沿周边向下切入土中，以显著的沉降为突出特征，由图8-1（c）可以看出，只在基础端点下及基础正下方出现滑动面迹象，基础两侧看不出地面隆起，在基础周边还会出现凹陷特征。$p-s$曲线也属于图8-1（d）中Ⅱ曲线一类。

应该指出，上述几种地基破坏形式只适用于均匀地基、条形基础、中心荷载、一般加荷条件的情况。地基出现哪种形式破坏的影响因素很多，如地基的压缩性特征、基础埋置深度、荷载大小、性质（如有无水平荷载等）、加荷方式、加荷速率、应力水平、应力路径等。如对于密实砂土，在基础埋置深度较深并施加瞬时荷载时，也会发生局部剪切破坏。对于正常固结的饱和黏土，施加瞬时荷载时，会发生整体剪切破坏。如果地基中有深厚软黏土层而厚度又严重不均，再加上一次加载过多，则会发生严重不均匀沉降直至建（构）筑物倾斜、倾倒，例如有名的加拿大特朗斯康谷仓的倾倒；又如意大利比萨斜塔的倾斜。如果地基下基岩面倾斜，可压缩土层厚度不均匀时，也会造成倾斜，如中国苏州的虎丘塔，这些都是世界著名的工程事故。对具体的问题要做具体的分析。

图 8-1（d）中的 $p_{cr}$ 称为临塑荷载，即 $p-s$ 曲线上直线段（弹性）的结束，曲线段（弹塑性）的开始。$p_u$ 称为极限荷载，即 $p-s$ 曲线上曲线段的结束，陡降段的开始。在工程中，若以能够使用为目标，极限荷载就是最大荷载，若以强度破坏为参照标准，极限荷载就是最小荷载。在 $p_{cr}$ 和 $p_u$ 之间还应该有一个荷载标准，地基强度在弹性范围内工作，当然没有问题，实际上，自基础底面开始，地基中部分进入弹塑性阶段也没有问题，这就涉及一个控制标准，可称为有限塑性区深度荷载。

表 8-1 综合列出了条形基础在中心荷载下不同剪切破坏形式的各种特征，以供参考。

**表 8-1　条形基础在中心荷载下地基破坏形式的特征**

| 破坏形式 | 地基中滑动面 | $p-s$ 曲线 | 基础四周地面 | 基础沉降 | 基础表现 | 控制指标 | 事故出现情况 | 适用条件 | | |
|---|---|---|---|---|---|---|---|---|---|---|
| | | | | | | | | 地基土 | 埋深 | 加荷速率 |
| 整体剪切 | 连续，至地面 | 有明显拐点 | 隆起 | 较小 | 倾斜 | 强度 | 突然倾斜 | 密实 | 小 | 缓慢 |
| 局部剪切 | 连续，地基内 | 拐点不易确定 | 有时稍有隆起 | 中等 | 可能倾斜 | 变形为主 | 较慢下沉时有倾斜 | 松散 | 中 | 快速或冲击荷载 |
| 刺入剪切 | 不连续 | 拐点无法确定 | 沿基础下陷 | 较大 | 仅有下沉 | 变形 | 缓慢下沉 | 软弱 | 大 | 快速或冲击荷载 |

格尔谢万诺夫（Герсеванов）根据载荷试验结果，提出地基破坏的过程经历 3 个阶段，如图 8-2 所示。

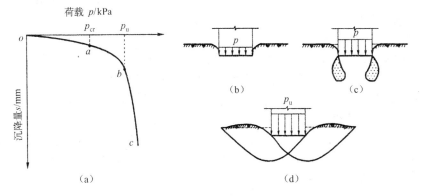

图 8-2　地基破坏过程的 3 个阶段

（a）$p-s$ 曲线；（b）压密阶段；（c）剪切阶段；（d）破坏阶段

1. 压密阶段（或称直线变形阶段）

相当于 $p-s$ 曲线上的 $oa$ 段。在这一阶段，$p-s$ 曲线接近于直线，土中各点的剪应力均小于土的抗剪强度，土体处于弹性平衡状态。在这一阶段，载荷板的沉降主要是由于土的压密变形引起的, 如图 8-2 (a)、 (b) 所示。相应于 $p-s$ 曲线上 $a$ 点的荷载即为临塑荷载 $p_{cr}$。

**2. 剪切阶段**

相当于 $p-s$ 曲线上的 $ab$ 段。在这一阶段 $p-s$ 曲线已不再保持线性关系, 沉降的增长率 $\Delta s/\Delta p$ 随荷载的增大而增加。在这个阶段, 地基土中局部范围内 (首先在基础边缘处) 的剪应力达到土的抗剪强度, 土体发生剪切破坏而出现塑性区。随着荷载的继续增加, 土中塑性区的范围也逐步扩大 [图 8-2 (c)], 直到土中形成连续的滑动面, 由载荷板两侧挤出而破坏。因此, 剪切阶段也是地基中塑性区的发生与发展阶段。相应于 $p-s$ 曲线上 $b$ 点的荷载即为极限荷载 $p_u$。

**3. 破坏阶段**

相当于 $p-s$ 曲线上的 $bc$ 段。当荷载超过极限荷载后, 载荷板急剧下沉, 即使不增加荷载, 沉降也不能稳定, 因此, $p-s$ 曲线陡直下降。在这一阶段, 由于土中塑性区范围的不断扩展, 最后在土中形成连续滑动面, 土从载荷板四周被挤出隆起, 地基土失稳而发生破坏。

## 8.1.2 确定地基承载力的方法

确定地基承载力的方法, 一般有以下 3 种。

(1) 根据载荷试验的 $p-s$ 曲线来确定地基承载力。

从载荷试验曲线确定地基承载力时, 可有以下 3 种确定方法:

① 用极限承载力 $p_u$ 除以安全系数 $K$ 可得到承载力容许值, 一般安全系数取 $2\sim3$。

② 取 $p-s$ 曲线上临塑荷载 (比例界限荷载) $p_{cr}$ 作为地基承载力容许值。

③ 对于拐点不明显的试验曲线, 可以用相对变形来确定地基承载力容许值。当载荷板面积为 $0.25\sim0.50\ m^2$ 时, 可取相对沉降 $s/b=0.01\sim0.015$ ($b$ 为载荷板宽度) 所对应的荷载为地基承载力容许值。

(2) 根据设计规范确定地基承载力。

在《公路桥涵地基与基础设计规范》 (JTG D63—2007) 中给出了各种土类的地基承载力容许值表, 这些表是根据在各类土上所做的大量的载荷试验资料, 以及工程经验总结, 并经过统计分析而得到的。使用时可根据现场土的物理力学性质指标, 以及基础的宽度和埋置深度, 按规范中的表格和公式得到地基承载力容许值。

(3) 根据地基承载力理论公式确定地基承载力。

地基承载力的理论公式中, 一种是土体极限平衡条件导得的临塑荷载和临界荷载计算公式, 另一种是根据地基土刚塑性假定而导得的极限承载力计算公式。工程实践中, 根据建筑物不同要求, 可以用临塑荷载或临界荷载作为地基承载力容许值, 也可以用极限承载力公式计算得到的极限承载力除以一定的安全系数作为地基承载力容许值。

工程实践中, 常有容许承载力 (荷载) 的说法, "容许" 指的是强度容许或变形容许, 这就涉及一个控制标准问题, 即 "容许" 的程度和界限。如桥梁地基基础、建 (构) 筑物地基基础、大坝地基、道路地基、特殊工程地基等, 不同建 (构) 筑物的基础, 应有不同的 "容许" 程度和界限。

## 8.2　临塑荷载和临界荷载的确定

上节已经指出，在荷载作用下地基变形的发展经历压密阶段、剪切阶段及破坏阶段 3 个阶段。地基变形的剪切阶段也是土中塑性区范围随着作用荷载的增加而不断发展的阶段，土中塑性区开展到不同深度时，通常为相当于基础宽度的 1/4 或 1/3，其相应的荷载即为临界荷载 $p_{1/4}$ 或 $p_{1/3}$。

### 8.2.1　塑性区边界方程的推导

如图 8-3（a）所示，当地基表面作用条形均布荷载 $p$ 时，土中任意点 $M$ 由 $p$ 引起的最大与最小主应力 $\sigma_1$ 及 $\sigma_3$，可按均布条形荷载作用下的附加应力公式计算：

$$\begin{matrix}\sigma_1\\\sigma_3\end{matrix} = \frac{p}{\pi}(2\alpha \pm \sin 2\alpha) \tag{8-1}$$

若条形基础的埋置深度为 $D$ 时［图 8-3（b）］，计算基底下深度 $z$ 处 $M$ 点的主应力时，可将作用在基底水平面上的荷载（包括作用在基底的均布荷载 $p$，以及基础两侧埋置深度 $D$ 范围内土的自重压力 $\gamma_0 D$），分解为图 8-3（c）所示两部分，即无限均布荷载 $\gamma_0 D$ 以及基底范围内的均布荷载（$p - \gamma_0 D$）。严格地说，$M$ 点上土的自重应力在各向是不等的，因此上述两项在 $M$ 点产生的应力在数值上不能叠加，为了简化起见，在下述荷载公式推导中，假定土的自重应力在各向相等，即假设土的侧压力系数 $K_0 = 1$，则土的重力产生的压应力将如同静水压力一样，在各个方向是相等的，均为 $\gamma_0 D + \gamma z$，其中 $\gamma_0$ 为基底以上土的加权平均重度，$\gamma$ 为基底以下土的重度。这样，当基础有埋置深度时，土中任意点 $M$ 的主应力为：

$$\begin{matrix}\sigma_1\\\sigma_3\end{matrix} = \frac{\rho - \gamma_0 D}{\pi}(2\alpha \pm \sin 2\alpha) + \gamma_0 D + \gamma z \tag{8-2}$$

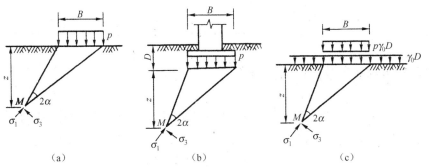

图 8-3　塑性区边界方程的推导

若 $M$ 点位于塑性区的边界上，它就处于极限平衡状态。根据土体强度理论中的公式可知，土中某点处于极限平衡状态时，其主应力间满足下述条件：

$$\sin \varphi = \frac{\frac{1}{2}(\sigma_1 - \sigma_3)}{\frac{1}{2}(\sigma_1 + \sigma_3) + c \cdot \cot \varphi}$$

将式（8-2）代入上式并整理后可得：

$$z = \frac{p - \gamma_0 D}{\gamma \pi}\left(\frac{\sin 2\alpha}{\sin \varphi} - 2\alpha\right) - \frac{c \cdot \cot \varphi}{\gamma} - \frac{\gamma_0}{\gamma}D \tag{8-3}$$

式（8-3）就是土中塑性区边界线的表达式。若已知条形基础的尺寸 $B$ 和 $D$、荷载 $p$，以及土的指标 $\gamma_0$、$\gamma$、$c$、$\varphi$ 时，假定不同的视角 $2\alpha$ 值代入式（8-3），求出相应的深度 $z$ 值，然后把一系列由 $2\alpha$ 对应的 $z$ 值处位置点连起来，就得到条形均布荷载 $p$ 作用下土中塑性区的边界线，也即绘得土中塑性区的发展范围。

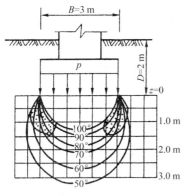

图 8-4　条形基础下塑性区计算

**【例 8-1】** 有一条形基础，如图 8-4 所示，基础宽度 $B = 3$ m，埋置深度 $D = 2$ m，作用在基础底面的均布荷载 $p = 190$ kPa。已知土的内摩擦角 $\varphi = 15°$，黏聚力 $c = 15$ kPa，重度 $\gamma = 18$ kN/m³。求此时地基中的塑性区范围。

**解**：地基土中塑性区边界线的表达式如式（8-3），即：

$$\begin{aligned}
z &= \frac{p - \gamma_0 D}{\gamma \pi}\left(\frac{\sin 2\alpha}{\sin \varphi} - 2\alpha\right) - \frac{c \cdot \cot \varphi}{\gamma} - \frac{\gamma_0}{\gamma}D \\
&= \frac{190 - 18 \times 2}{18 \times \pi}\left(\frac{\sin 2\alpha}{\sin 15°} - 2\alpha\right) - \frac{15 \times \cot 15°}{18} - \frac{18}{18} \times 2 \\
&= 10.52\sin 2\alpha - 5.45\alpha - 5.11
\end{aligned}$$

将不同的 $\alpha$ 值代入上式，求得其相应的 $z$ 值，列于表 8-2。按表 8-2 的计算结果，绘出土中塑性区范围，示于图 8-4。

表 8-2　塑性区边界线计算

| $\alpha$ | 15° | 20° | 25° | 30° | 35° | 40° | 45° | 50° | 55° |
|---|---|---|---|---|---|---|---|---|---|
| 10.52sin2$\alpha$ − 5.45$\alpha$ − 5.11 | 5.26 | 6.76 | 8.06 | 9.11 | 9.88 | 10.36 | 10.52 | 10.35 | 9.88 |
| | −1.43 | −1.90 | −2.38 | −2.86 | −3.33 | −3.81 | −4.28 | −4.75 | −5.22 |
| | −5.11 | −5.11 | −5.11 | −5.11 | −5.11 | −5.11 | −5.11 | −5.11 | −5.11 |
| $z$/m | −1.28 | −0.25 | 0.57 | 1.14 | 1.44 | 1.44 | 1.13 | 0.49 | −0.45 |

## 8.2.2　临塑荷载及临界荷载计算

在条形均布荷载 $p$ 作用下，计算地基中塑性区开展的最大深度 $z_{\max}$ 值时，可以将式（8-3）对 $\alpha$ 求导数，并令此导数等于零，即：

$$\frac{\mathrm{d}z}{\mathrm{d}\alpha} = \frac{2(p - \gamma_0 D)}{\gamma \pi}\left(\frac{\cos 2\alpha}{\sin \varphi} - 1\right) = 0 \tag{8-4}$$

由此解得：

$$\cos 2\alpha = \sin \varphi \tag{8-5}$$

或

$$2\alpha = \frac{\pi}{2} - \varphi \tag{8-6}$$

将式（8-6）中的 $2\alpha$ 值代入式（8-3），即得地基中塑性区开展最大深度的表达式为：

$$z_{\max} = \frac{p - \gamma_0 D}{\gamma \pi}\left[\cot \varphi - \left(\frac{\pi}{2} - \varphi\right)\right] - \frac{c \cdot \cot \varphi}{\gamma} - \frac{\gamma_0}{\gamma}D \tag{8-7}$$

由式（8-7）也可得到如下相应的基底均布荷载 $p$ 的表达式：

$$p = \frac{\pi}{\cot\varphi + \varphi - \frac{\pi}{2}}\gamma z_{max} + \frac{\cot\varphi + \varphi + \frac{\pi}{2}}{\cot\varphi + \varphi - \frac{\pi}{2}}\gamma_0 D + \frac{\pi\cot\varphi}{\cot\varphi + \varphi - \frac{\pi}{2}}c \qquad (8-8)$$

式（8-8）是计算临塑荷载及临界荷载的基本公式。从式（8-8）可以看出，地基承载力由黏聚力 $c$、基底以上超载 $q(\,=\gamma_0 D)$ 以及基底以下塑性区土的重力 $\gamma z_{max}$ 提供的 3 部分承载力所组成。

若令 $z_{max}=0$，代入式（8-8），此时的基底压力 $p$ 即为临塑荷载 $p_{cr}$（即对应于基底土中将要出现塑性区但尚未出现塑性区时的基底压力）。其计算公式为：

$$p_{cr} = N_q \gamma_0 D + N_c c \qquad (8-9)$$

式中：

$$N_q = \frac{\cot\varphi + \varphi + \frac{\pi}{2}}{\cot\varphi + \varphi - \frac{\pi}{2}}$$

$$N_c = \frac{\pi\cot\varphi}{\cot\varphi + \varphi - \frac{\pi}{2}}$$

工程实践表明，即使地基发生局部剪切破坏，地基中塑性区有所发展，只要塑性区范围不超出某些限度，就不致影响建筑物的安全和正常使用，因此以 $p_{cr}$ 作为地基土的承载力偏于保守。地基塑性区发展的容许深度与建筑物类型、荷载性质以及土的特性等因素有关，目前在国际上尚无一致意见。

一般认为，在中心垂直荷载下，塑性区的最大发展深度 $z_{max}$ 可控制在基础宽度的 1/4，相应的临界荷载为 $p_{1/4}$。因此，在式（8-8）中令 $z_{max} = B/4$（$B$ 为基础宽度），可得相应的临界荷载 $p_{1/4}$ 计算公式：

$$p_{1/4} = \gamma B N_\gamma + \gamma_0 D N_q + c N_c \qquad (8-10)$$

式中：$N_\gamma = \dfrac{\pi}{4\left(\cot\varphi + \varphi - \dfrac{\pi}{2}\right)}$；

其余符号意义同前。

$N_\gamma$、$N_q$、$N_c$ 称为承载力系数，它只与土的内摩擦角 $\varphi$ 有关，可从表 8-3 查用。

表 8-3　临塑荷载 $p_{cr}$ 及临界荷载 $p_{1/4}$ 的承载力系数 $N_\gamma$、$N_q$、$N_c$ 值

| $\varphi/$（°） | $N_\gamma$ | $N_q$ | $N_c$ | $\varphi/$（°） | $N_\gamma$ | $N_q$ | $N_c$ |
|---|---|---|---|---|---|---|---|
| 0 | 0 | 1.00 | 3.14 | 22 | 0.61 | 3.44 | 6.04 |
| 2 | 0.03 | 1.12 | 3.32 | 24 | 0.72 | 3.87 | 6.45 |
| 4 | 0.06 | 1.25 | 3.51 | 26 | 0.84 | 4.37 | 6.90 |
| 6 | 0.10 | 1.39 | 3.71 | 28 | 0.98 | 4.93 | 7.40 |
| 8 | 0.14 | 1.55 | 3.93 | 30 | 1.15 | 5.59 | 7.95 |
| 10 | 0.18 | 1.73 | 4.17 | 32 | 1.34 | 6.35 | 8.55 |
| 12 | 0.23 | 1.94 | 4.32 | 34 | 1.55 | 7.21 | 9.22 |
| 14 | 0.29 | 2.17 | 4.69 | 36 | 1.81 | 8.25 | 9.97 |
| 16 | 0.36 | 2.43 | 5.00 | 38 | 2.11 | 9.44 | 10.80 |
| 18 | 0.43 | 2.72 | 5.31 | 40 | 2.46 | 10.84 | 11.73 |
| 20 | 0.51 | 3.06 | 5.66 | 45 | 3.66 | 15.64 | 14.64 |

通过上述临塑荷载及临界荷载计算公式的推导，可以看到这些公式是建立在下述假定基础上的：

（1）计算公式适用于条形基础。若将它近似地用于矩形和圆形基础，其结果是偏于安全的。

（2）在计算土中由自重产生的主应力时，假定土的侧压力系数 $K_0 = 1$，这与土的实际情况不符，但这样可使计算公式简化。

（3）在计算临界荷载 $p_{1/4}$ 时，土中已出现塑性区，但这时仍按弹性理论计算土中应力，这在理论上是相互矛盾的，其所引起的误差是随着塑性区范围的扩大而扩大。

**【例 8 – 2】** 求例 8 – 1 中条形基础的临塑荷载 $p_{cr}$ 及临界荷载 $p_{1/4}$。

**解**：已知土的内摩擦角 $\varphi = 15°$，由表 8–3 查得承载力系数 $N_\gamma = 0.33$，$N_q = 2.30$，$N_c = 4.85$。

由式（8-9）得临塑荷载为：

$$p_{cr} = N_q \gamma D + N_c c = 2.3 \times 18 \times 2 + 4.85 \times 15 = 155.6 \text{ kPa}$$

由式（8-10）得临界荷载 $p_{1/4}$ 为：

$$p_{1/4} = N_\gamma \gamma B + N_q \gamma_0 D + N_c c$$
$$= 0.33 \times 18 \times 3 + 2.3 \times 18 \times 2 + 4.85 \times 15 = 173.4 \text{ kPa}$$

# 8.3 极限承载力计算

地基极限承载力除了可以从载荷试验求得外，还可以用半理论半经验公式进行计算，这些公式都是在刚塑体极限平衡理论基础上解得的。下面介绍常用的几个极限承载力公式。

## 8.3.1 普朗特地基极限承载力公式

### 1. 普朗特基本解

假定条形基础置于地基表面（$d = 0$），地基上无重力（$\gamma = 0$），且基础底面光滑无摩擦力时，如果基础下形成连续的塑性区而处于极限平衡状态时，普朗特（Prandtl）根据塑性力学得到的地基滑动面形状如图 8–5 所示。地基的极限平衡区可分为 3 个区：在基底下的 I 区，因为假定基底无摩擦力，故基底平面是最大主应力面，两组滑动面与基础底面间成（$45° + \varphi/2$）角，也就是说 I 区是朗金主动状态；随着基础下沉，I 区土楔向两侧挤压，因此 III 区为朗金被动状态区，滑动面也是由两组平面组成，由于地基表面为最小主应力平面，故滑动面与地基表面成（$45° - \varphi/2$）角；I 区与 III 区的中间是过渡区 II，第 II 区的滑动面一组是辐射线，另一组是对数螺旋曲线，如图 8–5 中的 CD 及 CE，其方程式（图 8–6）为：

$$r = r_0 e^{\theta \tan \varphi} \tag{8-11}$$

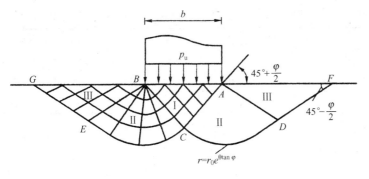

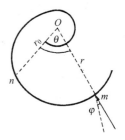

图 8-5　普朗特公式的滑动面形状　　　　　　　　　　图 8-6　对数螺旋线

对于以上情况，普朗特得出条形基础的极限荷载公式为：

$$p_u = c\left[ e^{\pi\tan\varphi}\tan^2\left(\frac{\pi}{4}+\frac{\varphi}{2}\right) - 1\right]\cot\varphi = cN_c \tag{8-12}$$

式中，承载力系数 $N_c = \left[ e^{\pi\tan\varphi}\tan^2\left(\frac{\pi}{4}+\frac{\varphi}{2}\right) - 1\right]\cot\varphi$，是土内摩擦角 $\varphi$ 的函数，可从表 8-4 查得。

### 2. 雷斯诺对普朗特公式的补充

普朗特公式是假定基础设置于地基的表面，但一般基础均有一定的埋置深度，若埋置深度较浅时，为简化起见，可忽略基础底面以上土的抗剪强度，而将这部分土作为分布在基础两侧的均布荷载 $q = \gamma_0 d$ 作用在 $GF$ 面上，如图 8-7 所示。雷斯诺（Reissner, 1924）在普朗特公式假定的基础上，导得了由超载 $q$ 产生的极限荷载公式：

$$p_u = qe^{\pi\tan\varphi}\tan^2\left(\frac{\pi}{4}+\frac{\varphi}{2}\right) = qN_q \tag{8-13}$$

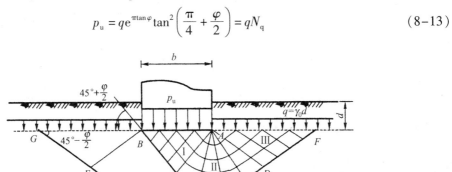

图 8-7　基础有埋置深度时的雷斯诺解

式中，承载力系数 $N_q = e^{\pi\tan\varphi}\tan^2\left(\frac{\pi}{4}+\frac{\varphi}{2}\right)$，是土内摩擦角 $\varphi$ 的函数，可从表 8-4 查得。

将式（8-12）及式（8-13）合并，得到不考虑土重力时埋置深度为 $d$ 的条形基础的极限荷载公式：

$$p_u = qN_q + cN_c \tag{8-14}$$

承载力系数 $N_q$、$N_c$ 可按土的内摩擦角 $\varphi$ 值由表 8-4 查得。

**表 8-4 普朗特公式的承载力系数 [适用于式 (8-12)、式 (8-13)、式 (8-14)、式 (8-15)]**

| $\varphi$ | 0° | 5° | 10° | 15° | 20° | 25° | 30° | 35° | 40° | 45° |
|---|---|---|---|---|---|---|---|---|---|---|
| $N_\gamma$ | 0 | 0.62 | 1.75 | 3.82 | 7.71 | 15.2 | 30.1 | 62.0 | 135.5 | 322.7 |
| $N_q$ | 1.00 | 1.57 | 2.47 | 3.94 | 6.40 | 10.7 | 18.4 | 33.3 | 64.2 | 134.9 |
| $N_c$ | 5.14 | 6.49 | 8.35 | 11.0 | 14.8 | 20.7 | 30.1 | 46.1 | 75.3 | 133.9 |

上述普朗特及雷斯诺导得的公式，均是假定土的重度 $\gamma = 0$，但是由于土的强度很小，同时内摩擦角 $\varphi$ 又不等于零，因此不考虑土的重力作用是不妥当的。若考虑土的重力时，普朗特导得的滑动面 II 区中的 $CD$、$CE$ 就不再是对数螺旋曲线了，其滑动面形状很复杂，目前尚无法按极限平衡理论求得其解析值，只能采用数值计算方法求得。

3. 泰勒对普朗特公式的补充

普朗特—雷斯诺公式是假定土的重度 $\gamma = 0$ 时，按极限平衡理论解得的极限荷载公式。若考虑土体的重力时，目前尚无法得到其解析值，但许多学者在普朗特公式的基础上作了一些近似计算。

泰勒（Taylor，1948）提出，若考虑土体重力时，假定其滑动面与普朗特公式相同，那么图 8-7 中的滑动土体 $ABGECDFA$ 的重力，将使滑动面 $GECDF$ 上土的抗剪强度增加。泰勒假定其增加值可用一个换算黏聚力 $c' = \gamma t \cdot \tan \varphi$ 来表示，其中 $\gamma$、$\varphi$ 为土的重度及内摩擦角，$t$ 为滑动土体的换算高度，假定 $t = \overline{OC} = \dfrac{b}{2}\cot \alpha = \dfrac{b}{2}\tan\left(\dfrac{\pi}{4}+\dfrac{\varphi}{2}\right)$。这样用 $(c+c')$ 代替式 (8-14) 中的 $c$，即得考虑滑动土体重力时的普朗特极限荷载计算公式：

$$
\begin{aligned}
p_u &= qN_q + (c+c') \cdot N_c = qN_q + cN_c + c'N_c \\
&= qN_q + cN_c + \gamma\frac{b}{2}\tan\left(\frac{\pi}{4}+\frac{\varphi}{2}\right)\left[e^{\pi\tan\varphi}\tan^2\left(\frac{\pi}{4}+\frac{\varphi}{2}\right)-1\right] \\
&= \frac{1}{2}\gamma bN_\gamma + qN_q + cN_c
\end{aligned}
\tag{8-15}
$$

式中，承载力系数 $N_\gamma = \tan\left(\dfrac{\pi}{4}+\dfrac{\varphi}{2}\right)\left[e^{\pi\tan\varphi}\tan^2\left(\dfrac{\pi}{4}+\dfrac{\varphi}{2}\right)-1\right] = (N_q-1)\tan\left(\dfrac{\pi}{4}+\dfrac{\varphi}{2}\right)$，可按土的内摩擦角 $\varphi$ 值由表 8-4 查得。

## 8.3.2 斯肯普顿地基极限承载力公式

对于饱和软黏土地基（$\varphi = 0$），连续滑动面 II 区的对数螺线蜕变成圆弧（$r = r_0 e^{\theta\tan\varphi} = r_0$），其连续滑动面如图 8-8 所示。其中，$CD$ 及 $CE$ 为圆周弧长。取 $OCDI$ 为隔离体。$OA$ 面上作用着极限荷载 $p_u$，$OC$ 面上受到的主动土压力为：

$$
p_a = p_u\tan^2\left(\frac{\pi}{4}-\frac{\varphi}{2}\right) - 2c\tan\left(\frac{\pi}{4}-\frac{\varphi}{2}\right) = p_u - 2c
$$

$DI$ 面上受到的被动土压力为：

$$
p_p = p_u\tan^2\left(\frac{\pi}{4}+\frac{\varphi}{2}\right) + 2c\tan\left(\frac{\pi}{4}+\frac{\varphi}{2}\right) = p_u + 2c
$$

在上述计算主动、被动土压力时，没有计及地基土重力（$\gamma \neq 0$）的影响，因为 $\varphi = 0$

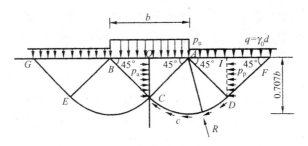

图 8-8　斯肯普顿公式的滑动面形状

时，主动土压力和被动土压力系数均为 1，土体重力在 $OC$ 和 $DI$ 面上产生的主动、被动土压力大小和作用点相同、方向相反，对地基的稳定没有影响。

$CD$ 面上还有黏聚力 $c$，各力对 $A$ 点取力矩，由图 8-8 可得：

$$p_a \frac{(OC)^2}{2} + p_u \frac{(OA)^2}{2} = c(CD)\ AC + p_p \frac{(DI)^2}{2} + \frac{q}{2}(AI)^2$$

或

$$(p_a - 2c)\frac{1}{2}\left(\frac{b}{2}\right)^2 + p_u \frac{1}{2}\left(\frac{b}{2}\right)^2 = c\frac{\sqrt{2}}{4}\pi b\frac{\sqrt{2}}{2}b + (q + 2c)\frac{1}{2}\left(\frac{b}{2}\right)^2 + \frac{q}{2}\left(\frac{b}{2}\right)^2$$

所以

$$p_u = (\pi + 2)c + q = 5.14c + q = 5.14c + \gamma_0 d \qquad (8-16)$$

以上是斯肯普顿（Skempton，1952）得出的饱和软黏土地基在条形荷载作用下的极限承载力公式。它是普朗特—雷斯诺极限荷载公式在 $\varphi = 0$ 时的特例。

对于矩形基础，参考前人的研究成果，斯肯普顿给出的地基极限承载力公式为：

$$p_u = 5c\left(1 + \frac{b}{5l}\right)\left(1 + \frac{d}{5b}\right) + \gamma_0 d \qquad (8-17)$$

式中：$c$——地基土黏聚力/kPa。取基底以下 $0.707b$ 深度范围内的平均值；考虑饱和黏性土与粉土在不排水条件的短期承载力时，黏聚力应采用土的不排水抗剪强度 $c_u$；

$b$、$l$——基础的宽度和长度/m；

$\gamma_0$——基础埋置深度 $d$ 范围内的土的重度/（kN/m³）。

工程实践表明，用斯肯普顿公式计算的软土地基承载力与实际情况比较接近，安全系数 $K$ 可取 $1.10 \sim 1.30$。

## 8.3.3　太沙基地基极限承载力公式

太沙基（Terzaghi，1943）提出了确定条形浅基础的极限荷载公式。太沙基认为从实用考虑，当基础的长宽比 $l/b \geqslant 5$ 及基础的埋置深度 $d \leqslant b$ 时，就可视为是条形浅基础。基底以上的土体看作是作用在基础两侧的均布荷载 $q = \gamma_0 d$。

太沙基假定基础底面是粗糙的，地基滑动面的形状如图 8-9 所示，也可以分成 3 个区：Ⅰ 区为在基础底面下的土楔 $ABC$，由于假定基底是粗糙的，具有很大的摩擦力，因此 $AB$ 面不会发生剪切位移，Ⅰ 区内土体不是处于朗金主动状态，而是处于弹性压密状态，它与基础底面一起移动。太沙基假定滑动面 $AC$（或 $BC$）与水平面成 $\varphi$ 角。Ⅱ 区的假定与普朗特公式一样，滑动面一组是通过 $AB$ 点的辐射线，另一组是对数螺旋曲线 $CD$、$CE$。前面已经指出，如果考虑土的重度时，滑动面就不会是对数螺旋曲线，目前尚不能求得两组滑动面的解析解。因此，太沙基是忽略了土的重度对滑动面形状的影响，是一种近似解。由于滑动面 $AC$ 与 $CD$ 间的夹角应该等于 $(\pi/2 + \varphi)$，所以对数螺旋曲线在 $C$ 点的切线是竖直的。III 区是朗金被动状态区，滑动面 $AD$ 及 $DF$ 与水平面成 $(\pi/4 - \varphi/2)$ 角。

若作用在基底的极限荷载为 $p_u$ 时，假设此时发生整体剪切破坏，那么基底下的弹性压密区（I 区）$ABC$ 将贯入土中，向两侧挤压土体 $ACDF$ 及 $BCEG$ 达到被动破坏。因此，在 $AC$ 及 $BC$ 面上将作用被动力 $E_p$，$E_p$ 与作用面的法线方向成 $\delta$ 角，已知摩擦角 $\delta = \varphi$，故 $E_p$ 是竖直向的，如图 8-10 所示。取脱离体 $ABC$，考虑单位长基础，根据平衡条件有：

$$p_u b = 2C_1 \sin \varphi + 2E_p - W \tag{8-18}$$

式中：$C_1$——$AC$ 及 $BC$ 面上土黏聚力的合力，其值 $C_1 = c \cdot \overline{AC} = c \cdot \dfrac{b}{2\cos \varphi}$；

$W$——土楔体 $ABC$ 的重力，其值 $W = \dfrac{1}{2}\gamma Hb = \dfrac{1}{4}\gamma b^2 \tan \varphi$。

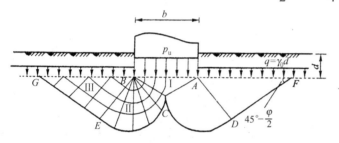

图 8-9　太沙基公式滑动面形状

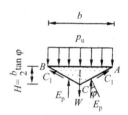

图 8-10　土楔体 $ABC$ 受力示意图

由此，式（8-18）可写成：

$$p_u = c \cdot \tan \varphi + \frac{2E_p}{b} - \frac{1}{4}\gamma b \tan \varphi \tag{8-19}$$

被动力 $E_p$ 是由土的重度 $\gamma$、黏聚力 $c$ 及超载 $q$（也即基础埋置深度 $d$）3 种因素引起的总值，很难精确地确定。太沙基认为从实际工程要求的精度，可以用下述简化方法分别计算由 3 种因素引起的被动力的总和：①土是无质量、有黏聚力和内摩擦角，没有超载，即 $\gamma = 0$，$c \neq 0$，$q = 0$；②土是无质量、无黏聚力，有内摩擦角、有超载，即 $\gamma = 0$，$c = 0$，$\varphi \neq 0$，$q \neq 0$；③土是有质量的，没有黏聚力，但有内摩擦角，没有超载，即 $\gamma \neq 0$，$c = 0$，$\varphi \neq 0$，$q = 0$。最后代入式（8-19）可得太沙基的极限承载力公式：

$$p_u = \frac{1}{2}\gamma b N_\gamma + q N_q + c N_c \tag{8-20}$$

式中：$N_\gamma$、$N_q$、$N_c$——承载力系数，它们都是无量纲的系数，仅与土的内摩擦角 $\varphi$ 有关，可由表 8-5 查得。

表 8-5　太沙基公式承载力系数

| $\varphi$ | 0° | 5° | 10° | 15° | 20° | 25° | 30° | 35° | 40° | 45° |
|---|---|---|---|---|---|---|---|---|---|---|
| $N_\gamma$ | 0 | 0.51 | 1.20 | 1.80 | 4.00 | 11.0 | 21.8 | 45.4 | 125 | 326 |
| $N_q$ | 1.00 | 1.64 | 2.69 | 4.45 | 7.42 | 12.7 | 22.5 | 41.4 | 81.3 | 173.3 |
| $N_c$ | 5.71 | 7.32 | 9.58 | 12.9 | 17.6 | 25.1 | 37.2 | 57.7 | 95.7 | 172.2 |

式（8-20）只适用于条形基础，在应用于圆形或矩形基础时，计算结果偏于安全。由于圆形或方形基础属于三维问题，因数学计算上的困难，至今尚未能导得其分析解，因此，太沙基提出了半经验的极限荷载公式。

对于圆形基础：

$$p_u = 0.6\gamma R N_\gamma + q N_q + 1.2 c N_c \tag{8-21}$$

式中：$R$——圆形基础的半径；

其余符号意义同前。

对于方形基础：

$$p_u = 0.4\gamma b N_\gamma + q N_q + 1.2 c N_c \tag{8-22}$$

式（8-20）～式（8-22）只适用于地基土是整体剪切破坏的情况，即地基土较密实、其 $p-s$ 曲线有明显的转折点、破坏前沉降不大等情况。对于松软土质，地基破坏是局部剪切破坏，沉降较大，其极限荷载较小。太沙基建议在这种情况下采用较小的 $\varphi'$、$c'$ 值代入上列各式计算极限荷载。即令：

$$\tan\varphi' = \frac{2}{3}\tan\varphi \qquad c' = \frac{2}{3}c \tag{8-23}$$

根据 $\varphi'$ 值从表 8-5 中查承载力系数，并用 $c'$ 代入公式计算。

用太沙基极限荷载公式计算地基承载力时，其安全系数应取为 3。

【例 8-3】某路堤如图 8-11 所示，计算路堤下地基承载力是否满足？采用太沙基公式计算地基极限荷载（取安全系数 $K=3$）。计算时要求按下述两种施工情况进行分析：

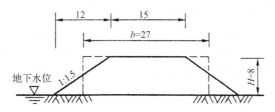

图 8-11　路堤下地基承载力计算（尺寸单位：m）

（1）路堤填土填筑速度很快，它比荷载在地基中所引起的超孔隙水压力的消散速率为快。

（2）路堤填土施工速度很慢，地基土中不引起超孔隙水压力。

已知路堤填土性质：$\gamma_1 = 18.8$ kN/m³，$c_1 = 33.4$ kPa，$\varphi_1 = 20°$；地基土（饱和黏土）性质：$\gamma_2 = 15.7$ kN/m³。土的不排水抗剪强度指标为 $c_u = 22$ kPa，$\varphi_u = 0$，土的固结排水抗剪强度指标为 $c_d = 4$ kPa，$\varphi_d = 22°$。

**解：**将梯形断面路堤折算成等面积和等高度的矩形断面（如图中虚线所示），求得其换算路堤宽度 $b = 27$ m，地基土的浮重度 $\gamma_2' = \gamma_2 - 9.81 = 15.7 - 9.8 = 5.9$ kN/m³。

用太沙基公式（8-20）计算极限荷载：

$$p_u = \frac{1}{2}\gamma b N_\gamma + q N_q + c N_c$$

情况 1：

由于 $\varphi_u = 0$，由表 8-5 查得承载力系数为：$N_\gamma = 0$，$N_q = 1.0$，$N_c = 5.71$。

已知：$\gamma_2' = 5.9 \text{ kN/m}^3$，$c_u = 22 \text{ kPa}$，$d = 0$，$q = \gamma_1 d = 0$，$b = 27 \text{ m}$，代入上式得：

$$p_u = \frac{1}{2} \times 5.9 \times 27 \times 0 + 0 \times 1 + 22 \times 5.71 = 125.4 \text{ kPa}$$

路堤填土压力：                $p = \gamma_1 H = 18.8 \times 8 = 150.4 \text{ kPa}$

地基承载力安全系数：         $K = \dfrac{p_u}{p} = \dfrac{125.4}{150.4} = 0.83 < 3$

故路堤下的地基承载力不能满足要求。

情况 2：

由于 $\varphi_d = 22°$，由表 8-5 查得承载力系数为：$N_\gamma = 6.8$，$N_q = 9.17$，$N_c = 20.2$。

$$p_u = \frac{1}{2} \times 5.9 \times 27 \times 6.8 + 0 + 4 \times 20.2 = 541.6 + 80.8 = 622.4 \text{ kPa}$$

地基承载力安全系数：$K = \dfrac{622.4}{150.4} = 4.1 > 3$

故地基承载力满足要求。

从上述计算可知，当路堤填土填筑速度较慢，允许地基土中的超孔隙水压力能充分消散时，则能使地基承载力得到满足。

## 8.3.4  考虑其他因素影响时的地基极限荷载计算公式

前面所介绍的普朗特、雷斯诺、斯肯普顿及太沙基等的极限荷载公式，都只适用于中心竖向荷载作用时的条形基础，同时不考虑基底以上土的抗剪强度的作用。因此，若基础上作用的荷载是倾斜的或有偏心，基底的形状是矩形或圆形，基础的埋置深度较深，计算时需要考虑基底以上土的抗剪强度影响，或土中有地下水时，就不能直接应用前述极限荷载公式。要得出全面地考虑这么多影响因素的极限荷载公式是很困难的，许多学者做了一些对比的试验研究，提出了对上述极限荷载公式（如普朗特—雷斯诺公式）进行修正的公式，可供一般使用。以下介绍两种计算方法。

1. 汉森地基极限承载力公式

汉森（Hanson）提出，对于均质地基，在中心倾斜荷载作用下，不同基础形状及不同埋置深度时的极限承载力计算公式如下：

$$p_u = \frac{1}{2}\gamma b N_\gamma i_\gamma s_\gamma d_\gamma g_\gamma b_\gamma + q N_q i_q s_q d_q g_q b_q + c N_c i_c s_c d_c g_c b_c \qquad (8\text{-}24)$$

式中：$N_\gamma$、$N_q$、$N_c$——承载力系数。$N_q$、$N_c$ 值与普朗特—雷斯诺公式相同，见式（8-13）及式（8-12），或由表8-4查得；$N_\gamma$ 值汉森建议按 $N_\gamma = 1.8(N_q - 1) \times \tan\varphi$ 计算；

　　$i_\gamma$、$i_q$、$i_c$——荷载倾斜系数，其表达式及以下各系数均见表8-6；

　　$g_\gamma$、$g_q$、$g_c$——地面倾斜系数；

　　$b_\gamma$、$b_q$、$b_c$——基底倾斜系数；

　　$s_\gamma$、$s_q$、$s_c$——基础形状系数；

　　$d_\gamma$、$d_q$、$d_c$——深度系数；

其余符号意义同前。

**表 8-6  汉森公式的承载力修正系数**

| 系　数 | 公　式 | 说　明 |
|---|---|---|
| 荷载倾斜系数 | $i_\gamma = \left[ 1 - \dfrac{(0.7 - \eta/450°)H}{P + cA\cot\varphi} \right]^5 > 0$ <br> $i_q = \left( 1 - \dfrac{0.5H}{P + cA\cos\varphi} \right)^5 > 0$ <br> $i_c = \begin{cases} 0.5 - 0.5\sqrt{1 - \dfrac{H}{cA}},\ \varphi = 0 \\ i_q - \dfrac{1 - i_q}{N_q - 1},\ \varphi > 0 \end{cases}$ | $P$、$H$——作用在基础底面的竖向荷载及水平荷载; <br> $A$——基础底面面积,$A = b \times l$(偏心荷载时为有效面积 $A = b' \times l'$); <br> $\eta$——倾斜基底与水平面的夹角/(°)(图 8-12) |
| 基础形状系数 | $s_\gamma = 1 - 0.4 i\gamma K$ <br> $s_q = 1 + i_q K\sin\varphi$ <br> $s_c = 1 + 0.2 i_c K$ | 对于矩形基础,$K = \dfrac{b}{l}$;对于方形或圆形基础,$K = 1$。 <br> 偏心荷载时,表中 $b$、$l$ 均采用有效宽(长)度 $b'$、$l'$ |
| 深度系数 | $d_\gamma = 1$ <br> $d_q = \begin{cases} 1 + 2\tan\varphi(1 - \sin\varphi)^2 \left( \dfrac{d}{b} \right) \\ 1 + 2\tan\varphi(1 - \sin\varphi)^2 \arctan\left( \dfrac{d}{b} \right) \end{cases}$ <br> $d_c = \begin{cases} 1 + 0.4\left( \dfrac{d}{b} \right) \\ 1 + 0.4\arctan\left( \dfrac{d}{b} \right) \end{cases}$ | 式中,括号上、下两部分分别表示在 $d \leqslant b$ 和 $d > b$ 情况下的深度系数表达式; <br> 偏心荷载时,表中 $b$、$l$ 均采用有效宽(长)度 $b'$、$l'$ |
| 地面倾斜系数 | $g_c = 1 - \beta/147°$ <br> $g_q = g_\gamma = (1 - 0.5\tan\beta)^5$ | 地面或基础底面本身倾斜,均对承载力产生影响。若地面与水平面的倾角 $\beta$ 以及基底与水平面的倾角 $\eta$ 为正值(图 8-12),且满足 $\eta + \beta \leqslant 90°$ 时,两者的影响可按左表中近似公式确定 |
| 基底倾斜系数 | $b_c = 1 - \eta/147°$ <br> $b_q = \exp(-2\eta\tan\varphi)$ <br> $b_\gamma = \exp(-2.7\eta\tan\varphi)$ | |

　　从上述公式可知,汉森公式考虑的承载力影响因素是比较全面的,下面对汉森公式的应用做简单说明:

　　(1)荷载偏心及倾斜的影响。

　　如果作用在基础底面的荷载是竖直偏心荷载,那么计算极限荷载时,可引入假想的基础有效宽

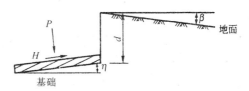

图 8-12  地面或基底倾斜图示

度 $b' = b - 2e_b$ 来代替基础的实际宽度 $b$,其中 $e_b$ 为荷载偏心距。这个修正方法对基础长度方向的偏心荷载也同样适用,即用有效长度 $l' = l - 2e_l$ 代替基础实际长度 $l$。

　　如果作用的荷载是倾斜的,汉森建议可以把中心竖向荷载作用时的极限荷载公式中的各项分别乘以荷载倾斜系数 $i_\gamma$、$i_q$、$i_c$(表 8-6),作为考虑荷载倾斜的影响。

　　(2)基础底面形状及埋置深度的影响。

　　矩形或圆形基础的极限荷载计算在数学上求解比较困难,目前都是根据各种形状基础所做的对比载荷试验,提出了将条形基础极限荷载公式进行逐项修正的公式。在表 8-6 中给出了汉森提出的基础形状系数 $s_\gamma$、$s_q$、$s_c$ 的表达式。

前述的极限荷载计算公式，都忽略了基础底面以上土的抗剪强度影响，也即假定滑动面发展到基底水平面为止。这对基础埋深较浅或基底以上土层较弱时是适用的；但当基础埋深较大或基底以上土层的抗剪强度较大时，就应该考虑这一范围内土的抗剪强度影响。汉森建议用深度系数 $d_\gamma$、$d_q$、$d_c$ 对前述极限荷载公式进行逐项修正，他所提出的深度系数列于表 8-6。

（3）地下水的影响。

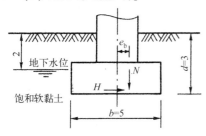

图 8-13　矩形基础（尺寸单位：m）

式（8-24）中的第一项是基底下 $\gamma$ 最大滑动深度范围内地基土的重度，第二项（$q = \gamma d$）中的 $\gamma$ 是基底以上地基土的重度，在进行承载力计算时，水下的土均应采用有效重度，如果在各自范围内的地基由重度不同的多层土组成，应按层厚加权平均取值。

**【例 8-4】** 有一矩形基础如图 8-13 所示。已知 $b = 5$ m，$l = 15$ m，埋置深度 $d = 3$ m；地基为饱和软黏土，饱和重度 $\gamma_{sat} = 19$ kN/m³，土的抗剪强度指标为 $c = 4$ kPa，$\varphi = 20°$；地下水位在地面下 2 m 处；作用在基底的竖向荷载 $P = 10\,000$ kN，其偏心距 $e_b = 0.4$ m，$e_l = 0$，水平荷载 $H = 200$ kN。试求其极限荷载。

**解：** 当 $\varphi = 20°$ 时，由表 8-4 查得：$N_q = 6.4$，$N_c = 14.8$，则有：

$$N_\gamma = 1.8(N_q - 1)\tan\varphi = 1.8 \times (6.4 - 1)\tan 20° = 3.54$$

（1）基础的有效面积计算

基础的有效宽度及长度：$b' = b - 2e_b = 5 - 2 \times 0.4 = 4.2$ m

$$l' = l - 2e_l = 15 \text{ m}$$

基础的有效面积：$A = b' \times l' = 4.2 \times 15 = 63 \text{ m}^2$

（2）荷载倾斜系数计算（按表 8-6 中公式计算）

$$i_\gamma = \left(1 - \frac{0.7H}{P + Ac \cdot \cot\varphi}\right)^5 = \left(1 - \frac{0.7 \times 200}{10\,000 + 63 \times 4 \times \cot 20°}\right)^5 = 0.94$$

$$i_q = \left(1 - \frac{0.5H}{P + Ac \cdot \cot\varphi}\right)^5 = \left(1 - \frac{0.5 \times 200}{10\,000 + 63 \times 4 \times \cot 20°}\right)^5 = 0.95$$

$$i_c = i_q - \frac{1 - i_q}{N_q - 1} = 0.95 - \frac{1 - 0.95}{6.4 - 1} = 0.94$$

（3）基础形状系数计算（按表 8-6 中公式计算）

$$s_\gamma = 1 - 0.4i_\gamma\frac{b'}{l'} = 1 - 0.4 \times 0.94 \times \frac{4.2}{15} = 0.895$$

$$s_q = 1 + i_q\frac{b'}{l'}\sin\varphi = 1 + 0.95 \times \frac{4.2}{15} \times \sin 20° = 1.091$$

$$s_c = 1 + 0.2i_c\frac{b'}{l'} = 1 + 0.2 \times 0.94 \times \frac{4.2}{15} = 1.053$$

（4）深度系数计算（按表 8-6 中公式计算）

$$d_\gamma = 1$$

$$d_q = 1 + 2\tan\varphi(1 - \sin\varphi)^2\left(\frac{d}{b'}\right) = 1 + 2\tan 20°(1 - \sin 20°)^2 \times \left(\frac{3}{4.2}\right) = 1.23$$

$$d_c = 1 + 0.4\left(\frac{d}{b'}\right) = 1 + 0.4 \times \frac{3}{4.2} = 1.29$$

（5）超载 $q$ 计算

水下土的浮重度：$\gamma' = \gamma_{sat} - \gamma_w = 19 - 9.81 = 9.19 \text{ kN/m}^3$

作用在基底两侧的超载：$q = \gamma(d - z) + \gamma'z = 19 \times (3 - 1) + 9.19 \times 1 = 47.2 \text{ kPa}$

（6）极限荷载 $p_u$ 计算［按式（8-24）计算］

$$p_u = \frac{1}{2}\gamma b' N_\gamma i_\gamma s_\gamma d_\gamma + q N_q i_q s_q d_q + c N_c i_c s_c d_c$$

$$= \frac{1}{2} \times 9.19 \times 4.2 \times 3.54 \times 0.94 \times 0.895 \times 1 + 47.2 \times 6.4 \times 0.95 \times 1.091 \times 1.23 + 4 \times$$

$$14.8 \times 0.94 \times 1.053 \times 1.29 = 57.48 + 385.10 + 75.59 = 518.2 \text{ kPa}$$

**2. 偏心与水平荷载作用下地基稳定性的圆弧滑动分析法**

边坡稳定性及地基承载力问题在本质上是一致的。边坡稳定性破坏和地基承载力破坏都是由于滑动面上剪应力达到土的抗剪强度而使地基失去稳定性。所不同的只是：边坡失稳的滑动面是圆弧，滑动面上的剪应力是由滑动面以上的土体重力引起的；而地基承载力破坏的滑动面是一组合曲面，滑动面上的剪应力来自建（构）筑物的荷载。

对于经常有水平荷载作用的建（构）筑物基础，如在强震区，有台风地区比较软弱的地基土建造高耸、重型和带有明显偏心荷载的浅基础、箱形基础或挡土墙基础等，在进行地基稳定性分析时，常将滑动面假定为圆弧，如图 8-14 所示，然后利用圆弧滑动条分法进行稳定性计算，其分析步骤如下：

（1）地面是水平的，假定最危险滑动圆弧通过条形基础外侧底边，滑动的圆心位于将滑动土体平分的垂直线上。

（2）将滑动土体划分为等分的土条，土条宽度为 $b_i$，土条自重产生的下滑力最终相互抵消，对整体稳定的影响可忽略不计。

（3）滑动力矩计算

如图 8-14 所示，令圆弧滑动面的圆心 $O$ 点相对于基础左下端的坐标为 $x$ 与 $y$，圆心与坐标原点连线与水平线的倾角为 $\theta$，则环绕圆心的倾覆力矩 $M$ 为：

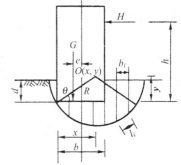

图 8-14　圆弧滑动条分法

$$M = G\left(x - \frac{b}{2} + e\right) + H(h - x\tan\theta) - \gamma bd\left(x - \frac{b}{2}\right) \tag{8-25}$$

式中：$e$——垂直荷载的偏心距/m；

　　　$H$——水平荷载/kN；

　　　$h$——水平荷载离基底的高度/m；

　　　$G$——建筑物（包括基础）的总重/kN。

（4）抗滑力矩计算

$$M_f = R\left[\sum(W_i\cos\theta_i + \Delta\sigma_i)\tan\varphi_i + \sum x_i l_i\right] \tag{8-26}$$

式中：$\Delta\sigma_i$——基础荷载在第 $i$ 土条处产生的附加法向应力，按弹性力学公式计算（参见有
　　　　关参考书）；

其他有关符号意义同前。

（5）计算地基整体滑动安全系数

$$K = \frac{M_f}{M} \tag{8-27}$$

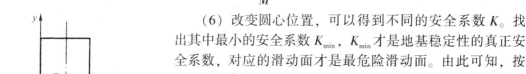

图 8-15　圆弧滑动简化分析

（6）改变圆心位置，可以得到不同的安全系数 $K$。找出其中最小的安全系数 $K_{min}$，$K_{min}$ 才是地基稳定性的真正安全系数，对应的滑动面才是最危险滑动面。由此可知，按圆弧滑动条分法计算地基稳定性考虑的因素比较全面，但比汉森公式更复杂。

为了加深对圆弧滑动分析方法的理解，将饱和软黏土地基（不固结不排水抗剪强度指标 $\varphi_u = 0$）的稳定性问题进一步展开讨论，并假定：水平力 $H = 0$，圆弧滑动面均在基底平面以下，基底平面以上土的抗剪强度忽略不计而仅考虑土的超载作用。如图 8-15 所示，滑动力矩、抗滑力矩分别改写为：

$$\begin{cases} M = G\left(x - \dfrac{b}{2} + e\right) \\[2ex] M_f = \dfrac{2c_u x^2}{\cos^2\theta}\left(\dfrac{\pi}{2} - \theta\right) + \dfrac{1}{2}qb(2x - b) \end{cases} \tag{8-28}$$

此时，抗滑安全系数为：

$$K = \frac{M_f}{M} = \frac{\dfrac{2c_u^2 x^2}{\cos^2\theta}\left(\dfrac{\pi}{2} - 0\right) + \dfrac{1}{2}qb(2x - b)}{G\left(x - \dfrac{b}{2} + e\right)} \tag{8-29}$$

令

$$\frac{\partial K}{\partial x} = 0, \frac{\partial K}{\partial \theta} = 0$$

得

$$\begin{cases} x - b + 2e = 0 \\ (\pi - 2\theta)\tan\theta = 1 \end{cases}$$

即最危险滑动面圆心的位置为：

$$\begin{cases} x = b - 2e \\ \theta = 23.2° \end{cases}$$

地基稳定性最小的安全系数 $K_{min}$ 为：

$$K_{min} = \frac{5.52c_u \dfrac{(b-2e)^2}{2} + \dfrac{1}{2}qb(b-4e)}{G \times \dfrac{b-2e}{2}} \tag{8-30}$$

如果令基础埋深为零，即 $q = 0$，那么有：

$$K_{min} = \frac{5.52c_u}{\dfrac{G}{(b-2e)}} = \frac{p_u}{p} \tag{8-31}$$

其中

$$\begin{cases} p_{\mathrm{u}} = 5.52c_{\mathrm{u}} = c_{\mathrm{u}}N_{\mathrm{e}} \\ p = \dfrac{G}{(b-2e)} = \dfrac{G}{b'} \\ b' = b - 2e \end{cases} \tag{8-32}$$

如果令荷载偏心距为零，即 $e=0$，则有：

$$K_{\min} = \frac{5.52c_{\mathrm{u}} + q}{\dfrac{G}{b}} = \frac{p_{\mathrm{u}}}{p} \tag{8-33}$$

其中

$$\begin{cases} p_{\mathrm{u}} = 5.52c_{\mathrm{u}} + q = q + c_{\mathrm{u}}N_{\mathrm{c}} \\ p = \dfrac{G}{b} \end{cases} \tag{8-34}$$

由此可见，当垂直荷载的偏心距为 $e$ 时，基础的有效宽度 $b' = b - 2e$，与汉森公式相同。当土的内摩擦角 $\varphi = 0$ 时，地基承载力系数 $N_{\mathrm{c}} = 5.52$，介于普朗特公式计算值 $N_{\mathrm{c}} = 5.14$ 与太沙基公式计算值 $N_{\mathrm{c}} = 5.71$ 之间，与饱和软黏土边坡坡角 $\beta < 53°$ 时的因数 $N_{\mathrm{c}} = \gamma H / c_{\mathrm{u}} = 5.52$ 相同。也就是说，对于 $\beta < 53°$ 时的深厚饱和软黏土地基来说，其边坡稳定问题也就是地基承载力问题。

## 8.4　按规范方法确定地基承载力

### 8.4.1　《公路桥涵地基与基础设计规范》地基承载力确定方法

（1）公路桥涵地基承载力容许值，可根据地质勘测、原位测试、野外荷载试验的方法取得，其值不应大于地基极限承载力的 1/2。

容许承载力设计原则是我国最常用的方法，已积累了丰富的工程经验。《公路桥涵地基与基础设计规范》（JTG D63—2007）就是采用容许承载力设计原则，还有其他一些规范也采用容许承载力设计原则。

按照我国的设计习惯，容许承载力一词实际上包括了两种概念：一种仅指取用的承载力满足强度与稳定性的要求，在荷载作用下地基土尚处于弹性状态或仅局部出现了塑性区，取用的承载力值距极限承载力有足够的安全度；另一种概念是指不仅满足强度和稳定性的要求，同时还必须满足建筑物容许变形的要求，即同时满足强度和变形的要求。前一种概念完全限于地基承载力能力的取值问题，是对强度和稳定性的一种控制标准，是相对于极限承载力而言的；后一种概念是对地基设计的控制标准，地基设计必须同时满足强度和变形两个要求，缺一不可。显然，这两个概念说的并不是同一个范畴的问题，但由于都使用了"容许承载力"这一术语，容易混淆概念。《公路桥涵地基与基础设计规范》（JTG D63—2007）将地基容许承载力称为地基承载力容许值，并定义地基承载力基本容许值为在地基土的压力变形曲线线性变形段内相应于不超过比例界限点的地基压力值。

（2）对于中小桥、涵洞，当受到现场条件限制，或载荷试验和原位测试有困难时，可按《公路桥涵地基与基础设计规范》（JTG D63—2007）提供的承载力表来确定地基承载力基本容许值，步骤如下。

① 确定土的分类名称。通常把一般地基土，根据塑性指数、粒径、工程地质特征等分为：黏性土、粉土、砂类土、碎卵石类土及岩土。

② 确定土的状态。土的状态是指土层所处的天然松密和稠密状态。黏性土的软硬状态按液性指数分为坚硬状态、硬塑状态、可塑状态、软塑状态和流塑状态；砂类土根据相对密度分为松散、中等密实、密实状态；碎卵石类土则按密实度分为密实、中等密实、稍密及松散。

③ 确定土的承载力基本容许值 $[f_{a0}]$。当基础最小边宽度 $b \leqslant 2$ m、埋置深度 $h \leqslant 3$ m 时，各类地基土在各种有关自然状态下的承载力基本容许值 $[f_{a0}]$ 可按表 8-7 ～ 表 8-13 查取。

表 8-7　一般黏性土地基承载力基本容许值 $[f_{a0}]$　　　　　　　　单位：kPa

| $e$ | $I_L$ | | | | | | | | | | | | |
|---|---|---|---|---|---|---|---|---|---|---|---|---|---|
| | 0 | 0.1 | 0.2 | 0.3 | 0.4 | 0.5 | 0.6 | 0.7 | 0.8 | 0.9 | 1.0 | 1.1 | 1.2 |
| 0.5 | 450 | 440 | 430 | 420 | 400 | 380 | 350 | 310 | 270 | 240 | 220 | — | — |
| 0.6 | 420 | 410 | 400 | 380 | 360 | 340 | 310 | 280 | 250 | 220 | 200 | 180 | — |
| 0.7 | 400 | 370 | 350 | 330 | 310 | 290 | 270 | 240 | 220 | 190 | 170 | 160 | 150 |
| 0.8 | 380 | 330 | 300 | 280 | 260 | 240 | 230 | 210 | 180 | 160 | 150 | 140 | 130 |
| 0.9 | 320 | 280 | 260 | 240 | 220 | 210 | 190 | 170 | 160 | 140 | 130 | 120 | 100 |
| 1.0 | 250 | 230 | 220 | 210 | 190 | 170 | 160 | 150 | 140 | 120 | 110 | — | — |
| 1.1 | — | — | 160 | 150 | 140 | 130 | 120 | 110 | 100 | 90 | — | — | — |

注：1. 土中含有粒径大于 2 mm 的颗粒质量超过全部质量 30% 以上的，$[f_{a0}]$ 可酌量提高；

　　2. 当 $e < 0.5$ 时，取 $e = 0.5$；$I_L < 0$ 时，取 $I_L = 0$。此外，超过表列范围的一般黏性土，$[f_{a0}] = 57.22E_s^{0.57}$，式中，$E_s$ 为土的压缩模量，MPa。

表 8-8　老黏性土地基承载力基本容许值 $[f_{a0}]$　　　　　　　　单位：kPa

| $E_s$/MPa | 10 | 15 | 20 | 25 | 30 | 35 | 40 |
|---|---|---|---|---|---|---|---|
| $[\sigma_0]$/kPa | 380 | 430 | 470 | 510 | 550 | 580 | 620 |

注：当老黏性土 $E_s < 10$ MPa 时，承载力基本容许值按一般黏性土确定。

表 8-9　新近沉积黏性土地基承载力基本容许值 $[f_{a0}]$　　　　　　　　单位：kPa

| $e$ | $I_L$ | | |
|---|---|---|---|
| | < 0.25 | 0.75 | 1.25 |
| $\leqslant 0.8$ | 140 | 120 | 100 |
| 0.9 | 130 | 110 | 90 |
| 1.0 | 120 | 100 | 80 |
| 1.1 | 110 | 90 | — |

表 8-10　粉土地基承载力基本容许值 $[f_{a0}]$　　　　　　　　单位：kPa

| $e$ | $\omega$/% | | | | | |
|---|---|---|---|---|---|---|
| | 10 | 15 | 20 | 25 | 30 | 35 |
| 0.5 | 400 | 380 | 355 | — | — | — |
| 0.6 | 300 | 290 | 280 | 270 | — | — |
| 0.7 | 250 | 235 | 225 | 215 | 205 | — |
| 0.8 | 200 | 190 | 180 | 170 | 165 | — |
| 0.9 | 160 | 150 | 145 | 140 | 130 | 125 |

表 8-11　砂土地基承载力基本容许值 $[f_{a0}]$　　　　　　单位：kPa

| 土　名 | 湿　度 | 密 实 度 | | |
|---|---|---|---|---|
| | | 密实 | 中密 | 松散 |
| 砾砂、粗砂 | 与湿度无关 | 550 | 400 | 200 |
| 中砂 | 与湿度无关 | 450 | 350 | 150 |
| 细砂 | 水上 | 350 | 250 | 100 |
| | 水下 | 300 | 200 | — |
| 粉砂 | 水上 | 300 | 200 | — |
| | 水下 | 200 | 100 | — |

表 8-12　碎石土地基承载力基本容许值 $[f_{a0}]$　　　　　　单位：kPa

| 土　名 | 密 实 程 度 | | | |
|---|---|---|---|---|
| | 密实 | 中密 | 稍密 | 松散 |
| 卵石 | 1 200～1 000 | 1 000～650 | 650～500 | 500～300 |
| 碎石 | 1 000～800 | 800～500 | 550～400 | 400～200 |
| 圆砾 | 800～600 | 640～400 | 400～300 | 300～200 |
| 角砾 | 700～500 | 500～400 | 400～300 | 300～200 |

注：1. 由硬质岩石组成，填充砂土者取高值；由软质岩石组成，填充黏性土者取低值；

2. 半胶结的碎石土，可按密实的同类土的 $[f_{a0}]$ 值提高 10%～30%；

3. 松散的碎石土在天然河床中很少遇见，需要特别注意鉴定；

4. 漂石、块石的 $[f_{a0}]$ 值，可参照卵石、碎石适当提高。

表 8-13　岩石地基承载力基本容许值 $[f_{a0}]$　　　　　　单位：kPa

| 坚 硬 程 度 | 节 理 发 育 程 度 | | |
|---|---|---|---|
| | 节理不发育 | 节理发育 | 节理很发育 |
| 坚硬岩、较硬岩 | >3 000 | 3 000～2 000 | 2 000～1 500 |
| 较软岩 | 3 000～1 500 | 1 500～1 000 | 1 000～800 |
| 软岩 | 1 200～100 | 1 000～800 | 800～500 |
| 极软岩 | 500～400 | 400～300 | 300～200 |

④ 按基础深、宽度修正 $[f_{a0}]$，确定地基承载力容许值 $[f_a]$。从前述临界荷载及极限荷载计算公式可以看到，当基础越宽、埋置深度越大、土的强度指标 $c$、$\varphi$ 值越大时，地基承载力也增加。因此当设计的基础宽度 $b>2$ m，埋置深度 $h>3$ m，地基承载力容许值 $[f_a]$ 可以在 $[f_{a0}]$ 的基础上修正提高：

$$[f_a] = [f_{a0}] + k_1 \gamma_1 (b-2) + k_2 \gamma_2 (h-3) \tag{8-35}$$

式中：$[f_a]$——地基土修正后的承载力容许值/kPa；

$b$——基础验算剖面底面的最小边宽或直径/m。当 $b<2$ m 时，取 $b=2$ m；当 $b>$ 10 m 时，取 $b=10$ m；

$h$——基础的埋置深度/m。自天然地面起算，有水流冲刷时自一般冲刷线起算；当 $h<3$ m 时，取 $h=3$ m；当 $h/b>4$ 时，取 $h=4b$；

$\gamma_1$——基底下持力层的天然重度/(kN/m³)。如持力层在水面以下且为透水性者，应取用浮重度；

$\gamma_2$——基底以上土的重度/($kN/m^3$)。如为多层土时用加权平均重度；如持力层在水面以下并为不透水性土时，则不论基底以上土的透水性性质如何，应一律采用饱和重度；当透水时，水中部分土层应取浮重度；

$k_1$、$k_2$——基底宽度、深度修正系数，根据基底持力层土的类别按表 8-14 选用。

**表 8-14　地基土承载力宽度、深度修正系数 $k_1$、$k_2$**

| 系数＼土名 | 黏　性　土 | | | | | 黄　土 | |
|---|---|---|---|---|---|---|---|
| | 新进沉积黏性土 | 一般黏性土 | | 老黏性土 | 残积土 | 一般新黄土、老黄土 | 新进堆积黄土 |
| | | $I_L < 0.5$ | $I_L \geqslant 0.5$ | | | | |
| $k_1$ | 0 | 0 | 0 | 0 | 0 | 0 | 0 |
| $k_2$ | 1.0 | 2.5 | 1.5 | 2.5 | 1.5 | 1.5 | 1.0 |

| 系数＼土名 | 砂　土 | | | | | | | | 碎　石　土 | | | |
|---|---|---|---|---|---|---|---|---|---|---|---|---|
| | 粉砂 | | 细砂 | | 中砂 | | 砾砂、粗砂 | | 碎石、圆砾、角砾 | | 卵石 | |
| | 密实 | 中密 | 密实 | 中密 | 密实 | 中密 | 密实 | 中密 | 密实 | 中密 | 密实 | 中密 |
| $k_1$ | 1.2 | 1.0 | 2.0 | 1.5 | 3.0 | 2.0 | 4.0 | 3.0 | 4.0 | 3.0 | 4.0 | 3.0 |
| $k_2$ | 2.5 | 2.0 | 4.0 | 3.0 | 5.5 | 4.0 | 6.0 | 5.0 | 6.0 | 5.0 | 10.0 | 6.0 |

注：1. 对于稍密和松散状态的砂、碎石土，$k_1$、$k_2$ 值可采用表列中密值的 50%；

2. 强风化和全风化的岩石，可参照所风化成的相应土类取值；其他状态下的岩石不修正。

**【例 8-5】** 某桥墩基础如图 8-16 所示。已知基础底面宽度 $b = 5$ m，长度 $l = 10$ m，埋置深度 $h = 4$ m，作用在基底中心的竖直荷载 $N = 8\,000$ kN，地基土的性质如图 8-16 所示。试计算地基强度是否满足要求。

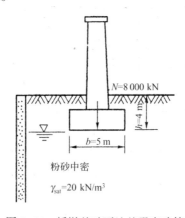

图 8-16　桥墩基础下地基强度验算

**解**：按《公路桥涵地基与基础设计规范》(JTG D63—2007) 确定地基承载力容许值 [见式 (8-35)]：

$$[f_a] = [f_{a0}] + k_1 \gamma_1 (b - 2) + k_2 \gamma_2 (k - 3)$$

已知基底下持力层为中密粉砂（水下），土的重度 $\gamma_1$ 应考虑浮力作用，故 $\gamma_1 = \gamma_{sat} - \gamma_w = 20 - 10 = 10\ kN/m^3$。由表 8-11 查得粉砂的承载力基本容许值 $[f_{a0}] = 100$ kPa。由表 8-14 查得宽度及深度修正系数 $k_1 = 1.0$，$k_2 = 2.0$，基底以上土的重度 $\gamma_2 = 20\ kN/m^3$。由式 (8-35)

可得粉砂经过修正提高的承载力容许值 $[f_a]$ 为：

$$[f_a] = 100 + 1 \times 10 \times (5 - 2) + 2 \times 20 \times (4 - 3) = 100 + 30 + 40 = 170 \text{ kPa}$$

基底压力：$p = \dfrac{N}{b \times l} = \dfrac{8\ 000}{5 \times 10} = 160 \text{ kPa} < [f_a] = 170 \text{ kPa}$

故地基强度满足要求。

## 8.4.2　《建筑地基基础设计规范》地基承载力确定方法

《建筑地基基础设计规范》（GB 50007—2011）采用地基承载力特征值方法，其承载力计算表达式为：

$$p_k \leqslant f_a$$

式中：$p_k$——相应于荷载效应标准组合时，基础底面的平均总压力/kPa；

　　　$f_a$——修正后的地基承载力特征值。

地基承载力特征值，是指由载荷试验测定的地基土压力变形曲线线性变形段内规定的变形所对应的压力值，其最大值为比例界限值。因此，地基承载力特征值实质上就是地基承载力容许值。地基承载力特征值可由载荷试验或其他原位测试、公式计算，并结合工程实践经验等方法综合确定。

1. 按荷载试验确定

荷载试验是对现场试坑中的天然土层中的承压板施加竖直荷载，测定承压板压力与地基变形的关系，从而确定地基土承载力和变形模量等指标。

承压板面积为 $0.25 \sim 0.5 \text{ m}^2$（一般尺寸：50 cm × 50 cm，70 cm × 70 cm）加荷等级不少于 8 级，第一级荷载（包括设备质量）的最大加载量不应少于设计荷载的 2 倍，一般相当于基础埋深范围的土重。每级加载按 10 min，10 min，10 min，15 min，15 min 间隔测读沉降量，以后隔半小时测读，当连续 2 h 内，每小时沉降小于 0.1 mm 时，则认为已稳定，可加下一级荷载。直到地基达到极限状态为止。

将成果绘成压力—沉降关系（$p$-$s$）曲线。根据下列规定，确定地基承载力特征值：

（1）当 $p$-$s$ 曲线有比例界限时，取该比例界限所对应的荷载值。

（2）当极限荷载小于对应比例界限值的 2 倍时，取极限荷载值的 1/2。

（3）当不能按上述两款要求确定时，当压板面积为 $0.25 \sim 0.50 \text{ m}^2$，可取 $s/b = 0.01 \sim 0.015$ 所对应的荷载，但其值不应大于最大加载量的 1/2。

除了载荷试验外，静力触探、动力触探、标准贯入试验等原位测试，在我国已经积累了丰富经验，《建筑地基基础设计规范》（GB 50007—2011）允许将其应用于确定地基承载力特征值。但是强调必须有地区经验，即当地的对比资料，还应对承载力特征值进行基础宽度和埋置深度修正。同时还应注意，当地基基础设计等级为甲级和乙级时，应结合室内试验成果综合分析，不宜单独应用。

当基础宽度大于 3 m 或埋置深度大于 0.5 m 时，从载荷试验或其他原位测试、经验值等方法确定的地基承载力特征值尚应按下式修正：

$$f_a = f_{ak} + \eta_b \gamma (b - 3) + \eta_d \gamma_m (d - 0.5) \tag{8-36}$$

式中：$f_a$——修正后的地基承载力特征值/kPa；

$\quad\quad f_{ak}$——地基承载力特征值/kPa；

$\eta_b$、$\eta_d$——基础宽度和埋深的地基承载力修正系数，按基底下土的类别查表 8-15 取值；

$\quad\quad d$——基础埋置深度/m；当 $d<0.5$ m 时按 0.5 m 取值，自室外地面高程算起；在填方整平地区，可自填土地面高程算起，但填土在上部结构施工后完成时，应从天然地面高程算起；对于地下室，如采用箱形基础或筏板时，基础埋置深度自室外地面高程算起；当采用独立基础或条形基础，应从室内地面高程算起。

表 8-15　地基承载力修正系数

| 土 的 类 别 | | $\eta_b$ | $\eta_d$ |
|---|---|---|---|
| 淤泥和淤泥质土 | | 0 | 1.0 |
| 人工填土，$e$ 或 $I_L$ 大于等于 0.85 的黏性土 | | 0 | 1.0 |
| 红黏土 | 含水比 $a_w>0.8$ | 0 | 1.2 |
| | 含水比 $a_w\leqslant0.8$ | 0.15 | 1.4 |
| 大面积压密填土 | 压密系数大于 0.95、黏粒含量 $\rho_c\geqslant10\%$ 的粉土 | 0 | 1.5 |
| | 最大干密度大于 2.1 $t/m^3$ 的级配砂石 | 0 | 2.0 |
| 粉土 | 黏粒含量 $\rho_c\geqslant10\%$ 的粉土 | 0.3 | 1.5 |
| | 黏粒含量 $\rho_c<10\%$ 的粉土 | 0.5 | 2.0 |
| $e$ 及 $I_L$ 均小于 0.85 的黏性土 | | 0.3 | 1.6 |
| 粉砂、细砂（不包括很湿与饱和时的稍密状态） | | 2.0 | 3.0 |
| 中砂、粗砂、砾砂和碎石土 | | 3.0 | 4.4 |

注：1. 强风化和全风化的岩石，可参照所风化的相应土类取值，其他状态下的岩石不修正；

　　2. 地基承载力特征值按《建筑地基基础设计规范》（GB 50007—2011）附录 D 深层平板载荷试验时确定 $\eta_d$ 取 0。

### 2. 按理论公式确定

对于荷载偏心距 $e\leqslant0.033b$（$b$ 为偏心方向基础边长）时，《建筑地基基础设计规范》（GB 50007—2011）以界限荷载 $p_{1/4}$ 为基础的理论公式结合经验给出计算地基承载力特征值的公式：

$$f_a = M_b\gamma b + M_d\gamma_m d + M_c c_k \tag{8-37}$$

式中：$\quad\quad f_a$——由土的抗剪强度指标确定的地基承载力特征值/kPa；

$M_b$、$M_d$、$M_c$——承载力系数，根据 $\varphi_k$ 按表 8-16 查取，$\varphi_k$ 为基底下一倍短边宽度的深度范围内土的内摩擦角标准值；

$\quad\quad b$——基础底面宽度/m。大于 6 m 时按 6 m 取值，对于砂土，小于 3 m 时按 3 m 取值；

$\quad\quad d$——基础埋置深度/m。

$\quad\quad c_k$——基底下一倍短边宽度的深度范围内土的黏聚力标准值/kPa；

$\quad\quad \gamma$——基础底面以下土的重度，地下水位以下取浮重度/（$kN/m^3$）；

$\quad\quad \gamma_m$——基础埋深范围内各层土的加权平均重度，地下水位以下取浮重度/（$kN/m^3$）。

**表 8-16 承载力系数 $M_b$、$M_d$、$M_c$**

| 土的内摩擦角标准值 $\varphi_k$ | $M_b$ | $M_d$ | $M_c$ |
|---|---|---|---|
| 0 | 0 | 1.00 | 3.14 |
| 2 | 0.03 | 1.12 | 3.32 |
| 4 | 0.06 | 1.25 | 3.51 |
| 6 | 0.10 | 1.39 | 3.71 |
| 8 | 0.14 | 1.55 | 3.93 |
| 10 | 0.18 | 1.73 | 4.17 |
| 12 | 0.23 | 1.94 | 4.42 |
| 14 | 0.29 | 2.17 | 4.69 |
| 16 | 0.36 | 2.43 | 5.00 |
| 18 | 0.43 | 2.72 | 5.31 |
| 20 | 0.51 | 3.06 | 5.66 |
| 22 | 0.61 | 3.44 | 6.04 |
| 24 | 0.80 | 3.87 | 6.45 |
| 26 | 1.10 | 4.37 | 6.90 |
| 28 | 1.40 | 4.93 | 7.40 |
| 30 | 1.90 | 5.59 | 7.95 |
| 32 | 2.60 | 6.35 | 8.55 |
| 34 | 3.40 | 7.21 | 9.22 |
| 36 | 4.20 | 8.25 | 9.97 |
| 38 | 5.00 | 9.44 | 10.80 |
| 40 | 5.80 | 10.84 | 11.73 |

注：两数值间的数值可用内插法求得。

**【例 8-6】** 某建筑物承受中心荷载的柱下独立基础底面尺寸为 $3.0 \text{ m} \times 2.0 \text{ m}$，埋深 $d = 1.8 \text{ m}$。地基土为粉土，土的物理力学性质指标：$\gamma = 17.8 \text{ kN/m}^3$，$c_k = 1.6 \text{ kPa}$，$\varphi_k = 20°$，试确定持力层的地基承载力特征值。

**解：** 根据 $\varphi_k = 20°$，查表 8-16 得：$M_b = 0.51$，$M_d = 3.06$，$M_c = 5.66$，故有：

$$f_a = M_b \gamma b + M_d \gamma_m d + M_c c_k$$
$$= 0.51 \times 17.8 \times 2.0 + 3.06 \times 17.8 \times 1.8 + 5.66 \times 1.6$$
$$= 125.3 \text{ kPa}$$

## 8.5 关于地基承载力的讨论

地基承载力的研究是土力学的主要课题之一，地基承载力的确定也是一个比较复杂的问题，影响因素较多。其大小的确定除了与地基土的性质有关以外，还取决于基础的形状、荷载作用方式以及建筑物对沉降控制要求等多种因素。因此本节中着重对前几节介绍的确定地基承载力的几种方法中的一些主要问题进行简要讨论，以使读者加深理解和准确运用。

### 8.5.1 关于载荷板试验确定地基承载力

首先，在第一节中所介绍的从载荷试验曲线中用 3 种方法确定的地基承载力，从理论上讲，均未包括基础埋置深度对地基承载力的影响。而基础的形式，尤其是基础的埋深对地基承载力影响是很显著的。因此，用载荷试验曲线确定地基承载力容许值或地基承载力特征值时，应进行深度修正。

其次，大多情况下，载荷试验的压板宽度总是小于实际基础的宽度，这种尺寸效应是不能忽略的。一方面要考虑到基础宽度较压板宽度大而导致实际承载比试验承载力高（宽度修正）；另一方面要考虑到基础宽度大，必然导致附加应力影响深度增加而使基础的变形要远大于载荷试验结果。因此即使用相对变形方法确定的容许承载力也不能确切反映基础的变形控制要求，因而有必要时应进行地基和基础的变形验算。

## 8.5.2　关于临塑荷载和临界荷载

从上述临塑荷载与临界荷载计算公式推导中，可以看出：

（1）计算公式适用于条形基础。这些计算公式是从平面问题的条形均布荷载情况下导得的，若将它近似地用于矩形基础，其结果是偏于安全的。

（2）计算土中由自重产生的主应力时，假定土的侧压力系数 $K_0 = 1$，这是与土的实际情况不符，但这样可使计算公式简化。一般来说，这样假定的结果会导致计算的塑性区范围比实际偏小一些。

（3）在计算临界荷载 $p_{1/4}$ 时，土中已出现塑性区，但这时仍按弹性理论计算土中应力，这在理论上相互矛盾的，其所引起的误差是随着塑性区范围的扩大而加大。

## 8.5.3　关于极限承载力计算公式

### 1. 极限承载力公式的含义

确定地基极限承载力的理论公式很多，但基本上都是在普朗特解的基础上经过不同修正发展起来的，适用于一定的条件和范围。对于平面问题，若不考虑基础形状和荷载的作用方式，则地基极限承载力的一般计算公式为：

$$p_u = \gamma b N_\gamma + q N_q + c N_c \tag{8-38}$$

上式表明，地基极限承载由换算成单位基础宽度的 3 部分土体抗力组成：

（1）滑裂土体自重所产生的摩擦抗力。

（2）基础两侧均布荷载 $q = \gamma D$ 所产生的抗力。

（3）滑裂面上黏聚力 $c$ 所产生的抗力。

上述 3 部分土体抗力中，第一种抗力的大小，除了决定于土的重度 $\gamma$ 和内摩擦角 $\varphi$ 以外，还决定于滑裂土体的体积。由于滑裂土体的体积与基础的宽度大体上是平方的关系。因此，极限承载力将随基础宽度 $b$ 的增加而线性增加。

第二种、第三种抗力的大小，首先决定于超载 $q$ 和土的黏聚力 $c$，其次决定于滑裂面的形状和长度。由于滑裂面的长度大体上与基础宽度按相同的比例增加。因此，由黏聚力 $c$ 所引起的极限承载力，不受基础宽度的影响。

另外，承载力系数 $N_\gamma$、$N_q$ 和 $N_c$ 的大小取决于滑裂面形状，而滑裂面的大小首先取决于 $\varphi$ 值，因此 $N_\gamma$、$N_q$ 和 $N_c$ 都是 $\varphi$ 的函数。但不同承载力公式对滑裂面形状有不同的假定，使得不同承载力公式的承载力系数不尽相同，但它们都有相同的趋势，分析它们的趋势，可得到如下结论：

（1）$N_\gamma$、$N_q$ 和 $N_c$ 随 $\varphi$ 值的增加变化较大，特别是 $N_\gamma$ 值。当 $\varphi = 0$ 时，$N_\gamma = 0$，这时可不计土体自重对承载力贡献。随着 $\varphi$ 值的增加，$N_\gamma$ 值增加较快，这时土体自重对承载力的贡献增加。

（2）对于无黏性土（$c = 0$），基础的埋深对承载力起着重要作用，这时，基础埋深太浅，地基承载力会显著下降。

2. 用极限承载力公式确定地基承载力时安全系数的选用

不同极限承载力公式是在不同假定情况下推导出来，因此在确定地基承载力容许值时，其选用的安全系数不尽相同。一般用太沙基极限承载力公式，安全系数采用 3；用汉森公式，对于无黏土可取 2，对于黏性土可取 3。

另外，汉森还提出了用局部安全系数的概念。"局部安全系数"的含义是，先将土的抗剪强度指标分别除以强度安全系数，得到容许强度指标，再根据容许强度指标计算地基的极限承载力，最后将计算得到的极限承载力再除以荷载系数即为地基的承载力容许值。局部安全系数可按表 8-17 所列的数据选用。

表 8-17　汉森局部安全系数

| 强度系数 | 荷载系数 | |
|---|---|---|
| 黏聚力　2.0（1.8） | 静荷载<br>恒定的水压力<br>波动的水压力 | 1.0<br>1.0<br>1.2（1.1） |
| 内摩擦系数　1.20（1.10） | 一般的活荷载<br>风荷载<br>土或土中颗粒压力 | 1.5（1.25）<br>1.5（1.25）<br>1.2（1.1） |

注：括号中的数值属于临时建筑或者附加荷载（如静荷载 + 最不利的活荷载 + 最不利风荷载）。

3. 极限承载力公式的局限性

最后应当指出的是，所有极限承载力公式，都是在土体刚塑性假定下推导出来的，实际上，土体在荷载作用下不但会产生压缩变形而且也会产生剪切变形，这是目前极限承载力公式中共同存在的主要问题。因此对地基变形较大时，用极限承载力公式计算的结果有时并不能反映地基土的实际情况。

## 8.5.4　关于按规范法确定地基承载力

在《公路桥涵地基与基础设计规范》（JTG D63—2007）中所给出的各类土的地基承载力容许值表及有关计算公式，是根据大量的地基载荷试验资料及已建成桥梁的使用经验，经过统计分析后得到的。由于按规范确定地基承载力容许值比较简便，因此在一般的桥涵基础设计中得到广泛应用。但也应指出，由于我国地域广阔，土质情况比较复杂，制定规范时所收集的资料其代表性也有很大局限性，因此有些地区的土类、特殊土类或性质比较复杂的土类，在规范中均未列入，或所给的数值与实际情况差异较大，这时就应采用多种方法综合分析确定。

在规范法确定地基承载力容许值时，要用修正公式进行宽度和深度修正。但应该指出，确定地基承载力容许值时，不仅要考虑地基强度，还要考虑基础沉降的影响。因此在表 8-14 中黏性土的宽度修正系数 $k_1$ 均等于零，这是因为黏性土在外荷载作用下，后期沉降量较大，基础越宽，沉降量也越大，这对桥涵的正常运营很不利，故除在制定基本承载力时已经考虑基础平均宽度的影响外，一般不再作宽度修正。而砂土等粗颗粒土，其后期沉降量较小，对运营影响不大，故可作宽度修正提高。此外，在进行宽度修正时，还规定若基础宽度 $b > 10$ m 时，只能按 $b = 10$ m 计算修正，这是因为基础宽度越大，基础沉降也大，故须对宽度修正作一定的经验性限制。

在进行深度修正时，规定只有在基础相对埋深 $h/b \leqslant 4$ 时才能修正。这是因为上述的修正公式（8-35）是按照浅基础概念确定的，但当 $h/b > 4$ 时，已经属于深基础范畴，故不能按公式（8-35）修正，须另行考虑。

还应指出，对于一般工程和一般地质条件，在缺乏试验资料时，可结合当地具体情况和实践经验，按规范中所给表格数值及公式计算地基承载力容许值。对于重要工程或地质条件复杂时，应进行必要的室内外试验，经综合分析才能确定合适的地基承载力容许值。需要指出的是，《公路桥涵地基与基础设计规范》（JTG D63—2007）给出的地基承载力容许值表主要是从强度方面定义承载力容许值（相对于极限承载力而言）。但是，我国幅员辽阔，土质相差巨大，地基承载力表的数值很难在全国各地都能适用，不利于因地制宜确定建设场地的地基承载力。因此，在《建筑地基基础设计规范》（GB 50007—2011）取消了用土的物理性指标确定地基承载力特征值的表格。

# 复习思考题

8-1 地基承载力与地基承载方容许值在概念上有何差异？

8-2 地基破坏的形式有哪几种，它与土的性质有何关系？

8-3 确定地基承载力容许值时，与建筑物的许可沉降量有什么关系？与基础大小、埋置深度有什么关系？

8-4 怎样根据地基内塑性区开展的深度来确定临界荷载？基本假定是怎样的？导得的计算公式有什么缺点？

8-5 本章所介绍的几个极限荷载公式各有何特点？对它们作简略评价。

8-6 用条形基础的极限荷载公式计算结果用于方形基础，是偏于安全还是不安全？把荷载试验结果直接用于实际基础的计算是否合适？

8-7 地下水位的升降，对地基承载力有什么影响？

8-8 将规范确定地基承载力的计算公式 ［式（8-35）、式（8-36）］ 与极限荷载计算公式进行对比，简述 ［式（8-35）、式（8-36）］ 中系数 $k_1$、$k_2$ 或 $\eta_b$、$\eta_d$ 及 $\gamma_1$、$\gamma_2$ 的意义及用法。

8-9 某条形基础如图 8-17 所示，试求临塑荷载 $p_{cr}$、临界荷载 $p_{1/4}$ 及用普朗特公式求极限荷载 $p_u$，并考虑其地基承载力是否满足（取用安全系数 $K = 3$）？已知粉质黏土的重度 $\gamma = 18$ kN/m³，黏土层 $\gamma = 19.8$ kN/m³，$c = 15$ kPa，$\varphi = 25°$。作用在基础底面的荷载 $p = 250$ kPa。

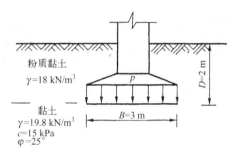

图 8-17　条形基础

8-10　如图 8-18 所示路堤，已知路堤填土 $\gamma = 18.8 \ \text{kN/m}^3$，地基土 $\gamma = 16.0 \ \text{kN/m}^3$，$c = 8.7 \ \text{kPa}$，$\varphi = 10°$。试求：

（1）用太沙基公式验算路堤下地基承载力是否满足（取用安全系数 $K = 3$）？

（2）若在路堤两侧采用填土压重的方法，以提高地基承载力，试问填土厚度需要多少才能满足要求（填土重度与路堤填土相同）？填土范围 $L$ 应有多宽？

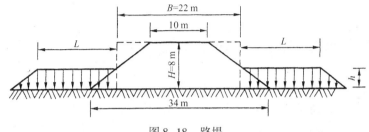

图 8-18　路堤

8-11　某矩形基础如图 8-19 所示。已知基础宽度 $B = 4 \ \text{m}$，长度 $L = 12 \ \text{m}$，埋置深度 $D = 2 \ \text{m}$；作用在基础底面中心的荷载 $N = 5\,000 \ \text{kN}$，$M = 1\,500 \ \text{kN} \cdot \text{m}$，偏心距 $e_\text{L} = 0$；地下水位在地面下 4 m 处；土的性质 $\gamma_{\text{sat}} = 19.8 \ \text{kN/m}^3$，$c = 25 \ \text{kPa}$，$\varphi = 10°$。试用汉森公式验算地基承载力是否满足（采用安全系数 $K = 3$）。

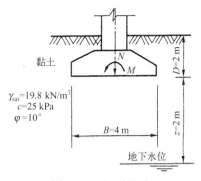

图 8-19　矩形基础

8-12　试用规范方法及太沙基极限荷载公式确定地基承载力，并对两种方法的结果进行比较。

已知地基土为一般黏性土，$\gamma = 19.1 \ \text{kN/m}^3$，$e_0 = 0.90$，$I_\text{L} = 0.56$，$c = 45.1 \ \text{kPa}$，$\varphi = 15°$。方形基础的宽度 $B = 2 \ \text{m}$，埋置深度 $D = 3 \ \text{m}$。

# 第9章 土的动力特性

**[本章提要和学习要求]**

本章主要分三个部分：一是从作用于土体的动荷载及土中波讨论土在动荷载作用下的变形和强度性质；二是讨论土的液化现象及判别方法；三是介绍击实试验及压实原理。

通过本章学习，要求掌握土的动力变形的基本特征及强度特性，了解土的动力性质试验。通过土的液化现象，掌握土的液化可能性的判别方法及防止土体液化的工程措施。通过学习土的压实原理，掌握击实试验的试验方法，了解土的压实特性。

## 9.1 土在动荷载作用下的变形和强度性质

### 9.1.1 作用于土体的动荷载和土中波

车辆的行驶、风力、波浪、地震、爆炸及机器的振动都可能是作用在土体的动力荷载。这类荷载的特点：一是荷载施加的瞬时性；二是荷载施加的反复性（加卸荷或者荷载变化方向）。一般将加荷时间在 10 s 以上者都看作静力问题，10 s 以下者则应作为动力问题，反复荷载作用的周期往往短至几秒、几分之一秒乃至几十分之一秒，反复次数从几次、几十次乃至千万次。由于这两个特点，在动力条件下考虑土的变形和强度问题时，往往都要考虑速度效应和循环（振动）效应。考虑前者时，将加荷时间的长短换算成加荷速度或相应的应变速度，加荷速度不同，土的反应也不同，如图 9-1 所示，慢速加荷时土的强度虽然低于快速加荷，但其承受的应变范围较大。循环（振次）效应是指土的力量特性受荷载循环次数的影响情况。图 9-2 是说明振次效应的一个实例。图中 $\sigma_f$ 表示静力破坏强度，$\sigma_d$ 为动应力幅值，$\sigma_s$ 是在加动应力前对土样所施加的一个小于 $\sigma_f$ 的竖向静力偏应力，由图可见，振次越少，土的动强度越高。随着动荷载反复作用，土的强度降低，当反复作用 10 次时，土样的动强度（$\sigma_d + \sigma_s$）几乎与静强度 $\sigma_f$ 等同，再加大作用次数，动强度就会低于静强度，所以，对于动荷载除了须考虑其幅值大小以外，尚应考虑其所包含的频率成分和反复作用的次数。

汽车、火车分别通过路面和轨道时，将动荷载传到路基上，它们荷载的周期不规则，约从 0.1 s 到数分钟，其特点是一次一次加荷，而且循环次数很多，往往远大于 $10^3$ 次。因此，必须从防止土体反复应变产生疲劳的角度考虑其性质变化。地震荷载也是随机作用的动载，一般约为 0.2 ~ 1.0 s 的周期作用，次数不多。

位于土体表面、内部或者基岩的根源所引起的土单元体的动应力、动应变，将以波动的方式在土体中传播，土中波的形式主要有以拉压应变为主的纵波、以剪应变为主的横波和主要发生在土体自由界面附近的表面波（瑞利波）、作用于地表面的竖向动荷载主要以表面波的形式扩散能量。水平土层中传播的地震波，主要是剪切波。波动能量在土体表面和内部层面处将发生反射、折射和透射等物理现象。

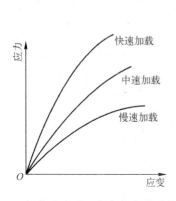

图9-1　加荷速度对土应力应变关系的影响

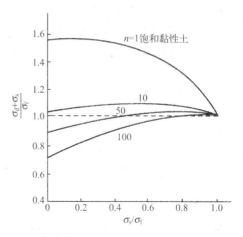

图9-2　荷载振次对土体强度的影响（饱和粒土）

## 9.1.2　土的动力变形特性

在周期性的循环荷载作用下，土的变形特性已不能用静力条件的概念和指标来表征，而需要了解动态的应力应变关系，影响土的动力变形特性的因素包括周围压力、孔隙比、颗粒组成、含水率等，同时它还受到应变幅值的影响，而且又以后者最为显著。同一种土，它的动力变形性状将会随着应变幅值的不同而发生质的变化。只有当应变幅值在 $10^{-6} \sim 10^{-4}$ 及以下的范围内时，土的变形特性才可认为是属于弹性性质，一般由火车、汽车的行驶以及机器基础等所产生的振动的反应都属于这种弹性范围。这种条件下土的应力应变关系及相应参数可在现场或室内进行测定研究。当应变幅值在 $10^{-4} \sim 10^{-2}$ 范围内时，土表现为弹塑性性质，在工程中，如打桩、地震等所产生的土体振动反应即属于此，可以用非线性的弹性应力应变关系来加以描述。当应变幅值超过 $10^{-2}$ 时，土将破坏或产生液化、压密等现象，此时土的动力变形特性可用仅仅反复几个周期的循环荷载试验来确定。

最简单的反复荷载下土的应力应变关系如图 9-3 所示，这是在静三轴仪中确定弹性模量所做的加卸荷载试验曲线。图 9-4 则是动力试验中所得到的土在黏弹性阶段的应力 - 应变关系曲线。

静三轴加卸荷试验所确定的模量，以及用动三轴试验得到的模量都可以用来表示土在动力条件下的变形特性。前者是以静代动的方法。只要应变幅值对应，将拟静法确定的模量用于动力分析，不会有太大的问题。

在动三轴试验仪或动单剪仪上对土样进行等幅值循环荷载试验，动态应力应变曲线为一斜置闭合回线，称为滞回圈（图9-4）。滞回圈的特征可由两个参数——模量和阻尼比来表示，它们就是表征土体动力变形特性的两个主要指标。土的弹性模量 $E_d$（剪切模量 $G_d$）是指产生单位动应变所需要的动应力，也即动应力幅值，$\sigma_d$（$\tau_d$）与动应变幅值 $\varepsilon_d$（$\gamma_d$）的比值。它可由滞回圈顶点与坐标原点连线的斜率来求出，即

$$E_d = \frac{\sigma_d}{\varepsilon_d} \tag{9-1}$$

$$G_\mathrm{d} = \frac{\tau_\mathrm{d}}{\gamma_\mathrm{d}} \tag{9-2}$$

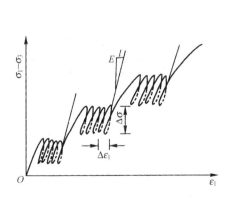

图9-3　三轴试验确定土的弹性模量　　　　图9-4　动力试验得到的应力－应变曲线

弹性模量 $E_\mathrm{d}$ 和剪切模量 $G_\mathrm{d}$ 之间，一般符合下列关系：

$$G_\mathrm{d} = \frac{E_\mathrm{d}}{2(1+\mu)} \tag{9-3}$$

式中：$\mu$——土的泊松比。

　　滞回圈所表现的循环加荷过程中应变对应力的滞后现象和卸荷曲线与加荷曲线的分离，反映了土体对动荷载的阻尼作用，这种阻尼作用主要是由土粒之间相对滑动的内摩擦效应所引起，故属于内阻尼。作为衡量土体吸收振动能量的能力的尺度，土的阻尼比由滞回圈的形状所决定。图9-4所示土的阻尼比 $\lambda$ 由下式求出：

$$\lambda = \frac{A_0}{4\pi A_\mathrm{T}} \tag{9-4}$$

式中：$A_0$——滞回圈所包围的面积，表示在加卸荷一个周期中土体所消耗的机械能；

　　　　$A_\mathrm{T}$——三角形 $AOB$ 的面积，表示在一个周期中土体所获得的最大弹性能。

　　动力试验表明土的动应力动应变关系具有强烈的非线性性质，滞回圈位置和形状随动应变幅值的大小而变化。一般而言，当动应变幅值小于 $10^{-5}$ 量级时，参数 $E_\mathrm{d}$（$G_\mathrm{d}$）和 $\lambda$ 可视作常量，即作为线性变形体看待，随着动应变幅值的增大，土的模量逐步减小，阻尼比逐步加大，因此，为土体动力分析选用变形参数时，应考虑土的这种非线性特点，对应于动应变幅值不同量级，选用不同的模量和阻尼比。

　　试验研究表明（图9-5），对于某个既定土样而言，在一定的变化范围内，动应变幅值对动弹性模量值的影响可用下式近似地表示：

$$\frac{1}{E_\mathrm{d}} = \frac{1}{E_0} + b\varepsilon_\mathrm{d} = a + b\varepsilon_\mathrm{d} \tag{9-5}$$

式中：$E_0$——当 $\varepsilon_\mathrm{d} \to 0$ 或者 $\gamma_\mathrm{d} \to 0$ 时的动弹性模量，也称初始动弹性模量；

　　　　$a$、$b$——试验统计常数。

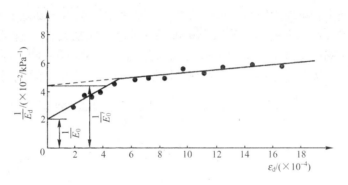

图 9-5　动弹性模量与动应变幅值的关系曲线

试验研究进一步得出关于初始动弹性模量与周围固结压力 $\sigma_3$ 之间的关系，如下式所示：

$$E_0 = k p_a \left( \frac{\sigma_3}{p_a} \right)^n \tag{9-6}$$

式中：$k$、$n$——试验常数；

　　　$p_a$——与固结压力 $\sigma_3$ 单位相同的大气压力，kPa。

关于初始动弹性模量 $E_0$ 的确定除了通过经验统计公式计算外，还可以通过室内共振柱试验或现场波速试验实测得到。

### 9.1.3　土的动强度

土的动荷载下的强度即动强度问题，不同于静强度，由于存在速度效应和循环效应，以及动静应力状态的组合问题，土的动强度试验确定比静强度更为复杂。循环荷载作用下的强度有可能高于或低于静强度，要看土的类别、所处的应力状态以及加荷速度、循环次数等而定。图 9-6 和图 9-7 定性地反映了这种影响。图 9-6 表明，如果对于给定的土样，在固结后施加动应力之前，先在轴向加上不同的静应力（偏应力），然后再施加相同大小的动应力，则各土样到达破坏时的循环次数就各不相同。静偏应力越大，破坏所需之振次越小；反之亦然。此外，若对各个土样施加同样大小的静应力，但由于动应力不同，则各土样达到破坏的振次也不一样，它将随动应力的增加而减少（图 9-7）。

试验研究还表明，黏性土强度的降低与循环应变的幅值有很大关系。例如，当应变幅值的大小不超过 1.5% 时，即使是中等灵敏的软黏土，在 200 次循环荷载作用下，其强度也几乎等于静强度。

综合国内外的试验来看，对于一般的黏性土，在地震或其他动荷载作用下，破坏时的综合应力与静强度比较，并无太大的变化，但是对于软弱的黏性土，如淤泥和淤泥质土等，则动强度会有明显降低，所以在路桥工程遇到此类地基土时，必须考虑地震作用下的强度降低问题。

土的动强度也可如静强度一样通过动强度指标 $c_d$、$\varphi_d$ 得到反映，黏性土的动强度指标是指黏性土在动荷载作用下发生屈服破坏或产生足够大的应变（例如可以用综合应变达到 15% 作为破坏标准）时具有的黏聚力和内摩擦角。动强度指标的确定方法示例如图 9-8 所示，但须注意，破坏状态应力圆是在初始状态（偏压固结）应力圆基础上加动应力 $\sigma_d$ 得到的，图中还注明了破坏标准 $\varepsilon_f$ 和达到破坏标准的动荷载作用次数 $N_f$。这说明所谓的动强度指标 $c_d$、$\varphi_d$，对于同一土样来讲也是随各方面条件而变，不是唯一的，进行挡土墙动土压力、地基动承载力和边坡动态稳定性等特定问题分析时，常可用土样达到某一破坏标准 $\varepsilon_f$ 所需振次 $N_f$ 与动应力比 $\dfrac{\sigma_d}{\sigma_{3c}}$ 的关系曲线 $\left( N_f - \dfrac{\sigma_d}{\sigma_{3c}} \right)$ 来表示土体的动强度（图9-9），在这种动强度曲线图中，当然仍需要表明破坏标准 $\varepsilon_f$ 和土样的固结应力比 $K_c = \dfrac{\sigma_{1c}}{\sigma_{3c}}$。

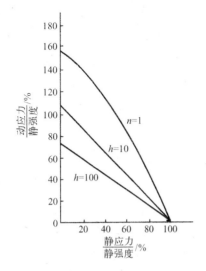

图9-6　黏性土动强度（一）

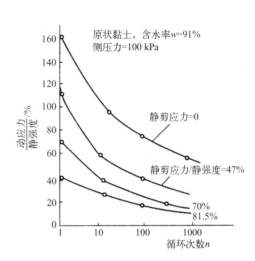

图9-7　黏性土动强度（二）

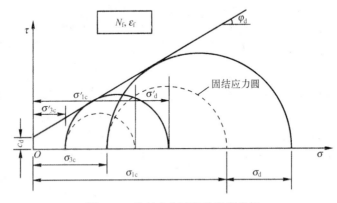

图9-8　动态应力圆和动强度指标

## 9.1.4　土动力性质试验

### 1. 振动三轴试验

振动三轴仪是室内土动力性质试验的重要仪器。土的动强度、弹性模量都可以用它进行试验测定。

振动三轴仪的种类很多，按动荷载施加的方式区分，可分为气动式、电液伺服式、惯性力式和电磁式；按动荷载作用方向的不同，又可分为单向式和双向式。单向式的仪器只能在土样的竖轴方向施加动荷载，而周围压力 $\sigma_3$ 是恒定的；双向式的仪器则不仅能施加轴向脉动荷载，而且 $\sigma_3$ 也是脉动荷载。

我国应用较多的是电磁式单向振动三轴仪，其主机部分如图 9-10 所示，它主要由土样压力室、激振器和气垫三部分组成。土样压力室和静力三轴仪相似，是一个有机玻璃的圆筒，里面充入压缩空气和压力水以后，可对土样施加侧向静荷载。激振器包括激振线圈（动圈）、励磁线圈（定圈）及磁路，其作用是输入一定频率的电信号以后，能产生一个施加于土样的轴向动荷载。气垫由金属波纹管构成，通入压缩空气以后，可对土样施加轴向静荷载、下活塞、应力传感器、激振线圈和气垫顶部由传力轴联成一个刚性的活动整体，并由导向轮保证它作轴向运动。振动三轴仪除主机外，通常还有轴向动力控制装置、轴向和侧向静力控制系统以及参数测读仪表系统等。

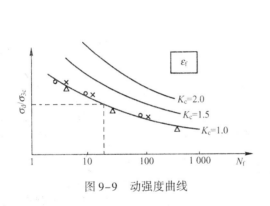

图 9-9  动强度曲线

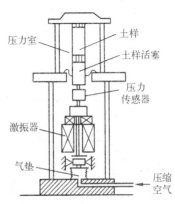

图 9-10  振动三轴仪主机示意图

## 2. 其他室内试验方法

为使土样应力状态的模拟更符合地震波态土层中的传递过程，动单剪试验也经常被用于测定土的动力性质，土样被置于水平剪切刚度很小而竖向抗压刚度很大的容器内（如叠环式土样盒），进行 $k_0$ 条件下固结，然后施加水平向动剪应力，同时测定动剪应变和孔隙水压力。试验项目和成果整理方面，动单剪试验与动三轴试验比较接近。

动三轴试验和动单试验中，土样的动应变幅值一般不可能小于 $10^{-4}$ 量级，共振柱试验可在动应变幅值等于 $10^{-3} \sim 10^{-6}$ 条件下测定土的动力变形参数。共振柱试验是令置于压力室内的柱状土样发生轴向或扭转向的高频（几十到几百赫兹）强迫振动，固定输入功率而改变激振频率，根据对土样振动反应的测量，确定其相应的共振频率 $f_n$ 下自由振动对数衰减率。根据一维杆件的波动理论和振动原理，可以进一步换算土样的模量和阻尼比。

## 3. 现场波速试验

为克服取土扰动所带来的不利因素，常可通过现场波速试验来测定土的动力变形参数。对各种波（如压缩波、剪切波、表面波等）在土体中的传播速度进行原位测定，然后根据弹性力学中关于波速与模量的关系式来推求土的模量 $E$。由于弹性波的应变幅值量级极低（$10^{-4} \sim 10^{-6}$），波速测定的土体模量数值偏高，一般可直接视作初始模量（$E_0$）。根据激发和接收方面的区别，波速试验方法有上孔法、面波法、跨孔法、稳态振动法、反射法和折射波法等，可根据具体要求和条件加以确定和选用。

# 9.2 砂土和粉土的振动液化

## 9.2.1 土体液化现象及其工程危害

土体液化是指饱和状态砂土或粉土在一定强度的动荷载作用下表现出类似液体的性状，完全失去强度和刚度的现象。

地震、波浪、车辆、机器振动、打桩以及爆破等，都可能引起饱和砂土或粉土的液化，其中又以地震引起的大面积甚至深层的土体液化的危害性最大，它具有面广、危害重等特点，常会造成场地的整体性失稳。因此，近年来土体液化引起国内外工程界的普遍重视，成为工程抗震设计的重要内容之一。

砂土液化造成灾害的宏观表现主要有如下几种：

（1）喷砂冒水。液化土层中出现相当高的孔隙水压力，会导致低洼的地方或土层缝隙处喷出砂、水混合物。喷出的砂粒可能破坏农田，淤塞渠道。喷砂冒水的范围往往很大，持续时间可达几小时甚至几天，水头可高达 $2 \sim 3\ \text{m}$。

（2）震陷。液化时喷砂冒水带走了大量土颗粒，地基产生不均匀沉陷，使建筑物倾斜、开裂甚至倒塌。例如，1964 年日本新潟地震时，有的建筑物结构本身并未损坏，却因地基液化而发生整体倾侧；又如 1976 年唐山地震时，天津某农场高达 10 m 左右的砖砌水塔，因其西北角处地基土喷砂冒水，水塔整体向西北倾斜了 6°。

（3）滑坡。在岸坡或坝坡中的饱和砂粉土层，由于液化而丧失抗剪强度，使土坡失去稳定，沿着液化层滑动，形成大面积滑坡。1971 年美国加利福尼亚州圣费南多坝（San Fernando）在地震中发生上游坝坡大滑动，研究证明这是因为在地震振动即将结束时，在靠近坝底和黏土心墙上游处广阔区域内砂土发生液化的缘故；1964 年美国阿拉斯加地震中，海岸的水下流滑带走了许多港口设施，并引起海岸涌浪，造成沿海地带的次生灾害。

（4）上浮。储罐、管道等空腔埋置结构可能在周围土体液化时上浮，对于生命线工程来讲，这种上浮常常引起严重的后果。

## 9.2.2 液化机理及影响因素

饱和、较松散、无黏性或少黏性的土在往复剪应力作用下，颗粒排列将趋于密实（剪缩性），而细、粉砂和粉土的透水性并不太大，孔隙水一时间来不及排出，从而导致孔隙水压力上升，有效应力减小。当周期性荷载作用下积累起来的孔隙水压力等于总应力时，有效应力就变为零。根据有效应力原理，饱和砂土抗剪强度可表示为：

$$\tau_f = \sigma' \tan \varphi' = (\sigma - u) \tan \varphi' \tag{9-7}$$

可见，当孔隙水压力等于总应力 $u = \sigma$ 时，有效应力 $\sigma' = 0$，此时，没有黏聚力的砂土其强度就完全丧失。同时，土体平衡外力的能力，即模量的大小，也是与土体的有效应力成正比关系，如剪切模量 $G$ 为：

$$G = K(\sigma')^n \tag{9-8}$$

式中：$K$、$n$——试验常数。

显然，当 $\sigma'$ 趋向于零的时候，$G$ 也趋向于零，即土体处于没有抵抗外荷载能力的悬液状态。这就是所谓的"液化"。

在地震时，土单元体所受的动应力主要是由从基岩向上传播的剪切波所引起的。水平地层内土单元体理想的受力状态如图 9-11 所示。在地震前，单元体上受到有效应力 $\sigma'_v$ 和 $K_0 \sigma'_v$ 的作用（$K_0$ 为静止土压力系数）。在地震时，单元上将受到大小和方向都在不断变化的剪应力 $\tau_d$ 的反复作用。在试验室里通过模拟上述受力情况进行试验研究，有助于揭示液化的机理，其中动三轴试验和动单剪试验是被广泛使用的两种试验方法。试验中，土样是在不排水条件下，承受着均匀的周期荷载。当地震时，实际发生的剪应力大小是不规则的，但经过分析认为可以转换为等效的均匀周期荷载，这就比较容易在试验中重现。

图 9-12 是饱和粉砂的液化试验结果。从图中的周期偏应力 $\sigma_d$、动应变 $\varepsilon_d$ 和动孔隙水压力 $u_d$ 等与循环次数 $n$ 关系的曲线可以看到，即使偏应力在很小的范围内变动，每次应力循环后都残留着一定的孔隙水压力；随着应力循环次数的增加，孔隙水压力因积累而逐步上升，有效应力逐步减小；最后有效应力接近于零，土的刚度和强度也骤然下降至零，试样发生液化。应变幅值的变化在开始阶段很小，动应力 $\sigma_d$ 维持等幅值循环，孔隙水压力逐渐上升；到了某个循环以后，孔隙水压力急剧上升，应变幅值急剧放大，动应力幅值开始降低，这说明已在孕育着液化，土的刚度和承载力正在逐渐丧失；而到达孔隙水压力与固结压力几乎相等时，土已不能再承受荷载，应变猛增，动应力缩减到零，此后进入完全的液化状态，土全部丧失其承载能力。

研究与观察发现，并不是所有的饱和砂土和少黏性土在地震时都一定发生液化现象，因此

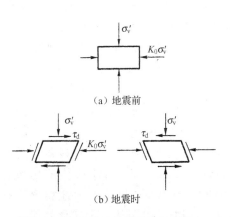

图 9-11　地震时土单元体受力状态

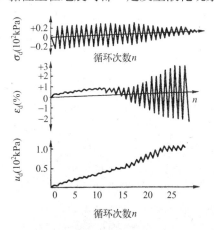

图 9-12　饱和粉砂液化动三轴试验记录

必须了解影响砂土液化的主要因素，才能做出正确的判断。影响砂土液化的主要因素有如下几种。

（1）土类。土类是一个重要的条件，黏性土由于有黏聚力 $c$，即使孔隙水压力等于全部固结应力，抗剪强度也不会全部丧失，因而不具备液化的内在条件。粗颗粒砂土由于透水性好，孔隙水压力易于消散，在周期荷载作用下，孔隙水压力也不易积累增长，因而一般也不会产生液化。只有没有黏聚力或黏聚力相当小的处于地下水位以下的粉细砂和粉土，渗透系数比较小，不足以在第二次荷载施加之前把孔隙水压力全部消散掉，才具有积累孔隙水压力并使强度完全丧失的条件。因此，土的粒径大小和级配是影响土体液化可能性的一个重要因素。试验及实测资料都表明：粉、细砂土和粉土比中、粗砂土容易液化；级配均匀的砂土比级配良好的砂土容易发生液化。有文献提出，平均粒径 $d_{50} = 0.05 \sim 0.09$ mm 的粉细砂最易液化。而根据多处震害调查实例却发现，实际发生液化的土类范围还要更广一些。可以认为，在地震作用下发生液化的饱和土的平均粒径 $d_{50}$ 一般小于 2 mm，黏粒含量一般低于 $10\% \sim 15\%$，塑性指数 $I_p$ 常在 8 以下。

（2）土的密度。松砂在地震中体积易于缩小，孔隙水压力上升快，故松砂比较容易液化。1964 年日本新潟地震表明，相对密度 $D_r$ 为 0.5 的地方普遍液化，而相对密度大于 0.7 的地方就没有液化。关于海城地震砂土液化的报告中也提到，7 度的地震作用下，相对密度大于 0.5 的砂土不会液化；砂土相对密度大于 0.7 时，即使 8 度地震也不易发生液化。根据关于砂土液化机理的论述可知，往复剪切时，孔隙水压力增长的原因在于松砂的剪缩性，而随着砂土密度的增大，其剪缩性会减弱，一旦砂土开始具有剪胀性的时候，剪切时土体内部便产生负的孔隙水压力，土体阻抗反而增大，因而不可能发生液化。

（3）土的初始应力状态。在地震作用下，土中孔隙水压力等于固结压力是初始液化的必要条件，如果固结压力越大，则在其他条件相同时越不易发生液化。试验表明，对于同样条件的土样，发生液化所需的动应力将随着固结压力的增加而成正比例增加。显然，土单元体的固结压力是随着它的埋藏深度和地下水位深度而直线增加的，然而，地震在土单元体中引起的动剪应力随深度的增加却不如固结压力的增加来得快。于是，土的埋藏深度和地下水位深度，即土的有效覆盖压力大小就成了直接影响土体液化可能性的因素。前述关于海城地震砂土液化的考察报告指出，有效覆盖压力小于 50 kPa 的地区，液化普遍且严重；有效覆盖压力介于 $50 \sim 100$ kPa 地方，液化现象较轻；而未发生液化地段，有效覆盖压力大多大于 100 kPa。调查资料还表明，埋藏深度大于 20 m 时，甚至松砂也很少发生液化。

（4）地震强度和地震持续时间。室内试验表明，对于同一类和相近密度的土，在一定固结压力时，动应力较高，则振动次数不多就会发生液化；而动应力较低时，需要较多振次才发生液化，宏观震害调查也证明了这一点。如日本新潟地区在过去 300 多年中虽遭受过 25 次地震，但记录新潟及其附近地区发生了液化的只有 3 次，而在这 3 次地震中，地面加速度都在 1.3 m/s$^2$ 以上。1964 年地震时，记录到地面最大加速度为 1.6 m/s$^2$，其余 22 次地震的地面加速度估计都在 1.3 m/s$^2$ 以下。1964 年美国阿拉斯加地震时，安科雷奇滑坡是在地震开始以后 90 s 才发生的，这表明要持续足够的振动持续时间后才会发生液化和土体失稳。根据已有的资料，就荷载条件而言，液化现象通常出现在 7 度以上的地震场地，或者说，地面水平加速度峰值 0.1 g 可以作为一个门槛值。同时，使土体发生液化的振动持续时间一般都在 15 s 以上，按地震主频率值换算可以得到，引起液化的振动次数 $N_{eq} = 5 \sim 30$，这样的振动次数大体上对应于地震震级 $M = 5.5 \sim 8$，这也就意味着，低于 5.5 级的地震，引起土层液化的可能性不大的。

## 9.2.3　土体液化可能性的判别

### 1. 基于现场试验的经验对比方法

饱和砂土和粉土的地震现场调查是一种重要的研究手段。液化调查应在如下 3 个方面取得定量的资料：场地受到的地震作用，即地震震级、震中距或烈度、持续时间等；场地土层剖面，主要是各埋藏土层的类别、埋深、厚度、重度和地下水位；影响土体抗液化能力的主要物理力学参数，目前应用较多的参数是标准贯入试验锤击数 $N$，还可以考虑采用的现场测试参数有静力触探试验贯入阻力 $p_s$、剪切波速 $v_s$ 或轻便触探贯入击数 $N_{10}$ 等。对现场调查得到的上述 3 方面资料进行加工整理和归纳统计，可以得出各种液化可能性判别的经验对比方法。

《建筑抗震设计规范》（GB 50011—2001）中规定，应采用标准贯入试验判别法判别地面下 15 m 深度范围内土的液化；当采用桩基或埋深大于 5 m 的深基础时，尚应判别地面下 $15 \sim 20$ m 范围内土的液化。

在地面下 15 m 深度范围内，液化判别标准贯入锤击数临界值可按下式计算：

$$N_{cr} = N_0 \left[ 0.9 + 0.1 (d_s - d_w) \right] \sqrt{\frac{3}{\rho_c}} \tag{9-9}$$

在地面下 $15 \sim 20$ m 范围内，液化判别标准贯入锤击数临界值可按下式计算：

$$N_{cr} = N_0 (2.4 - 0.1 d_s) \sqrt{\frac{3}{\rho_c}} \tag{9-10}$$

式中：$N_{cr}$——液化判别标准贯入锤击数临界值；

　　　　$N_0$——液化判别标准贯入锤击数基准值。对应于烈度为 7、8、9，当设计地震分组为第一组时，采用 6、10、16；当设计地震分组为第二、三组时，则采用 8、12、18；

　　　　$d_s$——饱和土标准贯入点深度，m；

　　　　$d_w$——场地地下水位深度，m；

　　　　$\rho_c$——土中黏粒含量百分率。当小于 3 或为砂土时，应采用 3。

当饱和土标准贯入锤击数 $N$（未经杆长修正）小于液化判别标准贯入锤击数临界值 $N_{cr}$ 时，相应的土层应判为液化土。

由于标准贯入试验技术和设备方面的问题，贯入击数一般比较离散，为消除偶然误差，每个场地钻孔应不少于 5 个，每层土中应取得 15 个以上的贯入击数，并根据统计方法进行数据处理以取得代表性的数值。

### 2. 基于室内试验的计算对比方法

通过前一节提到的动三轴、动单剪室内试验，可以确定土样的液化强度，用对应于不同作用周次的动剪应力比，即 $\dfrac{\tau_l}{\sigma_0'} - N_{eq}$ 曲线来表示。对于指定场地及指定土层，在地震中发生的动剪应力，可按下式近似计算：

$$\tau_{dep} = \frac{0.65\gamma_d \sigma_v a_{max}}{g} \qquad (9-11)$$

式中：$\sigma_v$——上覆竖向压力，地下水位上下的土重分别用天然重度和饱和重度计算，kPa；

$a_{max}$——地面水平振动加速度时程曲线最大峰值，（m/s$^2$）；

$g$——重力加速度值，取 10 m/s$^2$；

$\gamma_d$——对将黏弹性的土体简化为刚体计算得到的地震剪应力进行近似修正的系数，具体数值如图 9-13 所示；

0.65——将随机的地震剪应力波按最大幅值转换成等幅剪应力波的折减系数。

同时，按土层的有效重度计算同一处的上覆竖向有效压力 $\sigma'_v$。然后，按下式判别该土层为可能液化：

$$\frac{\tau_{deq}}{\sigma'_v} > C_r \frac{\tau_l}{\sigma'_0} \qquad (9-12)$$

式中：$C_r$——考虑室内试验条件与现场差别的修正系数，一般取 0.6。

在应用式（9-12）时，还要考虑等效动剪应力的作用周数 $N_{eq}$。可以根据可能的地震震级，按表 9-1 确定 $N_{eq}$ 值。

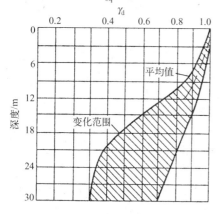

图 9-13 地震剪应力简化计算中用的修正系数 $\gamma_d$

表 9-1 地震震级与等效振动周数的统计关系

| 震级 $M$ | 等效动剪应力的作用周数 $N_{eq}$ |
|---|---|
| 5.5～6.0 | 5 |
| 6.5 | 8 |
| 7.0 | 12 |
| 7.5 | 20 |
| 8.0 | 30 |

**3. 场地液化危害性的评价**

上面介绍的两种方法是对某一土层的液化可能性进行判别。事实上，震害调查表明，对于某一场地而言，液化导致的危害程度，还应该与可液化土层的厚度、埋藏深度以及液化可能性的大小联系起来，因此，可采用式（9-13）所示的场地液化指数 $I_{le}$，来定量地评估场地的液化危害性。

$$I_{le} = \sum_{i=1}^{n} (1 - F_{li}) d_i W_i \qquad (9-13)$$

式中：$I_{le}$——液化指数。

$n$——在判别深度范围内每一个钻孔标准贯入试验点的总数。

$F_{li}$——某一土层的液化阻抗系数。采用经验判别法时，等于实测标贯击数与临界标贯击数的比值，即 $F_{li} = \frac{N_i}{N_{cri}}$；采用室内试验结果判别时，$F_{li} = \frac{\tau_i}{\tau_{li}}$，其中 $\tau_i$ 为相应土层的计算地震剪应力，$\tau_{li}$ 为相应土层的抗液化试验强度，$F_{li}$ 大于 1 时取 1。

$d_i$——第 $i$ 点所代表的土层厚度，m。可采用与该标准贯入试验点相邻的上、下两标准贯入试验点深度差的一半，但上界不高于地下水位深度，下界不深于液化深度。

$W_i$——第 $i$ 土层单位土层厚度的层位影响权函数值，（$m^{-1}$）。若判别深度为 15 m，当该层中点深度不大于 5 m 时应采用 10，等于 15 m 时应采用零值，5～15 m 时应按线性内插法取值；若判别深度为 20 m，当该层中点深度不大于 5 m 时应采用 10，等于 20 m 时应采用零值，5～20 m 时应按线性内插法取值。

《建筑抗震设计规范》（GB 50011—2001）根据我国的震害调查资料，对场地的液化危害性按液化指数 $I_{le}$ 划分，见表 9-2，对应于不同的液化等级，应采取不同的抗液化措施。

表 9-2 场地液化等级（GB 50011—2001）

| 液 化 等 级 | 轻 微 | 中 等 | 严 重 |
|---|---|---|---|
| 判别深度力 15 m 时的液化指数 | $0 < I_{le} \leq 5$ | $5 < I_{le} \leq 15$ | $I_{le} > 15$ |
| 判别深度为 20 m 时的液化指数 | $0 < I_{le} \leq 6$ | $6 < I_{le} \leq 18$ | $I_{le} > 18$ |

## 9.2.4 场地液化危害性防治措施简介

为保证承受场地地震危害的建筑物的安全和选用，必须采取相应的工程措施进行防治。

防治液化危害应从加强基础方面着手，主要是采用桩基或沉井、全补偿筏板基础、箱形基础等深基础。采用桩基时，桩端伸入液化深度以下稳定土层中的长度应按计算确定，对碎石土，砾、粗、中砂，坚硬黏性土，不应小于 0.5 m；对其他非岩石土，不应小于 2 m。当采用深基础时，基础底面埋入液化深度以下稳定土层中的深度不应小于 0.5 m。对于穿过液化土层的桩基，其桩围摩阻力应视土层液化可能性大小，或全部扣除，或作适当折减。对于液化指数不高的场地，仍可采用浅基础，但应适当调整基底面积，以减小基底压力和荷载偏心；或者选用刚度和整体性较好的基础形式，如十字交叉条形基础、筏板基础等。

从消除或减轻土层液化可能性着手，则有换土、加密、胶结和设置排水系统等方法。加密处理方法主要由振冲、挤密砂桩、强夯等。加密处理或换土处理以后，土层的实测标准贯入击数应大于规范规定的临界值。胶结法包括使用添加剂的深层搅拌桩或高压喷射注浆。设置排水通道往往与挤密结合起来，材料可以用碎石或砂。对于排水系统的长期有效性，一般还有不同看法。

在选用和确定抗液化措施的过程中，应综合考虑方法的可行性、经济性和次生影响（如对结构静力稳定性的影响等），具体权衡场地勘察结果的确实性、防治方法的技术效果、造价、长期维护可能性、环境影响等方面的因素，从风险水平和花费代价两方面的平衡出发来进行决策。

## 9.3 土的击实试验与压实特性

### 9.3.1 土的击实试验

击实试验是研究土的压实性能的室内试验方法，所用的主要设备是击实仪，目前我国通用的击实仪有两类，即轻型击实仪和重型击实仪，并根据击实土的最大粒径，分别采用两种不同规格的击实筒。击实仪的规格见表 9-3，不同规格的击实筒示意图如图 9-14 所示，图中轻型击实试验适用于粒径小于 5 mm 的黏性土，其单位体积击实功约为 592.2 kJ/m³；重型击实试验适用于粒径不大于 20 mm 的土，其单位体积击实功约为 2 684.9 kJ/m³。击实仪的基本部分都是击实筒和击实锤，前者是用来盛装制备土样，后者对土样施以夯实功能。击实试验时，将含水率为一定值的土样分层装入击实筒内，每铺一层后都用击实锤按规定的落距锤击一定的次数；然后由击实筒的体积和筒内被击实土的总重力算出被击实土的湿密度 $\rho$，从已被击实的土中取样测定其含水率 $w$，由式（9-14）算出击实土样的干密度 $\rho_d$（它可以反映出被击实土的密度）：

$$\rho_d = \frac{\rho}{1 + w} \tag{9-14}$$

表 9-3　击实仪的规格

| 试验方法 | 锤底直径/mm | 锤质量/kg | 落高/mm | 击实筒 | | | 护筒高度/mm |
|---|---|---|---|---|---|---|---|
| | | | | 内径/mm | 筒高/mm | 容积/cm³ | |
| 轻型 | 51 | 2.5 | 305 | 102 | 116 | 947.4 | 50 |
| 重型 | 51 | 4.5 | 457 | 152 | 116 | 2103.9 | 50 |

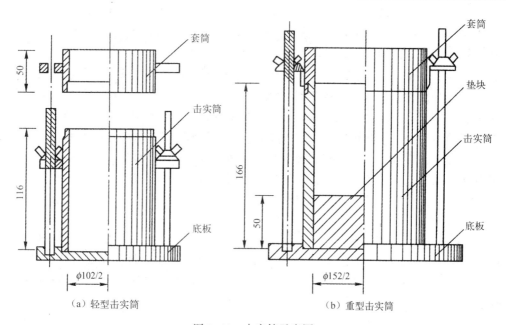

图 9-14　击实筒示意图

　　通过对一个土样的击实试验得到一对数据，即击实土的含水率 $w$ 与干密度 $\rho_d$，对一组不同含水率的同一种土样按上述方法做击实试验，便可得到一组成对的含水率和干密度，将这些数据绘制成击实曲线，如图 9-15 所示，它表明在一定击实功作用下土的含水率与干密度的关系。

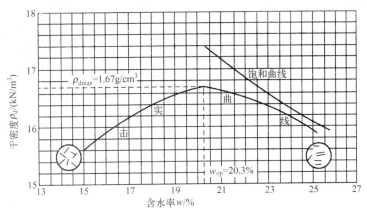

图 9-15　击实曲线

## 9.3.2　土的压实特性

#### 1. 压实曲线性状

击实试验所得到的击实曲线（图 9-15）是研究土的压实特性的基本关系图。从图中可见，击实曲线（$\rho_d - w$）上有一峰值，此处的干密度为最大，称为最大干密度 $\rho_{max}$；与之对应的制备土样含水率则称为最佳含水率 $w_{op}$（或称最优含水率）。峰点表明，在一定的击实功作用下，只有当压实土粒为最佳含水率时，土才能被击实至最大干密度，才能达到最大压实效果。

最佳含水率 $w_{op}$ 和最大干密度 $\rho_{dmax}$ 这两个指标十分重要，对于路基设计和施工都很有用处。最佳含水率与塑限含水率 $w_P$ 相接近，在击实试验时可取 $w_{op} = w_P$ 或 $w_{op} = w_P + 2\%$ 以及 $w_{op} = (0.65 \sim 0.75) w_L$（$w_L$ 是液限含水率）等作为选择合适的制备土样含水率范围的参考，表 9-4 给出了塑性指数小于 22 的土的最佳含水率和最大干密度的经验数值。

表 9-4　最佳含水率和最大干密度的经验数值

| 塑性指数 $I_P$ | 最大干密度 $\rho_{dmax}/$（g/cm³） | 最佳含水率 $w_{op}/\%$ |
| --- | --- | --- |
| <10 | >1.85 | <13 |
| 10～14 | 1.75～1.85 | 13～15 |
| 14～17 | 1.70～1.75 | 15～17 |
| 17～20 | 1.65～1.70 | 17～19 |
| 20～22 | 1.60～1.65 | 19～21 |

从图 9-15 的曲线形态还可以看到，曲线左段比右段的坡度陡。这表明含水率变化对于干密度影响在偏干（指含水率低于最佳含水率）时比偏湿（指含水率高于最佳含水率）时更为明显。

在 $\rho_d - w$ 曲线中还给出了饱和曲线，它表示当土处于饱和状态时的 $\rho_d - w$ 关系。饱和曲线与击实曲线的位置说明，土是不可能被击实到完全饱和状态的。试验表明，黏性土在最佳击实情况下（击实曲线峰点），其饱和度通常为80%左右，整个击实曲线始终在饱和曲线左下侧。这一点可以这样理解：当土的含水率接近和大于最佳值时，土孔隙中的气体将处于与大气不连通的状态，击实作用已不能将其排出土外。

**2. 不同土类与不同击实功能对压实特性的影响**

在同一击实功能条件下，不同土类的击实特性是不一样的。图9-16是5种不同土样的击实试验结果，图9-16（a）是其不同的粒径曲线，图9-16（b）是5种土样在同一标准击实试验中所得到的5条击实曲线。从图可见，含粗粒越多的土样最大干密度越大，而最佳含水率越小，即随着粗颗粒增多，曲线形态不变而峰点向左上方移动。另外，土的颗粒级配对压实效果也影响颇大，颗粒级配良好的土容易被压实，颗粒级配均匀则最大干密度偏小。

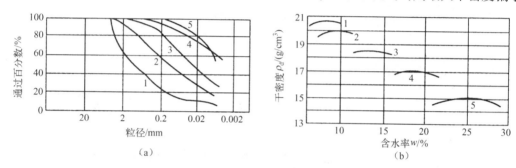

图9-16 不同土样击实曲线的比较

图9-17表示同一种土样在不同击实功能作用下所得到的压实曲线。随着压实功能的增大，击实曲线形态不变，但位置发生了向左上方的移动，即$\rho_{dmax}$增大而$w_{op}$减小。图中的曲线形态还表明，当土样为偏干时，增加击实功对提高干密度的影响较大，偏湿时则收效不大，故对偏湿的土企图用增大击实功的办法提高它的击实效果是不经济的。

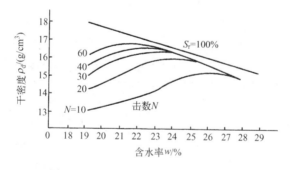

图9-17 压实功能对击实曲线的影响

**3. 土的压实特性的机理解释**

一般认为土的压实特性同土的组成与结构、土粒的表面现象、毛细管压力、孔隙水和孔隙气压力等均有关系，所以因素是复杂的，但可以这样简要地理解：压实的作用是使土块变形和结构调整以致密实，在松散湿土的含水率处于偏干状态时，由于粒间引力使土保持比较疏松的凝聚结构，土中孔隙大都相互连通，水少而气多，在一定的外部压实功能作用下，虽然土孔隙中气体易被排出，密度可以增大，但由于较薄的强结合水水膜润滑作用不明显以及外部功能不足以克服粒间引力，土粒相对移动便不显著，因此压实效果比较差；含水率逐渐加大时，水膜变厚，土块变软，粒间引力减弱，施以外部压实功能则土粒移动，加之水膜的润滑作用，压实效果渐佳；在最佳含水率附近时，土中所含的水量最有利于土粒受击时发生相对移动，以致能达到最大干密度；当含水率再增加到偏湿状态时，孔隙中出现了自由水，击实时不可能使土中多余的水和气体排出，从而孔隙压力升高更为显著，抵消了部分击实功，击实功效反而下降，这便出现了如图 9-15 中击实段曲线右段所示的干密度下降的趋势。在排水不畅的情况下，过多次数的反复击实，甚至会导致土体密实度不加大而土体结构被破坏的后果，出现工程上所谓的"橡皮土"现象，应注意加以避免。

### 4. 压实土的压缩性和强度

#### （1）压缩性

压实土的压缩性取决于它的密度和加荷时的含水率。以击实土做压缩试验时可以发现，在某一荷载作用下，有些土样压缩稳定后，如加水使之饱和，土样就会在同一荷载作用下出现明显的附加压缩，而这一现象的出现与否和击实试样时的含水率很有关系。表 9-5 中的数据表明，尽管土的干密度相同，但偏湿土样附加压缩的增加比偏干时附加压缩的增长来得大。这一现象在路堤填筑工程的设计与施工控制中必须引起注意，特别是被水浸润的路堤构筑物可能因此造成损坏和行车不安全。为了消除这一不利影响，就有必要确定填土受水饱和时不会产生附加压缩所需的最小含水率。

表 9-5　不同填筑含水率试样的附加压缩量（压缩试验中的体积应变值）

| 有效轴向荷载/kPa | 填筑条件 | | |
|---|---|---|---|
| | 低于最佳值 1% 时（$\rho_d = 1.76$ g/cm³） | 最佳含水率时（$\rho_d = 1.76$ g/cm³） | 高于最佳值 1% 时（$\rho_d = 1.76$ g/cm³） |
| 175 | 1.9 | 1.9 | 2.3 |
| 700 | 2.9 | 3.7 | 4.5 |
| 1 225 | 5.2 | 5.9 | 7.6 |
| 1 750 | 6.8 | 7.8 | 9.0 |

一般说来，填土在压实到一定密度以后，其压缩性就大为减小。当填土的干密度 $\rho_d >$ 1.65 g/cm³ 时，变形模量 $E_0$ 显著提高。这对于作为建筑物地基的填土显得尤为重要。

#### （2）强度

压实土的抗剪强度性状也主要取决于受剪时的密度和含水率。图 9-18 表示两个含水率不同（偏干和偏湿）的压实土试样无侧限抗压强度试验曲线。由图可见，偏干试样的强度大，但试样具有明显的脆性破坏特点。图 9-19 则是对同样条件的击实土试样，进行三轴不固法不排水（UU）试验和固结不排水（CU）试验的对比曲线，试验时所施加的侧压力同为 $\sigma_3 = 175$ kPa。图中可见，当试样受到一定大小的侧压力时，偏大试样强度也大，但不是明显的脆性破坏特性。所以就强度而言，用偏干的土样去填筑是大有好处的。这一室内试验得出的论点已为相当多的现场资料所证实。

从图 9-20 所示曲线可见，当压实土的含水率低于最佳含水率时（偏干状态），虽然干密度比较小，强度却比最大干密度时大得多。这是因为此时的击实虽未使土达到最密实状态，

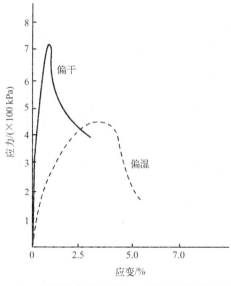

图 9-18　不同含水率压实土的无侧限抗压强度试验

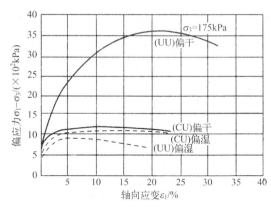

图 9-19　不同含水率压实土的三轴试验

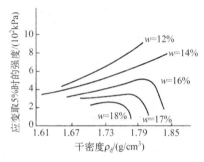

图 9-20　压实土强度与干密度、含水率的关系

但它克服了土粒引力等的联结，形成了新的结构，能量转化为土强度提高。这就是说，压实土的强度在一定条件下可以通过增加压实功能予以提高。

上述关于土的强度试验结果说明，一般情况下，只要满足某些给定的条件，压实土的强度还是比较高的。但正如关于它的压缩性特征的研究所发现的压实土遇水饱和会发生附加压缩问题一样，在强度方面它也有潜在危险的一面，即浸水软化会使强度降低（实际上附加压缩可以看作是强度软化的外观表现形态），这就是所谓水稳定性问题。公路、铁路的路堤和堤坝等土工构筑物都无法避免浸水润湿，尤其是那些修筑于河滩地带的过水路堤，水稳定性的研究与控制更为重要。

## 复习思考题

9-1　试分析土中水对土体压密性的影响。若在黏性土料中掺加砂土，则对最佳含水率和最大干密度将产生什么样的影响？

9-2　试从式（9-9）和式（9-10）分析，影响土体振动液化的因素主要有哪些？它们各有什么样的影响？

9-3　某黏性土样的击实试验结果如表 9-6 所示。

表 9-6　黏性土土样击实试验结果

| 含水率 $w/\%$ | 14.7 | 16.5 | 18.4 | 21.8 | 23.7 |
|---|---|---|---|---|---|
| 干密度 $\rho_d/(g/cm^3)$ | 1.59 | 1.63 | 1.66 | 1.65 | 1.62 |

该土的土粒比重为 $G_s = 2.72$，试绘出该土的击实曲线，确定其最佳含水率 $w_{op}$ 和最大干密度 $\rho_{dmax}$，并求出相应于击实曲线峰点的饱和度和孔隙比。

# 参 考 文 献

[1] 中华人民共和国国家标准. 土的工程分类标准：GB/T 50145—2007. 北京：中国计划出版社，2008.
[2] 中华人民共和国国家标准. 岩土工程勘察规范：GB 50021—2001（2009 修订版）. 北京：中国建筑工业出版社，2009.
[3] 中华人民共和国国家标准. 建筑地基基础设计规范：GB 50007—2011. 北京：中国建筑工业出版社，2011.
[4] 中华人民共和国国家标准. 建筑抗震设计规范：GB 50011—2010. 北京：中国建筑工业出版社，2010.
[5] 中华人民共和国行业标准. 公路土工试验规程：JTG E40—2007. 北京：人民交通出版社，2007.
[6] 中华人民共和国行业标准. 公路桥涵地基与基础设计规范：JTG D63—2007. 北京：人民交通出版社，2007.
[7] 中华人民共和国行业标准. 公路桥涵设计通用规范：JTG D60—2015. 北京：人民交通出版社，2015.
[8] 中华人民共和国行业标准. 公路路基设计规范：JTG D30—2015. 北京：人民交通出版社，2015.
[9] 高大钊. 土力学与基础工程. 北京：中国建筑工业出版社，1998.
[10] 袁聚云，钱建固，张宏鸣，等. 土质学与土力学. 北京：人民交通出版社，2009.
[11] 李广信，张丙印，于玉贞. 土力学. 2 版. 北京：清华大学出版社，2013.
[12] 张克恭，刘松玉. 土力学. 北京：中国建筑工业出版社，2010.
[13] 李栋伟，崔树琴. 土力学. 武汉：武汉大学出版社，2015.
[14] 赵成刚，白冰，土力学原理. 修订版. 北京：清华大学出版社，北京交通大学出版社，2009.
[15] 李驰. 土力学地基基础问题精解. 天津：天津大学出版社，2008.
[16] 陈希哲. 土力学地基基础. 3 版. 北京：清华大学出版社，2000.
[17] 洪毓康. 土质学与土力学. 北京：人民交通出版社，1995.
[18] 陆培毅. 土力学. 北京：中国建材工业出版社，2000.
[19] 陈仲颐，周景星，王洪瑾. 土力学. 北京：清华大学出版社，1997.
[20] 史如平，韩选江. 土力学与地基工程. 上海：上海交通大学出版社，1990.
[21] 赵明华，李刚，曹喜仁，等. 土力学地基与基础疑难释义. 北京：中国建筑工业出版社，1999.
[22] 袁聚云，李镜培，楼晓明，等. 基础工程设计原理. 上海：同济大学出版社，2001.
[23] 邵全，韦敏才. 土力学与基础工程. 重庆：重庆大学出版社，1998.